高等院校“互联网+”系列精品教材
高等职业院校精品教材系列

电子技术基础与仿真实训

（第2版）

赵玉菊　史振江　主编
王玉彩　杨要恩　裴继红　副主编

電子工業出版社
Publishing House of Electronics Industry
北京·BEIJING

内 容 简 介

本书第1版得到广大院校老师的认可与选用，已重印多次，本次在广泛征求使用意见和建议的基础上进行修订编写。本次修订保持了原版的体系和特点，对部分内容进行了优化和补充，对实训和仿真内容结合仿真软件升级进行了全面更新。全书包括9个项目：常用半导体器件，基本放大电路的仿真与实训，负反馈放大电路与集成运算放大器的仿真与实训，直流稳压电源的仿真与实训，数字逻辑基础和集成门电路的仿真与实训，组合逻辑电路的仿真与实训，时序逻辑电路的仿真与实训，A/D 与 D/A 转换器的仿真与实训，以及综合实训（包含4个趣味性和实用性强的系统电路的仿真与实训）。本书配有“教学导航”“知识分布网络”和“知识梳理与总结”，便于教师教学和学生高效率地学习。

本书为高等职业本专科院校相应课程的教材，也可作为开放大学、成人教育、自学考试、中职学校和培训班的教材，以及电子工程技术人员的参考书。

本书配有电子教学课件、测试题参考答案、仿真电路图、模拟试卷、题库等，详见前言。

图书在版编目（CIP）数据

电子技术基础与仿真实训 / 赵玉菊，史振江主编. —2版. —北京：电子工业出版社，2017.8（2024.1重印）
高等职业院校精品教材系列
ISBN 978-7-121-31980-8

Ⅰ. ①电… Ⅱ. ①赵… ②史… Ⅲ. ①电子技术－系统仿真－高等学校－教材 Ⅳ. ①TN

中国版本图书馆 CIP 数据核字（2017）第 139743 号

策划编辑：陈健德（E-mail:chenjd@phei.com.cn）
责任编辑：李　蕊
印　　刷：北京天宇星印刷厂
装　　订：北京天宇星印刷厂
出版发行：电子工业出版社
　　　　　北京市海淀区万寿路 173 信箱　邮编 100036
开　　本：787×1 092　1/16　印张：16.75　字数：428.8 千字
版　　次：2009 年 6 月第 1 版
　　　　　2017 年 8 月第 2 版
印　　次：2025 年 1 月第 19 次印刷
定　　价：53.00 元

凡所购买电子工业出版社图书有缺损问题，请向购买书店调换。若书店售缺，请与本社发行部联系，联系及邮购电话：（010）88254888，88258888。

质量投诉请发邮件至 zlts@phei.com.cn，盗版侵权举报请发邮件至 dbqq@phei.com.cn。

本书咨询联系方式：chenjd@phei.com.cn。

前　言

本书第 1 版在 2009 年出版后得到广大院校老师的认可与选用，已重印多次，本次在广泛征求使用意见和建议的基础上，结合近年取得的课程改革成果进行修订编写。本次修订保持了原版的体系和特点，对部分内容进行删减和补充，对实训和仿真内容进行了全面更新，对仿真软件进行了升级，突出教学重点，提高实用性，使教材内容更符合各高职院校教学的需求。

与其他同类书相比，本书有以下特点。

(1) 为更好地围绕项目开展教学，在内容的编写上打破章节的概念，按项目所需进行精心组合，内容深入浅出，概念清晰，重点突出，通俗易懂，便于学生自学。

(2) 基本技能训练旨在培养学生的动手能力；理论学习所选项目均用 Multisim 仿真软件进行仿真，仿真的结果与理论分析完全一致（书中仿真电路图是从软件中截取的，为与软件显示一致，不做标准化处理）；实训部分提出了详细的内容与具体的要求；综合项目部分进行了全面更新，选择具有趣味性和实用价值的项目进行设计、仿真和制作，将所学内容贯穿起来。

(3) 本书在各项目正文前配有“教学导航”，为本项目的教与学过程提供指导；正文中的“知识分布网络”，便于读者掌握本节内容的重点；项目结尾有“知识梳理与总结”，便于读者高效率地学习、提炼与归纳。

本书由赵玉菊、史振江任主编，王玉彩、杨要恩、裴继红任副主编。其中，赵玉菊编写项目 1、项目 3、附录 D，王玉彩编写项目 2、项目 4，杨要恩编写项目 5、项目 8，史振江编写项目 6、项目 7、项目 9 中的综合实训 1 和综合实训 4、附录 C，裴继红编写项目 9 中的综合实训 2 和综合实训 3、附录 A、附录 B。赵玉菊负责全书的组织统稿和定稿。

本书修订得到广大兄弟院校师生的关心和支持，提出了许多宝贵意见和建议，在此一并致以衷心的感谢。

由于编者水平有限，书中难免有不妥和疏漏之处，敬请广大读者批评指正。

为方便教师教学，本书配有多种教学用资源，包括：电子教学课件、测试题参考答案、实训项目仿真电路图、模拟试卷、题库及答案、焊接技术、常用仪器仪表、常用电子元器件的使用、常用半导体器件的参数、常用芯片引脚图、Multisim 仿真软件的使用方法与技巧等，请有需要的教师登录华信教育资源网（www.hxedu.com.cn）免费注册后再进行下载，或扫一扫书中的二维码直接查看相应内容的教学资源。如有问题，请在网站留言板留言或与电子工业出版社联系（E-mail:gaozhi@phei.com.cn）。

编者

轻轻扫一扫，教学更便捷

扫一扫看常用电子元件、电阻、电容、电感

扫一扫看常用仪器仪表

扫一扫看焊接工具与工艺

扫一扫看半导体分立器件型号命名方法

扫一扫看常用半导体器件的参数

扫一扫看常用芯片引脚图

扫一扫看Multisim仿真软件的使用方法

扫一扫看 Multisim软件仿真方法示例与技巧

扫一扫看模拟试卷 1

扫一扫看模拟试卷 2

扫一扫看半导体器件题库

扫一扫看半导体器件题库参考答案

扫一扫看基本放大电路题库

扫一扫看基本放大电路题库参考答案

扫一扫看差动放大电路题库

扫一扫看差动放大电路题库参考答案

扫一扫看功率放大电路题库

扫一扫看功率放大电路题库参考答案

扫一扫看负反馈放大电路题库

扫一扫看负反馈放大电路题库参考答案

扫一扫看集成运算放大电路题库

扫一扫看集成运算放大电路题库参考答案

扫一扫看波形产生电路题库

扫一扫看波形产生电路题库参考答案

扫一扫看直流稳压电源题库

扫一扫看直流稳压电源题库参考答案

扫一扫看数字逻辑基础和集成门电路题库

扫一扫看数字逻辑基础和集成门电路题库参考答案

扫一扫看组合逻辑电路题库

扫一扫看组合逻辑电路题库参考答案

扫一扫看时序逻辑电路题库

扫一扫看时序逻辑电路题库参考答案

扫一扫看 A/D 与 D/A 转换器题库

扫一扫看 A/D 与 D/A 转换器题库参考答案

目　录

项目 1 常用半导体器件

教学导航

扫一扫看本项目教学课件

教	知识重点	半导体三极管
	知识难点	元器件的应用及检测
	推荐教学方式	1．理论部分讲授采用多媒体教学； 2．元器件的检测到实训室授课，边讲边练
	建议学时	6 学时
学	推荐学习方法	对二极管、三极管和场效应管，在了解结构及工作原理的基础上，强调在实际电子产品中的应用，提高对电子技术学习的浓厚兴趣
	必须掌握的理论知识	各种元器件的作用及应用
	必须掌握的技能	应用仪表对元器件进行检测

1.1 半导体二极管

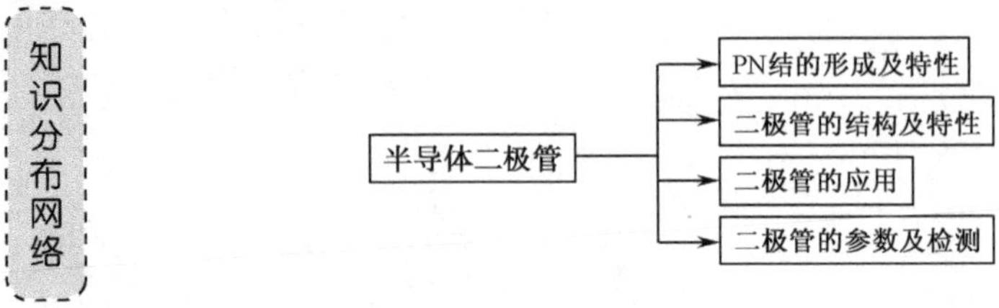

扫一扫看半导体基础知识微课视频

扫一扫看逻辑函数的化简方法微课视频

1.1.1 半导体的基础知识

自然界中属于半导体的物质很多，用来制造半导体器件的材料主要是硅（Si）、锗（Ge）和砷化镓（GaAs）等。它们的导电能力介于导体和绝缘体之间，并且会随着温度、光照或掺入某些杂质而发生显著变化。

1. 本征半导体

纯净的半导体称为本征半导体。用于制造半导体器件的纯硅和锗都是四价元素，最外层原子轨道上具有 4 个电子，称为价电子。在本征硅和锗的单晶中，由于原子排列的有序性，使得每个价电子为相邻原子所共有，形成共价键结构。

在绝对零度（−273 ℃）时，所有价电子都被束缚在共价键内，晶体中没有自由电子，所以半导体不能导电。在室温或光照下少数价电子可以获得足够的能量摆脱共价键的束缚成为自由电子，同时在共价键中留下一个空位，这个空位称为空穴，如图 1-1 所示，这种现象称为本征激发。本征激发产生的自由电子和空穴是成对出现的。

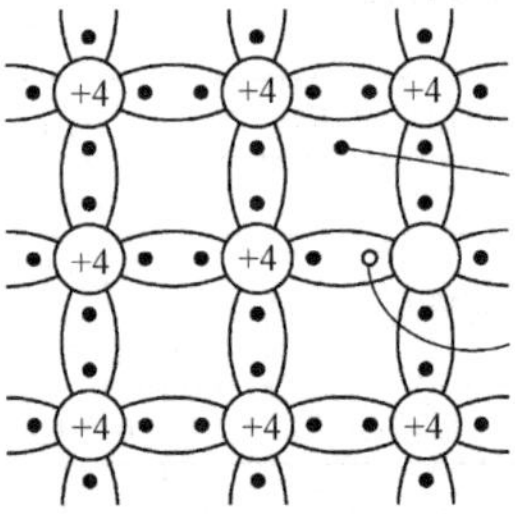

图 1-1　本征激发产生自由电子和空穴

原子失去价电子后带正电，于是可把空穴看成是一个带正电的粒子。相邻共价键内的价电子在正电荷的吸引下会填补这个空位，使空位发生转移，这种价电子填补空位的运动可以看成空穴在运动。当有电场作用时，价电子定向填补空位，但其运动方向与价电子运动方向相反。自由电子和空穴在运动中相遇时会重新结合而成对消失，这种现象称为复合。温度一定时，自由电子和空穴的产生与复合将达到动态平衡，这时自由电子和空穴的浓度一定。

自由电子和空穴统称为载流子。在半导体中存在着自由电子和空穴两种载流子参与导电，分别形成电子电流和空穴电流，而导体中只有自由电子这一种载流子导电，这是半导体与导体在导电机理上的不同之处。

2. 杂质半导体

在本征半导体中掺入微量的杂质，就会使半导体的导电性能发生显著的改变。掺入杂质的半导体称为杂质半导体。根据掺入杂质的不同，有 N 型半导体和 P 型半导体两种。

1）N 型半导体

在本征硅（或锗）中掺入少量的五价元素，如磷、砷、锑等，就得到 N 型半导体。N 型半导体中自由电子的数目多于空穴的数目，自由电子是多数载流子，空穴是少数载流子，杂质原子则成为不能移动的带正电荷的离子（又称为空间电荷）。

2）P 型半导体

在本征硅（或锗）中掺入少量的三价元素，如硼、铝、铟等，就得到 P 型半导体。P 型半导体中空穴的数目多于自由电子的数目，空穴是多数载流子，自由电子是少数载流子，杂质原子则成为不能移动的带负电荷的离子。

在 N 型半导体和 P 型半导体中，虽然存在多数载流子和少数载流子，但因空间电荷的存在，使得整个半导体中的正负电荷数是相等的，呈现电中性。

扫一扫看 PN 结的单向导电性动画

3. PN 结的形成及特性

1）PN 结的形成

采用掺杂工艺，把本征硅（或锗）片的一边做成 P 型半导体，另一边做成 N 型半导体。由于 P 型和 N 型半导体交界面两侧的两种载流子浓度有很大的差别，因此自由电子和空穴都要从浓度高的地方向浓度低的地方运动，这种运动称为扩散运动，如图 1-2 所示。扩散运动的结果使交界面附近载流子浓度骤减，形成了由不能移动的杂质离子构成的很薄的空间电荷区。随之形成了内电场，如图 1-3 所示。

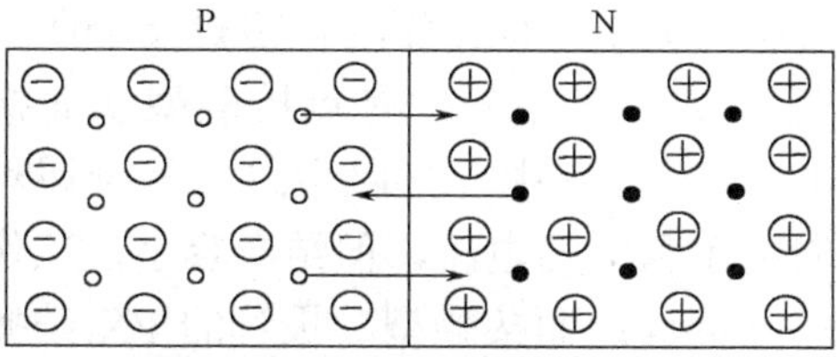

图 1-2 多数载流子的扩散运动

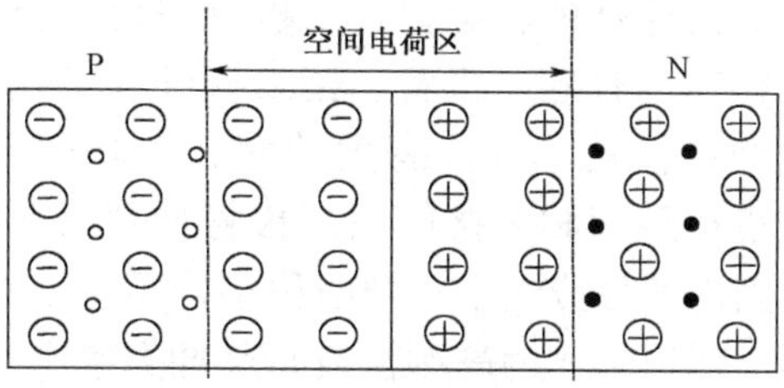

图 1-3 空间自建场的形成

内电场将产生两个作用：一方面它会阻碍多子的扩散运动；另一方面将促进少数载流子的漂移运动。起始时内电场较小，扩散运动较强，漂移运动较弱。随着扩散的进行，空间电荷区增宽，内电场增强，扩散运动逐渐减弱，漂移运动逐渐加强。外部条件一定时，扩散运动将和漂移运动将最终达到动态平衡，这时空间电荷区的宽度一定，内电场一定，形成了所谓的 PN 结。

2）PN 结的单向导电特性

加在 PN 结上的电压称为偏置电压，若 P 区接电位高端、N 区接电位低端，则称 PN 结加正向电压或正向偏置（简称正偏），如图 1-4 所示。反之称 PN 结加反向电压或反向偏置（简称反偏），如图 1-5 所示。

PN 结正偏时，PN 结变窄，内电场削弱，呈现很小的电阻，形成较大的正向电流。PN 结反偏时，PN 结变宽，内电场增强，呈现很大的电阻，反向电流近似为零。因此 PN 结正偏时导通，反偏时截止，具有单向导电特性。

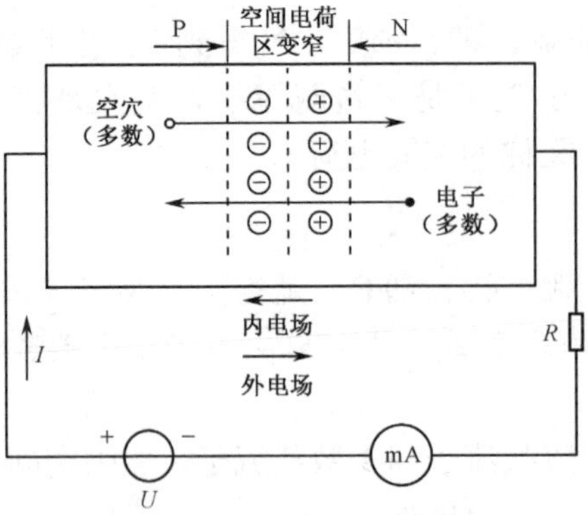

图 1-4　PN 结加正向电压

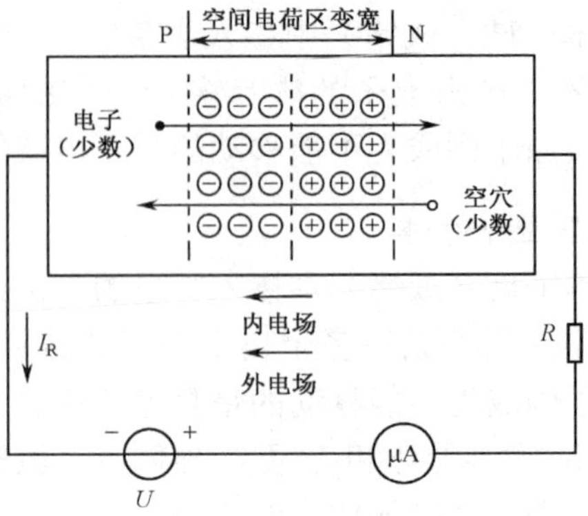

图 1-5　PN 结加反向电压

1.1.2　半导体二极管的性能与选用

扫一扫看半导体二极管微课视频

1. 半导体二极管的结构、符号及类型

半导体二极管是由 PN 结加上电极引线和管壳构成的，是最简单的半导体器件，其结构示意图和电路符号分别如图 1-6（a）、（b）所示。接到 P 型区的引线称为正极（或阳极），接到 N 型区的引线称为负极（或阴极）。箭头指向为 PN 结正向导通时的电流方向。

二极管有许多类型。二极管按用途分，有整流、稳压、开关、发光、变容等二极管；按材料分，有硅二极管、锗二极管和砷化镓二极管等；按封装形式分，有塑封及金属封等二极管；按功率分，有大功率、中功率及小功率等；从工艺上分，有点接触型和面接触型。点接触型和面接触型二极管如图 1-6（c）、（d）所示，其中点接触型二极管金属丝很细，因而其形成的 PN 结面积小，不能承受高的反向电压和大的电流，但结电容小，工作频率高，适用于作为高频检波和脉冲数字电路里的开关元器件；面接触型二极管的 PN 结接触面积较大，结电容较大，一般在较低的频率下工作，由于接触面积大，允许通过较大电流，具有较大功率容量，适用于作为整流器件。

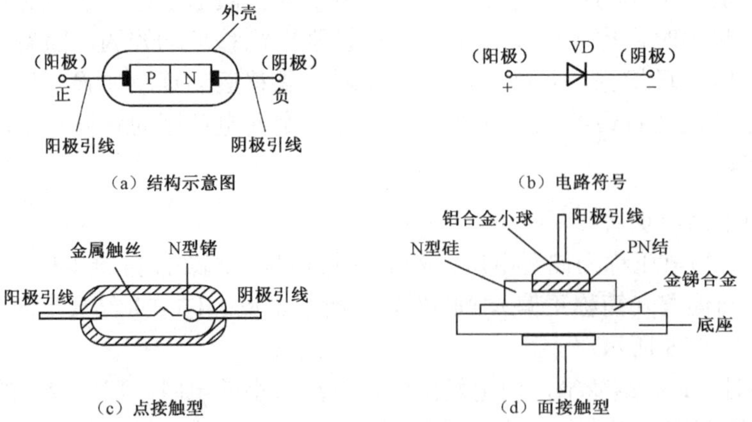

图 1-6　半导体二极管的结构、符号及类型

2. 二极管的特性及参数

1）二极管的伏安特性

半导体二极管的核心是 PN 结，它的特性就是 PN 结的特性——单向导电性。常利用伏安特性曲线来形象地描述二极管的单向导电性，二极管的伏安特性曲线如图 1-7 所示（图中虚线为锗管的伏安特性曲线，实线为硅管的伏安特性曲线）。

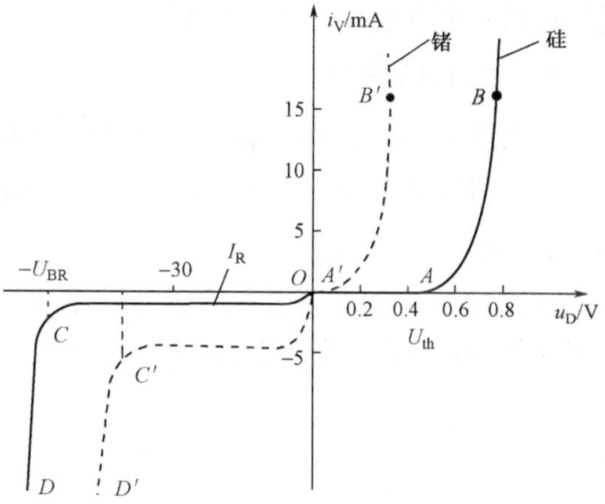

图 1-7　二极管的伏安特性曲线

特性曲线分为两部分：加正向电压时的特性称为正向特性（图中右半部分）；加反向电压时的特性称为反向特性（图中左半部分）。

当二极管承受正向电压小于某一数值（称为死区电压）时，这一区段二极管正向电流很小，几乎等于零。只有当正向电压超过某一数值时，正向电流才明显地增大。正向特性上的这一数值通常称为导通电压，又称为门限电压或死区电压，用 U_{th} 表示。死区电压的大小与二极管材料及温度等因素有关。在室温下，硅管的 U_{th} 约为 0.5 V，锗管的 U_{th} 约为 0.1 V。

当正向电压超过死区电压以后，随着电压的升高，正向电流将迅速增大，二极管正向电阻变得很小，电流与电压的关系基本上是一条指数曲线。当二极管完全导通后，正向压降基本维持不变，称为二极管正向导通压降 $U_{VD(on)}$。通常认为，当正向电压 $U_{VD}<U_{VD(on)}$ 时，二极管截止；当 $U_{VD}>U_{VD(on)}$ 时，二极管导通。一般硅管的 $U_{VD(on)}$ 为 0.6～0.8 V，锗管的 $U_{VD(on)}$ 为 0.1～0.3 V。

当在二极管上加上反向电压时，反向电流的值很小。而且当反向电压超过零点几伏后，反向电流不再随着反向电压而增大，即达到了饱和，这个电流称为反向饱和电流，用符号 I_R 表示。如果使反向电压继续升高，当超过 U_{BR} 以后，反向电流将急剧增大，这种现象称为击穿，U_{BR} 称为反向击穿电压。普通二极管反向击穿电压一般在几十伏以上。二极管击穿以后，不再具有单向导电性。

温度对二极管的特性有显著影响。当温度升高时，扩散运动加强，产生同一正向电流所需的电压减小，故正向特性曲线向左移。当温度升高时，少数载流子数量增加，反向电流将随之增加，故反向特性曲线向下移。

综上所述，温度升高时，二极管的导通压降降低，反向击穿电压减小，反向饱和电流增大。其变化规律是：在室温附近，温度每升高 1 ℃，正向压降减小 2～2.5 mV；温度每升高 10 ℃，反向电流约增大一倍。

2）二极管的主要参数

描述元器件的物理量，称为元器件的参数。二极管的主要参数如下。

（1）最大整流电流 I_F：指二极管长期运行允许通过的最大正向平均电流。

（2）最高反向工作电压 U_R：工作时加在二极管两端的反向电压不得超过此值，否则一极管可能被击穿。通常取反向击穿电压 U_{BR} 的 1/2～2/3，以确保二极管安全工作。

（3）反向电流 I_R：指在室温条件下，在二极管两端加上规定的反向电压时，流过二极管的反向电流。通常希望 I_R 越小越好。反向电流越小，说明二极管的单向导电性越好。

（4）最高工作频率 f_M：f_M 的值主要取决于 PN 结结电容的大小，结电容越大，则二极管允许的最高频率越低。当工作频率超过 f_M 时，二极管的单向导电性能变坏。

3. 二极管的应用

二极管是电子电路中最常用的半导体器件。利用其单向导电性及导通时正向压降很小的特点，可以起到整流、检波、钳位、限幅、开关，以及元器件保护等作用。

1）二极管整流电路

所谓整流，就是将方向交替变化的交流电变为单一方向的脉动直流电。一个简单的二极管半波整流电路及波形图如图 1-8（a）、（b）所示。

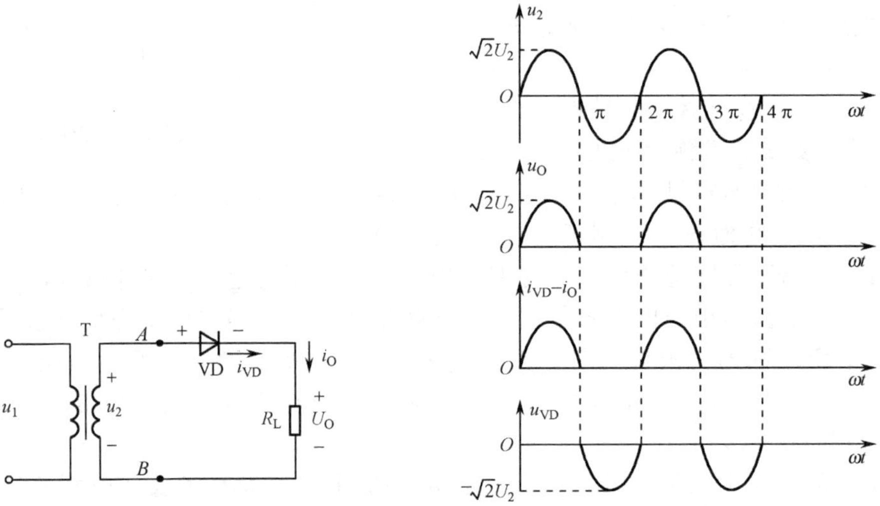

（a）电路图　　（b）波形图

图 1-8　半波整流电路及波形图

由于流过负载的电流和加在负载两端的电压只有半个周期的正弦波，故称半波整流。若二极管为理想二极管，当输入一正弦波时，由图 1-8 可知：正半周时，二极管导通（相当开关闭合），导通压降为零；负半周时，二极管截止（相当开关打开）。

在形成直流稳压电源的电路中，可以利用二极管构成的桥式整流电路实现全波整流。

2）二极管钳位

利用二极管正向导通时压降很小的特性，可组成钳位电路，如图 1-9 所示。若 A 点 $V_A=0$，二极管 VD 可正向导通，其压降很小，故 F 点的电位也被钳制在 0 V 左右，即 $V_F=0$。

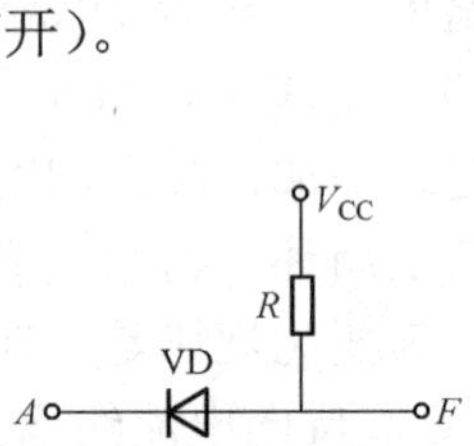

图 1-9　二极管钳位电路

实例 1-1　二极管电路如图 1-10 所示，试判断图中的二极管是导通还是截止，并求出 A、O 两端电压 U_{AO}。（设二极管是理想的）。

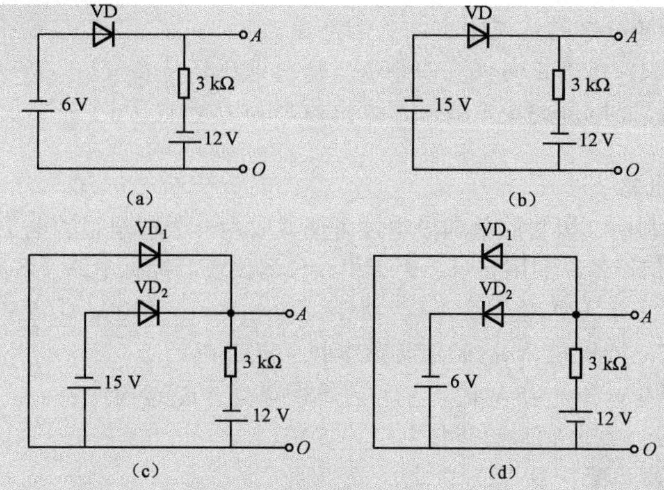

图 1-10 实例 1-1 的电路

解 图(a)，将 VD 断开，以 O 点为电位参考点，VD 的阳极电位为-6 V，阴极电位为-12 V，故 VD 处于正向偏置而导通，U_{AO}=-6 V。

图(b)，将 VD 断开，以 O 点为电位参考点，VD 的阳极电位为-15 V，阴极电位为-12 V，VD 被反向偏置而截止，U_{AO}=-12 V。

图(c)，VD_1、VD_2 属于共阴极连接。对 VD_1 有阳极电位为 0 V，VD_2 的阳极电位为-15 V，故 VD_1 优先导通，此后使 V_A=0 V，故 VD_2 反偏而截止，U_{AO} =0 V。

图(d)，VD_1、VD_2 属于共阳极连接。对 VD_1 有阴极电位为 0 V，VD_2 的阴极电位为-6 V，故 VD_2 优先导通，此后使 V_A=-6 V；故 VD_1 反偏而截止，U_{AO}=-6 V。

3）二极管限幅电路

限幅电路也称为削波电路。当输入信号电压在一定范围内变化时，输出电压也随着输入电压相应变化；当输入电压高于某一个数值时，输出电压保持不变，这就是限幅电路（限制输出信号幅度的电路称为限幅电路），常用于波形变换和整形电路。

实例 1-2 图 1-11（a）为一正负对称限幅电路，设输入电压 $u_I=10\sin\omega t$（V），$U_{s1}=U_{s2}$=5 V。试画出输出电压 u_O 的波形。

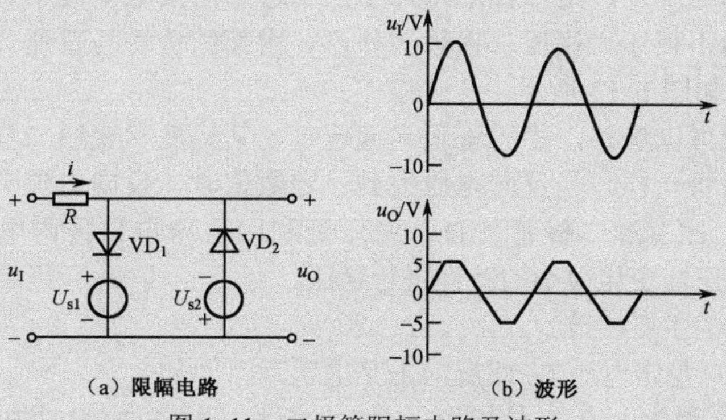

（a）限幅电路　　（b）波形

图 1-11 二极管限幅电路及波形

解 当 $-U_{s2}<u_i<U_{s1}$ 时，VD_1、VD_2 都处于反向偏置而截止，因此 i=0，u_O=u_I。当 $u_I>U_{s1}$

时，VD_1 处于正向偏置而导通，使输出电压保持在 U_{s1}。

当 $u_i<-U_{s2}$ 时，VD_2 处于正向偏置而导通，输出电压保持在 $-U_{s2}$。所以输出电压 u_O 被限制在 $+U_{s1}$ 与 $-U_{s2}$ 之间，即 $|u_O|\leqslant 5$ V。输入、输出波形如图 1-11（b）所示。

4）二极管开关电路

在开关电路中，利用二极管的单向导电性可使其成为一个较理想的电子开关，广泛应用于计算机、电视机、通信设备、家用音响、影碟机、仪器仪表、控制电路及各类高频电路中。

实例 1-3 二极管开关电路如图 1-12 所示。当 u_1 和 u_2 为 0 V 或 5 V 时，求 u_1 和 u_2 的值在不同组合情况下，输出电压 u_O 的值（设二极管是理想的）。

解 （1）当 u_1=0 V 和 u_2=5 V 时，VD_1 为正向偏置，u_O=0 V（因二极管是理想的），此时 VD_2 的阴极电位为 5 V，阳极为 0 V，处于反向偏置，故 VD_2 截止。

（2）以此类推，将 u_1 和 u_2 的其余三种组合及输出电压列于表 1-1 中。

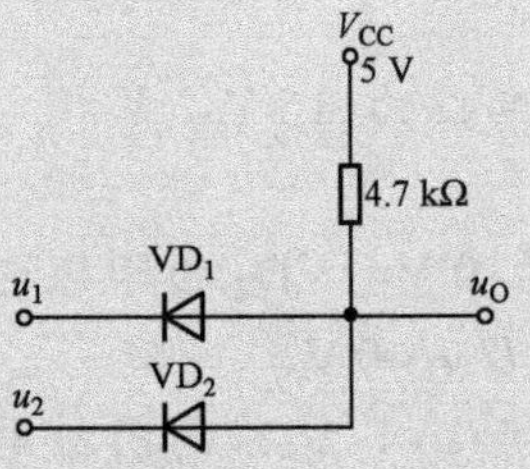

图 1-12　二极管开关电路

表 1-1　四种组合及输出电压值

u_1	u_2	二极管工作状态		u_O
		VD_1	VD_2	
0 V	0 V	导通	导通	0 V
0 V	5 V	导通	截止	0 V
5 V	0 V	截止	导通	0 V
5 V	5 V	截止	截止	5 V

4. 特种二极管

前面主要讨论了普通二极管，另外还有一些特殊用途的二极管，如稳压二极管、发光二极管、光电二极管和变容二极管等。

1）稳压二极管

（1）稳压二极管的稳压特性。

稳压二极管简称稳压管，是一种用特殊工艺制造的面接触型硅半导体二极管，可以稳定地工作于击穿区而不损坏。稳压二极管的外形、内部结构均与普通二极管相似，其电路符号、伏安特性曲线如图 1-13 所示。

从伏安特性曲线可以看到，稳压管正向偏压时，其特性和普通二极管一样；反向偏压时，开始一段和二极管一样，当反向电压大到一定数值时，反向电流突然上升，这一特性称为反向击穿特性，比普通二极管陡直。稳压管利用反向击穿区内电流在很大范围内变化，而管子两端的电压却变化很小的特性进行稳压。

（2）稳压二极管的主要参数。

① 稳定电压 U_Z：稳定电压 U_Z 即反向击穿电压。

② 稳定电流 I_Z：稳定电流 I_Z 是指稳压管工作至稳压状态时流过的电流。当稳压管稳定电流小于最小稳定电流 I_{Zmin} 时，没有稳定作用；大于最大稳定电流 I_{Zmax} 时，管子因过流而

损坏。所以稳压管正常工作时的电流应大于 I_{Zmin} 而小于 I_{Zmax}。

③ 稳压管额定功耗 P_{ZM}：保证稳压管安全工作所允许的最大功耗。使用时不允许超过此值。其大小为

$$P_{ZM}=U_Z \cdot I_{Zmax}$$

（3）稳压二极管的应用。

稳压二极管稳压电路如图 1-14 所示。当电路的输入电压发生变化或负载的大小变化时，负载两端的电压因稳压管的存在而基本不变。限流电阻 R 不仅保护稳压管，而且还起着调整电压的作用，正是稳压管和限流电阻的相互配合，才稳定了输出电压。具体的稳压过程见项目 4 硅稳压管组成的并联型稳压电路。

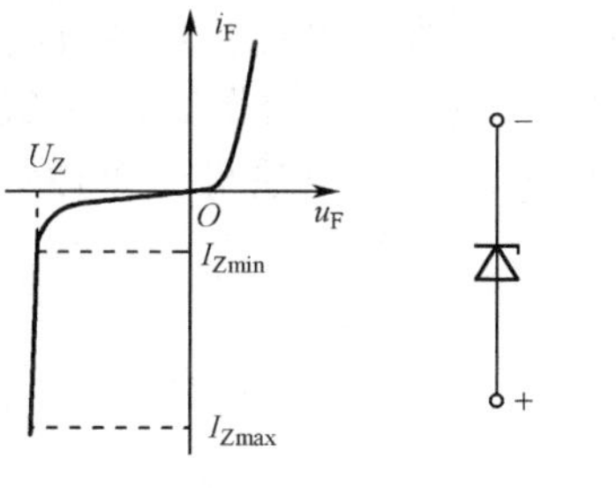

（a）伏安特性曲线　（b）电路符号

图 1-13　稳压二极管的伏安特性曲线与电路符号

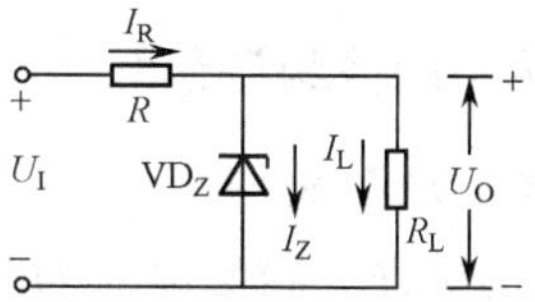

图 1-14　稳压二极管稳压电路

实例 1-4　在图 1-15 中，已知稳压二极管的 U_{VD_Z}=6.3 V，当 U_I=±20 V，R=1 kΩ时，求 U_O。已知稳压二极管的正向导通压降 $U_{VD(on)}$=0.7 V。

解　当 U_I=+20 V 时，VD_{Z1} 反向击穿稳压，$U_{VD_{Z1}}$=6.3 V，VD_{Z2} 正向导通，$U_{VD(on)}$=0.7 V，则 U_O=6.3+0.7=7（V）；同理，当 U_I=−20 V 时，U_O=−7 V。

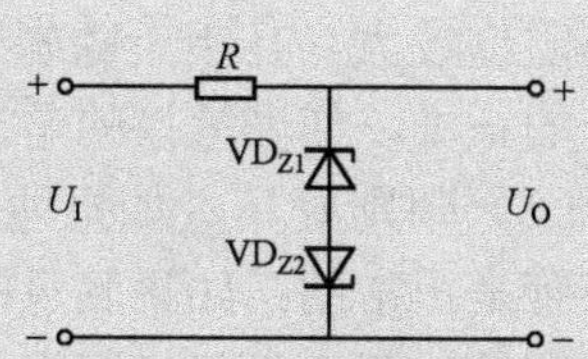

图 1-15　稳压管稳压电路

2）发光二极管

发光二极管与普通二极管一样，也是由 PN 结构成的，同样具有单向导电性。当外加反偏电压时，二极管截止，不发光；当外加正偏电压时导通，因流过正向电流而发光。发光二极管能发红光、黄光、绿光、蓝光及紫光等，是一种把电能转换成光能的半导体器件。电路符号如图 1-16 所示。

发光二极管的导通电压比普通二极管大，一般在 1.7～2.4 V，具有体积小、省电、工作电压低、抗冲击振动、寿命长、单色性好、响应速度快等优点。发光二极管通常工作在 5 V 以下，电源电压可以为交流或脉冲信号。常用作微型计算机、电视机、音响设备、仪器仪表中的电源和信号的指示器，也可做成数字形状，用于显示数字。

3）光电二极管

光电二极管也叫光敏二极管，是一种光接收器件，其 PN 结工作在反偏状态。它的结构和一般二极管相似，也具有单向导电性。光电二极管的 PN 结被封装在透明玻璃外壳中，其

PN 结装在管子的顶部，可以直接受到光的照射。光电二极管的电路符号如图 1-17 所示。

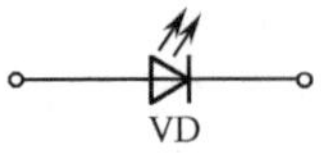

图 1-16　发光二极管的电路符号

图 1-17　光电二极管的电路符号

原理：光电二极管的管壳上有一个玻璃窗口以便接受光照。当窗口受到光照时，就形成反向电流，通过接在回路中的电阻 R_L 就可获得电压信号，从而实现了光电转换。

应用：用于光的测量和光电自动控制系统，如光纤通信中的光接收机、电视机和家庭音响的遥控接收；大面积的光电二极管可用来作为能源，即光电池；线性光电器件统称为光电耦合器，可以实现光与电的线性转换，在信号传送和图形图像处理领域有广泛的应用。利用光电二极管制成光电传感器，可以把非电信号转变为电信号，以便控制其他电子器件。

5. 二极管的检测与选用

1）普通二极管的测试

（1）判别极性。将数字式万用表置于 R×100 或 R×1 k 挡，两表笔分别接二极管的两个电极，若测出的电阻值较小（硅管为几百欧姆至几千欧姆，锗管为 100 Ω～1 kΩ），则说明二极管正向导通，此时红表笔接的是二极管的正极，黑表笔接的是二极管的负极；若测出的电阻值较大（几十千欧姆至几百千欧姆），则说明二极管反向截止，此时黑表笔接的是二极管的正极，红表笔接的是二极管的负极。

（2）判别好坏。如果两表笔对换位置测量的电阻值一个比较大，一个比较小，则说明二极管是正常的；如果测量的两个电阻值都很小，则说明二极管内部 PN 结击穿或已短路；如果测量的两个电阻值都很大，则说明二极管内部已断路。

2）稳压二极管的测试

（1）判别极性。与普通二极管的判别方法相同。

（2）判别好坏。将数字式万用表置于 R×10 k 挡，黑表笔接二极管的“+”极，红表笔接二极管的“-”极；若此时的反向电阻很小，则说明该稳压管正常。

1.2　半导体三极管

扫一扫看半导体三极管微课视频

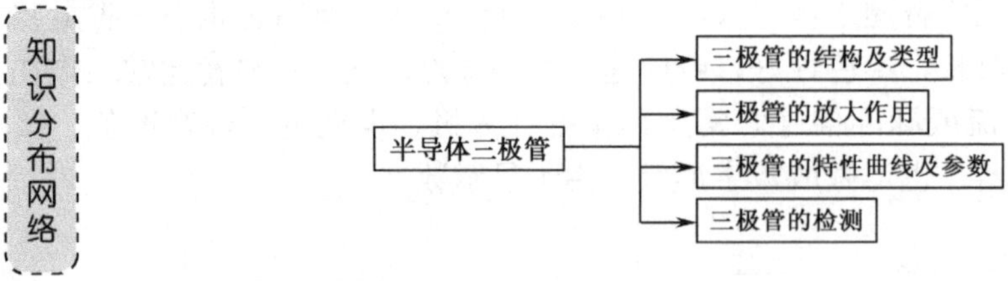

半导体三极管（简称 BJT）通常指双极型三极管，又称晶体管或三极管。它们常常是组成各种电子电路的核心元器件。

1.2.1 三极管的结构与类型

1. 三极管的结构

三极管是由两个 PN 结、3 个杂质半导体区域组成的，因杂质半导体有 P 型、N 型两种，所以三极管的组成形式有 NPN 型和 PNP 型两种。结构示意图和电路符号如图 1-18（a）、（b）所示。

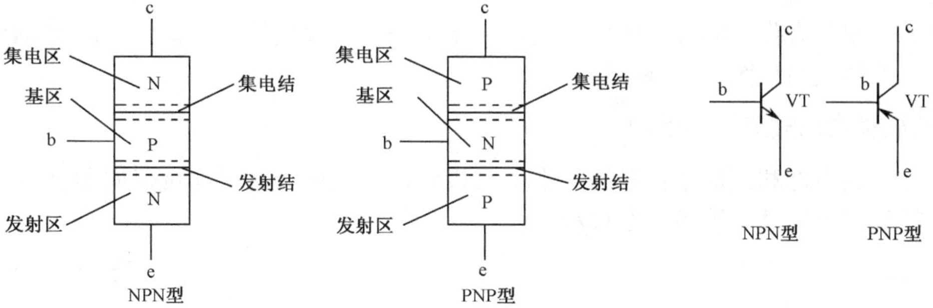

（a）结构示意图　　（b）电路符号

图 1-18　三极管的结构示意图与电路符号

无论是 NPN 型管还是 PNP 型管，它们内部均含有 3 个区：发射区、基区、集电区。从 3 个区各引出一个金属电极分别称为发射极（e）、基极（b）和集电极（c）；同时在 3 个区的两个交界处形成两个 PN 结，发射区与基区之间形成的 PN 结称为发射结，集电区与基区之间形成的 PN 结称为集电结。三极管的电路符号中的箭头方向表示发射结正向偏置时的电流方向。

2. 三极管的类型

三极管的种类很多，按制造三极管基片的材料不同，分为锗管和硅管两大类，目前国内生产的硅管多为 NPN 型（3D 系列），锗管多为 PNP 型（3A 系列）；按频率特性分为高频管和低频管；按功率大小分为大功率管、中功率管和小功率管。实际应用中采用 NPN 型三极管较多，所以在以后的讨论中均以 NPN 型三极管为例加以讨论，所得结论对于 PNP 三极管同样适用。常见三极管的外形结构如图 1-19 所示。

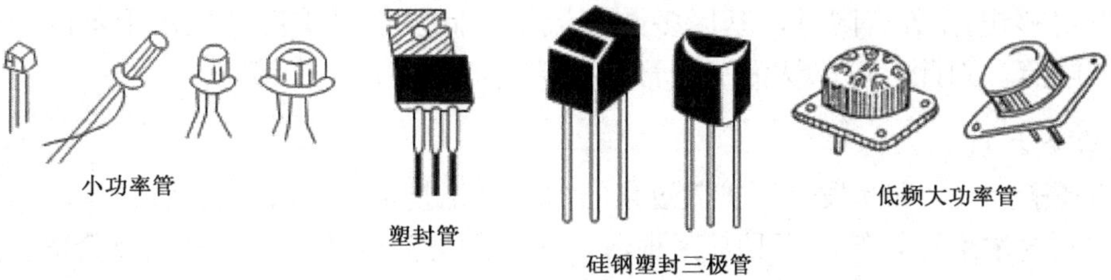

图 1-19　常见三极管的外形结构

1.2.2 三极管的电流分配与放大作用

NPN 型三极管内部存在两个 PN 结，表面看来，似乎相当于两个二极管背靠背地串联在一起。但是，假设将两个单独的二极管背靠背地连接起来，将会发现它们并不具有放大作用。为了使三极管实现放大功能，还必须由三极管的内部结构和外部所加电源的极性两方面的条件来保证。

从三极管的内部结构来看，主要有以下特点。发射区：掺杂浓度最高，多数载流子浓度很高。基区：基区做得很薄，通常只有几微米到几十微米，而且掺杂比较少，则基区中多数载流子的浓度很低。集电区：集电结截面积最大，掺杂浓度居中，收集从发射区到基区再到集电区的载流子。

三极管实现放大作用的外部条件是发射结正向偏置，集电结反向偏置。满足 NPN 型三极管外部条件的电路如图 1-20 所示。

1. 三极管内部载流子的运动

在满足上述内部和外部条件的情况下，三极管内部载流子的运动规律如图 1-21 所示，三极管内部载流子运动有以下 3 个过程。

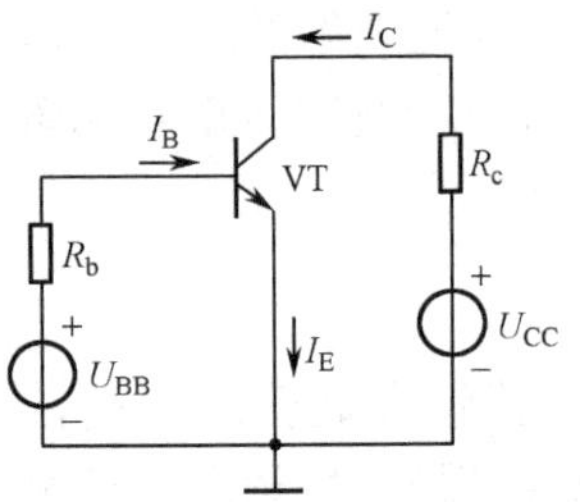

图 1-20　三极管具有放大作用的外部条件

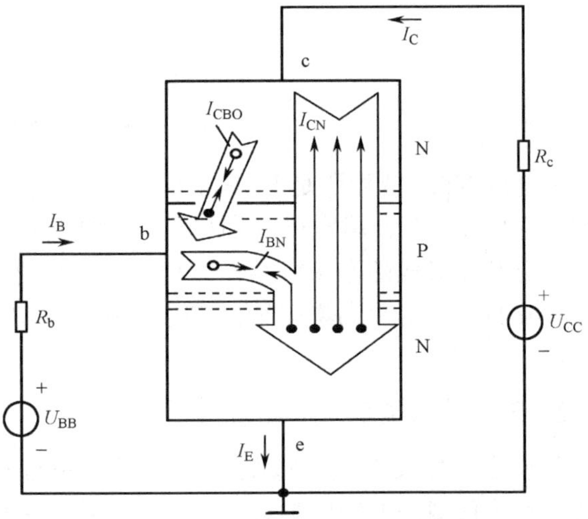

图 1-21　三极管内部载流子的运动规律

1）发射

由于发射结正向偏置，因而发射区发射出大量的电子。这些电子越过发射结到达基区，形成发射极电流 I_E。同时，基区多数载流子也向发射区扩散，但由于基区很薄，可以不考虑这个电流。因此，可以认为三极管发射结电流主要是电子流。

2）复合和扩散

基区的多子空穴会和从发射区扩散过来的电子产生复合运动而形成基极电流 I_{BN}，但是，因为基区空穴的浓度比较低，而且基区很薄，所以到达基区的电子与空穴复合的机会很小，因而基极电流比发射极电流小得多。大多数电子在基区中由于浓度差的作用会继续扩散，到达靠近集电结的一侧。扩散的电子流与复合的电子流的比例决定了三极管的放大能力。

3）收集

由于集电结反向偏置，外电场的方向将阻止集电区中的多子电子向基区运动，但是却有利于将基区中扩散过来的电子收集到集电极而形成集电极电流 I_{CN}。另外，集电区的少数载流子空穴也会产生漂移运动，流向基区，形成很小的反向饱和电流 I_{CBO}。

2. 三极管的电流分配关系

由图 1-21 可知

$$I_B = I_{BN} - I_{CBO}$$
$$I_C = I_{CN} + I_{CBO}$$
$$I_E = I_{CN} + I_{BN}$$

整理以上 3 个公式得

$$I_E = I_C + I_B \tag{1-1}$$

式（1-1）说明，在三极管中发射极电流 I_E，等于集电极电流 I_C 和基极电流 I_B 之和。对于 PNP 型三极管，3 个电极产生的电流方向正好和 NPN 型三极管相反。三极管 3 个电极的电流分配关系可用图 1-22 表示。

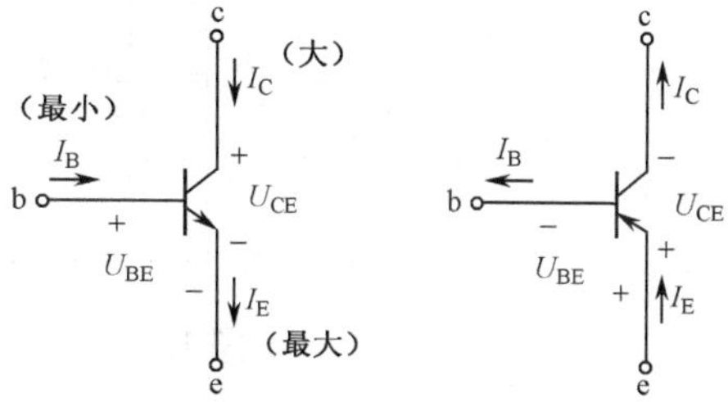

（a）NPN 型三极管　（b）PNP 型三极管

图 1-22　三极管的电流分配关系

3. 三极管的电流放大作用

由图 1-22 可知，当发射结正向偏置电压改变时，即基极电流改变时，发射区注入载流子数将跟随改变，从而使集电极电流 I_C 产生相应的变化，由于 $I_B \ll I_C$，因此 I_B 很小的变化就能引起 I_C 较大的变化，这就是三极管的电流放大作用。通常用集电极电流 I_C 与基极电流 I_B 之比值来反映三极管的放大能力。

令 $\overline{\beta} = \dfrac{I_{CN}}{I_{BN}}$，由于 $I_C = I_{CN} + I_{CBO}$，$I_B = I_{BN} - I_{CBO}$，故有 $I_C = \overline{\beta} I_B + (1+\overline{\beta}) I_{CBO}$。

当 I_{CBO} 可以忽略时，上式可简化为

$$\overline{\beta} \approx \frac{I_C}{I_B} \tag{1-2}$$

式中，$\overline{\beta}$ 称为三极管共发射极电路的直流电流放大系数。

三极管的发射极和集电极一般不能调换使用。因为集电区的掺杂浓度较发射区低，如把集电极当作发射极来用，则扩散到基区的载流子的数量将严重不足，会使集电极电流和电流放大系数大为降低。

扫一扫看三极管的输入输出特性动画

1.2.3　三极管的特性曲线

三极管的特性曲线是指各电极间电压和电流之间的关系曲线。双极型三极管有 3 个电极，其中两个作为输入，两个作为输出，这样必然有一个电极是公共电极，该电极既处于输入回路之中，也处于输出回路之中。根据所选公共电极的不同，三极管有以下 3 种基本接法（组态），分别称为共基极、共发射极和共集电极接法。3 种连接方法如图 1-23 所示。

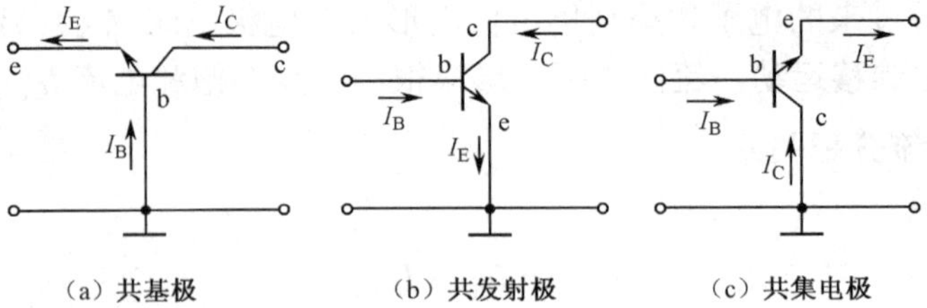

图 1-23　三极管的三种基本接法

其中，共发射极接法更具代表性，所以主要讨论共发射极伏安特性曲线。共发射极三极管特性曲线的测试电路如图 1-24 所示。

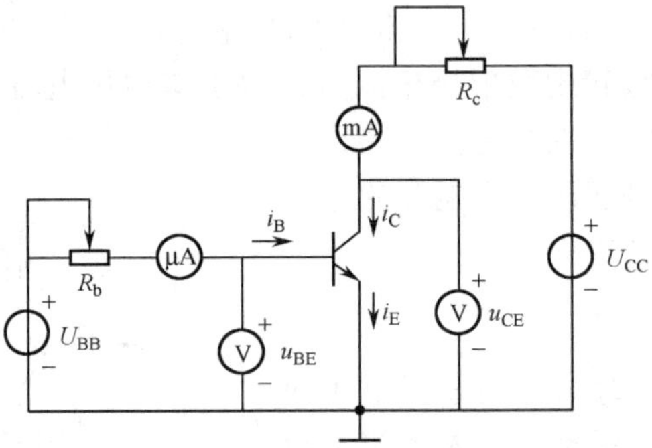

图 1-24　共发射极三极管特性曲线的测试电路

1. 输入特性曲线

三极管的输入特性曲线如图 1-25 所示。

$$i_B=f(u_{BE})|_{u_{CE}=\text{常数}} \tag{1-3}$$

由图 1-25 可见曲线形状与二极管的伏安特性相类似，只不过 u_{CE}=1 V 的输入特性曲线比 u_{CE}=0 的曲线向右移动了一段距离，即 u_{CE} 增大，曲线向右移。实际使用时，由于 u_{CE} 总是大于 1 V，所以有用的还是 u_{CE}>1 V 的那条特性曲线。

2. 输出特性曲线

三极管的输出特性曲线如图 1-26 所示。该曲线是指当 i_B 一定时，输出回路中的 i_C 与 u_{CE} 之间的关系曲线，用函数式可表示为

$$i_C=f(u_{CE})|_{i_B=\text{常数}} \tag{1-4}$$

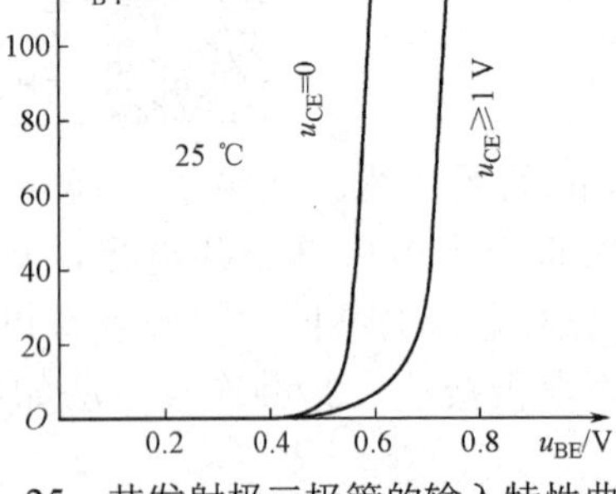

图 1-25　共发射极三极管的输入特性曲线

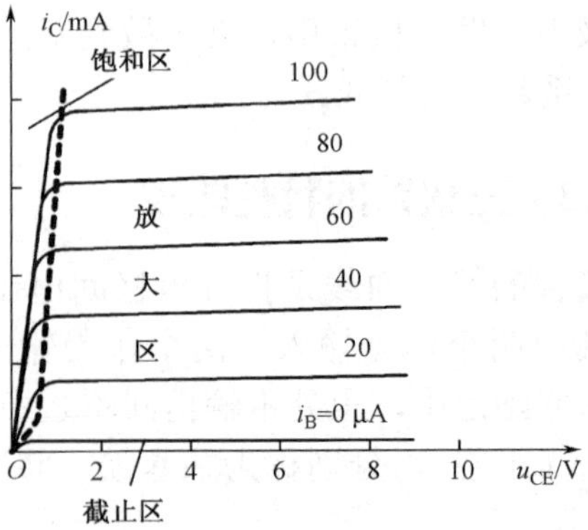

图 1-26　共发射极三极管的输出特性曲线

根据三极管工作状态不同可将输出特性分为截止区、放大区和饱和区3个区域。

1）截止区

一般将 $i_B \leqslant 0\ \mu A$ 的区域称为截止区，在图中为 $i_B=0$ 这条曲线以下的部分。此时 i_C 也近似为0。三极管集电极与发射极之间接近开路，类似开关断开状态，各极电流都基本上等于0。三极管工作在截止区时，发射结和集电结均反向偏置。

2）放大区

在 $i_B=0\ \mu A$ 的特性曲线上方，各条输出特性曲线近似平行于横轴的曲线簇部分为放大区。u_{CE} 在1 V以上，i_C 不随着 u_{CE} 变化，呈现恒流特性。在放大区 i_C 的大小随 i_B 变化，$i_C \approx \beta i_B$。此时，发射结处于正向偏置，集电结处于反向偏置，三极管处于放大状态。观察曲线簇可以看出放大区有以下两个特点。

（1）对应同一个 i_B，$|u_{CE}|$ 增加时，i_C 基本不变。说明集电极电压对集电极电流的影响很小。这是因为 u_{CE} 超过一定数值（约1 V）以后，集电极的电场已足够强，能使发射区注入到基区的载流子绝大部分到达集电区，故 u_{CE} 再增加，对 i_C 的影响也不大了。

（2）对应同一个 u_{CE} 值，i_B 增加，i_C 显著增加，并且 i_C 的变量 Δi_C 与 i_B 的变量 Δi_B 基本为正比关系（曲线簇等间距）。说明 i_C 受 i_B 的控制，Δi_C 与 Δi_B 保持线性关系，而且 $\Delta i_C \gg \Delta i_B$，具有电流放大作用。

3）饱和区

曲线靠近纵轴附近，各条输出特性曲线的上升部分属于饱和区。在这个区域，不同 i_B 值的各条特性曲线几乎重叠在一起，i_C 与 i_B 不成比例，它随 u_{CE} 的增加而迅速上升。

一般认为 $U_{CE}=U_{BE}$，即 $U_{CB}=0$ 时，三极管处于临界饱和状态，临界饱和线如图1-26所示的虚线；当 $U_{CE}<U_{BE}$ 时称为饱和状态。三极管饱和时c、e之间的压降称为饱和压降，用 U_{CES} 表示。在深度饱和时，小功率管管压降通常小于0.3 V。三极管集电极与发射极之间接近短路，类似开关接通状态。

三极管工作在饱和区时，发射结和集电结均正向偏置。

实例1-5 测得某放大电路中BJT的3个电极A、B、C的对地电压值分别为 $U_A=-9\ V$，$U_B=-6\ V$，$U_C=-6.2\ V$，试分析A、B、C中哪个是基极b、发射极e、集电极c，并说明此BJT是NPN管还是PNP管。

解 由BJT的电极B的 $U_B=-6\ V$，电极C的 $U_C=-6.2\ V$，电极A的 $U_A=-9\ V$，基极电位始终处于发射极和集电极的中间位置，故电极C是基极。又由于锗BJT的 $|U_{BE}| \approx 0.2\ V$，硅BJT的 $|U_{BE}| \approx 0.7\ V$，根据BJT工作在放大区时，必须保证发射结正偏、集电结反偏的条件可知，电极B是发射极，电极A是集电极，且此BJT为PNP管。

实例1-6 测量某硅BJT各电极对地的电压值如下，试判别管子工作在什么区域。

（a）$U_C=6\ V$，$U_B=0.7\ V$，$U_E=0\ V$。

（b）$U_C=6\ V$，$U_B=2\ V$，$U_E=1.3\ V$。

（c）$U_C=6\ V$，$U_B=6\ V$，$U_E=5.4\ V$。

（d）$U_C=6\ V$，$U_B=4\ V$，$U_E=3.6\ V$。

（e）U_C=3.6 V，U_B=4 V，U_E=3.4 V。

解 （a）放大区。因发射结正偏，集电结反偏。

（b）放大区。因发射结正偏，集电结反偏。

（c）饱和区。因发射结正偏，集电结零偏。

（d）截止区。因发射结未导通。

（e）饱和区。因发射结正偏，集电结正偏。

1.2.4 三极管的主要参数

1. 电流放大系数

把集电极电流的变化量与基极电流的变化量之比定义为三极管的共发射极交流电流放大系数β，其表达式为

$$\beta = \frac{\Delta I_C}{\Delta I_B} \tag{1-5}$$

静态（直流）电流放大系数为$\overline{\beta}$[参见式（1-2）]。

β 和 $\overline{\beta}$ 含义不同，但在输出特性曲线近于水平且曲线间距基本相等的部分，同时在忽略 I_{CBO} 的情况下，两者数值较为接近，并且可以认为基本恒定，所以对β 和 $\overline{\beta}$ 一般不做严格区分。

2. 极间反向电流

1）集电极-基极反向饱和电流 I_{CBO}

I_{CBO} 表示发射极开路，c、b 间加上一定反向电压时的反向电流。它只决定于温度和少数载流子的浓度。在一定温度下，这个反向电流基本上是个常数，所以称为反向饱和电流。一般 I_{CBO} 的值很小，小功率硅管的 I_{CBO} 小于 1 μA，而小功率锗管的 I_{CBO} 约为 10 μA。因此，在温度变化范围大的工作环境应选用硅管。

2）集电极-发射极反向饱和电流 I_{CEO}

I_{CEO} 表示基极开路，c、e 间加上一定反向电压时的集电极电流。这个电流从集电区穿过基区流至发射区，所以又叫穿透电流。

I_{CEO} 和 I_{CBO} 都是衡量三极管质量的重要参数，由于 I_{CEO} 比 I_{CBO} 大得多，测量起来比较容易，所以常常把测量 I_{CEO} 作为判断管子质量的重要依据。小功率硅管的 I_{CEO} 在几微安以下，而小功率锗管的 I_{CEO} 则大得多，为几十微安以上。还需注意，I_{CEO} 和 I_{CBO} 一样，也随温度的增加而增加。这两项数值越小，管子质量越高。

3. 极限参数

1）集电极最大允许电流 I_{CM}

三极管的电流放大系数β 值与工作电流有关，工作电流太大，β 就下降，使三极管的性能下降，也使放大的信号产生严重失真。一般定义当β 值下降为正常值的 1/3～2/3 时所对应的 I_C 值为 I_{CM}。当 $I_C>I_{CM}$ 时，可导致三极管损坏。

2）集电极-发射极间的击穿电压 $U_{(BR)CEO}$

$U_{(BR)CEO}$ 是指基极开路时集电极-发射极间的反向击穿电压，这个电压的大小与三极管的穿透电流 I_{CEO} 直接相联系，当管子的 U_{CE} 增加时，I_{CEO} 明显增大，导致集电结出现雪崩击穿。

3）集电极最大允许功率损耗 P_{CM}

P_{CM} 表示集电结上允许损耗功率的最大值。超过此值就会使管子性能变差或烧毁。根据规定的 $P_C=I_CU_{CE}<P_{CM}$ 值可以做出一条 P_{CM} 曲线，如图 1-27 所示。由 P_{CM}、I_{CM} 和 $U_{(BR)CEO}$ 包围的区域为三极管安全工作区。

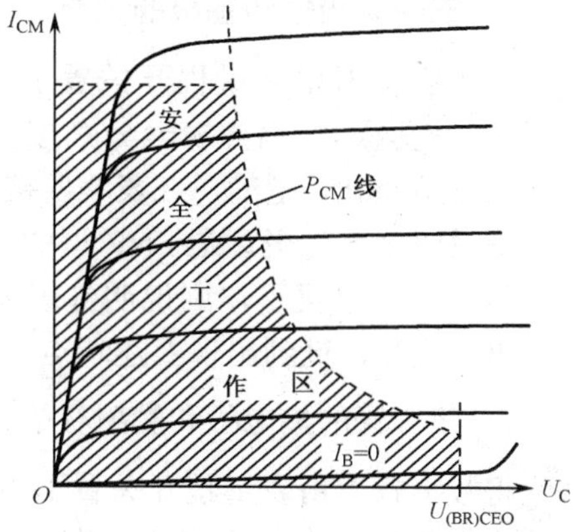

图 1-27　三极管安全工作区

4. 温度对三极管的特性与参数的影响

由于半导体的载流子浓度受温度影响，因而三极管的参数也会受温度的影响。这将严重影响到三极管电路的热稳定性。通常三极管的如下参数受温度影响比较明显。

1）温度对 u_{BE} 的影响

三极管的输入特性曲线与二极管的正向特性曲线相似，温度升高，曲线左移，如图 1-28 所示。在 i_B 相同的条件下，输入特性随温度升高而左移，使 u_{BE} 减小。温度每升高 1 ℃，u_{BE} 就减小 2～2.5 mV。

2）温度对 I_{CBO} 的影响

I_{CBO} 是由少数载流子形成的。当温度上升时，少数载流子增加，故 I_{CBO} 也上升。其变化规律是：温度每上升 10 ℃，I_{CBO} 约上升 1 倍。I_{CEO} 随温度的变化规律大致与 I_{CBO} 相同。在输出特性曲线上，温度上升，曲线上移，如图 1-29 所示。

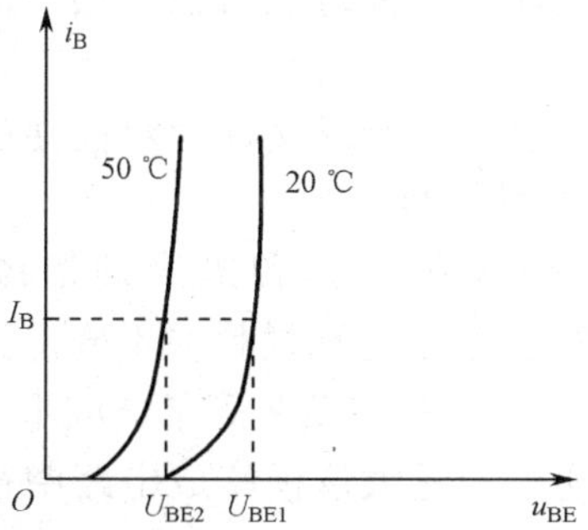

图 1-28　温度对输入特性的影响

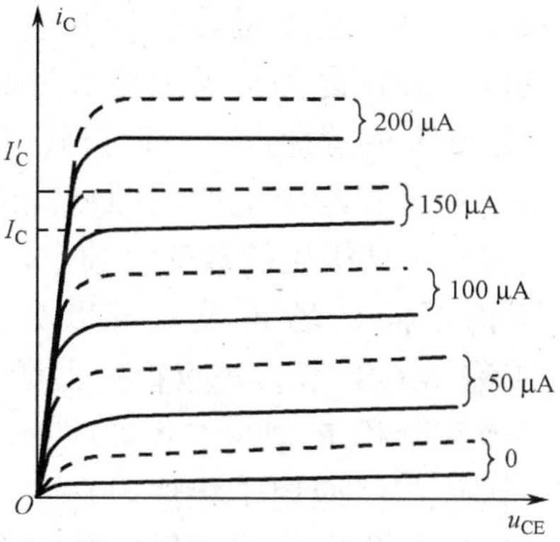

图 1-29　温度对输出特性的影响

3）温度对 β 的影响

β 随温度的升高而增大，变化的规律是：温度每升高 1 ℃，β 值增大 0.5%～1%。在输出特性曲线上，曲线间的距离随温度升高而增大。

综上所述，温度对 u_{BE}、I_{CBO}、β 的影响，均使 I_C 随温度上升而增加，这将严重影响三极管的工作状态。

1.2.5 三极管的检测

1. 三极管极性和基极的判断

将数字式万用表量程开关置于“—▶|—”挡位，用万用表的红表笔接三极管的某一引脚（假设它是基极），用黑表笔分别接另外两个引脚。如果显示的两个阻值都很小，则说明这个三极管是 NPN 型的，红表笔所接的引脚是 NPN 型管的基极；如果显示的两个阻值都很大，则说明这个三极管是 PNP 型的，红表笔所接的引脚是 PNP 型管的基极。如果两个阻值一个很大，一个很小，则说明红表笔所接的引脚一定不是三极管的基极，这时要换另一个引脚重新检测，直到出现上述特点，判断出基极。

2. 三极管的集电极和发射极的判断

将数字式万用表量程开关置于“h_{FE}”挡位，将三极管按极性分别插入 NPN 型和 PNP 型三极管的插孔内，已判断出来的基极一定要插入相应的基极插孔内。如果万用表显示的数值较大，则说明三极管的三个极和插孔旁标注的 3 个极是对应的，可以由此分辨三极管的发射极和集电极，显示读数为晶体三极管 β 的近似值；如果万用表显示的数值很小，则说明三极管的发射极和集电极正好插反了。

1.3 场效应管

扫一扫看场效应三极管微课视频

由于半导体三极管工作在放大状态时，必须保证发射结正偏，故输入端始终存在输入电流。改变输入电流就可改变输出电流，所以三极管是电流控制器件，因而三极管组成的放大器，其输入电阻不高。

场效应管（简称 FET）是通过改变输入电压（即利用电场效应）来控制输出电流的，属于电压控制器件，它不吸收信号源电流，不消耗信号源功率，因此输入电阻十分高，可高达上百兆欧。除此之外，场效应管还具有温度稳定性好、抗辐射能力强、噪声低、制造工艺简单、便于集成等优点，所以得到了广泛的应用。

半导体三极管参与导电的是两种载流子——电子和空穴，所以又称为双极性三极管。场效应管仅依靠一种极性的载流子导电，所以又称为单极性三极管。

根据结构不同，场效应管可以分为结型场效应管（JFET）和绝缘栅型场效应管（IGFET）或称 MOS 型场效应管两大类。根据场效应管制造工艺和材料的不同，又可分为 N 型沟道场效应管和 P 型沟道场效应管。MOS 场效应管具有制造工艺简单、成本低、功耗小等优点，因而广泛应用于集成电路中，特别是在大规模和超大规模集成电路中得到了广泛的应用。根据市场需求，下面主要介绍绝缘栅型场效应管。

绝缘栅型场效应管的栅极与漏极、源极及沟道是绝缘的，输入电阻可高达 $10^{14}\ \Omega$以上。由于这种场效应管是由金属、氧化物和半导体组成的，故称为 MOS 管。MOS 管可分为 N 沟道和 P 沟道两种。按照工作方式不同可以分为增强型和耗尽型两类。

1. N 沟道增强型 MOS 场效应管

1）结构及符号

N 沟道增强型绝缘栅场效应管的结构如图 1-30（a）所示。它以一块掺杂浓度较低，电阻率较高的 P 型硅半导体薄片做衬底，利用扩散的方法在 P 型硅中形成两个高掺杂的 N^+区，然后在 P 型硅表面覆盖一层很薄的二氧化硅绝缘层，并在二氧化硅的表面及 N^+型区的表面上分别安置 3 个铝电极，分别称为栅极（G）、源极（S）和漏极（D）。这就形成了 N 沟道 MOS 管。

由于栅极与源极、漏极均无电接触，故称绝缘栅极。图 1-30（b）是 N 沟道 MOS 管的符号。箭头方向表示由 P（衬底）指向 N（沟道）。

如果以 N 型硅做衬底，可制成 P 沟道 MOS 管，如图 1-30（c）所示。对于 P 沟道 MOS 管，其箭头方向与 N 沟道 MOS 管相反。

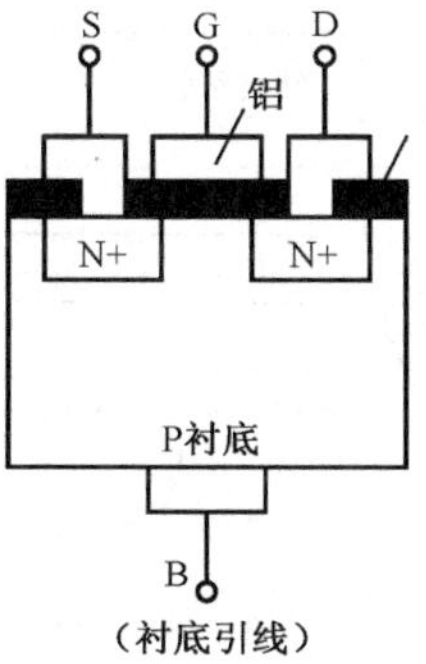

（a）N沟道结构示意图

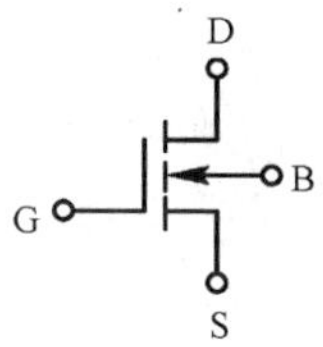

（b）N沟道符号

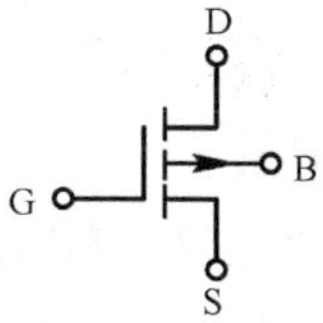

（c）P沟道符号

图 1-30 增强型绝缘栅场效应管的结构和符号

2）工作原理

在图 1-30（a）中，如果将栅极、源极短路（即栅源电压 U_{GS}=0），源区（N^+型）、衬底（P 型）和漏区（N^+型）就形成两个背靠背的 PN 结，那么不论漏、源极间加的电压极性如何，总会有一个 PN 结呈反向偏置，使漏极、源极之间的电阻很大，不能形成导电沟道，漏极、源极间将无电流。如果在栅极、源极间加上一个正电源 U_{GS}，并将衬底与源极相连，如图 1-31 所示，在正栅源电压 U_{GS} 的作用下，介质中便产生一个垂直于 P 型衬底表面的由栅极指向衬底的电场，这个电场是排斥空穴而吸引电子的。当 U_{GS} 较小时，吸引到衬底表面上的电子数很少，并被衬底表层的大量空穴复合掉，直至 U_{GS} 增加超过某一临界电压时，这些电子在栅极附近的 P 型硅表面形成了一个 N 型薄层，通常把这个 N 型薄层称为反型层。这个反型层实际上就组成了漏极和源极间的 N 型导电沟道，若此时加上漏源电压 U_{DS}，就会产生

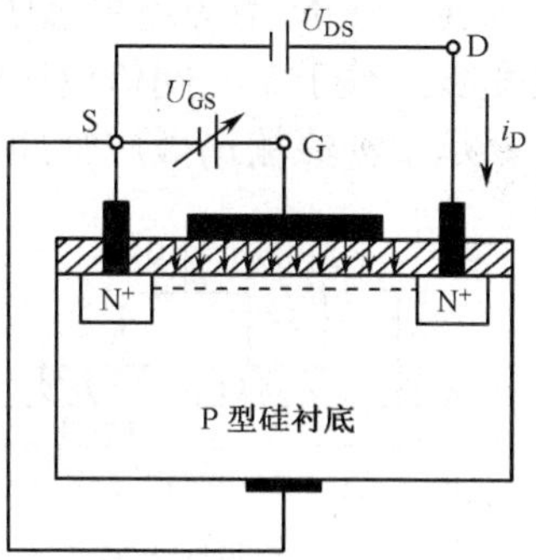

图 1-31 N 沟道增强型 MOS 管工作原理

I_D，形成反型层的临界电压，称为栅源阈电压（或称为开启电压），用 $U_{GS(th)}$表示。显然，N 型导电沟道的厚薄是由栅源电压 U_{GS} 的大小决定的。于是，可以得出结论：栅源电压 U_{GS} 能够控制漏极电流 I_D。

当 $U_{GS}>U_{GS(th)}$时，外加较小的 U_{DS} 时，漏极电流 I_D 将随 U_{DS} 上升迅速增大，但由于沟道存在电位梯度，因此沟道厚度是不均匀的，靠近源端厚，靠近漏端薄，沟道呈楔形。当 U_{DS} 增大到一定数值（如 $U_{GD}=U_{GS}-U_{DS}=U_{GS(th)}$）时，靠近漏端沟道被夹断，$U_{DS}$ 继续增加，将形成一夹断区。沟道被夹断后，U_{DS} 上升，I_D 趋于饱和。

3）特性曲线

N 沟道增强型绝缘栅场效应管的特性曲线如图 1-32 所示。图 1-32（a）的转移特性是在 U_{DS} 为某一固定值的条件下测出的，当 $U_{GS}<U_{GS(th)}$时，$I_D=0$；当 $U_{GS}\geqslant U_{GS(th)}$时，导电沟道形成，并且 I_D 随 U_{GS} 的增大而增大。图 1-32（b）为输出特性，同结型场效应管的情况类似。

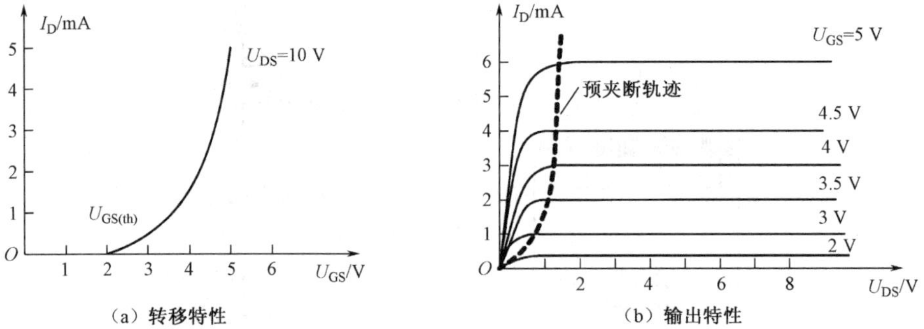

（a）转移特性　　（b）输出特性

图 1-32　N 沟道增强型绝缘栅场效应管的特性曲线

2. N 沟道耗尽型 MOS 场效应管

N 沟道耗尽型绝缘栅场效应管的结构和增强型基本相同，只是在制作这种管子时，预先在二氧化硅绝缘层中掺入了大量的正离子。这样，即使在 $U_{GS}=0$ 时，由于正离子的作用，也能在 P 型衬底表面形成感生沟道，将源区和漏区连接起来，如图 1-33 所示。当漏极、源极之间加上正电压 U_{DS} 时，就会有较大的漏极电流 I_D。如果 U_{GS} 为负，介质中的电场被削弱，使 N 型沟道中感应的负电荷减少，沟道变薄（电阻增大），因而 I_D 减小。当 U_{GS} 继续变负，等于某一阈值电压时，沟道将全部消失，$I_D=0$，管子进入截止状态。

耗尽型绝缘栅场效应管的符号如图 1-34 所示。

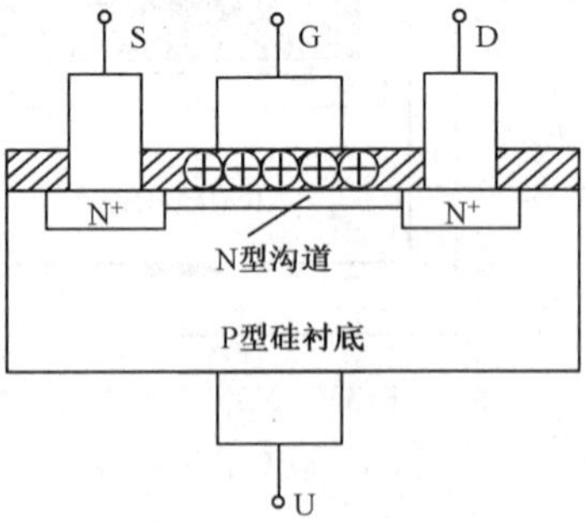

图 1-33　N 沟道耗尽型场效应管的结构示意图

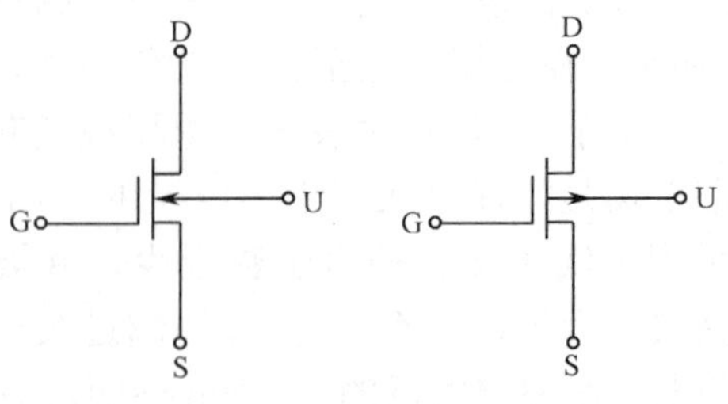

（a）N沟道　　（b）P沟道

图 1-34　耗尽型绝缘栅场效应管符号

N沟道耗尽型绝缘栅场效应管的特性曲线如图1-35所示。

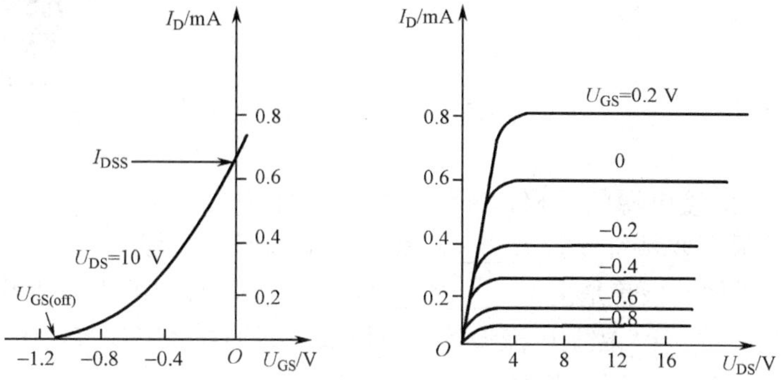

（a）转移特性　　（b）输出特性

图1-35　N沟道耗尽型绝缘栅场效应管的特性曲线

3. 主要参数

（1）开启电压 $U_{GS(th)}$：当 U_{DS} 为常数时，形成 I_D 所需的最小 $|U_{GS}|$ 值，称为开启电压。

（2）夹断电压 $U_{GS(off)}$：在 U_{DS} 固定时，使 I_D 为某一微小电流（如 1 μA）所需的 U_{GS} 值。

4. 场效应管的检测

结型场效应管的引脚识别如下。

（1）判定栅极G：将万用表拨至R×1 k挡，用万用表的负表笔任意接一电极，另一表笔依次去接触其余的两个极，测其电阻。若两次测得的电阻值近似相等，则负表笔所接触的为栅极，另外两电极为漏极和源极。若两次测出的电阻都很大，则为N沟道；若两次测得的阻值都很小，则为P沟道。

（2）判定源极S、漏极D：一般结型场效应管的源极与漏极在制造工艺上是对称的，所以，当栅极G确定后，对于源极S、漏极D不一定要判别，这两个极可以互换使用。

知识梳理与总结

（1）半导体具有光敏性、热敏性、掺杂性。N型半导体中电子是多子，空穴是少子；P型半导体中空穴是多子，电子是少子。PN结具有单向导电性。

（2）二极管是具有一个PN结的半导体器件，具有整流、限幅、钳位和开关等作用。

（3）三极管是由两个PN结，3个区域组成，具有放大作用的半导体器件，是电流控制器件。有NPN型和PNP型两种类型，有放大、截止和饱和状态3种工作状态。放大状态时，发射结正偏，集电结反偏；截止状态时，发射结、集电结均反偏；饱和状态时，发射结、集电结均正偏。

（4）场效应管是电压控制器件。结型场效应管利用PN结反向电压对耗尽层的影响来改变导电沟道的宽窄，从而控制漏极电流 I_D 的大小；而绝缘栅型场效应管则是利用栅源电压来控制感应电荷的多少，从而改变导电沟道，以达到控制漏极电流 I_D 的目的。

测试题 1

扫一扫看本项目测试题参考答案

1-1　本征半导体是________，其载流子是_________和_________，两种载流子的浓度_________。

1-2　PN 结的 P 区接电源的正极，N 区接负极，称 PN 结为__________。

1-3　二极管的最主要特征是________，稳压管是利用了二极管的_________。

1-4　双极型半导体三极管是由__________种载流子参与导电的半导体器件，它由_____个 PN 结组合而成，是一种_____控制电流源器件。场效应型半导体三极管仅由______种载流子参与导电，是一种______控制电流源器件。

1-5　三极管工作在放大状态的外部条件是发射结________，集电结________。

1-6　三极管的输出特性曲线可以分为 3 个区域：_________、________、_________。

1-7　温度升高时，三极管的电流放大系数和反向饱和电流________，正向结压降______；共射输入特性曲线将_______，输出特性曲线将______，而且输出特性曲线之间的间隔将______。

1-8　从场效应三极管的结构来划分，它有______场效应三极管 JFET 和_________型场效应三极管。

1-9　由理想二极管组成的电路如图 1-36 所示，求 A、B 两端的电压 U_{AB}。

1-10　在如图 1-37 所示电路中，VD_{Z1} 和 VD_{Z2} 为稳压二极管，其稳定工作电压分别为 7 V 和 6 V，且具有理想的特性。由此可知，输出电压 U_O 为____V。若将 VD_{Z1} 反接，输出电压 U_O 为_____V。

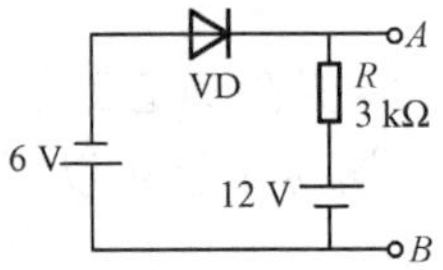

图 1-36　题 1-9 图

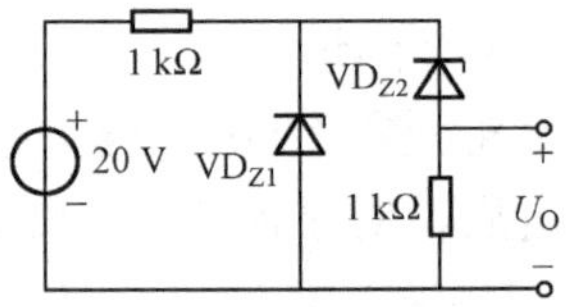

图 1-37　题 1-10 图

1-11　在如图 1-38 所示电路中，$E=5\,\text{V}$，$u_i=10\sin\omega t$（V），二极管的正向压降可忽略不计，画出输出电压 u_o 的波形。

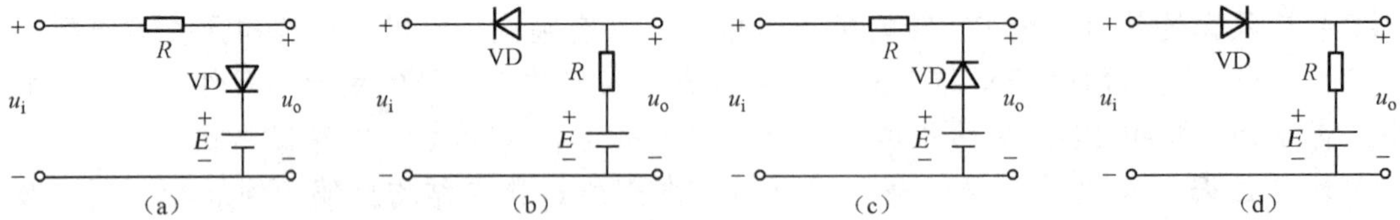

图 1-38　题 1-11 图

1-12　设硅稳压管 VD_{Z1} 和 VD_{Z2} 的稳定电压分别为 5 V 和 10 V，正向压降均为 0.7 V。

（1）稳压管接法如图 1-39 所示，求输出电压 U_O。

（2）若两只稳压管方向均相反，求 U_O。

（3）若 VD_{Z1} 方向不变，VD_{Z2} 方向相反，求 U_O。

（4）若两只稳压管相并联，方向不变，求 U_O。

1-13　在某放大电路中，三极管三个电极的电流如图 1-40 所示。

（1）电极①、②、③分别为 ____。（2）β 约为 ____。（3）管子类型为 ____。

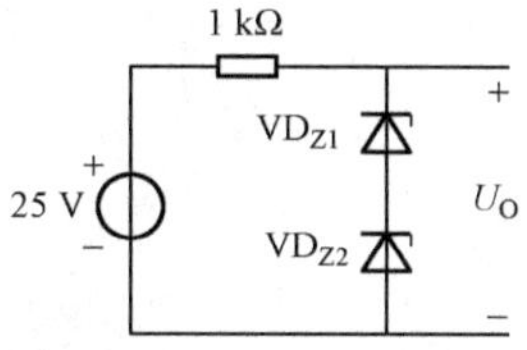

图 1-39　题 1-12 图

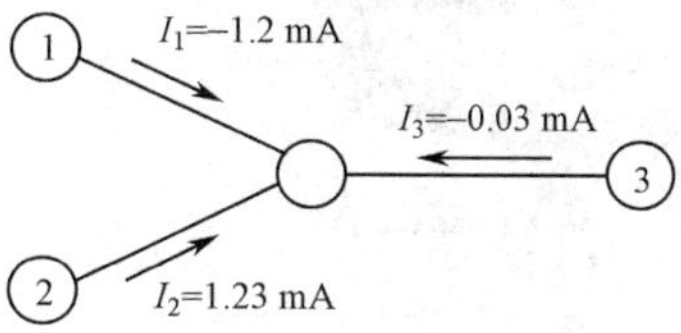

图 1-40　题 1-13 图

1-14　测得某三极管当 I_B=20 μA 时，I_C=2 mA；当 I_B=60 μA 时，I_C=5.4 mA。求其β、I_{CEO} 及 I_{CBO} 的值。

1-15　测得电路中的 4 个 NPN 硅管各极电位分别如下。试判断每管的工作状态。

（1）U_B=−3 V，U_C=5 V，U_E=−3.7 V

（2）U_B=6 V，U_C=5.5 V，U_E=5.3 V

（3）U_B=−1 V，U_C=8 V，U_E=−0.3 V

（4）U_B=3 V，U_C=2.3 V，U_E=6 V

1-16　测得放大电路中的 4 个三极管各极电位分别如下。

（1）U_1=0 V，U_2=0.3 V，U_3=−5 V

（2）U_1=8 V，U_2=2 V，U_3=2.7 V

（3）U_1=−2 V，U_2=5 V，U_3=−2.3 V

（4）U_1=−10 V，U_2=−2.3 V，U_3=−3 V

试判断它们是 NPN 型还是 PNP 型、是硅管还是锗管，并确定每管的 b、e、c。

项目2 基本放大电路的仿真实训

教学导航

扫一扫看本项目教学课件

教	知识重点	1．基本放大电路；　　2．差动放大电路； 3．功率放大电路；　　4．多级放大电路
	知识难点	1．共射极放大电路；　　2．电压放大倍数； 3．共模拟制比；　　4．交越失真和效率
	推荐教学方式	1．理论部分讲授采用多媒体教学； 2．电路仿真部分到机房授课，边讲边指导学生练习； 3．利用面包板插接电路和在多功能板上焊接调试电路在实训室进行
	建议学时	14 学时
学	推荐学习方法	以分压偏置式单管共射极放大电路项目为载体，设立相关的学习单元，创建相应的学习环境，学习放大电路所涉及的相关知识，通过学习使大家认识放大电路，并能灵活运用
	必须掌握的理论知识	1．放大电路的静态分析；　　2．放大电路的动态分析； 3．功率放大电路的分析
	必须掌握的技能	1．熟练应用 Multisim 仿真软件进行电路的仿真； 2．能利用面包板插接验证设计的各种电路； 3．在多功能实验板上焊接并调试设计的各种电路

实训 1　分压偏置式放大电路的仿真实训

1. 实训目的

（1）学会放大器静态工作点的调试方法，分析静态工作点对放大器性能的影响。

（2）掌握放大器电压放大倍数、输入电阻、输出电阻及最大不失真输出电压的测试方法。

（3）熟练运用 Multisim 仿真软件实现分压偏置式放大电路的仿真。

2. 预习要求

预习教材中有关单管放大电路的内容并估算实训电路的性能指标。

3. 实训原理

图 2-1 为分压偏置式单管共射极放大电路，它的偏置电路采用 R_{b1} 和 R_{b2} 组成的分压电路，并在发射极中接有电阻 R_e，以稳定放大器的静态工作点。当在放大器的输入端加入输入信号 u_i 后，在放大器的输出端便可得到一个与 u_i 相位相反，幅值被放大了的输出信号 u_o，从而实现了电压放大的功能。

4. 实训内容

1）放大电路的仿真

（1）启动 Multisim 仿真软件，按照图 2-2 连接电路。

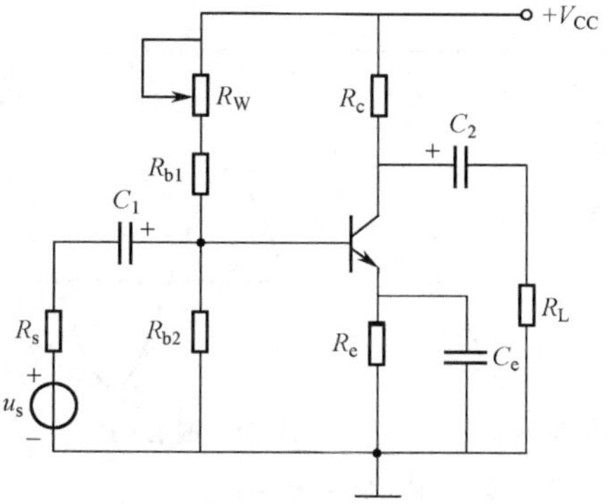

图 2-1　分压偏置式单管共射极放大电路

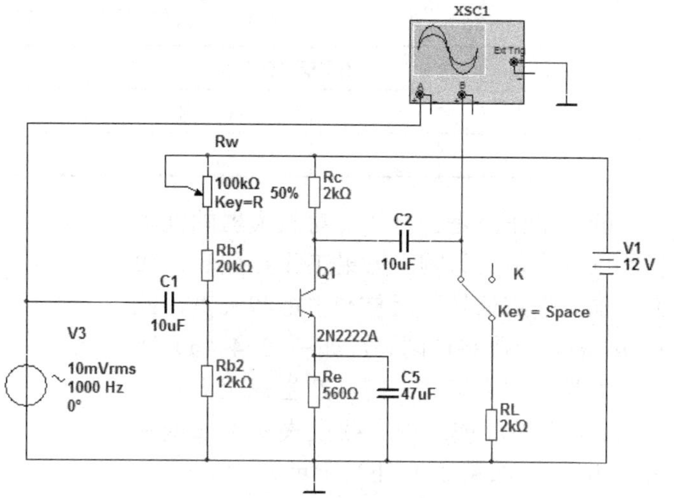

图 2-2　单管共射极放大电路的仿真电路

（2）给元器件标识、赋值，单击 Multisim 软件主界面中的工具栏、仪器栏，选择元器件、函数信号发生器和示波器，正确连接在电路中。

（3）启动电路仿真，双击示波器打开面板，设置合理的示波器参数，得到的仿真结果如图 2-3 所示。

从图 2-3 仿真结果中可以看出：输出波形和输入波形比较，反相并放大了 50 倍。

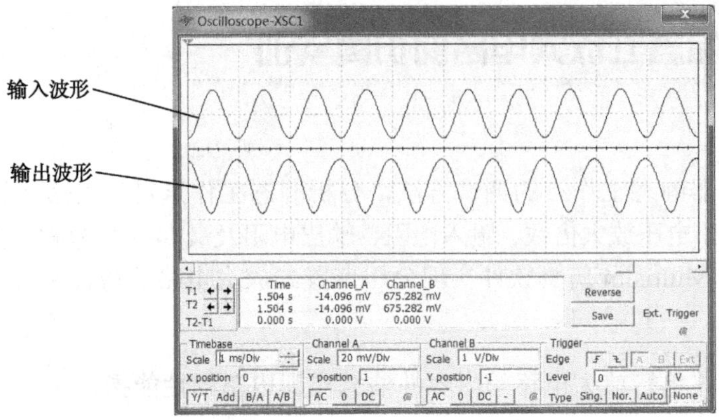

图 2-3　单管共射极放大电路的仿真结果

2）放大电路的实训

（1）静态工作点的测量与调试。测量放大器的静态工作点，应在输入信号 $u_i = 0$ 的情况下进行，在实验中，为了避免断开集电极而采用测量电压，然后算出 I_C 的方法。例如，只要测出 U_E，即可用 $I_C \approx I_E = U_E/R_e$ 算出 I_C。

放大器静态工作点的调试是指对管子集电极电流 I_C（或 U_{CE}）的调整与测试。

接通电源前，先将 R_W 调至最大。接通+12 V 电源，调节 R_W 使 I_C =4.0 mA（即 U_E = 2.0 V），用直流电压表测量 U_B、U_E、U_C 并且用万用表测量 R_{b2} 的值。记入表 2-1 中。

表 2-1　放大器静态工作点的测试数据

测　量　值				计　算　值		
U_B/V	U_E/V	U_C/V	R_{b2}/kΩ	U_{BE}/V	U_{CE}/V	I_C/mA

静态工作点是否合适，对放大器的性能和输出都有很大影响。如果工作点偏高，放大器加入交流信号以后易产生饱和失真，此时 u_o 的负半周将被削底，如图 2-4（a）所示；如果工作点偏低，则易产生截止失真，即 u_o 的正半周被缩顶（截止失真不如饱和失真明显），如图 2-4（b）所示。

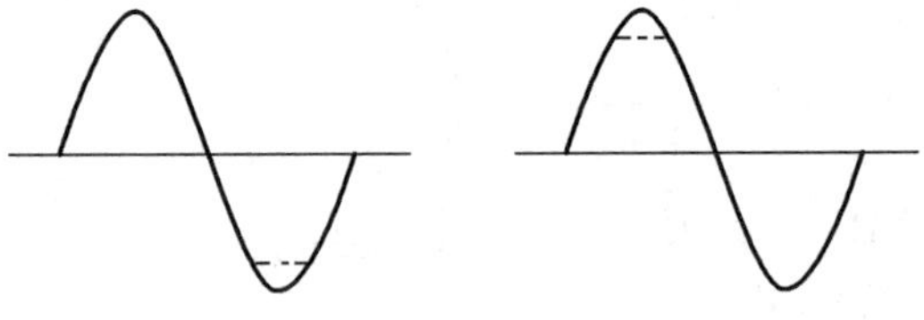

（a）饱和失真　　（b）截止失真

图 2-4　失真波形

（2）测量电压放大倍数。

在放大器输入端加入频率为 1 kHz、电压峰-峰值为 50 mV 的正弦信号 u_i，同时用示波器观察放大器输出电压 u_o 的波形，在波形不失真的条件下用交流毫伏表测量下述两种情况下的 u_o 值，并用双踪示波器观察 u_o 和 u_i 的相位关系，记入表 2-2 中。

（3）观察静态工作点对输出波形失真的影响。

在测量静态工作点的基础上，再逐步加大输入信号，使输出电压 u_o 足够大但不失真。然后保持输入信号不变，分别增大和减小 R_W 的值，使波形出现失真进行观察。

表 2-2　放大器电压放大倍数测试数据及波形

R_c/kΩ	R_L/kΩ	U_o/V	A_u	观察记录一组 u_o 和 u_i 波形
2.4	∞			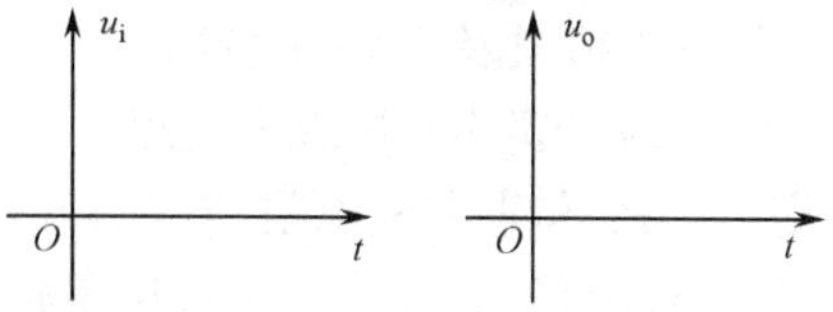
1.2	2.4			

（4）在多功能实验板上焊好全部电路，进行整机调试。

5. 实训报告

（1）画出实训电路图。
（2）列出元器件明细表。
（3）整理仿真得到的波形图。
（4）整理实训过程中测量得到的数据和波形图。

6. 分析与讨论

（1）列表整理测量结果，并把实测的静态工作点、电压放大倍数、输入电阻、输出电阻值与理论计算值比较（取一组数据进行比较），分析产生误差的原因。

（2）总结 R_c、R_L 的值及静态工作点对放大器电压放大倍数、输入电阻、输出电阻的影响。

（3）总结静态工作点变化对放大器输出波形的影响。

（4）分析讨论在调试过程中出现的问题。

扫一扫看单管共射放大电路微课视频

扫一扫看放大电路动态图解分析

2.1　基本放大电路

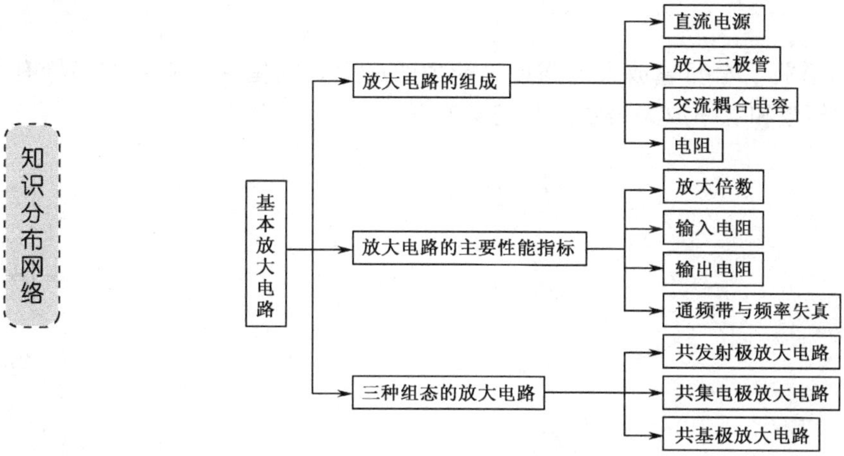

2.1.1　基本放大电路的组成及主要性能指标

放大电路的应用十分广泛，从日常使用的收音机、扩音器到复杂的自动控制系统，其中都有各种各样的放大电路。放大电路是把直流电源的电能转化为负载所需要的能量，所以放大电路的本质是能量的控制和转换。另外，所谓放大作用，其放大的对象是变化量。放大只有在不失真的前提下才有意义。

单管共发射极放大电路是放大电路的最基本单元，下面将以单管共射极放大电路为例，介绍放大电路的组成及主要性能指标。

如图 2-5 所示为单管共射极放大电路，电路中三极管 VT 起放大作用，是电路的核心。电源 V_{CC} 同基极电阻 R_b 和集电极电阻 R_c 配合，使三极管工作于放大区，同时为三极管提供合适的基极电流。集电极电阻 R_c 的另一个作用是将三极管集电极电流的变化转换成电压的变化，送至输出端。电容 C_1、C_2 称为耦合电容，起隔离直流、传送交流的作用。R_L 为电路负载电阻。

放大电路的组成必须满足以下原则：

（1）外加电压保证三极管工作在放大区；

（2）输入信号要能传送到放大电路的输入回路中；

（3）输出信号要能传送到放大电路的输出端。

放大电路的性能指标用以衡量和描述放大电路性能的优劣，下面对主要性能指标进行介绍。如图 2-6 所示为放大电路示意图。

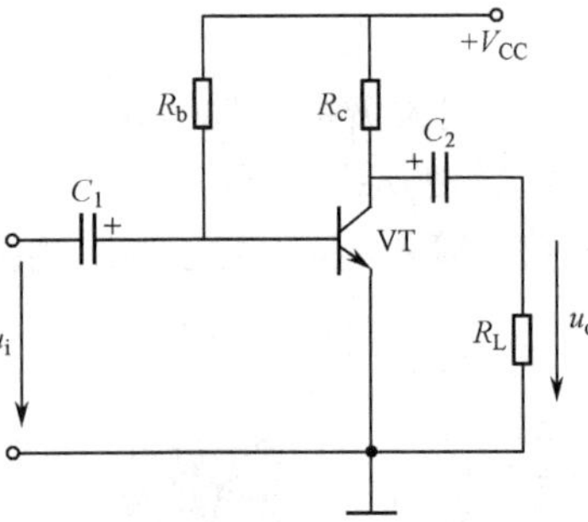

图 2-5　单管共射极放大电路

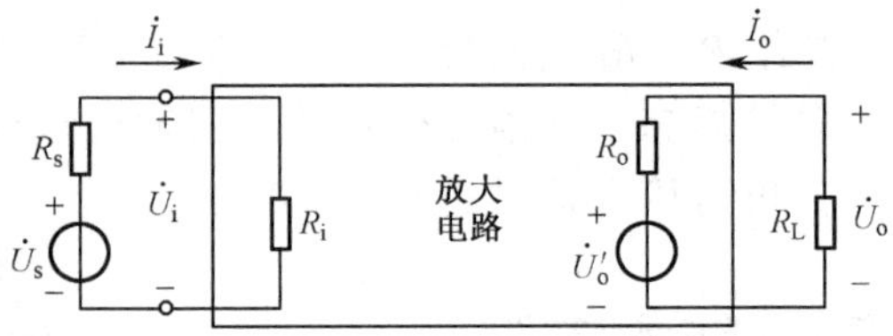

图 2-6　放大电路示意图

1. 放大倍数

放大倍数也称为增益，是衡量放大电路放大能力的最主要的指标。常用的指标有电压放大倍数、电流放大倍数和功率放大倍数，其定义如下。

电压放大倍数：

$$\dot{A}_u = \dot{U}_o / \dot{U}_i \tag{2-1}$$

电流放大倍数：

$$\dot{A}_i = \dot{I}_o / \dot{I}_i \tag{2-2}$$

功率放大倍数：

$$A_p = P_o / P_i \tag{2-3}$$

2. 输入电阻 R_i

输入电阻 R_i 是衡量放大电路从信号源获取信号能力的指标，是从放大电路输入端看进去的等效电阻，其定义为输入电压与输入电流之比。即

$$R_i = \dot{U}_i / \dot{I}_i \tag{2-4}$$

通常希望放大电路的输入电阻越大越好，R_i 越大说明放大电路对信号源索取的电流越

小，消耗在信号源内阻上的电压就越小，放大电路获取信号的能力就越强。

3. 输出电阻 R_o

输出电阻 R_o 是衡量放大电路带负载能力的指标，是从放大电路输出端看进去的等效电阻。R_o 的定义是当输入端信号短路，输出端负载开路时，外加一正弦输出电压，得到相应的输出电流，二者之比即输出电阻。R_o 大表明放大电路带负载的能力差，反之则强。

4. 通频带

放大电路的放大倍数 $A(f)$ 是频率的函数，在低频段和高频段放大倍数 $A(f)$ 都要下降。将 $A(f)$ 与频率的关系曲线称为放大电路的频率特性。以交流电压放大倍数 A_u 为例，如图 2-7 所示。当 A_u 下降到中频电压放大倍数 A_{um} 的 $1/\sqrt{2}$（即 $0.7A_{um}$）时，相应的频率 f_L 称为下限截止频率，f_H 称为上限截止频率。f_L 与 f_H 之间的频率范围称为放大电路的通频带，用 f_{bw} 表示：

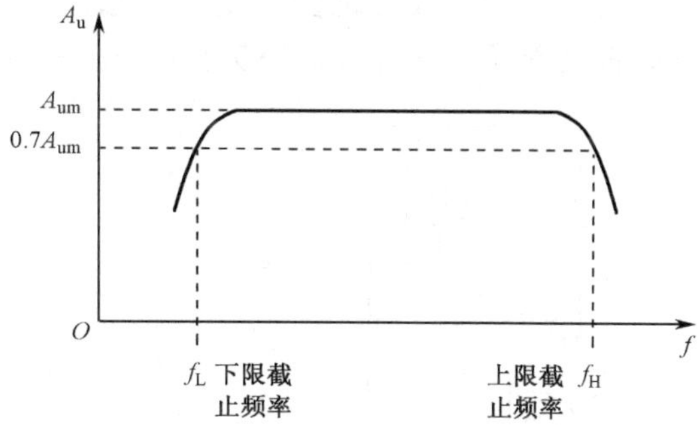

图 2-7 放大电路的通频带

$$f_{bw} = f_H - f_L \tag{2-5}$$

通频带是衡量放大电路对不同频率输入信号响应能力的指标。一般来说，通频带越宽越好。放大电路所需的通频带由输入信号的频带来确定，为了不失真地放大信号，要求放大电路的通频带应大于信号的频带。

扫一扫看三极管放大电路的三种基本组态及多级放大电路微课视频

2.1.2 三种基本组态的放大电路

扫一扫看放大电路的图解分析方法微课视频

扫一扫看放大电路的微变等效电路分析方法微课视频

1. 单管共射极放大电路的分析

1）单管共射极放大电路的静态分析

单管共射极放大电路如图 2-5 所示，当放大电路的输入信号为零时，电路中各处的电压和电流只含有恒定的直流分量，其瞬时值不变，此时的工作状态称为静态。静态时三极管的基极电流、集电极电流、基极与发射极之间的电压和集电极与发射极之间的电压分别记为 I_{BQ}、I_{CQ}、U_{BEQ}、U_{CEQ}，这些电流、电压的数值可用三极管特性曲线上的一个确定的点表示，故称为静态工作点，用 Q 表示。静态工作点的分析方法有图解法和工程近似法，这里只介绍工程近似法。

静态时直流电流流通的路径称为直流通路。画直流通路的原则是：电容视为开路；电感线圈视为短路。单管共射极放大电路的直流通路如图 2-8 所示。

由如图 2-8 所示电路可得

$$V_{CC} = U_{BEQ} + I_{BQ}R_b \tag{2-6}$$

$$I_{BQ} = (V_{CC} - U_{BEQ})/R_b \approx V_{CC}/R_b \tag{2-7}$$

$$I_{CQ} = \beta I_{BQ} \tag{2-8}$$

$$U_{CEQ} = V_{CC} - I_{CQ}R_c \tag{2-9}$$

2）单管共射极放大电路的动态分析

当放大电路的输入信号不为零时，电路既有直流分量也有交流分量，此时的工作状态称为动态。动态时交流电流流通的路径称为交流通路。一般用交流通路来研究放大电路的动态性能。画交流通路的原则是：电容视为短路，直流电源视为短路。

单管共射极放大电路的交流通路如图 2-10（a）所示。

三极管是非线性器件，分析起来比较复杂。为便于分析计算，输入为小信号且工作点 Q 设置合适时，可将三极管工作点附近的微小范围内特性曲线线性化，这样三极管的动态工作点可认为在线性范围内变动。这时三极管各极交流电压、电流的关系近似为线性。三极管的微变等效电路如图 2-9 所示。

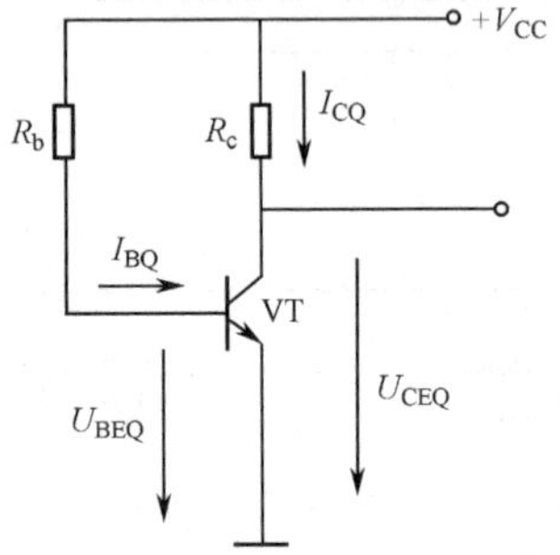

图 2-8　单管共射极放大电路的直流通路

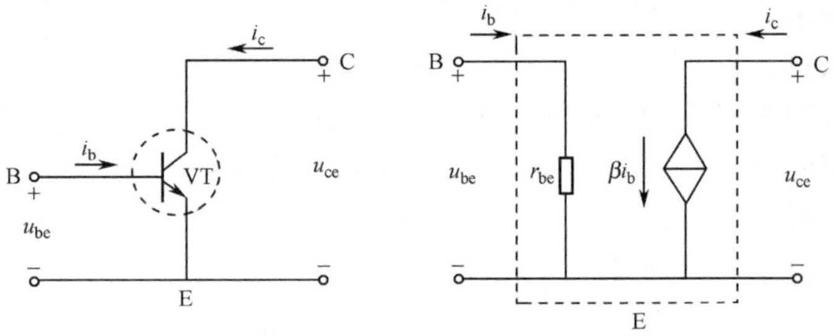

图 2-9　三极管的微变等效电路

三极管的 b、e 之间可用 r_{be} 等效代替，c、e 之间可用一受控电流源 $i_c=\beta i_b$ 等效代替。r_{be} 称为三极管基极输入电阻，常用以下经验公式估算：

$$r_{be} = r'_{bb} + (1+\beta)\frac{26(\text{mV})}{I_{EQ}(\text{mA})} \tag{2-10}$$

r'_{bb} 为基区体电阻，为计算方便如不特别指出，均取 $r'_{bb} = 300\,\Omega$。

下面以如图 2-5 所示的基本单管共射极放大电路为例，说明如何用微变等效电路法分析放大电路性能。

如图 2-10（a）所示的交流通路的微变等效电路如图 2-10（b）所示。

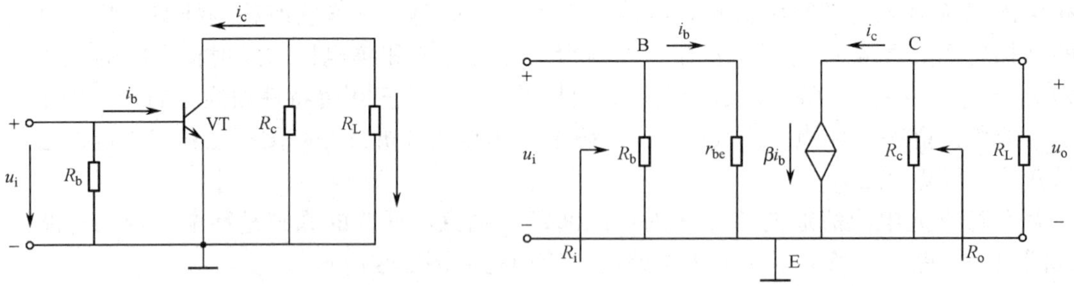

（a）交流通路　　　（b）微变等效电路

图 2-10　单管共射极放大电路的微变等效电路

（1）求电压放大倍数。

$$A_u = \frac{u_o}{u_i} = \frac{-\beta R'_L i_b}{r_{be} i_b} = -\frac{\beta R'_L}{r_{be}} \tag{2-11}$$

式中，$R_L' = R_c // R_L$，负号表示输出电压与输入电压反相。

（2）求输入电阻 R_i。

$$R_i = \frac{u_i}{i_i} = R_b // r_{be} \qquad (2\text{-}12)$$

当 $R_b \gg r_{be}$ 时，$R_i \approx r_{be}$。

（3）求输出电阻 R_o。

放大电路的输出电阻是当输入端信号短路，输出端负载开路时，从放大电路输出端看进去的等效电阻，一般情况下输出电阻如下：

$$R_o = R_c \qquad (2\text{-}13)$$

通过前面的分析可知静态工作点的取值对放大电路的正常工作至关重要。静态工作点不但决定了放大电路是否会产生失真，而且还影响着放大电路的电压放大倍数、输入电阻、输出电阻等动态参数。

实际中有许多因素，如环境温度的变化、电源电压的波动、元器件老化及更换三极管等，都会导致静态工作点的不稳定，从而使动态参数不稳定，甚至放大电路无法正常工作。三极管是一种对温度十分敏感的元器件，在引起工作点不稳定的因素中环境温度为主要因素。因此，如何使静态工作点保持稳定，是一个十分重要的问题。

图 2-11 给出了最常用的静态工作点稳定电路，该电路常称为分压偏置式单管共射极放大电路。该电路的直流电源 V_{CC} 通过电阻 R_{b1} 和 R_{b2} 分压后接到三极管的基极，故称为分压式工作点稳定电路。三极管发射极接电阻 R_e 且并联一个电容 C_e，C_e 对交流信号可看成短路，称为旁路电容。其余部分电路结构与前面提到的基本共射极放大电路相同。

图 2-12 为分压式工作点稳定电路的直流通路，通常 $I_1 >> I_{BQ}$，所以 $I_2 = I_1 - I_{BQ} \approx I_1$，因此有

$$U_{BQ} \approx \frac{R_{b2}}{R_{b1} + R_{b2}} V_{CC} \qquad (2\text{-}14)$$

可见，当电路参数确定后，U_{BQ} 基本固定，与温度无关。因此，分压式工作点稳定电路具有自动稳定工作点的功能。

分压式工作点稳定电路的静态分析如下，由图 2-12 分压式工作点稳定电路直流通路所示，Q 点各值求解如下：

$$I_{CQ} \approx I_{EQ} = \frac{U_{BQ} - U_{BEQ}}{R_e} \approx \frac{U_{BQ}}{R_e} \qquad (2\text{-}15)$$

$$U_{CEQ} \approx V_{CC} - (R_c + R_e) I_{CQ} \qquad (2\text{-}16)$$

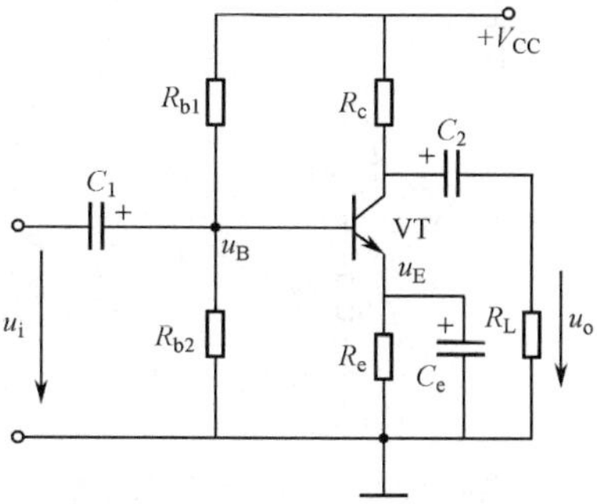

图 2-11 分压式工作点稳定电路

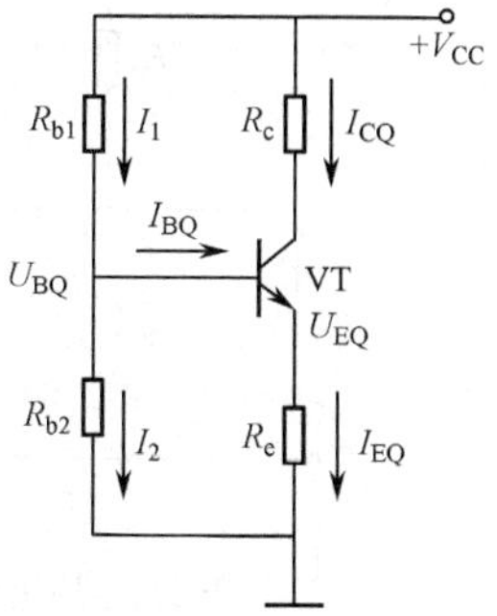

图 2-12 分压式工作点稳定电路直流通路

分压式工作点稳定电路的动态分析如下，其交流通路和微变等效电路分别如图 2-13 和图 2-14 所示。

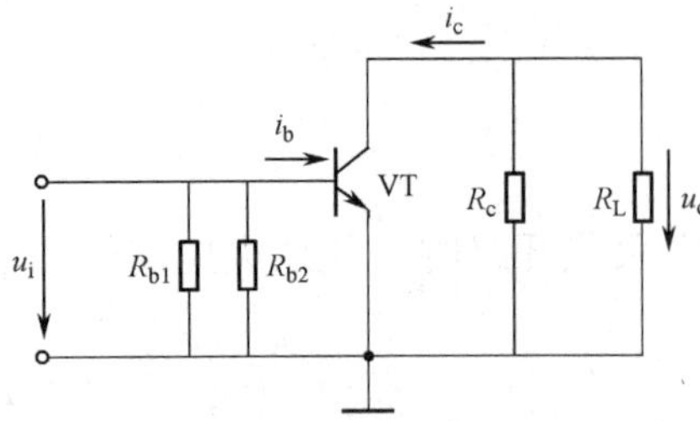

图 2-13　分压式工作点稳定电路交流通路

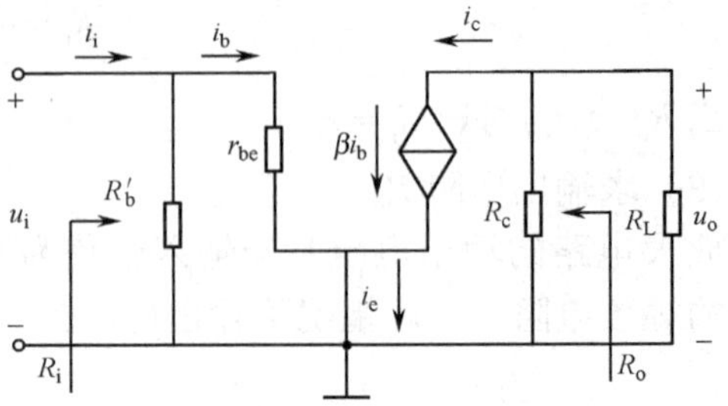

图 2-14　微变等效电路

由微变等效电路可得

$$A_u = \frac{u_o}{u_i} = \frac{-\beta R_L' i_b}{r_{be} i_b} = -\frac{\beta R_L'}{r_{be}} \tag{2-17}$$

$$R_i \approx r_{be} \tag{2-18}$$

$$R_o = R_c \tag{2-19}$$

3）单管共射极放大电路的仿真

单管共射极放大电路的仿真电路如图 2-2 所示，仿真结果如图 2-3 所示。从仿真结果图可以看出输入信号被反相放大了。

2. 单管共集电极放大电路的分析

1）单管共集电极放大电路的静态分析

共集电极放大电路如图 2-15 所示。由于输出信号取自发射极，故常称为“射极输出器”。

共集电极放大电路的直流通路如图 2-16 所示。由图可得

$$V_{CC} = R_b I_{BQ} + U_{BEQ} + R_e I_{EQ} = R_b I_{BQ} + U_{BEQ} + (1+\beta) R_e I_{BQ}$$

$$I_{BQ} = \frac{V_{CC} - U_{BEQ}}{R_b + (1+\beta) R_e} \approx \frac{V_{CC}}{R_b + (1+\beta) R_e} \tag{2-20}$$

$$I_{CQ} = \beta I_{BQ} \tag{2-21}$$

$$U_{CEQ} = V_{CC} - R_e I_{EQ} \approx V_{CC} - R_e I_{CQ} \tag{2-22}$$

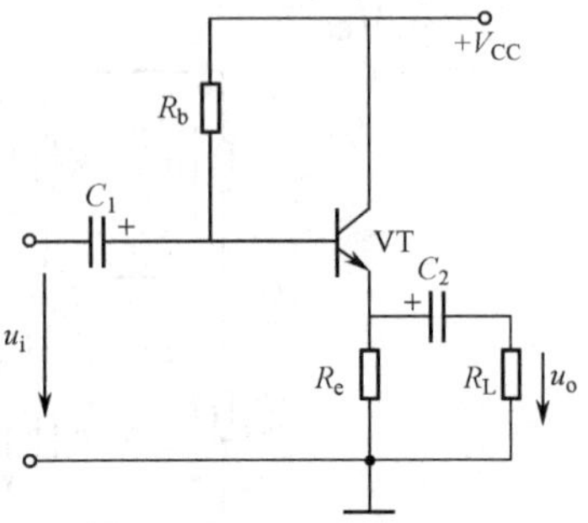

图 2-15　共集电极放大电路

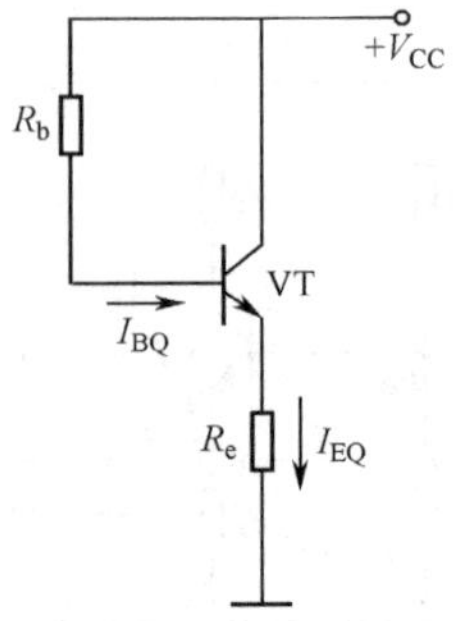

图 2-16　共集电极放大电路的直流通路

2）单管共集电极放大电路的动态分析

共集电极放大电路的交流通路如图 2-17 所示。微变等效电路如图 2-18 所示，其中 R_L' 为 $R_e//R_L$。

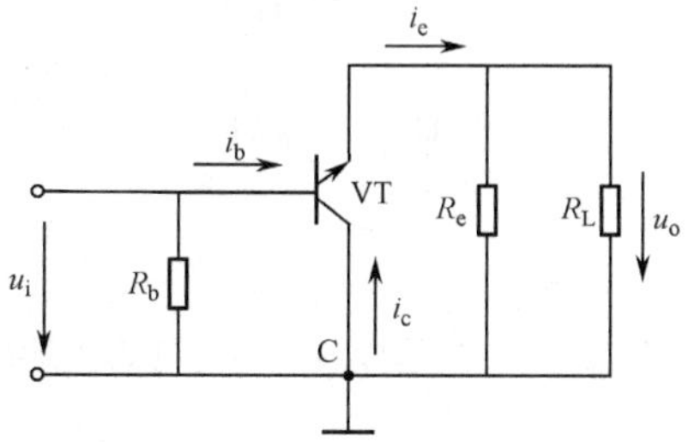

图 2-17　共集电极放大电路的交流通路

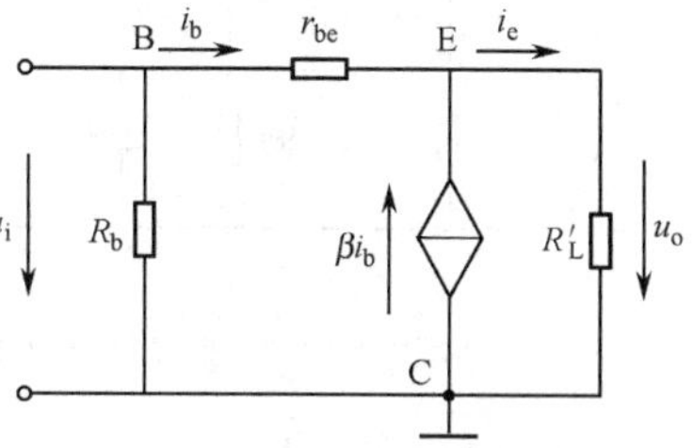

图 2-18　共集电极放大电路的微变等效电路

由微变等效电路可得

$$A_u=\frac{u_o}{u_i}=\frac{[(1+\beta)R_L']i_b}{[r_{be}+(1+\beta)R_L']i_b}=\frac{(1+\beta)R_L'}{r_{be}+(1+\beta)R_L'}\approx 1 \tag{2-23}$$

由式（2-23）可知 $A_u\approx 1$，即 u_o 与 u_i 幅度相近、相位相同，输出电压跟随输入电压而变化，因此，共集电极放大电路又称“射极跟随器”，简称“射随器”。射随器虽没有电压放大作用，但因 $i_e=(1+\beta)i_b$，所以射随器仍有电流和功率放大作用。

$$R_i=R_b//(u_i/i_b)=R_b//[r_{be}+(1+\beta)R_L'] \tag{2-24}$$

由式（2-24）可知，射随器输入电阻较大，一般比共射极放大器大几十到几百倍。

共集电极放大电路的输出电阻 R_o 如下：

$$R_o=\frac{\dot{U}}{\dot{I}}=R_e//\frac{r_{be}+R_s'}{1+\beta} \tag{2-25}$$

式中，$R_s'=R_s//R_b$。由此可见，射极输出器的输出电阻很小，一般只有几十到上百欧。

由上面的叙述可见，射极输出器有三个显著特点：A_u 小于 1 而接近于 1，且 u_o 与 u_i 同相；输入电阻高；输出电阻低。由于具有上述特点射极跟随器通常用于隔离级，以及多级放大器的输入级和输出级。

3. 单管共基极放大电路的分析

1）单管共基极放大电路的静态分析

单管共基极放大电路如图 2-19 所示。共基极放大电路的直流通路如图 2-20 所示。由图可得

$$U_{BQ}=\frac{R_{b2}}{R_{b1}+R_{b2}}V_{CC} \tag{2-26}$$

$$I_{EQ}=\frac{U_{EQ}}{R_e}\approx\frac{U_{BQ}}{R_e}\approx I_{CQ} \tag{2-27}$$

$$I_{BQ}=\frac{I_{CQ}}{\beta} \tag{2-28}$$

$$U_{CEQ}=V_{CC}-I_{CQ}R_c-U_{EQ}\approx V_{CC}-I_{CQ}(R_c+R_e) \tag{2-29}$$

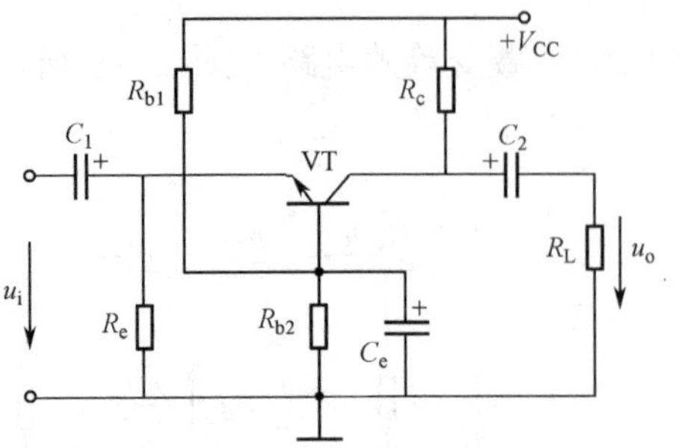

图 2-19　共基极放大电路

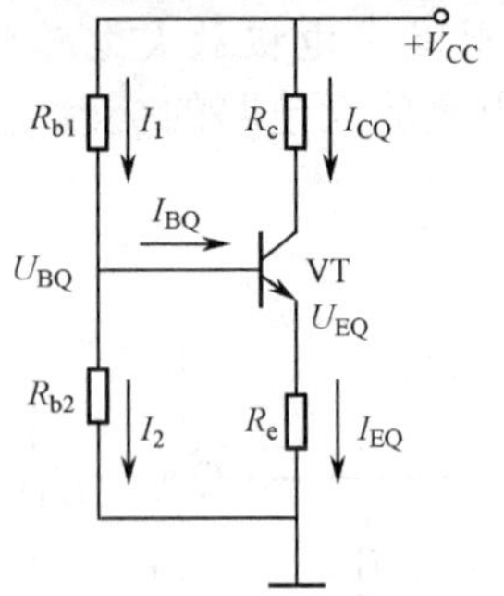

图 2-20　共基极放大电路的直流通路

2）单管共基极放大电路的动态分析

共基极放大电路的交流通路如图 2-21 所示，其微变等效电路如图 2-22 所示，其中 $R_L' = R_c // R_L$。由微变等效电路可得

$$A_u = \frac{u_o}{u_i} = \frac{-\beta i_b R_L'}{-i_b r_{be}} = \frac{\beta R_L'}{r_{be}} \tag{2-30}$$

$$R_i = R_e // \frac{r_{be}}{1+\beta} \tag{2-31}$$

$$R_o = R_c \tag{2-32}$$

由以上分析可以看出，共基极放大电路为同相放大，具有较高的电压放大倍数；输入电阻较小；输出电阻较高。

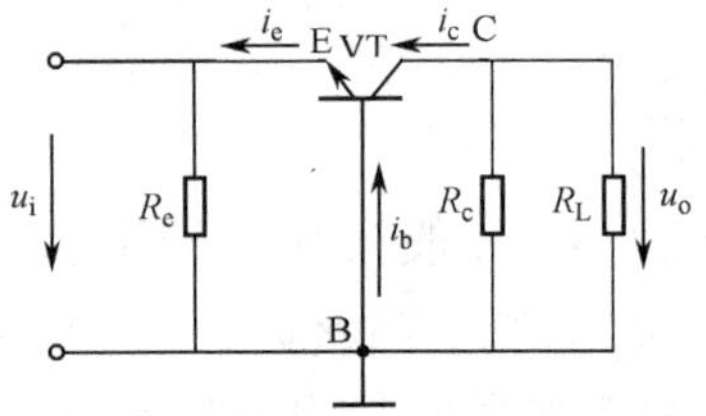

图 2-21　共基极放大电路的交流通路

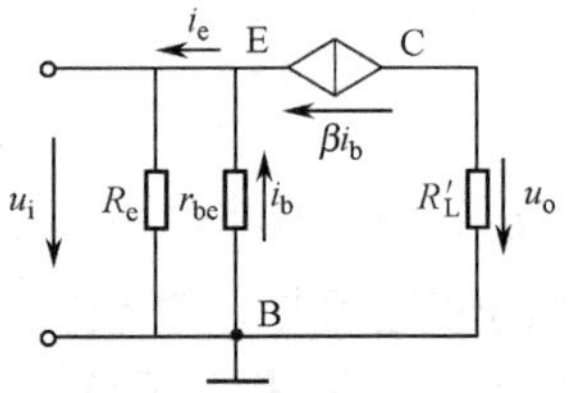

图 2-22　共基极放大电路的微变等效电路

综上所述，三极管单管放大电路三种基本接法的特点归纳如下。

（1）共发射极放大电路同时具有较大电流放大倍数和电压放大倍数，输入电阻在三种电路中居中，输出电阻较大，频带较窄。广泛用于低频电压放大电路的输入级、中间级和输出级。

（2）共集电极放大电路只能放大电流不能放大电压，是三种接法中输入电阻最大、输出电阻最小的电路，并且具有电压跟随的特点。常用于多级放大电路的输入级、输出级或作为隔离用的中间级。

（3）共基极放大电路只能放大电压不能放大电流，输入电阻小，电压放大倍数和输出电阻与共射极放大电路相当，频率特性是三种接法中最好的电路。常用于宽频带放大电路。另外，由于输出电阻高，共基极放大电路还可以作为恒流源。

实例 2-1　电路如图 2-5 所示，已知电容 C_1、C_2 足够大，对交流的容抗近似为 0，β=50，$r_{bb}' = 300\,\Omega$，$R_b = 400\,k\Omega$，$R_c = R_L = 4\,k\Omega$，$V_{CC} = 10\,V$。试求：（1）估算 Q 点的值；（2）A_u、R_i 和 R_o。

解 （1）由式（2-7）～式（2-9）得

$$I_{BQ} \approx V_{CC} / R_b = 10/400 \approx 25\ (\mu A)$$

$$I_{CQ} = \beta I_{BQ} = 25 \times 50 = 1.25\ (mA)$$

$$U_{CEQ} = V_{CC} - I_{CQ}R_c = 10 - 1.25 \times 4 = 5.0\ (V)$$

（2）由式（2-10）～式（2-13）得

$$r_{be} = r'_{bb} + (\beta+1)\frac{26\ (mV)}{I_{EQ}\ (mA)} = 300 + (50+1)\frac{26}{1.27} = 1.3\ (k\Omega)$$

$$A_u = -\frac{\beta R'_L}{r_{be}} = -\frac{50 \times (4//4)}{1.3} \approx -76.9$$

$$R_i = R_b // r_{be} \approx r_{be} = 1.3\ k\Omega$$

$$R_o = R_c = 4\ k\Omega$$

实例 2-2 电路如图 2-11 所示，已知 $V_{CC} = 12\ V$、$R_{b1} = 40\ k\Omega$、$R_{b2} = 20\ k\Omega$、$R_e = 4\ k\Omega$、$R_c = R_L = 2.5\ k\Omega$、$\beta = 50$。试求：（1）静态工作点各值；（2）动态时 A_u、R_o、R_i。

解 （1）由式（2-14）～式（2-16）可得静态工作点各值。

$$U_{BQ} \approx \frac{R_{b2}}{R_{b1}+R_{b2}}V_{CC} = \frac{20}{40+20} \times 12 = 4\ (V)$$

$$I_{CQ} \approx \frac{U_{BQ}}{R_e} = \frac{4}{4} = 1\ (mA)$$

$$I_{BQ} = \frac{I_{CQ}}{\beta} = \frac{1}{50} = 0.02\ (mA)$$

$$U_{CEQ} \approx V_{CC} - (R_c + R_e)I_{CQ} = 12 - (2.5+4) \times 1 = 5.5\ (V)$$

（2）动态时由式（2-17）～式（2-19）可得 A_u、R_o、R_i。

$$r_{be} = r'_{bb} + (\beta+1)\frac{26\ (mV)}{I_{EQ}\ (mA)} = 300 + (50+1)\frac{26}{1} = 1.6\ (k\Omega)$$

$$A_u = -\frac{\beta R'_L}{r_{be}} = -\frac{50 \times (2.5//2.5)}{1.6} \approx -39.1$$

$$R_i \approx r_{be} = 1.6\ k\Omega$$

$$R_o = R_c = 2.5\ k\Omega$$

实例 2-3 电路如图 2-15 所示，已知 $V_{CC} = 15\ V$、$R_b = 150\ k\Omega$、$R_e = 2\ k\Omega$、$R_L = 1.6\ k\Omega$、$\beta = 80$，信号源内阻 $R_s = 500\ \Omega$。试求：（1）静态工作点各值；（2）动态时 A_u、R_o、R_i。

解 （1）由式（2-20）～式（2-22）可得静态工作点各值。

$$I_{BQ} \approx \frac{V_{CC}}{R_b + (1+\beta)R_e} = \frac{15}{150 + (80+1) \times 2} = 0.048\ (mA)$$

$$I_{CQ} = \beta I_{BQ} = 80 \times 0.048 = 3.89\ (mA)$$

$$U_{CEQ} = V_{CC} - R_e I_{EQ} \approx V_{CC} - R_e I_{CQ} = 15 - 3.89 \times 2 = 7.22\ (V)$$

（2）动态时由式（2-10）、式（2-23）～式（2-25）可得 A_u、R_o、R_i。

$$r_{be}=r'_{bb}+(1+\beta)\frac{26\text{（mV）}}{I_{EQ}\text{（mA）}}\approx 300+(80+1)\times\frac{26}{3.89}=841\text{（}\Omega\text{）}$$

$$R'_L=R_e//R_L=\frac{2\times1.6}{2+1.6}=0.889\text{（k}\Omega\text{）}$$

$$A_u=\frac{u_o}{u_i}\approx\frac{(1+\beta)R'_L}{r_{be}+(1+\beta)R'_L}=\frac{(1+80)\times0.889}{0.841+(1+80)\times0.889}=0.988$$

$$R_i=R_b//(u_i/i_b)=R_b//[r_{be}+(1+\beta)R'_L]$$

$$=\frac{150\times[0.841+(1+80)\times0.889]}{150+[0.841+(1+80)\times0.889]}\approx 49.03\text{（k}\Omega\text{）}$$

$$R'_s=R_s//R_b=\frac{0.5\times150}{0.5+150}\approx0.5\text{（k}\Omega\text{）}$$

$$R_o=\frac{\dot U}{\dot I}=R_e//\frac{r_{be}+R'_s}{1+\beta}\approx\frac{r_{be}+R'_s}{1+\beta}=\frac{841+500}{1+80}=16.56\text{（}\Omega\text{）}$$

2.2 差动放大电路

扫一扫看差分放大电路微课视频

扫一扫看集成运算放大电路微课视频

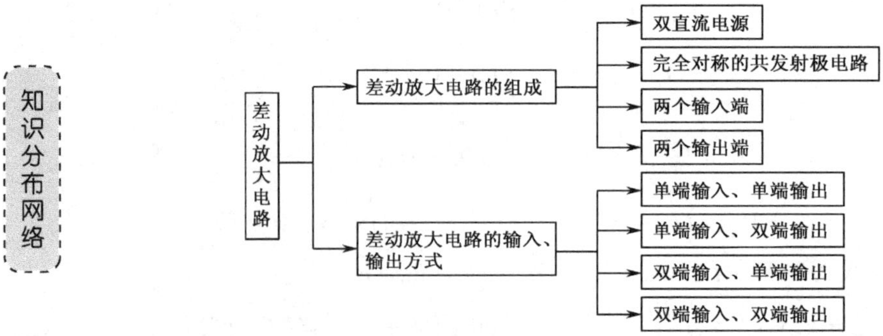

差动放大电路又称差分放大电路，它的输出电压与输入电压之差成正比，它是另一类基本放大电路，它可以解决直接耦合中的零点漂移问题，由于它在电路和性能方面具有很多优点，因此广泛应用于集成电路中。

2.2.1 差动放大电路的组成及分析

1. 基本差动放大电路的组成

如图 2-23 所示为典型差动放大电路，它是由两个完全对称的单管共发射极电路组成的，采用双电源供电。电路的参数对称，VT_1、VT_2 为一对特性参数相同的三极管，R_c 为集电极负载电阻，R_e 为发射极公共电阻，用来抑制零点漂移并决定三极管的静态工作点电流。

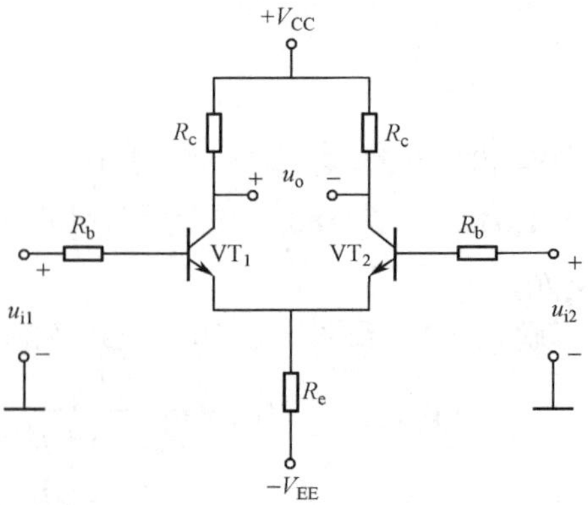

图 2-23　典型差动放大电路

图 2-23 中的电路有两个输入端和两个输出

端。输入信号若从两个输入端同时输入，则为双端输入；若从一个输入端和地间输入，则为单端输入。输出信号若从两个差动管的集电极之间输出，则为双端输出；若从一个差动管集电极对地输出，则为单端输出。

2. 基本差动放大电路的静态分析

当输入信号 $u_{i1}=u_{i2}=0$ 时，放大电路处于静态，其直流通路如图 2-24 所示，由于电路完全对称，所以 $I_{BQ1}=I_{BQ2}$，$I_{CQ1}=I_{CQ2}$，$I_{EQ1}=I_{EQ2}$，流过 R_e 的电流 I_{Re} 为 I_{EQ1} 与 I_{EQ2} 之和。

$$I_{EQ1}=I_{EQ2}=\frac{V_{EE}-U_{BEQ}}{2R_e+\dfrac{R_b}{1+\beta}}$$

因此，两管的集电极电流均为

$$I_{CQ1}=I_{CQ2}\approx\frac{V_{EE}-U_{BEQ}}{2R_e+\dfrac{R_b}{1+\beta}} \tag{2-33}$$

$$U_{CEQ1}=U_{CEQ2}\approx V_{CC}+V_{EE}-I_{CQ1}(R_c+2R_e) \tag{2-34}$$

可见，静态时两管集电极之间的输出电压为零，即

$$U_o=U_{CEQ1}-U_{CEQ2}=0 \tag{2-35}$$

3. 基本差动放大电路的动态性能分析

1）差模输入

在放大器两输入端分别输入大小相等、相位相反的信号，即 $u_{i1}=-u_{i2}$ 时，这种输入方式称为差模输入，所输入的信号称为差模输入信号。差模输入信号用 u_{id} 来表示。差模输入电路如图 2-25 所示，由图可得

$$u_{i1}=-u_{i2}=\frac{1}{2}u_{id} \tag{2-36}$$

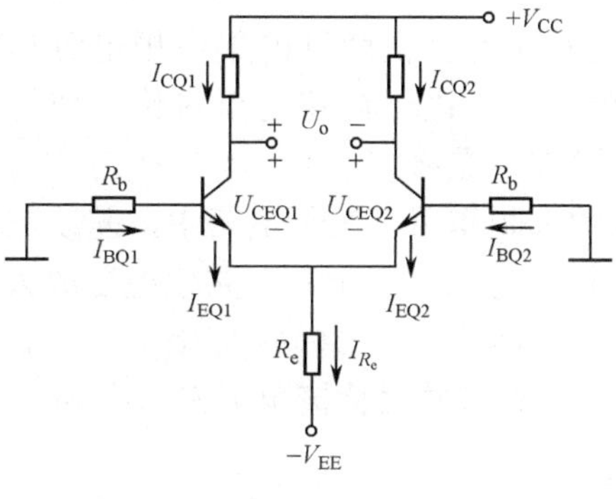

图 2-24　基本差动放大电路的直流通路

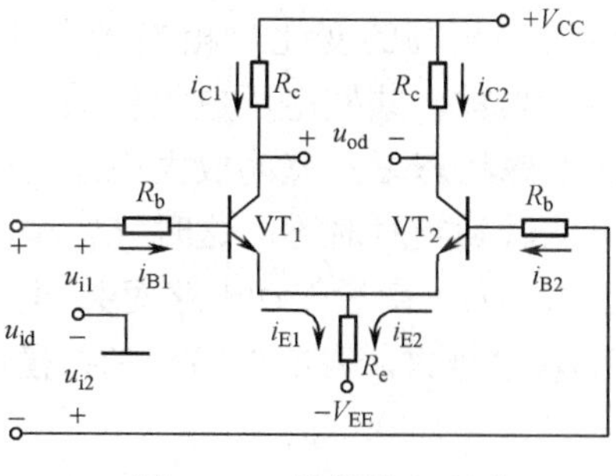

图 2-25　差模输入电路

电路输入差模信号 u_{id} 时，由于电路的对称性，由图可以看出，当从两管集电极取电压时，其差模电压放大倍数表示为

$$A_{ud}=\frac{u_{od}}{u_{id}}=\frac{u_{o1}-u_{o2}}{u_{i1}-u_{i2}}=\frac{2u_{o1}}{2u_{i1}}=-\frac{\beta R_c}{r_{be}+R_b} \tag{2-37}$$

当在两个管子的集电极接上负载 R_L 时：

$$A_{ud} = -\frac{\beta R'_L}{r_{be} + R_b} \tag{2-38}$$

$$R'_L = R_c // (R_L / 2)$$

由电路可得差模输入电阻为

$$r_{id} = 2(R_b + r_{be}) \tag{2-39}$$

电路的两集电极之间的差模输出电阻为

$$r_{od} = 2R_c \tag{2-40}$$

可以看出，差动放大电路双端输出时的差模电压放大倍数和单边电路的电压放大倍数相同，差动放大电路为了实现同样的电压放大倍数，必须使用两倍于单边电路的元器件数，但是换来了对零点漂移或者说共模信号的抑制能力。

2）共模输入

在放大器两输入端分别输入大小相等、相位相同的信号，即 $u_{i1}= u_{i2}$ 时，这种输入方式称为共模输入，所输入的信号称为共模输入信号。共模输入信号常用 u_{ic} 来表示。共模输入电路如图 2-26 所示，由图可得

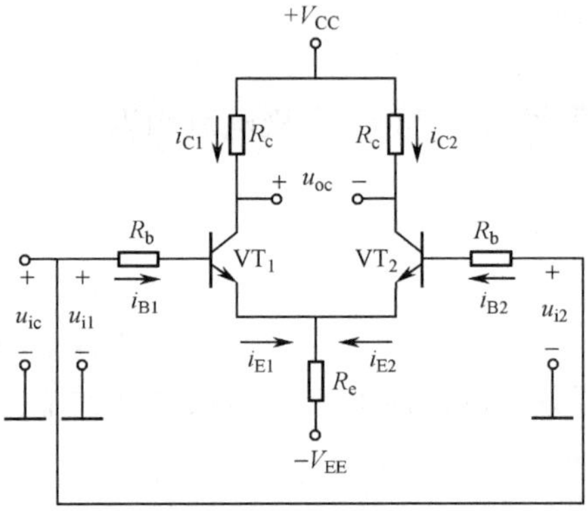

图 2-26　共模输入电路

$$u_{ic} = u_{i1} = u_{i2} \tag{2-41}$$

共模输入时的输出电压与输入电压之比称为共模电压放大倍数，用 A_{uc} 表示。在电路完全对称的情况下，输入信号相同，则有

$$u_{oc} = u_{oc1} - u_{oc2} = 0$$

$$A_{uc} = \frac{u_{oc}}{u_{ic}} = \frac{u_{oc1} - u_{oc2}}{u_{ic}} = 0 \tag{2-42}$$

在差动放大电路中，无论是电源电压波动或温度变化都会使两管的集电极电流和集电极电位发生相同的变化，相当于在两输入端加入共模信号。由于电路完全对称，使得共模输出电压为零，共模电压放大倍数 $A_{uc} = 0$，从而抑制了零点漂移。

在理想状态下，差动放大电路对共模信号有完全的抑制作用。实际电路中，差动放大电路不可能做到绝对对称，这时 $U_o \neq 0$，$A_{uc} \neq 0$，即共模输出电压不等于零，共模电压放大倍数不等于 0。为了衡量差动电路对共模信号的抑制能力，引入参数——共模抑制比，用 K_{CMR} 表示。K_{CMR} 值越大，表明电路抑制共模信号的性能越好。电路参数对称情况下 $K_{CMR} = \infty$。

$$K_{CMR} = \left|\frac{A_{ud}}{A_{uc}}\right|$$

$$K_{CMR} = 20\lg\left|\frac{A_{ud}}{A_{uc}}\right| \text{（dB）} \tag{2-43}$$

由以上分析可知：差动放大电路对差模信号有良好的放大能力而对共模信号有较强的抑制能力。

2.2.2　差动放大电路的输入、输出方式

差动放大电路具有 4 种不同的工作状态：双端输入、双端输出；单端输入、双端输出；双端输入、单端输出；单端输入、单端输出。

若负载电阻 R_L 接于 VT_1 的集电极与地之间，信号由 VT_1 的集电极对地输出，这时输入与输出信号是反相位的，称为反相输出；若负载电阻 R_L 接于 VT_2 的集电极与地之间，信号由 VT_2 的集电极对地输出，这时输入与输出信号是同相位的，称为同相输出。

单端输出电路的差模电压放大倍数为双端输出电路的一半，即

$$|A_{ud}|=\frac{1}{2}\frac{\beta R_L'}{r_{be}+R_b} \tag{2-44}$$

单端输出不能抑制温度变化、元器件老化等因素引起的零点漂移，因而，必须采取工作点稳定措施，保证差动放大电路的正常工作。单端输出时，仅取一管的集电极电压作为输出，使两管的零点漂移不能在输出端互相抵消，所以共模抑制比相对较低。但由于有 R_e 对共模信号的强烈抑制作用，因此其输出零漂比普通的单管放大电路还是小得多。单端输出时，射极电阻 R_e 上流过两倍的射极电流，根据带射极电阻的单管共发射极放大电路的电压放大倍数公式，可得单端输出时差动放大电路的共模电压放大倍数为

$$A_{uc}=-\frac{\beta R_L'}{r_{be}+2(1+\beta)R_e}\approx\frac{\beta R_L'}{2(1+\beta)R_e} \tag{2-45}$$

由上面的公式可得单端输出时的共模抑制比为

$$K_{CMR}\approx\beta\frac{R_e}{r_{be}+R_b} \tag{2-46}$$

单端输出时，由于仅从一管的集电极取输出信号，因此，差动放大电路的输出电阻是从一管的集电极和接地点之间看进去的等效电阻，它是双端输出时的一半，即

$$r_{od}=R_c \tag{2-47}$$

实例 2-4　在如图 2-23 所示的电路中，R_b=5 kΩ，R_c=10 kΩ，R_e=10 kΩ，$V_{CC}=V_{EE}$=12 V，两管电流放大倍数均为β=50。试求：（1）静态工作点各值；（2）差模电压放大倍数；（3）输入、输出电阻。

解　（1）计算静态工作点各值。静态时，无信号输入，$U_{i1}=U_{i2}=0$。由式（2-33）和式（2-34）可得

$$I_{BQ}=\frac{12-0.7}{5+2\times(1+50)\times10}=0.011\text{（mA）}=11\text{（μA）}$$

$$I_{CQ}=\beta I_{BQ}=50\times0.011=0.55\text{（mA）}$$

$$\begin{aligned}U_{CEQ}&=V_{CC}+V_{EE}-I_{CQ}R_c-2I_{EQ}R_e\\&=12+12-0.55\times10-2\times0.55\times10\\&=7.5\text{（V）}\end{aligned}$$

（2）计算差模电压放大倍数。在未接电阻 R_L 时，差动放大器差模电压放大倍数的计算如下

$$r_{be}=300+\beta\frac{26}{I_{CQ}}=300+50\times\frac{26}{0.55}=2\,666\text{（Ω）}\approx2.7\text{（kΩ）}$$

所以

$$A_{ud}=-\beta\frac{R_c}{r_{be}+R_b}=-50\times\frac{10}{2.7+5}=-65$$

（3）计算输入、输出电阻。

差模输入电阻为

$$r_{id}=2(R_b+r_{be})=2\times(5+2.7)=15.2\ (\text{k}\Omega)$$

输出电阻为

$$r_{od}=2R_c=2\times10=20\ (\text{k}\Omega)$$

应当说明，这里计算的差模电压放大倍数及输出电阻都是针对双端输出未带负载的情况。

运用 Multisim 仿真软件对单端输入、单端输出的差动放大电路进行仿真。仿真电路如图 2-27 所示，仿真结果如图 2-28 所示，由结果可以看出两输出端电压大小相等，相位相反。

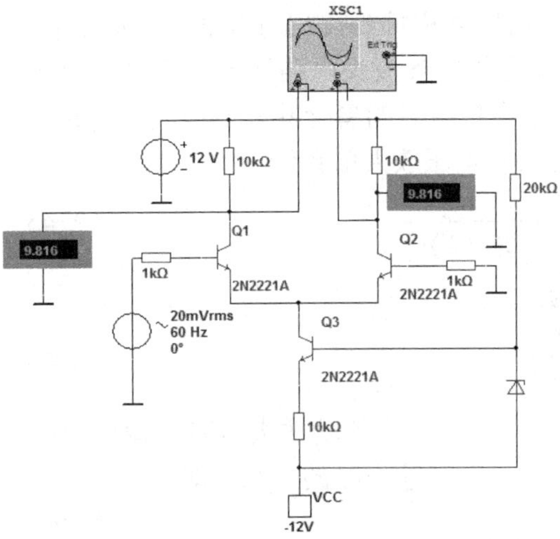

图 2-27　单端输入、单端输出差动放大电路的仿真电路

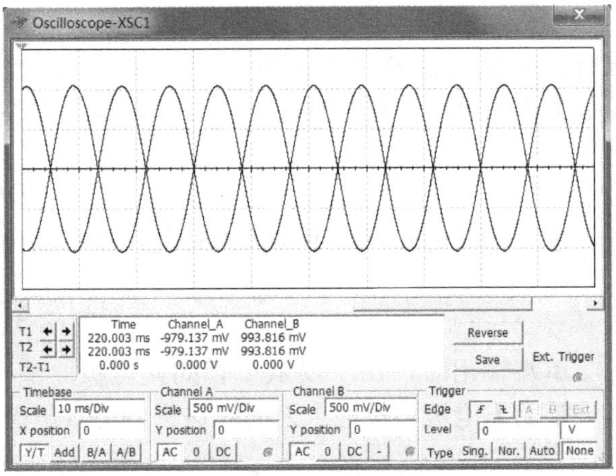

图 2-28　单端输入、单端输出差动放大电路的仿真结果

扫一扫看功率放大电路微课视频

2.3　功率放大电路

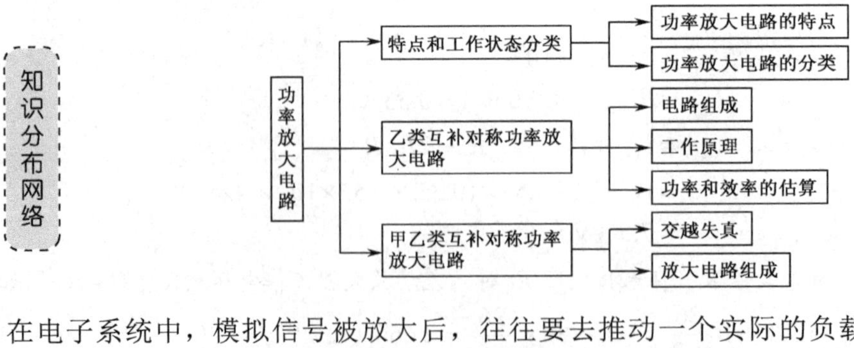

在电子系统中，模拟信号被放大后，往往要去推动一个实际的负载。推动一个实际负载需要的功率很大，能输出较大功率的放大电路称为功率放大电路。功率放大电路与

小信号前置电压放大电路在本质上没有根本区别，都具有能量控制和转换的功能，但各自完成的任务是不同的。电压放大电路的任务是将信号不失真地放大，输出足够高的电压，电压放大倍数是主要参数。功率放大电路要求在电源电压确定的情况下，有尽可能大的输出功率。

2.3.1　功率放大电路的特点和工作状态分类

1. 功率放大电路的特点

功率放大电路作为多级放大电路的输出级，具有以下几个特点。

（1）由于功率放大电路的主要任务是向负载提供一定的功率，因而输出电压和电流的幅度足够大，也就是输出功率 P_o 尽可能大。

（2）由于输出信号幅度较大，使三极管工作在饱和区与截止区的边沿，因此输出信号存在一定程度的失真，但要求失真尽可能小。

（3）功率放大电路在输出功率的同时，三极管消耗的能量较大，因此不可忽视管耗问题，即电源提供的能量应尽可能多地转换给负载，尽量减少三极管及线路上的损失，即注意提高电路的效率 η。

$$\eta = \frac{P_o}{P_E} \times 100\% \qquad (2\text{-}48)$$

式中，P_o 为负载上得到的交流信号功率，P_E 为电源提供的直流功率。

（4）功放管散热和保护问题。根据功率放大电路在电路中的作用及特点，首先要求它输出功率大、非线性失真小、效率高。其次，由于三极管工作在大信号状态，要求它的极限参数 I_{CM}、P_{CM}、$U_{(BR)CEO}$ 等应满足电路正常工作并留有一定余量，同时还要考虑三极管有良好的散热功能，以降低结温，确保三极管安全工作。

（5）功率放大电路工作在大信号极限工作状态，分析时只能采用图解法，而不能采用小信号的微变等效电路法来分析、计算。

2. 功率放大电路的分类

根据放大电路中三极管静态工作点设置的不同，或者按三极管在一个信号周期内导通时间的不同，可以把放大类型分为甲类、乙类和甲乙类三种，如图 2-29 所示。

甲类放大电路如图 2-29（a）所示，它的工作点设置在放大区的中间，这种电路的优点是在输入信号的整个周期内三极管都处于导通状态，输出信号失真较小，前面讨论的电压放大电路都工作在这种状态。缺点是三极管有较大的静态电流 I_{CQ}，这时管耗 P_C 大，电路能量转换效率低。

乙类放大电路如图 2-29（b）所示，它的工作点设置在截止区，由于三极管的静态电流 $I_{CQ}=0$，所以能量转换效率高，它的缺点是只能对半个周期的输入信号进行放大，所以非线性失真大。

甲乙类放大电路如图 2-29（c）所示，它的工作点设在放大区但接近截止区，即三极管处于微导通状态，这样可以有效克服乙类放大电路的失真问题，且能量转换效率也较高，目前使用较广泛。

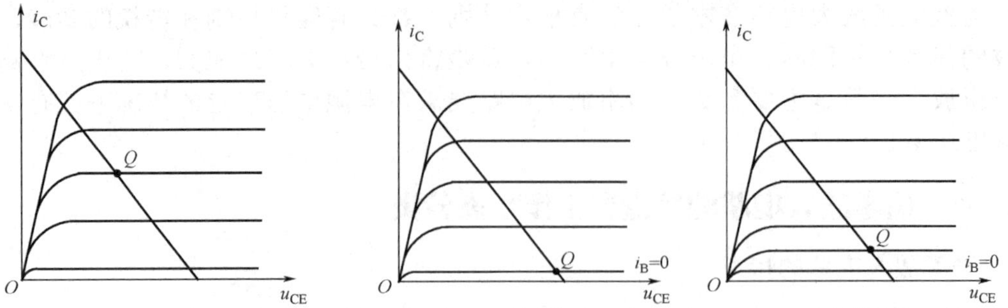

（a）甲类　　（b）乙类　　（c）甲乙类

图 2-29　功率放大器工作状态的分类

三种放大类型的比较如表 2-3 所示。

表 2-3　三种放大类型的比较

放大类型	甲　类	甲　乙　类	乙　类
输出波形	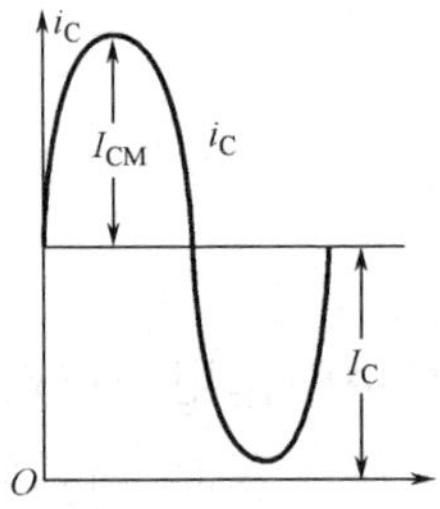	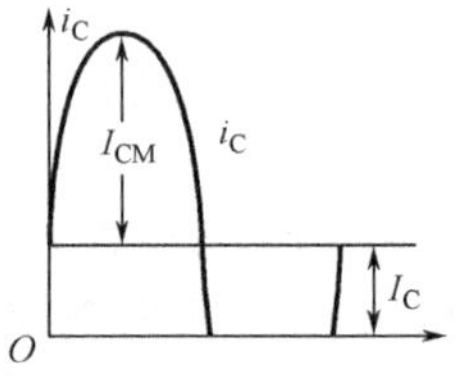	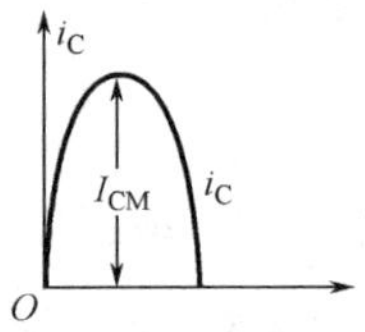
电流 I_C	$I_C \geqslant I_{CM}$	$I_C < I_{CM}$	$I_C \approx 0$
特点	$P_o=U_{CM}I_{CM}/2$； $P_E=V_{CC}I_C$； 信号越大，$\eta=P_o/P_E$ 越高；最高可达 50%；效率较低；但输出不易失真	信号越大，输出的失真越严重；但由于 $P_E=V_{CC}I_C$ 降低，所以η 有所提高	虽然输出功率降低，但 $P_E=V_{CC}I_C$（$I_C\approx 0$）很小，而且管耗 P_C 变得很小，使得η 大幅度提高。 乙类功放的最高效率可达 78.5%。 对输入信号而言，输出已经完全失真

2.3.2　乙类互补对称功率放大电路

图 2-30（a）是双电源乙类互补功率放大电路。这类电路又称无输出电容的功率放大电路，简称 OCL 电路。VT_1 为 NPN 型管，VT_2 为 PNP 型管，两管参数对称。电路工作原理如下所述。

当输入信号 $u_i=0$ 时，两个三极管都工作在截止区，此时 I_{BQ}、I_{CQ}、I_{EQ} 均为 0，负载上无电流通过，输出电压 $u_o=0$，此时电路不消耗功率。当放大电路有正弦信号 u_i 输入时，在 u_i 正半周，即 $u_i>0$，三极管 VT_1 正偏而导通，VT_2 因发射结反偏而截止，$+V_{CC}$ 经过 VT_1 向负载 R_L 提供电流 i_{C1}，在 R_L 上形成正半周输出电压，即输出电压 $u_o>0$。在 u_i 负半周，即 $u_i<0$，三极管 VT_2 正偏而导通，VT_1 因发射结反偏而截止，$-V_{CC}$ 经过 VT_2 向负载 R_L 提供电流 i_{C2}，在 R_L 上形成负半周输出电压，即输出电压 $u_o<0$。总之，从输入信号的整个周期看，由于 VT_1、VT_2 轮流

导通，相互补足对方缺少的半个周期，负载 R_L 上仍得到与输入信号波形接近的电流和电压，如图 2-30（c）所示。

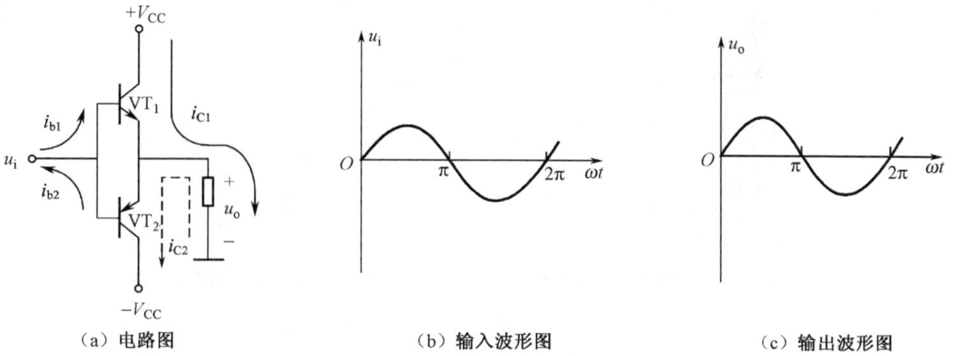

图 2-30　双电源乙类互补对称功率放大电路

2.3.3　甲乙类互补对称功率放大电路

1. 电路组成及工作原理

在乙类互补对称功率放大器的输入端加入一个正弦信号，在输入信号的一个周期内，用示波器观察输出端的信号波形，发现输出波形在正、负半周的交界处发生了失真，观察到的输出波形如图 2-31（b）所示。

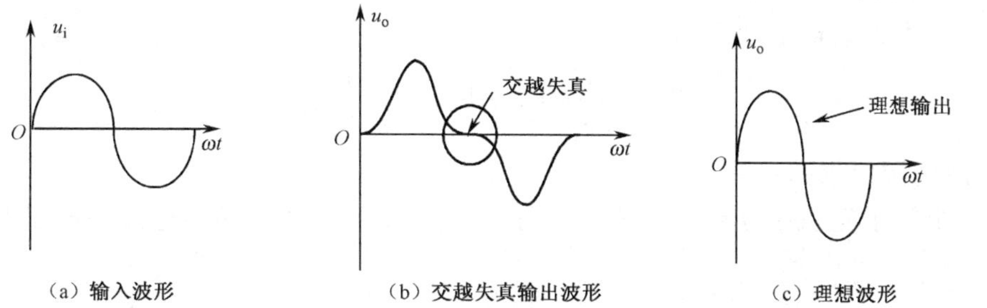

图 2-31　交越失真波形

产生这种交越失真的原因是：在乙类互补对称功率放大电路中，没有施加偏置电压，静态工作点设置在零点，U_{BEQ}=0，I_{BQ}=0，I_{CQ}=0，三极管工作在截止区。由于三极管存在死区电压，当输入信号小于死区电压时，三极管 VT_1、VT_2 仍不导通，输出电压 u_o 为 0，这样在输入信号正、负半周的交界处，无输出信号，使输出波形失真，由于这种失真发生在两个半波的交界处，故称作交越失真。为了消除交越失真，可选择如图 2-32 所示的甲乙类互补对称功率放大电路。

在实际电路中，静态电流通常取得很小，所以这种电路仍可以用乙类互补对称功率放大电路的有关公式近似估算输出功率和效率等指标。互补对称功率放大电路要求有一对特性相同的 NPN 型和 PNP 型功率管，在输出功率值要求较大时，往往很难找到这种配对的大功率管，一般采用复合管来解决这个问题。

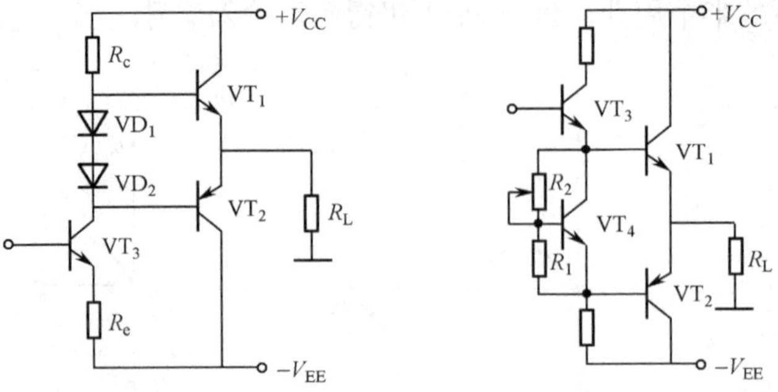

（a）利用二极管进行偏置的电路　　（b）利用 U_{BE} 扩大电路进行偏置的电路

图2-32　甲乙类互补对称功率放大电路

2. 功率和效率的估算

1）输出功率 P_o

输出功率是用管子的交流电压和交流电流的有效值的乘积来表示的，即

$$P_o = I_o U_o = \frac{I_{om}}{\sqrt{2}} \cdot \frac{U_{om}}{\sqrt{2}} = \frac{1}{2} I_{om} U_{om} = \frac{1}{2} \cdot \frac{U_{om}^2}{R_L} \tag{2-49}$$

2）最大不失真输出功率 P_{om}

输出功率的大小由输入信号控制，当输入信号足够大时，在忽略功率管的饱和压降 U_{CES} 后，最大不失真输出功率为

$$P_{om} = \frac{1}{2R_L}(V_{CC} - U_{CES})^2 \approx \frac{1}{2} \cdot \frac{V_{CC}^2}{R_L} \tag{2-50}$$

3）直流电源提供的功率 P_E

由于两个管子轮流工作半个周期，每个电源只提供半个周期的电流，所以两个电源供给的总功率为

$$P_E = 2 \cdot \frac{V_{CC} I_{om}}{\pi} = \frac{2}{\pi R_L} U_{om} V_{CC} \tag{2-51}$$

$$P_{Emax} = \frac{2}{\pi} \cdot \frac{V_{CC}^2}{R_L} \tag{2-52}$$

3）效率 η

效率是负载获得的信号功率 P_o 与直流电源供给功率 P_E 之比，一般情况下的效率可由式（2-49）和式（2-51）相比求出：

$$\eta = \frac{P_o}{P_E} = \frac{\pi}{4} \cdot \frac{U_{om}}{V_{CC}} \tag{2-53}$$

可见，η 与 U_{om} 有关，当 $U_{om} = 0$ 时，$\eta = 0$；当 U_{om} 为最大值时，可得乙类互补对称功率放大电路的最高效率为

$$\eta_{max} = \frac{P_{om}}{P_E} \times 100\% = \frac{\pi}{4} \times 100\% \approx 78.5\%$$

4）管耗 P_C

直流电源提供的功率除了负载获得的功率外便为 VT_1、VT_2 管消耗的功率，即管耗，用 P_C 表示。每个三极管的管耗为

$$P_{C1}=P_{C2}=\frac{1}{2}(P_E-P_o)=\frac{U_{om}}{R_L}\left(\frac{V_{CC}}{\pi}-\frac{U_{om}}{4}\right) \tag{2-54}$$

每个三极管的最大管耗为

$$P_{C1\max}=P_{C2\max}=\frac{1}{2}P_{C\max}\approx 0.2P_{o\max} \tag{2-55}$$

以上计算是在理想情况下进行的，实际应用时，还应留有充分的余量。

运用 Multisim 仿真软件对乙类互补对称功率放大电路进行仿真。仿真电路如图 2-33 所示，仿真结果如图 2-34 所示，可以明显观察到输出波形的交越失真现象。

甲乙类互补功率放大电路的仿真电路如图 2-35 所示，仿真结果如图 2-36 所示，可以观察到输出波形的交越失真现象已消失。

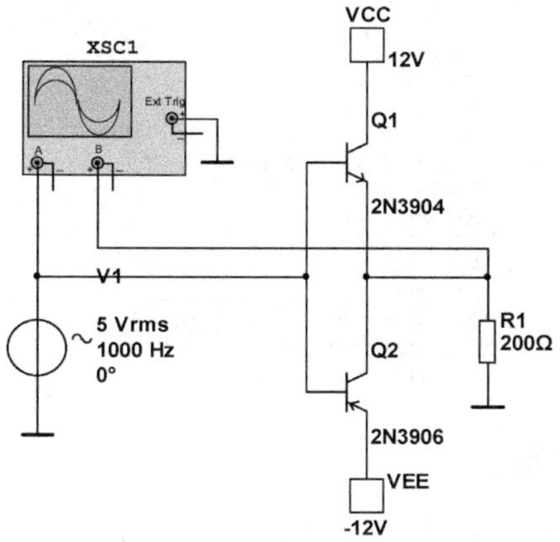

图 2-33　乙类互补对称功率放大电路的仿真电路

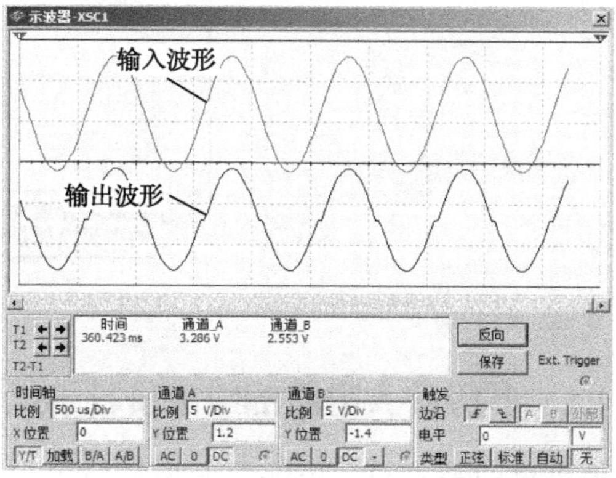

图 2-34　乙类互补对称功率放大电路的仿真结果

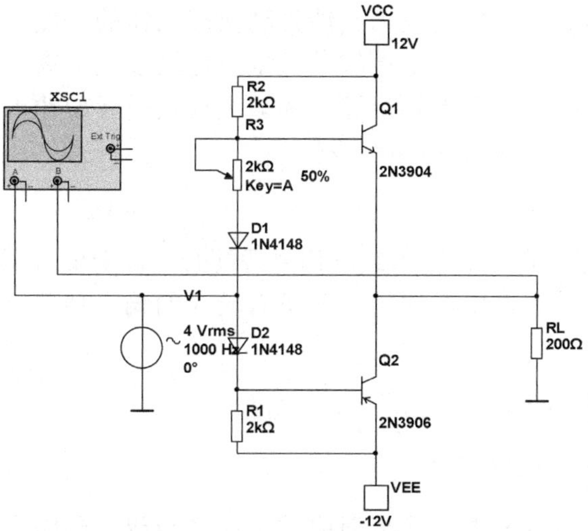

图 2-35　甲乙类互补功率放大电路的仿真电路

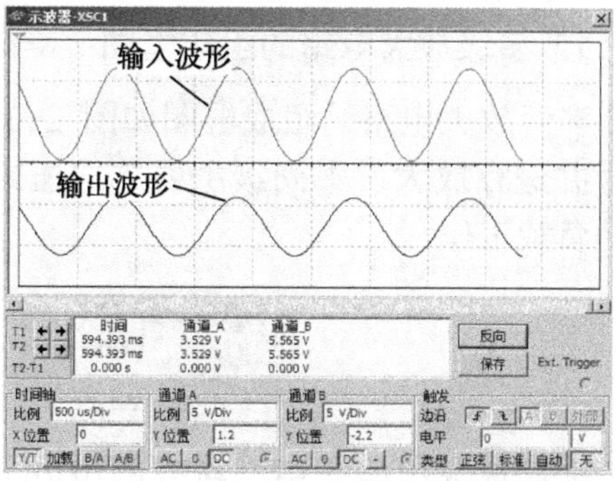

图 2-36　甲乙类互补功率放大电路的仿真结果

2.4 多级放大电路

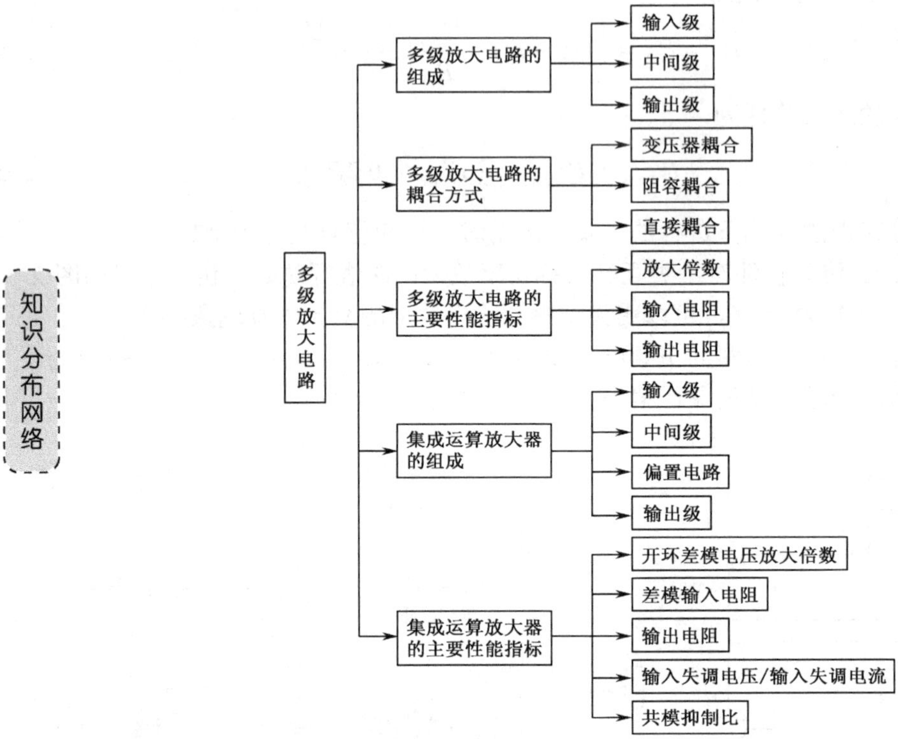

2.4.1 多级放大电路的组成及性能指标的估算

前面讲过的基本放大电路，其电压放大倍数一般只能达到几十至几百。然而在实际工作中，存在很多的电子线路，需要把毫伏级或微伏级的输入信号或检测信号放大到足够的电压或电流值，这样才能推动负载工作。然而，要将其放大到能推动负载工作的程度，仅通过单级放大电路放大，达不到实际要求，必须通过多个单级放大电路连续多次放大，才可满足实际要求。因此，在实际的电子设备中，为了得到足够大的放大倍数或者使输入电阻和输出电阻达到指标要求，一个放大电路往往由多级电路组成。

1. 多级放大电路的组成框图

多级放大电路的组成框图如图 2-37 所示。其中，输入级与信号源配合，接受信号源的信号并进行放大；中间级主要起电压或电流放大作用；输出级要求有较大的输出功率，以推动负载工作。

图 2-37　多级放大电路的组成框图

多级放大电路是由两级或两级以上的单级放大电路连接而成的。在多级放大电路中，级与级之间的连接方式称为耦合。而级与级之间耦合时，必须满足：

（1）耦合后，各级电路仍具有合适的静态工作点；

（2）保证信号在级与级之间能够顺利地传输过去；

（3）耦合后，多级放大电路的性能指标必须满足实际的要求。

耦合方式有阻容耦合、直接耦合、变压器耦合，最常见的耦合方式是直接耦合，这里只介绍直接耦合。前级与后级之间直接用导线连接起来，这种连接方式称为直接耦合，电路如图 2-38 所示。直接耦合的特点如下。

（1）优点：既可以放大交流信号，也可以放大直流和变化非常缓慢的信号，所用元器件少、电路简单、体积小、低频特性好、便于集成，所以集成电路中多采用这种耦合方式。

（2）缺点：存在着各级静态工作点相互牵制和零点漂移现象。

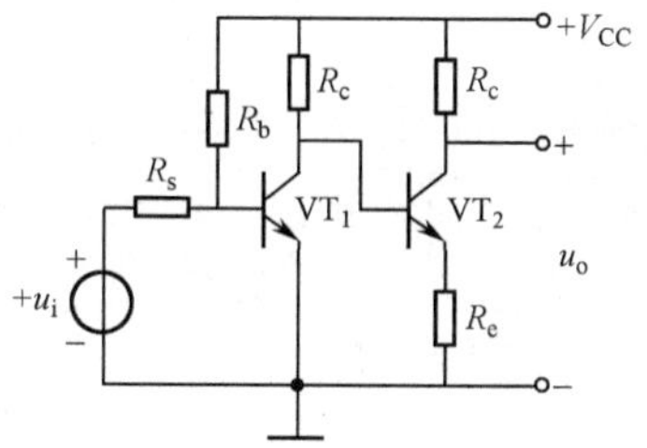

图 2-38 直接耦合放大电路

2. 直接耦合存在的问题及解决办法

直接耦合放大电路存在两个问题：静态工作点相互牵制和零点漂移现象。

1）静态工作点相互牵制

直接耦合方式可省去级间耦合元器件，信号传输的损耗很小。它不仅能够放大交流信号，而且还能放大变化十分缓慢的信号，但由于级间为直接耦合，所以前后级间的直流电位相互影响，使得多级放大电路的各级静态工作点不能独立，当某一级的静态工作点发生变化时，其前后级也将受到影响，常用提高后一级发射极电位的办法来解决，即在后一级的三极管的发射极串联电阻、二极管或稳压管。

2）零点漂移现象

把直接耦合放大电路的输入端短接（即 u_i=0），则在输出端 u_o 会有一定数值的无规则缓慢变化电压输出，这种现象称为零点漂移，简称零漂。引起零点漂移的原因很多，如三极管参数随温度的变化而变化、电源电压的波动、电路参数的变化等，其中以温度变化的影响最为严重，所以零点漂移也称温漂。当输入信号较小时，零点漂移的电压可能会把有用信号电压完全掩盖，造成有用信号的失真，使人们无法辨认是漂移电压，还是有用信号电压。解决零点漂移的办法有温度补偿、引入直流负反馈、采用差动放大电路等。其中，采用差动放大电路是解决零点漂移最有效的办法。

3. 多级放大电路性能指标估算

1）电压放大倍数

在多级放大电路中，由于各级是互相串联起来的，前一级的输出是后一级的输入，所以总的电压放大倍数为

$$A_u=\frac{u_o}{u_i}=\frac{u_{o1}}{u_{i1}}\frac{u_{o2}}{u_{i2}}\cdots\frac{u_{on}}{u_{in}}=A_{u1}A_{u2}\cdots A_{un} \tag{2-56}$$

式中，n 为放大电路的级数。可见，多级放大电路的电压放大倍数等于各级电路电压放大倍数之积。注意，在计算每一级电路的电压放大倍数时，都要把后一级的输入电阻作为前一级的负载。

2）输入电阻和输出电阻

根据放大电路输入电阻和输出电阻的物理意义，可知多级放大电路的输入电阻就是第一级的输入电阻。多级放大电路的输出电阻就是最后一级的输出电阻，即

$$R_i = R_{i1} \tag{2-57}$$

$$R_o = R_{on} \tag{2-58}$$

实例 2-5 电路如图 2-39 所示，设：$\beta_1=\beta_2=50$、$r_{be1}=2.9\,k\Omega$、$r_{be2}=1.7\,k\Omega$。试求：A_u、R_i、R_o。

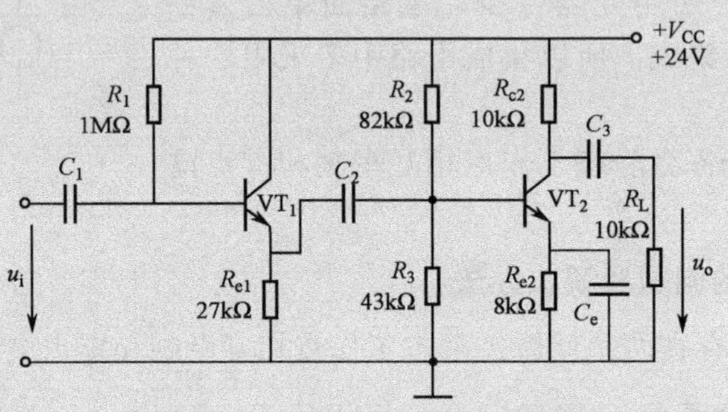

图 2-39　阻容耦合两级放大电路

解　微变等效电路如图 2-40 所示。

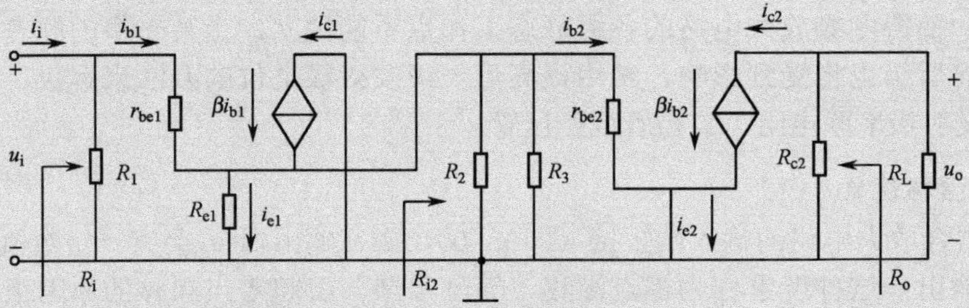

图 2-40　微变等效电路

$$R_{i2} = R_2 \,//\, R_3 \,//\, r_{be2} \approx r_{be2} = 1.7\,k\Omega$$

$$R'_{L1} = R_{e1} \,//\, R_{i2} \approx R_{i2} = 1.7\,k\Omega$$

$$R_i = R_1 \,//\, [r_{be1} + (1+\beta)R'_{L1}] = 1\,000 \,//\, [2.9 + (1+50)\times 1.7] \approx 82.2\ (k\Omega)$$

$$R_o = R_{c2} = 10\,k\Omega$$

$$A_{u1} = \frac{(\beta_1+1)R'_{L1}}{r_{be1}+(\beta_1+1)R'_{L1}} = \frac{51\times 1.7}{2.9+51\times 1.7} \approx 0.968$$

$$A_{u2} = -\frac{\beta_2(R_{c2}\,//\,R_L)}{r_{be2}} = -\frac{50\times(10\,//\,10)}{1.7} = -147$$

$$A_u = A_{u1}A_{u2} = 0.968\times(-147) = -142.3$$

2.4.2　集成运算放大器的组成及基本特性

在半导体制造工艺的基础上，把整个电路中的元器件制作在一块半导体基片上，构成特定功能的电子电路，称为集成电路。集成电路的体积小，性能好。集成电路可分为模拟

集成电路和数字集成电路两大类。模拟集成电路的种类也很多，有运算放大器、功率放大器、直流稳压器，以及一些电子设备中的专用集成电路等。在模拟集成电路中，集成运算放大器是最常见的一种。

1. 集成运算放大器概述

1）集成运算放大器的组成及其符号

集成运算放大器内部实际上是一个高增益的直接耦合放大器，其内部组成原理框图如图 2-41（a）表示，它由输入级、中间级、输出级和偏置电路 4 部分组成。

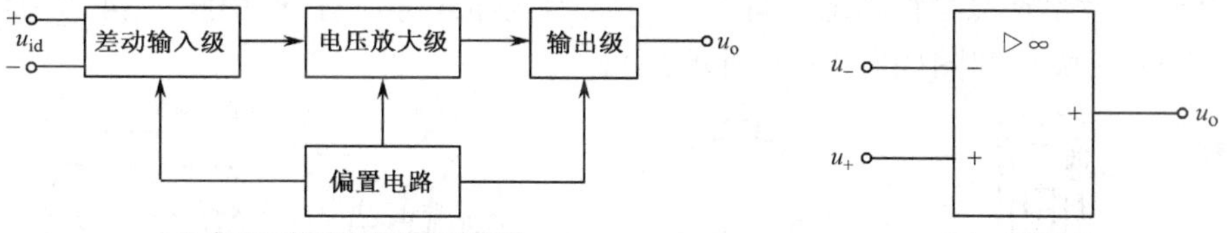

（a）集成运算放大器内部成框图　（b）电路符号

图 2-41　集成运算放大器内部组成原理框图及电路符号

输入级是提高运算放大器质量的关键部分，要求其输入电阻高，为了能减少零点漂移和抑制共模干扰信号，输入级都采用具有恒流源的差动放大电路，也称差动输入级。中间级的主要作用是提供足够大的电压放大倍数，故也称电压放大级。输出级一般采用甲乙类互补对称放大电路，主要用于提高集成运算放大器的负载能力，减小大信号工作下的非线性失真。偏置电路的作用是为各级提供合适的工作电流，一般由各种恒流源电路组成。集成运算放大器的电路符号如图 2-41（b）所示。集成运放μA741 的内部电路如图 2-42 所示。

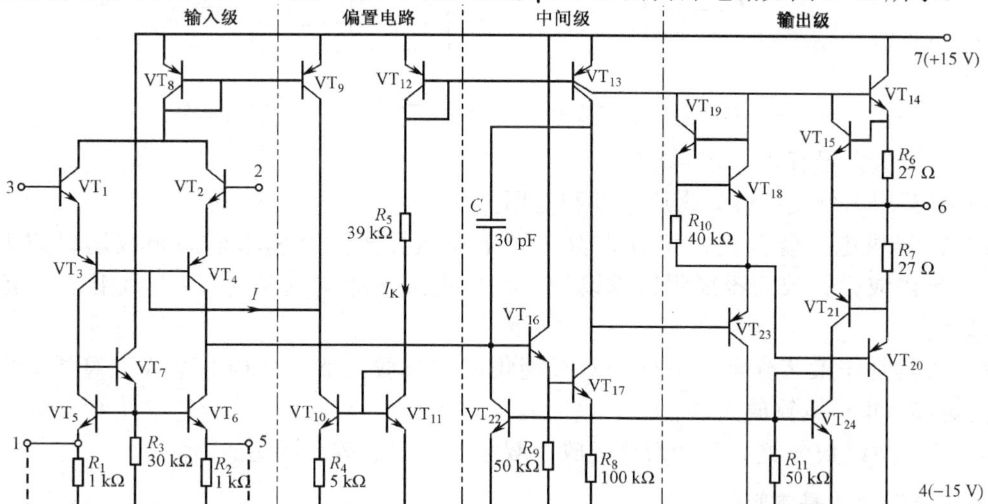

图 2-42　集成运放μA741 内部电路

2）模拟集成电路的型号命名方法

我国半导体集成电路的型号命名按照 GB/T 3430—1989 由 5 部分组成，如 CF0741CT，其各部分符号含义如图 2-43 所示。

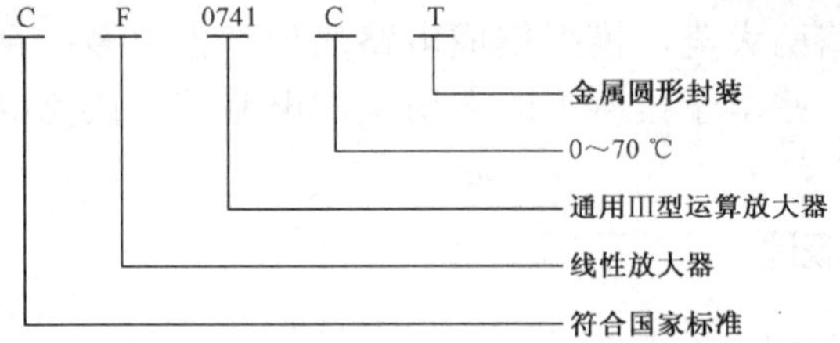

图 2-43　CF0741CT 其符号含义

3）集成运算放大器的外形及分类

常见的集成运算放大器有圆形、扁平形、双列直插式等，有 8 引脚、14 引脚等。其外形结构示意图和引脚排列图如图 2-44 所示。

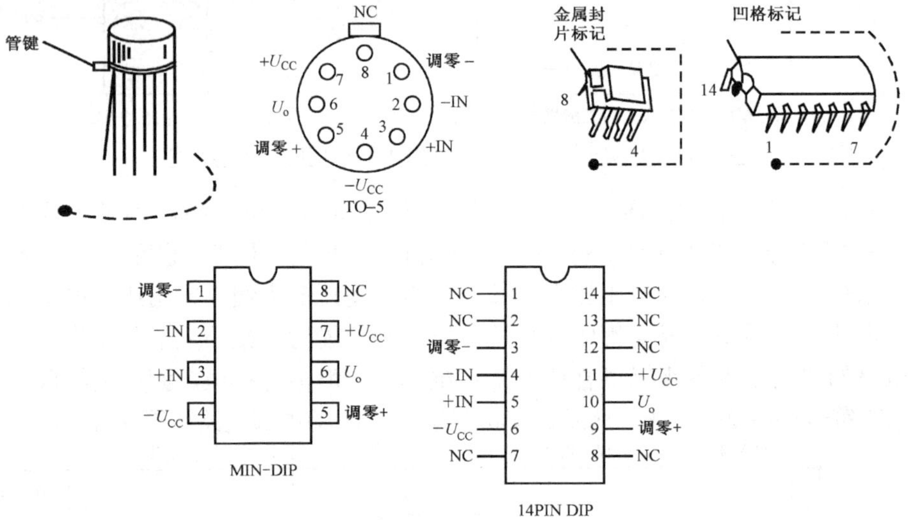

图 2-44　集成运算放大器外形结构示意图和引脚排列图

集成运算放大器有 4 种分类方法。

（1）按其用途分类：可分为通用型和专用型两类。

（2）按其供电电源分类：可分为双电源集成运算放大器和单电源集成运算放大器两类。单电源集成运算放大器采用特殊设计，在单电源下能实现零输入、零输出；交流放大时，失真较小。

（3）按其制作工艺分类：可分为双极型集成运算放大器、单极型集成运算放大器和双极-单极兼容型集成运算放大器。

（4）按运放级数分类：可分为单运放、双运放、三运放、四运放。

2. 集成运放的基本特性

1）理想集成运放的理想化条件

目前，集成运放的应用极为广泛，已经可以作为三极管一样的基本元器件来使用，而且由于集成电路制造技术的发展，集成运放性能越来越好，使用上越来越模块化。由于集成运放具有极高的开环差模电压放大倍数，很大的差模输入电阻和很小的输出电阻，因此，使用者完全可以将集成运放当作理想器件来处理，而不会造成不可允许的误差。一般认为理想集成运放具有如下特点：

（1）开环差模电压放大倍数趋近于无穷大，即 $A_{ud}=u_o/(u_+-u_-)\to\infty$；

（2）差模输入电阻趋近于无穷大，即 $R_{id}\to\infty$；

（3）输出电阻趋近于 0，即 $R_{od}\to 0$；

（4）共模抑制比趋近于无穷大，即 $K_{CMR}\to\infty$；

（5）输入失调电压 U_{IO}、输入失调电流 I_{IO} 及它们的漂移均为 0。

2）集成运放的传输特性

实际电路中集成运放的传输特性如图 2-45 所示。

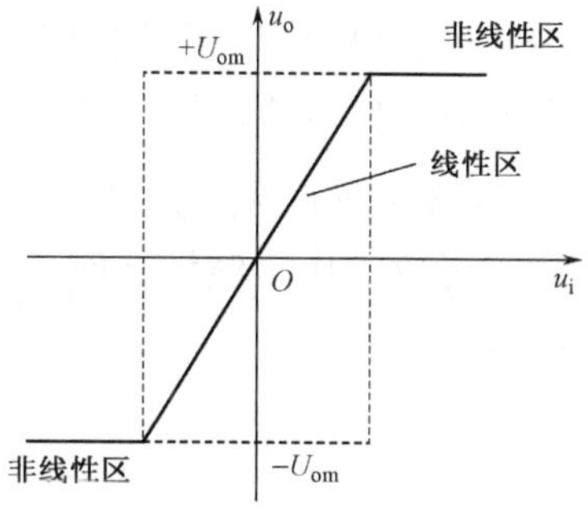

图 2-45 集成运放的传输特性

（1）集成运放的线性区。

集成运放工作在线性区的必要条件是引入深度负反馈。

当集成运放工作在线性区时，输出电压在有限值之间变化，而集成运放的 $A_{ud}\to\infty$，则有 $u_{id}=u_{od}/A_{ud}\approx 0$，由 $u_{id}=u_+-u_-$，得

$$u_+\approx u_- \tag{2-59}$$

式（2-59）说明，集成运放工作在线性区时，同相输入端和反相输入端电压几乎相等，所以称 $u_+\approx u_-$为虚假短路，简称“虚短”。由集成运放的输入电阻 $R_{id}\to\infty$，得

$$i_+=i_-\approx 0 \tag{2-60}$$

式（2-60）说明，集成运放工作在线性区时，流入集成运放同相输入端和反相输入端的电流几乎为 0，所以称 $i_+=i_-\approx 0$ 为虚假断路，简称“虚断”。

（2）集成运放的非线性区。

当集成运放工作在开环状态或外接正反馈时，由于集成运放的 A_{ud} 很大，只要有微小的电压信号输入，集成运放就一定工作在非线性区。其特点是：输出电压只有两种状态，不是正饱和电压 $+U_{om}$，就是负饱和电压 $-U_{om}$。

① 当同相端电压大于反相端电压，即 $u_+>u_-$时，$u_o=+U_{om}$；

② 当反相端电压大于同相端电压，即 $u_+<u_-$时，$u_o=-U_{om}$。

综上所述，在分析具体的集成运放应用电路时，应首先判断集成运放工作在线性区还是非线性区，再运用线性区和非线性区的特点分析电路的工作原理。

3. 集成运算放大器的基本技术指标

1）开环差模电压放大倍数 A_{ud}

开环差模电压放大倍数是指集成运放在开环（无反馈）情况下的直流差模电压放大倍数，即开环输出直流电压与差模输入电压之比，用 A_{ud} 表示。集成运放的开环差模电压放大倍数通常很大，经常用 dB 表示。一般 A_{ud} 为 100～120 dB，高增益运放可达 140 dB 以上。

2）输入失调电压 U_{IO}

在室温 25 ℃及标准电源电压下，当输入电压为 0 时，为了使集成运放的输出电压为 0，在输入端要加补偿电压，叫作输入失调电压，记为 U_{IO}。U_{IO} 越小，表示集成运放的对称程度和电位匹配情况越好，其值一般为±(1～10)mV。

3）输入失调电流 I_{IO}

对于双极型集成运放，输入失调电流是指当输出电压为 0 时，流入放大器两输入端的静态基极电流之差，即

$$I_{IO}=|I_{B2}-I_{B1}|$$

输入失调电流反映了放大器的差分级输入电流不对称程度，所以其值越小越好，变化范围为 1 nA～0.1 μA。

4）共模抑制比 K_{CMR}

集成运放工作于线性区时，其差模电压放大倍数与共模电压放大倍数之比称为共模抑制比，即

$$K_{CMR}=\left|\frac{A_{ud}}{A_{uc}}\right| \tag{2-61}$$

集成运放的共模抑制比典型值在 80 dB 以上，性能好的高达 180 dB。

5）差模输入电阻 R_{id}

运算放大器开环时从两个差动输入端之间看进去的等效交流电阻，称为差模输入电阻，表示为 R_{id}。双极型管输入级为 10^5～10^6 Ω，场效应管输入级可达 10^9 Ω以上，高质量运放的差模输入电阻可达几兆欧姆。

6）输出电阻 R_{od}

从集成运放的输出端和地之间看进去的等效交流电阻，称为集成运放的输出电阻，记为 R_{od}。

知识梳理与总结

（1）放大电路的本质是能量的控制和转换，其放大的对象是变化量。放大只有在不失真的前提下才有意义。

（2）组成放大电路的基本原则：外加电源保证三极管工作于放大区；输入信号能加入到放大电路的输入回路；输出信号能传送到放大电路的输出回路。

（3）放大电路性能指标用以衡量和描述放大电路性能的优劣，本书只介绍了放大倍数、输入电阻、输出电阻和通频带。

（4）放大电路有静态和动态两种工作状态。对静态进行分析有工程近似法和图解法，对动态进行分析有微变等效电路法和图解法。放大电路的分析应遵循"先静态，后动态"的原则。

（5）静态工作点的稳定有重要的意义，温度的变化是影响静态工作点稳定的主要因素，分压偏置式放大电路能很好地稳定静态工作点。

（6）三极管基本放大电路有三种组态，共发射极、共集电极和共基极放大电路。

（7）直接耦合放大器的一个严重的问题是零点漂移。差动放大器是解决零点漂移问题的有效方法，它对差模信号有很强的放大能力，对共模信号有很强的抑制能力。因此，运算放大器都使用差分放大器作为输入级。

（8）功率放大器的特点：工作在大信号状态下，输出电压和输出电流都很大。要求在允许的失真条件下，尽可能提高输出功率和效率。

（9）为了提高效率，在功率放大器中，三极管常工作在甲乙类状态下，并用互补对称结构使其基本不失真。

（10）集成运放是一个高电压放大倍数、高输入电阻和低输出电阻的多级直接耦合放大电路。

（11）在多数情况下，都将集成运放看成理想运放来分析。应熟练掌握集成运放理想条件，以及“虚短”与“虚断”的概念。

测试题2

扫一扫看本项目测试题参考答案

2-1 填空题

（1）放大电路的直流通路可用来求_______。在画直流通路时，应将电路元器件中的______________开路。

（2）晶体三极管用来放大时，应使发射结处于______偏置，集电结处于_______偏置。

（3）在单级放大电路中，若输入电压为正弦波形，用示波器观察 u_o 和 u_i 的波形，当放大电路为共射极电路时，u_o 和 u_i 的相位_______；当为共集电极电路时，u_o 和 u_i 的相位______________；当为共基极电路时，u_o 和 u_i 的相位_________。

（4）交流通路只反映_______电压与_______电流之间的关系。在画交流通路时，应将耦合和旁路电容及直流电源__________。

（5）多级放大电路常见的级间耦合方式有_______耦合、_______耦合和_______耦合。

（6）差动放大电路依靠电路的_______和_______的负反馈来抑制零点漂移。

（7）差动放大电路对共模信号_______放大能力，差动放大电路抑制共模信号的能力就是其抑制______的能力。共模抑制比越大，表示差动放大电路对共模信号的抑制能力_______。

（8）集成运放的内部电路由_______、_______、_______和_______4部分组成。

（9）理想运放第一级常采用_______电路，主要是为了抑制_______；末级常采用_______电路，主要是为了_______。

（10）理想运放在线性区工作时，其两输入端的电位_______，电流_______。

2-2 判断题

（1）放大电路实际上是一个受输入信号控制的能量转换器。（　　）

（2）放大电路的电压放大倍数和电流放大倍数一定都大于1。（　　）

（3）由于放大的是变化值，所以输入直流信号时，任何放大电路的输出都没有变化。（　　）

（4）放大电路对于不同频率的输入信号有着相同的放大能力。（　　）

（5）放大电路对于不同频率的输入信号有着不同的放大能力。（　　）

（6）放大电路中三极管压降 U_{CE} 值越大，管子越容易进入饱和工作区。（　　）

（7）差分放大电路对共模信号有较强的抑制能力。（　　）

（8）差分放大电路对差模信号有较强的抑制能力。（　　）

2-3 选择题

（1）电路的静态是指（　　）。

A．输入交流信号幅值不变时的电路状态

B．输入交流信号频率不变时的电路状态

C．输入交流信号且幅值为0时的电路状态

D．输入端开路时的状态

（2）分析放大电路时常常采用交直流分开分析的方法，这是因为（　　）。

A．三极管是非线性器件　　B．电路中存在电容

C．电路中有直流电容　　D．电路中既有交流量又有直流量

（3）使用差动放大电路的目的是为了提高（　　）。

A．输入电阻　　B．电压放大倍数

C．抑制零点漂移能力　　D．电流放大倍数

（4）差动放大电路抑制零点漂移的效果取决于（　　）。

A．两个三极管的静态工作点　　B．两个三极管的对称程度

C．各个三极管的零点漂移　　D．两个三极管的放大倍数

（5）差模输入信号是两个输入信号的（　　），共模输入信号是两个输入信号的（　　）。

A．和　　B．差　　C．比值　　D．平均值

（6）电路的差模放大倍数越大表示（　　），共模抑制比越大表示（　　）。

A．有用信号的放大倍数越大

B．共模信号的放大倍数越大

C．抑制共模信号和温漂的能力越强

（7）差动放大电路的作用是（　　）。

A．放大差模　　B．放大共模

C．抑制共模　　D．抑制共模，又放大差模

（8）功率放大器最重要的指标是（　　）。

A．输出电压　　B．输出功率及效率

C．输入、输出电阻　　D．电压放大倍数

（9）要克服互补推挽功率放大器的交越失真，可采取的措施是（　　）。

A．增大输入信号

B．设置较高的静态工作点

C．提高直流电源电压

D．基极设置一小偏置，克服三极管的死区电压

2-4　电路如图 2-46 所示，已知β=37.5，r'_{bb}=300 Ω，R_b=300 kΩ，R_c =4 kΩ，R_L=4 kΩ，V_{CC}=12 V，C_1、C_2足够大。试求：（1）Q点；（2）估算r_{be}；（3）求A_u、R_i和R_o；（4）如不接负载R_L，求A_u、R_i和R_o。

2-5　电路如图 2-47 所示，β=50，r'_{bb}=300 Ω，R_{b1}=60 kΩ，R_{b2}=20 kΩ，R_c=3 kΩ，R_e=2 kΩ，R_L=6 kΩ，V_{CC}=12 V，图中电容足够大。试求：（1）Q点；（2）求A_u、R_i和R_o；（3）如果三极管的β=60，那么静态工作点的Q值及动态参数有何变化？（4）如没有电容C_e，求A_u、R_i和R_o。

2-6　放大电路如图 2-48 所示，已知V_{CC}=12 V，R_{b1}=120 kΩ，R_{b2}=40 kΩ，R_c=3 kΩ，R_{e1}=200 Ω，R_{e2}=1.8 kΩ，R_L=3 kΩ，β=100，U_{BE}=0.7 V。

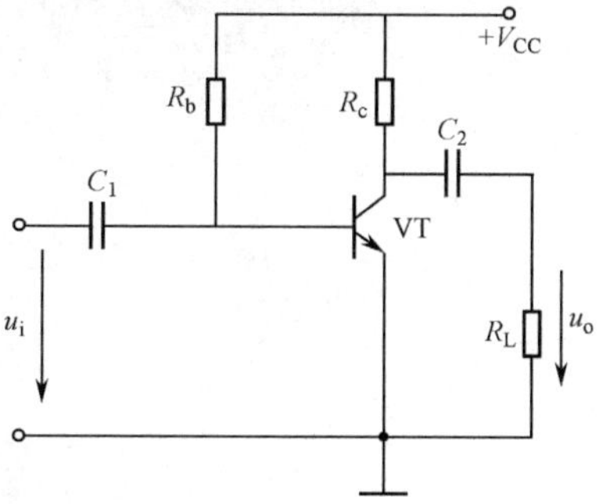

图 2-46　题 2-4 图

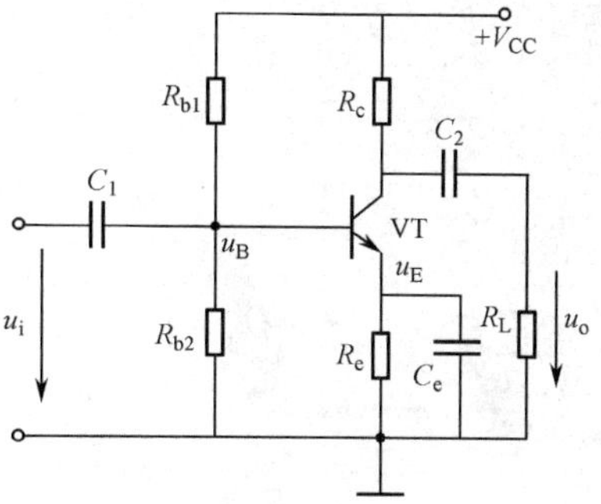

图 2-47　题 2-5 图

（1）求静态工作点；

（2）画出微变等效电路；

（3）求电压放大倍数 A_u、输入电阻 R_i、输出电阻 R_o。

2-7　双端输入、双端输出理想的差分放大电路如图 2-49 所示，试求解下列问题。

（1）若 u_{i1}=1 500 μV，u_{i2}=500 μV，求差模输入电压 u_{id}，共模输入电压 u_{ic} 的值；

（2）若 A_{ud}=−100，求差模输出电压 u_{od}；

（3）当输入电压为 u_{id} 时，若从 VT_2 的集电极输出，求 u_{C2} 与 u_{id} 的相位关系。

2-8　OCL 功率放大电路如图 2-50 所示，若 V_{CC}=12 V，R_L=8 Ω，U_{CES}=0.2 V。两个功放管的参数为 P_{CM}=5 W，$U_{(BR)CEO}$ =30 V，I_{CM}=2 A。

（1）求最大输出功率、最大输出功率时电源提供的功率及效率；

（2）校核功放管 VT_1、VT_2；

（3）二极管 VD_1、VD_2 的作用是什么？

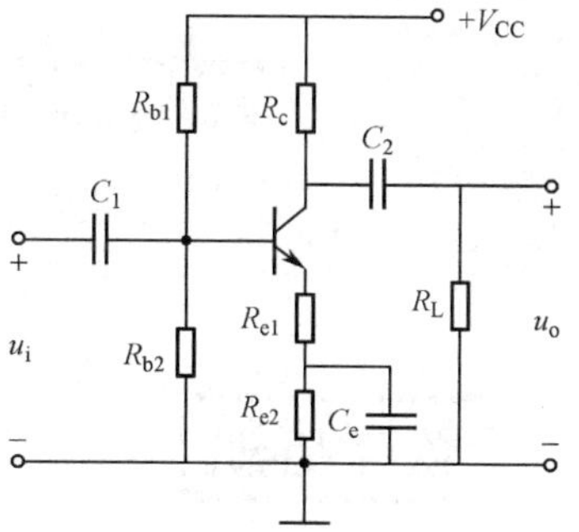

图 2-48　题 2-6 图

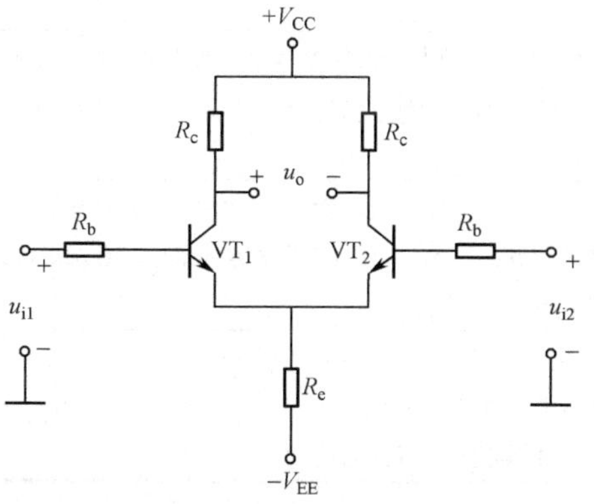

图 2-49　题 2-7 图

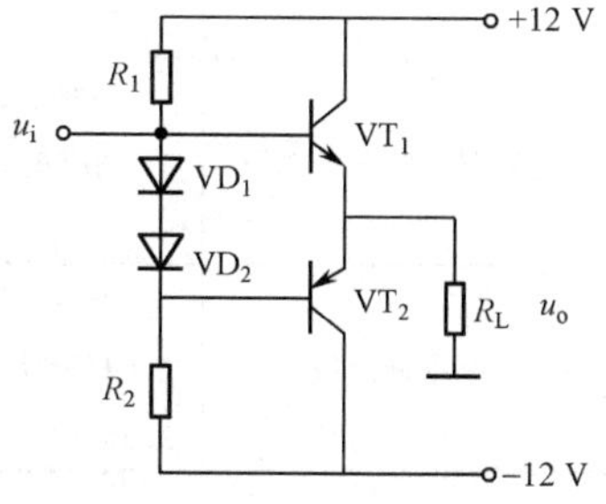

图 2-50　题 2-8 图

项目3 负反馈放大电路与集成运算放大器的仿真实训

教学导航

扫一扫看本项目教学课件

教	知识重点	1．负反馈电路；　2．集成运放电路；　3．波形产生电路
	知识难点	1．反馈组态的判断；　2．负反馈对电路性能的影响；　3．减法运算； 4．滞回比较器；　5．正弦波发生器；　6．非正弦波发生器
	推荐教学方式	1．理论部分讲授采用多媒体教学； 2．电路仿真部分到机房授课，边讲边指导学生练习； 3．利用面包板插接电路和在多功能板上焊接调试电路在实训室进行
	建议学时	16 学时
学	推荐学习方法	以锯齿波发生器的项目为载体，设立相关的学习单元，创建相应的学习环境，将反馈的知识、集成运放的应用知识、波形产生电路的知识贯穿其中，通过学习认识集成运放，并能灵活运用
	必须掌握的理论知识	1．各种反馈的判断方法；　2．负反馈对放大电路性能的影响； 3．利用集成运放进行的各种运算；　4．正弦波产生电路的组成及各部分的作用； 5．方波、三角波产生电路的设计
	必须掌握的技能	1．熟练应用 Multisim 仿真软件进行各种电路的仿真； 2．对设计的各种电路能利用面包板插接验证； 3．对设计的各种电路在多功能实验板上焊接并调试

实训 2　锯齿波发生器的仿真实训

1. 实训目的

（1）掌握用集成运算放大器构成锯齿波发生器时元器件的选择方法。
（2）熟悉集成运算放大器的引脚排列和接线方法。
（3）进一步熟练示波器的使用。
（4）熟练运用 Multisim10.0 仿真软件实现锯齿波发生器的仿真。

2. 预习要求

（1）预习教材中有关正、负反馈的知识。
（2）预习教材中集成运算放大器的线性及非线性应用的知识。
（3）预习 Multisim10.0 仿真软件的应用。

3. 实训原理

锯齿波发生器的电路图如图 3-1 所示。

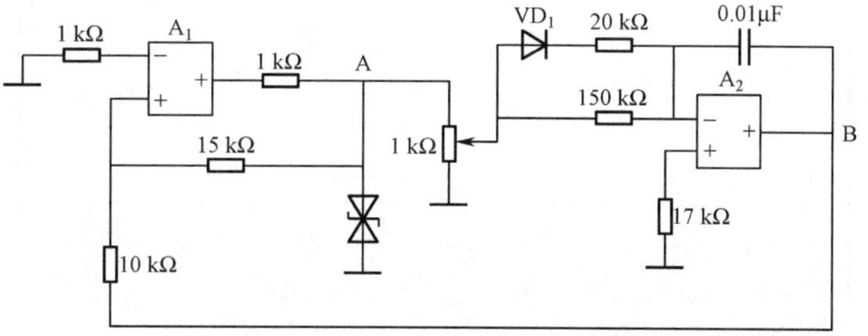

图 3-1　锯齿波发生器的电路图

图中滞回比较器 A_1 和积分器 A_2 闭环组合后，积分器的输出反馈给滞回比较器，作为滞回比较器的 U_{BEF}。图中积分器 A_2 上连接的二极管和电阻改变了积分器的充、放电时间常数，使充电电流和放电电流不等，从而得到锯齿波。

4. 实训内容

1）锯齿波发生器的仿真

（1）启动 Multisim10.0 仿真软件，按照图 3-1 所示连接电路，仿真电路如图 3-2 所示。

（2）给元器件标识、赋值，单击 Multisim 软件主界面中的工具栏、仪器栏，选择元器件和示波器，正确连接在电路中。

（3）启动电路仿真，双击示波器打开面板，设置合理的示波器参数，得到的仿真结果如图 3-3 所示。

2）锯齿波发生器的实训

（1）按照图 3-1 选择元器件。
（2）在实验台或面包板上按照图 3-1 连接电路。

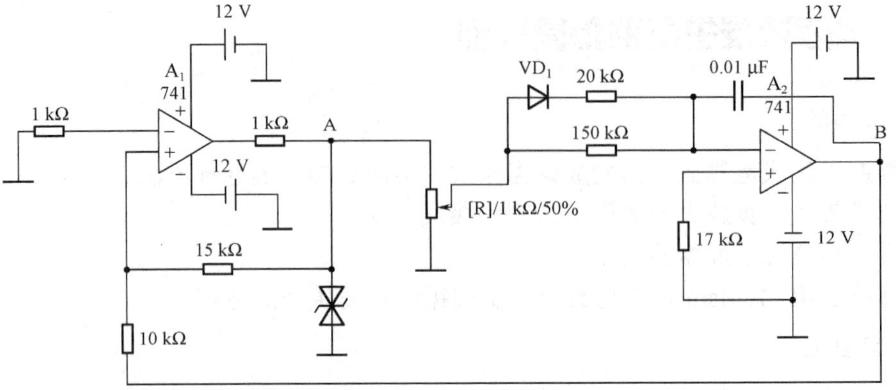

图 3-2　锯齿波发生器的仿真电路

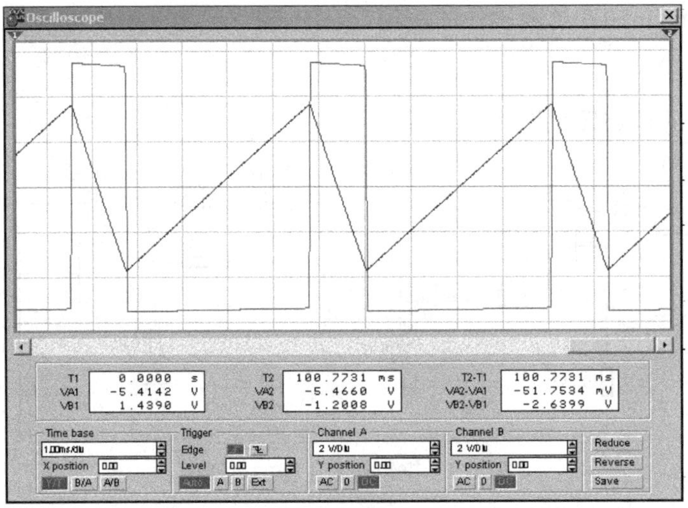

图 3-3　锯齿波发生器的仿真结果

（3）调试电路，并用示波器观测输出信号的波形。

（4）在多功能实验板上焊好全部电路（在集成运算放大器的位置先焊插座，测试前先将运放调零），进行整机调试。

5. 实训报告

（1）画出实训电路图。

（2）列出元器件明细表。

（3）整理仿真得到的波形图。

（4）整理实训过程中测量得到的波形图。

6. 分析与讨论

（1）总结本次实训项目完成过程中遇到的问题及解决办法。

（2）如果改变滞回比较器 A_1 中 10 kΩ和 15 kΩ电阻的阻值，对输出波形有什么影响？

（3）如果输出锯齿波波形接近三角波波形，是什么原因？应该如何解决？

3.1　负反馈放大电路

知识分布网络

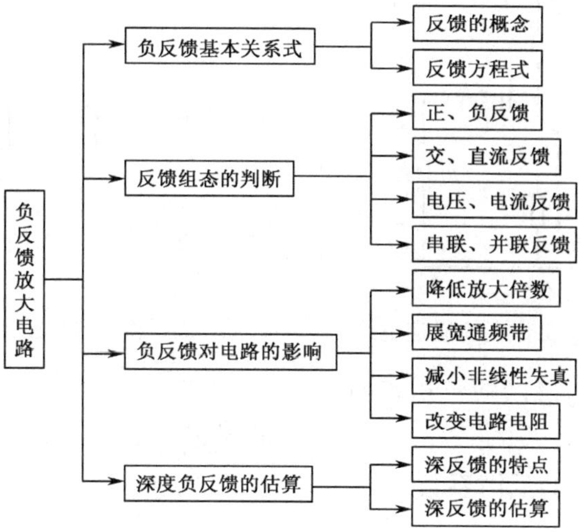

3.1.1　负反馈的概念及基本关系式

在实际应用中，需要的放大器是多种多样的，前面所学的基本放大电路对信号有放大作用，但性能往往不够理想。例如，放大电路的放大倍数不稳定，输出信号随负载而变等，不能满足实际应用的要求。为此我们在放大电路中广泛地应用负反馈的方法来改善放大电路的工作性能。

1. 反馈的概念

所谓反馈，就是将放大器的输出量（电流或电压）的部分或全部，通过一定的反馈网络，引回到放大器的输入端，与原输入信号叠加后作为输入信号去控制输出，从而使放大器的某些性能获得有效改善的过程。

事实上，几乎所有的放大器都带有反馈，前面所讲的基本放大电路（如图 3-4 所示）中就带有电流反馈，它是通过反馈元器件 R_e 将输出回路中的电流引入输入回路，形成反馈，从而稳定放大电路的静态工作点。

2. 反馈基本方程式

为了使问题的讨论更具普遍性，下面将反馈放大器抽象为如图 3-5 所示的方框图。图中 A 表示基本放大电路，F 表示反馈网络，反馈网络一般由线性元器件组成。前者的主要功能是放大信号，后者的主要功能是传输反馈信号。图中箭头表示信号的传递方向。一般认为输入信号只通过基本放大电路正向传输到输出端，输出信号只通过反馈网络反向传输到输入端。输入到基本放大电路的信号称为净输入量，它不仅取决于输入信号，还与反馈信号有关。

在图 3-5 中，$\dot{X}_i$、$\dot{X}_o$、$\dot{X}_f$、$\dot{X}_{id}$ 分别表示放大器的输入量、输出量、反馈量及净输入量，用向量形式表示。$\dot{A}$ 是放大器的开环放大倍数（或称开环增益），为

$$\dot{A}=\frac{\dot{X}_{o}}{\dot{X}_{id}} \tag{3-1}$$

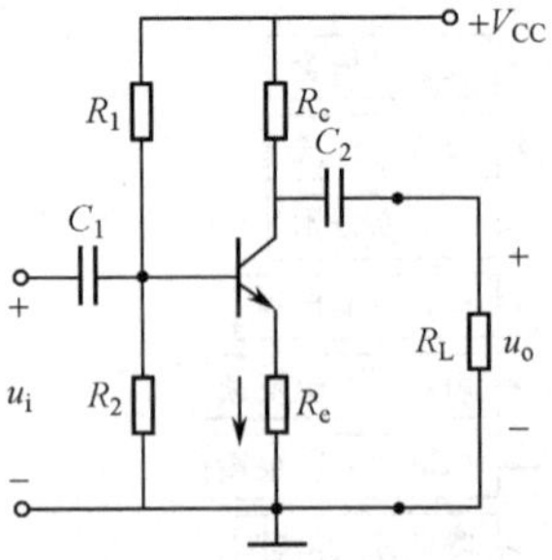

图 3-4　静态工作点的稳定电路

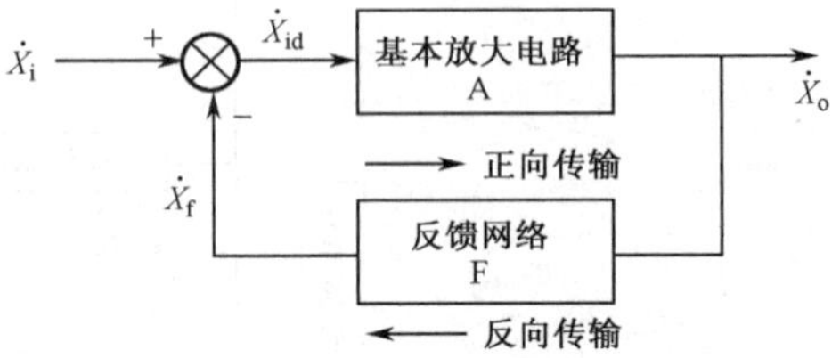

图 3-5　反馈放大电路的方框图

$\dot{X}_i$、$\dot{X}_f$ 与 $\dot{X}_{id}$ 之间的关系式为

$$\dot{X}_{id}=\dot{X}_i-\dot{X}_f \tag{3-2}$$

$\dot{F}$ 是反馈网络的反馈系数，为

$$\dot{F}=\frac{\dot{X}_f}{\dot{X}_o} \tag{3-3}$$

输出量 $\dot{X}_o$ 与输入量 $\dot{X}_i$ 之比称为该放大器的闭环放大倍数（或称闭环增益），用 $\dot{A}_f$ 表示，即

$$\dot{A}_f=\frac{\dot{X}_o}{\dot{X}_i} \tag{3-4}$$

由式（3-1）～式（3-4）可推导得

$$\dot{A}_f=\frac{\dot{A}}{1+\dot{A}\dot{F}} \tag{3-5}$$

式（3-5）即为负反馈放大器放大倍数（即闭环放大倍数）的一般表达式，又称为基本方程式。

式（3-5）中的$|1+\dot{A}\dot{F}|$称为反馈深度，它反映了反馈对放大电路的影响程度。

（1）若$|1+\dot{A}\dot{F}|>1$，则$|\dot{A}_f|<|\dot{A}|$。说明引入反馈后，放大倍数减小了。这种情况为负反馈，负反馈的引入削弱了净输入信号。

（2）若$|1+\dot{A}\dot{F}|<1$，则$|\dot{A}_f|>|\dot{A}|$。这种情况为正反馈，正反馈的引入加强了净输入信号。

（3）若$|1+\dot{A}\dot{F}|=0$，则$|\dot{A}_f|\to\infty$。这就是说，即使没有输入信号，放大电路也有信号输出，这时的放大电路处于“自激”状态。

（4）若$|\dot{A}\dot{F}|\gg 1$，则

$$\dot{A}_f=\frac{\dot{A}}{1+\dot{A}\dot{F}}\approx\frac{1}{\dot{F}} \tag{3-6}$$

式（3-6）说明，当$|\dot{A}\dot{F}|\gg 1$ 时，放大器的闭环放大倍数仅由反馈系数来决定，而与开环放大倍数 $\dot{A}$ 几乎无关，这种情况称为“深度负反馈”。

3.1.2　反馈的组态及判别方法

扫一扫看反馈的四种组态微课视频

在分析放大电路有关反馈的问题时，首先要看放大电路中有无反馈存在，即输入回路与输出回路有无相互联系的反馈元器件或反馈网络。其次反馈可以从不同的角度进行分类，按反馈的极性可分为正反馈和负反馈；按反馈信号与输出信号的关系可分为电压反馈和电流反馈；按反馈信号与输入信号的关系可分为串联反馈和并联反馈；按反馈信号的成分又可分为直流反馈和交流反馈。

1. 正反馈和负反馈

1）正反馈与负反馈

这是按照反馈的极性来划分的。引入反馈后，反馈信号加强了净输入信号的反馈称为正反馈。正反馈多用于振荡电路和脉冲电路中。

引入反馈后，反馈信号削弱了净输入信号的反馈称为负反馈。负反馈多用于改善放大电路的性能。

2）正、负反馈的判别方法

判别正、负反馈通常采用瞬时极性法。即先假定输入信号为某一瞬时极性（一般设为对地为正的极性），然后再根据各级输入、输出之间的相位关系（对分立元器件放大器，共射反相，共集、共基同相；对集成运放，U_o 与 U_- 反相，U_o 与 U_+ 同相），确定输出信号和反馈信号的瞬时极性，再根据反馈信号与输入信号的连接情况，分析净输入量的变化，如果反馈信号使净输入量增强，即为正反馈，反之为负反馈。

下面用瞬时极性法来判别图 3-6 中反馈的极性。设输入瞬时极性为“+”，加在 VT_1 的基极上，由于三极管的基极与集电极的电压极性反相，故 VT_1 的集电极的电压瞬时极性为“−”。而对于 VT_2 的基极，与发射极的电压极性同相，故 VT_2 的发射极电压瞬时极性为“−”，通过级间反馈元器件 R_f 引回到 VT_1 的基极的瞬时极性为“−”。由此可见，反馈信号减小了外加输入信号的作用，使得净输入信号 i_i' 减弱，所以引入的反馈为负反馈。

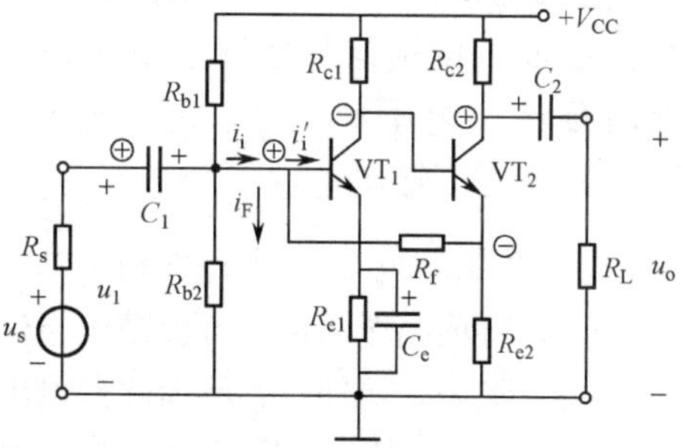

图 3-6　反馈极性的判断

两条实用的判别方法如下：

（1）如果输入和反馈两个信号接到输入回路的同一点，即同时加于三极管的基极或发射极、运放的同相输入端或反相输入端，如图 3-7（a）所示，则两者瞬时极性相反者为负反馈，相同者为正反馈。

（2）如果输入和反馈两个信号接到输入回路的两点，对共射组态三极管来说这两点是基极和发射极，对运算放大器来说是同相输入端和反相输入端，如图 3-7（b）所示，则两者瞬时极性相反者为正反馈，相同者为负反馈。

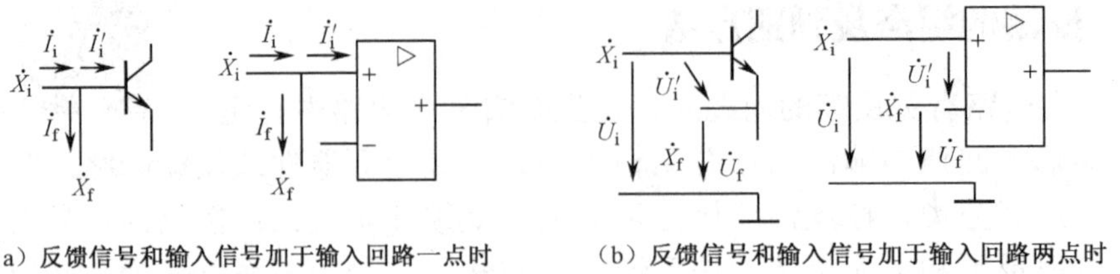

图 3-7　反馈极性的判别

2. 交流反馈和直流反馈

这是按照反馈信号中包含的交直流成分来划分的。在放大电路的输出量中通常交直流信号并存，反馈信号也是如此。若反馈信号中仅有交流成分，则仅对输入回路中的交流成分有影响，这就是交流反馈；若反馈信号中仅有直流成分，则仅对输入回路中的直流成分有影响，这就是直流反馈；若反馈信号中既有交流成分又有直流成分，则得到交、直流两种性质的反馈。

在图 3-6 中，反馈信号的交流成分被 C_e 旁路掉，在 R_{e1} 上产生的反馈信号只有直流成分，因此是直流反馈，但在 R_f 上产生的极间反馈信号中，既有直流成分，又有交流成分。

3. 电压反馈和电流反馈

1）电压反馈与电流反馈

这是按照反馈信号与输出信号之间的关系来划分的。反馈信号的大小与输出电压成比例的反馈称为电压反馈；反馈信号的大小与输出电流成比例的反馈称为电流反馈。从另一个角度说，反馈信号取样于输出电压，称为电压反馈。反馈信号取样于输出电流，则称为电流反馈。电压负反馈能稳定输出电压，具有恒压输出特性；电流负反馈能稳定输出电流，具有恒流输出特性。

2）电压、电流反馈的判别方法

（1）将输出端短路，若反馈信号消失，为电压反馈；若反馈信号仍然存在，则为电流反馈。

（2）除公共端外，若反馈取自输出端，为电压反馈；若反馈取自非输出端，则为电流反馈。

在图 3-6 中，反馈信号取自非输出端（或将输出端短路，发现反馈信号没有消失），可判定引入的是电流反馈。

4. 串联反馈和并联反馈

1）串联反馈与并联反馈

这是按照反馈信号在输入回路中与输入信号相叠加的方式不同来划分的。反馈信号与输入信号加在放大电路输入回路的同一个电极，则为并联反馈，此时反馈信号与输入信号以电流相加减；反馈信号与输入信号加在放大电路输入回路的两个电极，则为串联反馈，此时反馈信号与输入信号以电压相加减。

2）串联、并联反馈的判别方法

将输入回路的反馈节点对地短路，若输入信号仍能送入到放大电路中，则为串联反馈；若输入信号不能再送入到放大电路中，则为并联反馈。

在图 3-6 中，反馈信号通过反馈电阻 R_f 送到输入回路的输入端（或通过对输入回路的反馈节点对地短路，输入信号不再输入到放大电路），因此为并联反馈。

两条实用的判别方法如下：

（1）如果输入和反馈两个信号接到输入回路的同一点，如图 3-7（a）所示，则为并联反馈。

（2）如果输入和反馈两个信号接到输入回路的两点，如图 3-7（b）所示，则为串联反馈。

5. 四种基本负反馈类型

综合考虑反馈信号在输出端的取样，以及与输入回路的连接方式的不同组合，负反馈可以分为 4 种组态。

1）电压串联负反馈

图 3-8（a）属于电压串联负反馈，其特点是：

（1）输出端，其反馈信号直接取自输出电压；

（2）输入端，其反馈和输入两个信号，接到输入回路的两点。

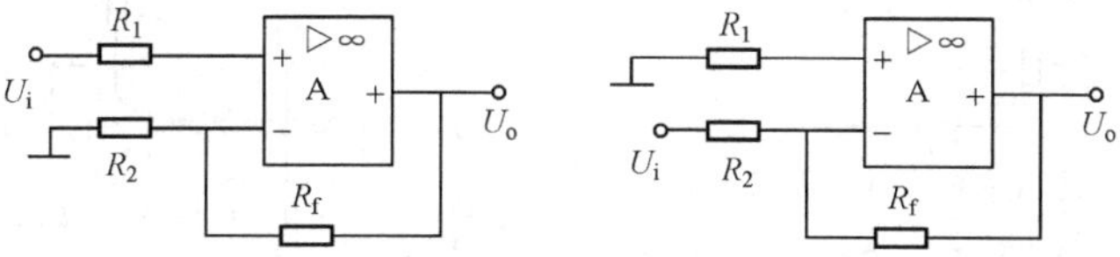

（a）电压串联负反馈　　（b）电压并联负反馈

图 3-8　负反馈电路

如图 3-9 所示电路为分立元器件构成的负反馈放大电路。根据瞬时极性法判断，经 R_f 加在发射极 E_1 上的反馈电压为“+”，与输入电压极性相同，且加在输入回路的两点，故为串联负反馈，反馈信号与输出电压成比例，是电压反馈，故为电压串联负反馈。

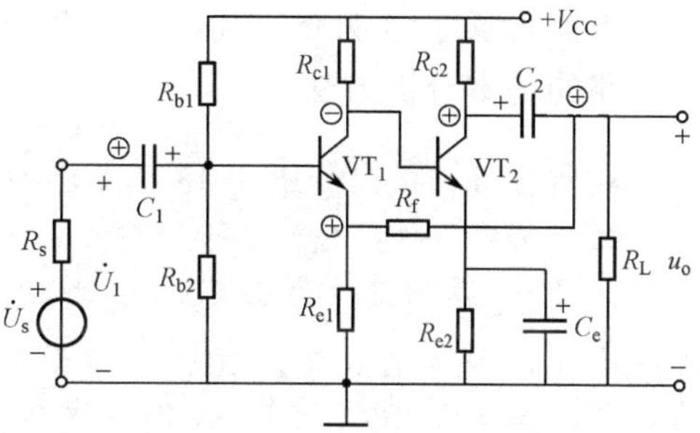

图 3-9　分立元器件构成的负反馈放大电路

2）电压并联负反馈

图 3-8（b）属于电压并联负反馈，其特点是：

（1）输出端，其反馈信号直接取自输出电压；

（2）输入端，其反馈和输入两个信号，接到输入回路的同一点。

3）电流串联负反馈

图 3-10（a）属于电流串联负反馈，其特点是：

（1）输出端，反馈网络不直接接输出端，反馈信号取自输出电流；

（2）输入端，反馈网络不直接接信号输入端。

如图 3-11 所示电路为分立元器件构成的负反馈放大电路。反馈电压从 R_{e1} 上取出，根据瞬时极性和反馈电压接入方式，可判断为串联负反馈。因输出电压短路，反馈电压仍然存在，故为电流串联负反馈。

4）电流并联负反馈

图 3-10（b）属于电流并联负反馈，其特点是：

（1）输出端，反馈网络不直接接输出端，反馈信号取自输出电流。

（2）输入端，反馈网络直接接信号输入端。

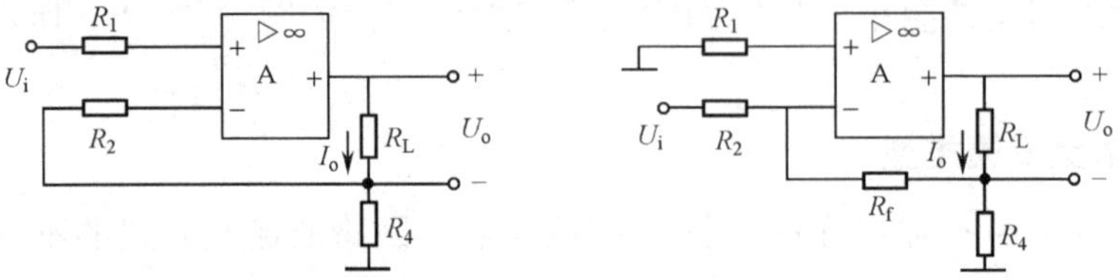

（a）电流串联负反馈　　（b）电流并联负反馈

图 3-10　负反馈电路

如图 3-12 所示电路为分立元器件构成的负反馈放大电路。反馈节点与输入点相同，输出电压短路，反馈电压仍然存在，故为电流并联负反馈。

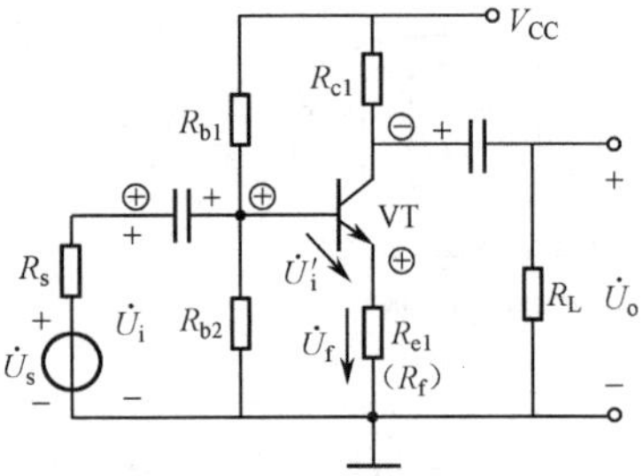

图 3-11　分立元器件构成的负反馈放大电路

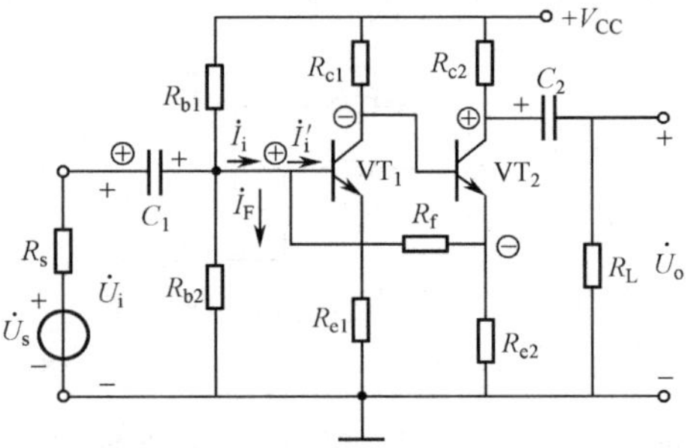

图 3-12　分立元器件构成的负反馈放大电路

下面将通过实例介绍几种常用负反馈放大电路，并通过这些电路的讨论介绍负反馈放大电路的基本分析方法。

实例 3-1　指出如图 3-13 所示各放大电路中的反馈环节，判别其反馈极性和类型。

解　如图 3-13（a）所示电路中，反馈元器件是电阻 R_E，引入了电流串联负反馈，理由如下，设 u_i 瞬时极性为正，则 u_f 瞬时极性亦为正，净输入信号 $u_{be}=u_i-u_f$ 与没有反馈时相比减小了，故为负反馈。其次，由于反馈电路不是直接从输出端引出的，若输出端交流短路（即 $u_o=0$），反馈信号 u_f 仍然存在（$u_f=i_eR_E\neq0$），故为电流反馈。此外，由于反馈信号与输入信号加在两个不同的输入端，两者以电压串联方式叠加，故为串联反馈。

如图 3-13（b）所示电路中，反馈元器件是电阻 R_E，引入了电压串联负反馈，理由如下。设 u_i 瞬时极性为正，则 u_f 瞬时极性亦为正，与图 3-13（a）的分析一样，电路引入了负反馈。其次，由于反馈电路是直接从输出端引出的，若输出端交流短路（即 $u_o=0$），反馈信号 u_f 消失（$u_f=u_o=0$），故为电压反馈。此外，由于反馈信号与输入信号加在两个不同的输入端，两者以电压串联方式叠加，故为串联反馈。

如图 3-13（c）所示电路中，反馈元器件是电阻 R_B，引入了电压并联负反馈，理由如下。设 u_i 瞬时极性为正，则 i_i 瞬时极性为正，u_o 瞬时极性为负，i_f 瞬时极性为正，净输入信号 $i_b = i_i - i_f$ 与没有反馈时相比减小了，故为负反馈。其次，由于反馈电路是直接从输出端引出的，若输出端交流短路（即 $u_o = 0$），反馈信号 i_f 消失（$i_f = 0$），故为电压反馈。此外，由于反馈信号与输入信号加在同一个输入端，两者以电流并联方式叠加，故为并联反馈。

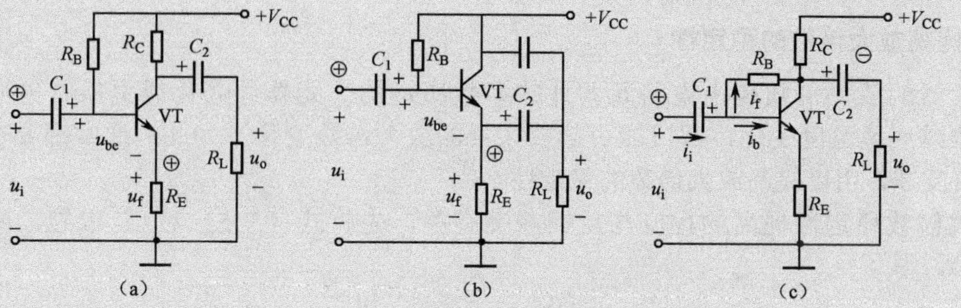

图 3-13　分立元器件构成的负反馈放大电路

实例 3-2　指出如图 3-14 所示各放大电路中的反馈环节，判别其反馈极性和类型。

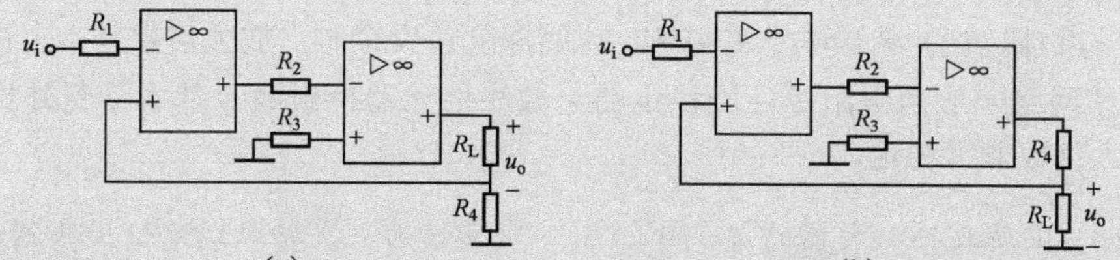

图 3-14　集成运放构成的负反馈放大电路

解　如图 3-14（a）所示电路中，反馈元器件是电阻 R_4，引入了电流串联负反馈，理由如下。如图 3-15（a）所示，设 u_i 瞬时极性为正，则第一级运放的输出瞬时为负，第二级运放的输出瞬时为正，u_f 亦为正，净输入信号 $u_d = u_i - u_f$ 与没有反馈时相比减小了，故为负反馈。其次，由于反馈电路不是直接从输出端引出的，若输出端交流短路（即 $u_o = 0$），反馈信号 u_f 仍然存在（$u_f = i_o R_4 \neq 0$），故为电流反馈。此外，由于反馈信号与输入信号加在两个不同的输入端，两者以电压串联方式叠加，故为串联反馈。

如图 3-14（b）所示电路中，反馈元器件是电阻 R_L，引入了电压串联负反馈，理由如下。如图 3-15（b）所示，设 u_i 瞬时极性为正，与图 3-14（a）的分析相同，净输入信号 u_d 减小，电路引入了负反馈。其次，由于反馈电路是直接从输出端引出的，若输出端交流短路（即 $u_o = 0$），反馈信号 u_f 消失（$u_f = u_o = 0$），故为电压反馈。此外，由于反馈信号与输入信号加在两个不同的输入端，两者以电压串联方式叠加，故为串联反馈。

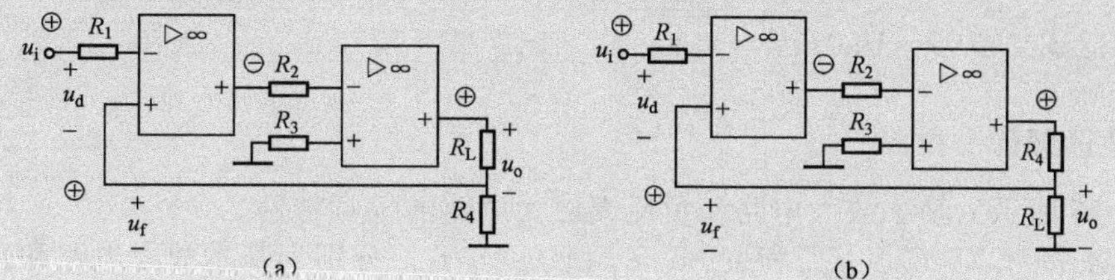

图 3-15　实例 3-2 图

扫一扫看负反馈对放大电路性能的影响微课视频

3.1.3　负反馈对放大电路性能的影响

根据负反馈基本方程，不论何种负反馈，都可使反馈放大倍数下降（$1+AF$）倍，但另一方面却可以使放大电路很多方面的性能得以改善，负反馈对放大电路主要性能的影响如下。

1. 提高放大倍数的稳定性

放大器的放大倍数是由电路元器件的参数决定的。元器件老化或更换、电源电压波动、负载或环境温度变化，都可能引起放大器的放大倍数变化。为此，通常都要在放大器中引入负反馈，用以提高放大倍数的稳定性。

放大倍数稳定性提高的程度与反馈深度有关，先将式（3-5）对 A 求导，两边除以式（3-5），得

$$\frac{dA_f}{A_f}=\frac{1}{1+AF}\cdot\frac{dA}{A} \tag{3-7}$$

可见，引入负反馈后放大倍数的相对变化量 dA_f/A_f 是开环放大倍数相对变化量 dA/A 的 $1/(1+AF)$，即放大倍数 A_f 的稳定性提高到 A 的 $(1+AF)$ 倍。

当反馈深度 $(1+AF)\gg 1$ 时，$A_f\approx 1/F$，说明深度负反馈时，放大倍数基本上由反馈网络决定，而反馈网络一般由电阻等性能稳定的无源线性元器件组成，基本不受外界因素的影响。因此放大倍数非常稳定。

实例 3-3　某负反馈放大器的 $A=10^3$，引入负反馈后放大倍数稳定性提高到原来的 100 倍。试求：（1）反馈系数；（2）闭环放大倍数；（3）A 变化±10%时，闭环放大倍数的相对变化量。

解　（1）根据式（3-7），引入负反馈后放大倍数稳定性提高到原来的 $(1+AF)$ 倍。由此可得

$$1+AF=100$$

反馈系数为

$$F=\frac{100-1}{A}=\frac{99}{10^3}=0.099$$

（2）闭环放大倍数为

$$A_f=\frac{A}{1+AF}=\frac{10^3}{100}=10$$

（3）A 变化±10%时，闭环放大倍数的相对变化量为

$$\frac{dA_f}{A_f}=\frac{1}{100}\cdot\frac{dA}{A}=\frac{1}{100}\times(\pm 10\%)=\pm 0.1\%$$

即 A_f 的变化范围为 9.99～10.01。

2. 展宽通频带

如图 3-16 所示为基本放大电路和负反馈放大电路的幅频特性。

图中，A_m、f_L、f_H、f_{BW} 和 A_{mf}、f_{Lf}、f_{Hf}、f_{BWf} 分别为基本放大电路和负反馈放大电路的中频放大倍数、下限频率、上限频率和通频带宽度。无反馈时，中频段放大倍数较

大，而高频段和低频段放大倍数较小，导致加入负反馈后，在高频段和低频段的反馈信号也小，对净输入信号的削弱作用小，放大倍数减小的程度比中频段的小，从而展宽了通频带。

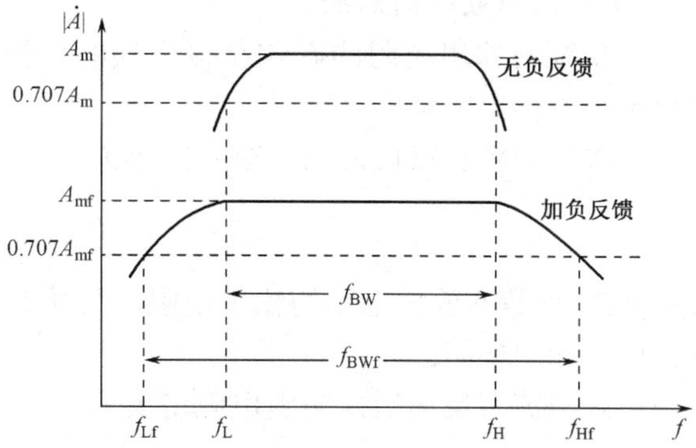

图3-16 基本放大电路和负反馈放大电路的幅频特性

3. 减小非线性失真

由于放大电路中元器件（如晶体管）具有非线性，因而会引起非线性失真。引入负反馈时，如图 3-17 所示，可以减小非线性失真。图 3-17 中输入信号 u_i 为标准正弦波，经基本放大电路放大后的输出信号 u_o 产生了前半周大、后半周小的非线性失真。引入反馈后，失真的输出波形反馈到输入端，在反馈系数不变时，反馈信号 u_f 也是前半周大、后半周小的失真波形。这样失真了的反馈信号 u_f 与原输入信号 u_i 在输入端叠加，形成的净输入信号 $u_{id}=u_i-u_f$ 产生了预失真，这种预失真正好补偿了放大电路非线性引起的失真，使输出波形 u_o 接近正弦波。根据分析，加反馈后非线性失真减小为无反馈时的 $1/(1+AF)$。

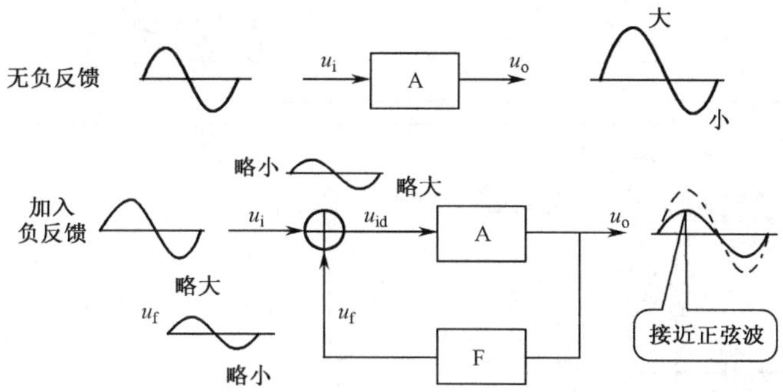

图3-17 负反馈减小非线性失真

注意： 负反馈只能减小放大电路内部引起的非线性失真，对于信号本身固有的失真则无能为力。此外，负反馈只能减小而不能消除非线性失真。

4. 改变输入和输出电阻

1）对输入电阻的影响

对输入电阻的影响随反馈信号在输入回路中叠加方式的不同而不同。串联负反馈使输入电阻增大，并联负反馈使输入电阻减小。

引入串联负反馈后，输入电阻增大为

$$R_{if}=(1+AF)R_i$$

式中，R_i 是基本放大电路的输入电阻，R_{if} 为有反馈时的输入电阻。

引入并联负反馈后，输入电阻减小为

$$R_{if}=\frac{R_i}{1+AF}$$

2）对输出电阻的影响

负反馈对输出电阻的影响与输出端的反馈形式有关，电压负反馈使输出电阻减小，电流负反馈使输出电阻增大。

引入电压负反馈后，输出电阻减小为

$$R_{of}=\frac{R_o}{1+AF}$$

式中，R_o 是基本放大电路的输出电阻，又称开环输出电阻。R_{of} 为有反馈时的输出电阻，又称为闭环输出电阻。

引入电流负反馈后，输出电阻增大为

$$R_{of}=(1+AF)R_o$$

5. 负反馈对放大电路性能影响的仿真

从以上分析可以知道，负反馈对放大电路产生了很大的影响，下面以两级共射放大电路为例来分析负反馈对放大电路性能的影响。

带有负反馈的放大电路的仿真电路如图 3-18 所示。电阻 R_F 为反馈电阻，通过开关 A 连接在电路中。如果 A 接下端，则未加入负反馈；如果 A 接上端，则输出信号经 R_F 加到了输入端形成负反馈。在这里 R_F 所引起的反馈是电压串联负反馈。

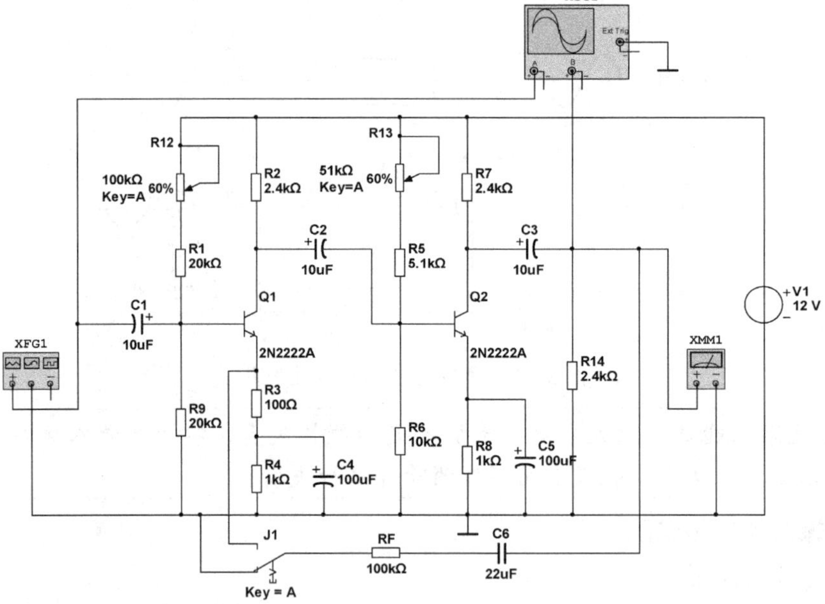

图 3-18　带有负反馈的放大电路的仿真电路

1）对输出电压的影响

（1）在图 3-19、图 3-20 中，开关 A 接下端，电路未加入负反馈。在输入端接信号发生器，输入频率 f=1 kHz、U_i=3 mV 的正弦信号，输出端电压表显示的电压是 931.09 mV。

（2）将开关 A 接上端，电路加入负反馈。输出端电压表显示的电压是 642.931 mV，如图 3-21、图 3-22 所示。

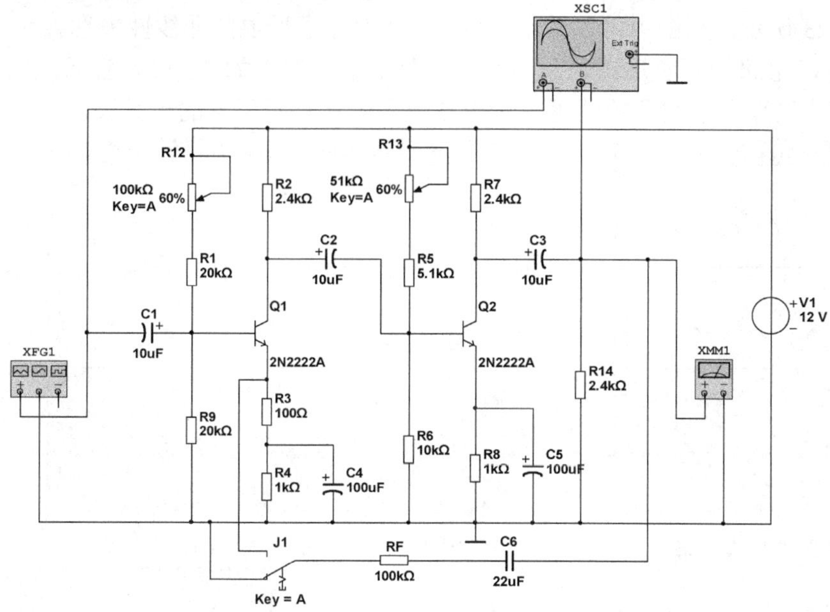

图 3-19　开环放大电路的仿真电路

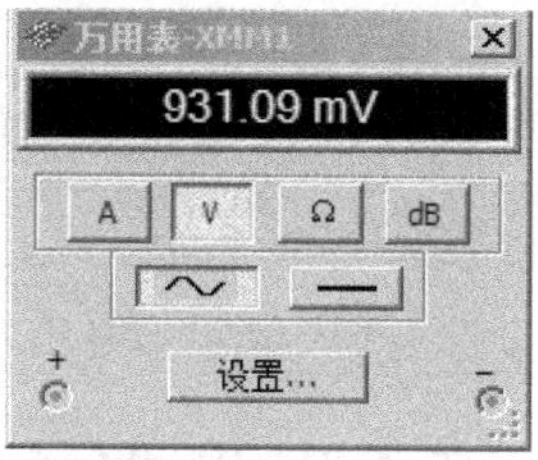

图 3-20　开环放大电路仿真电路的输出电压

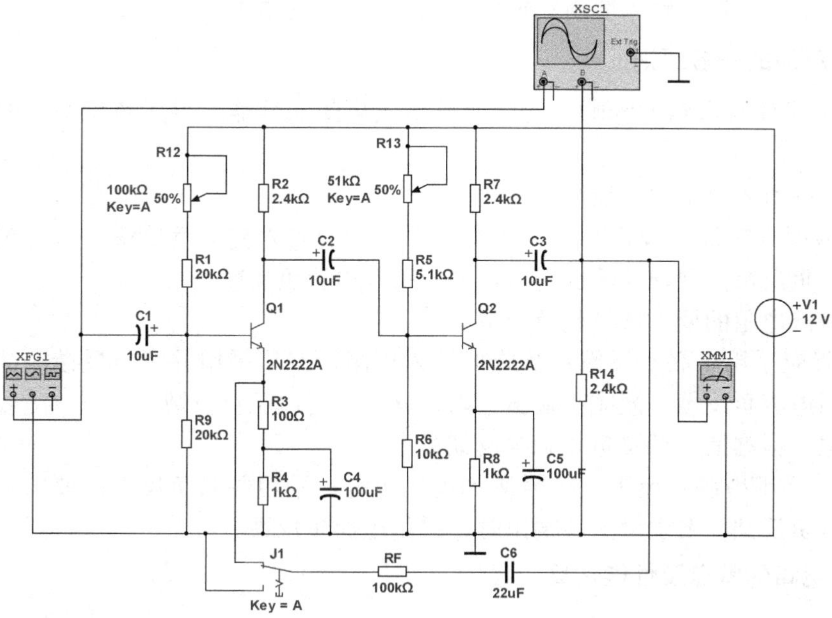

图 3-21　闭环放大电路的仿真电路

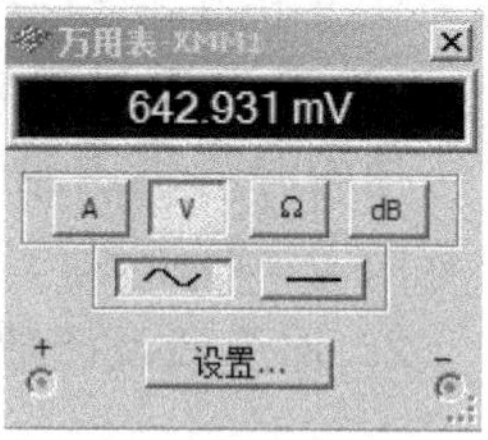

图 3-22　闭环放大电路仿真电路的输出电压

从以上两组数据可以看出，引入负反馈后的输出电压明显低于开环时的输出电压，闭环放大倍数要低于开环放大倍数。

2）对输出波形的影响

（1）在输入端接输入频率 f=1 kHz、U_i=3 mV 的正弦信号，电路未加入负反馈时，从示波器得到的输出波形如图 3-23 所示。从图中可以看出，输出波形产生了明显的非线性失真。

（2）将开关 A 接上端，电路加入负反馈，从示波器得到的输出波形如图 3-24 所示。从图中可以看出，输出波形的失真有了明显的改善，输出波形基本上是不失真的正弦波。

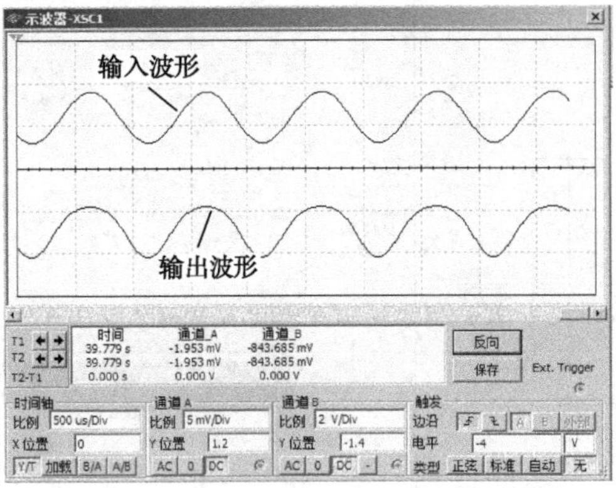

图 3-23　开环放大电路的仿真结果

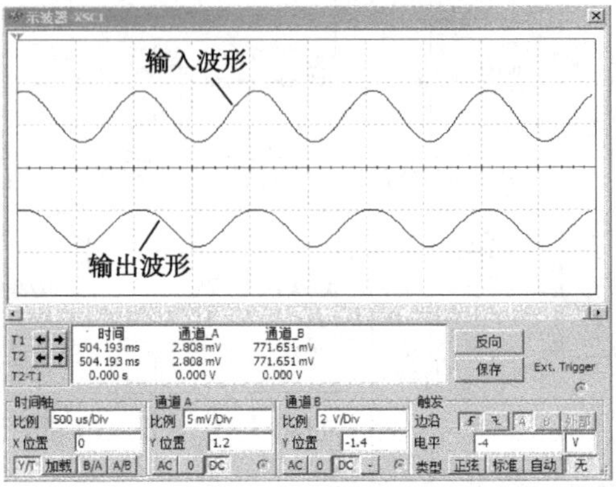

图 3-24　闭环放大电路的仿真结果

3.1.4　深度负反馈放大电路的估算

扫一扫看负反馈放大电路的分析方法微课视频

实用的放大电路中多引用深度负反馈，因此分析负反馈放大电路的重点是如何分析估算负反馈放大电路的电压放大倍数、输入电阻和输出电阻等各项技术指标。

1. 放大电路引入负反馈的一般原则

根据不同形式负反馈对放大电路的影响，为了改善放大电路的性能，引入负反馈一般考虑以下几点。

（1）欲稳定某个量，则引入该量的负反馈。

欲稳定直流量，就应引入直流负反馈；欲稳定交流量，就应引入交流负反馈；欲稳定输出电压，就应引入电压负反馈；欲稳定输出电流，就应引入电流负反馈。

（2）根据对输入、输出电阻的要求选择反馈类型。

欲提高输入电阻，就应采用串联负反馈；欲降低输入电阻，就应采用并联负反馈；欲增大输出电阻，就应采用电流负反馈；欲减小输出电阻，就应采用电压负反馈。

（3）为使反馈效果强，根据信号源及负载确定反馈类型。

信号源为恒压源时，采用串联负反馈；信号源为恒流源时，采用并联负反馈；要求带负载能力强时，采用电压负反馈；要求恒流源输出时，采用电流负反馈。

2. 深度负反馈放大电路的特点及性能估算

1）深度负反馈放大电路的特点

由深度负反馈的条件$|1+\dot{A}\dot{F}|\gg 1$或$|\dot{A}\dot{F}|\gg 1$，有

$$\dot{A}_{\mathrm{f}}=\frac{\dot{A}}{1+\dot{A}\dot{F}}\approx\frac{1}{\dot{F}}$$

得到

$$\dot{X}_{\mathrm{id}}=\dot{X}_{\mathrm{i}}-\dot{X}_{\mathrm{f}}\approx 0 \tag{3-8}$$

$$\dot{X}_{\mathrm{i}}=\dot{X}_{\mathrm{id}}+\dot{X}_{\mathrm{f}}=\dot{X}_{\mathrm{id}}+\dot{A}\dot{F}\dot{X}_{\mathrm{id}}\approx\dot{A}\dot{F}\dot{X}_{\mathrm{id}}=\dot{X}_{\mathrm{f}} \tag{3-9}$$

在深度负反馈放大电路中，闭环放大倍数由反馈网络决定，只要求出反馈系数 $\dot{F}$，就可以直接求出闭环放大倍数 $\dot{A}_f$；反馈信号 $\dot{X}_f$ 近似等于输入信号 $\dot{X}_i$；净输入信号 $\dot{X}_{id}$ 近似等于零。这是深度负反馈放大电路的重要特点。工程估算时，常把深度负反馈放大电路的输入电阻和输出电阻理想化，即认为：深度串联负反馈的输入电阻 $R_{if} \to \infty$；深度并联负反馈的 $R_{if} \to 0$；深度电压负反馈的输出电阻 $R_{of} \to 0$；深度电流负反馈的输出电阻 $R_{of} \to \infty$。

根据深度负反馈放大电路的上述特点，对深度串联负反馈，由图 3-25（a）可知：

（1）净输入信号 u_{id} 近似为零，即运算放大器同相输入端与反相输入端的电位近似相等，两输入端间似乎短路但并没有真正的短路，称为“虚短”；

（2）闭环输入电阻 $R_{if} \to \infty$，即闭环放大电路的输入电流近似为零，$i_+ \approx i_- \approx 0$，两输入端似乎开路但并没有真正的开路，称为“虚断”。

对深度并联负反馈，由图 3-25（b）可知：

（1）净输入信号 i_{id} 近似为零，即运算放大器同相输入端与反相输入端“虚断”；

（2）闭环输入电阻 $R_{if} \to 0$，即运算放大器的两输入端“虚短”。

故对深度负反馈放大电路可得出以下重要结论：基本放大电路的两输入端满足“虚短”和“虚断”。

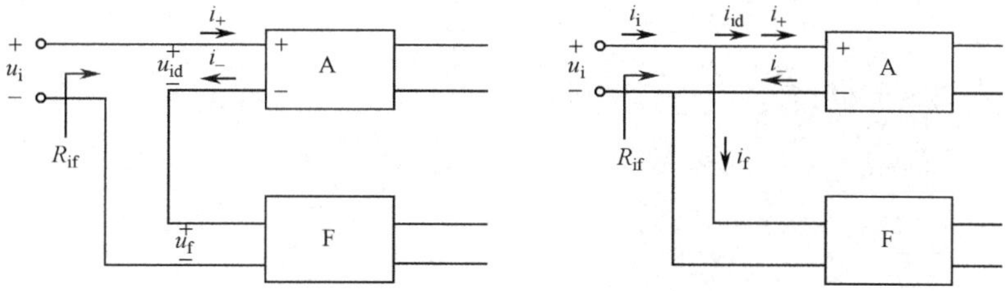

（a）深度串联负反馈　　（b）深度并联负反馈

图 3-25　深度负反馈放大电路中的“虚短”与“虚断”

2）深度负反馈放大电路性能的估算

利用“虚短”和“虚断”的概念可以很方便地估算深度负反馈放大电路的性能，下面举例说明。

实例 3-4　估算如图 3-26 所示负反馈放大电路的电压放大倍数、输入电阻和输出电阻。

解　图 3-26 属于电压串联负反馈电路，由于集成运放的开环增益很大，所以反馈为深度负反馈。因此有

$$u_{id} \approx 0 \text{，} u_i \approx u_f$$

利用集成运放“虚断”的特点，有

$$u_f = \frac{R_1}{R_1 + R_f} u_o$$

反馈系数为

$$F = \frac{u_f}{u_o} = \frac{R_1}{R_1 + R_f}$$

所以

$$A_f \approx \frac{1}{F} \approx \frac{R_1 + R_f}{R_1} = 1 + \frac{R_f}{R_1}$$

电压串联负反馈闭环放大倍数就是闭环电压放大倍数，所以闭环电压放大倍数为

$$A_{uf}=A_f=1+\frac{R_f}{R_1}$$

因为深度串联负反馈，故有 $R_{if}\to\infty$；因为深度电压负反馈，故有 $R_o\to 0$。

实例 3-5 估算如图 3-27 所示负反馈放大电路的电压放大倍数 A_{uf}。

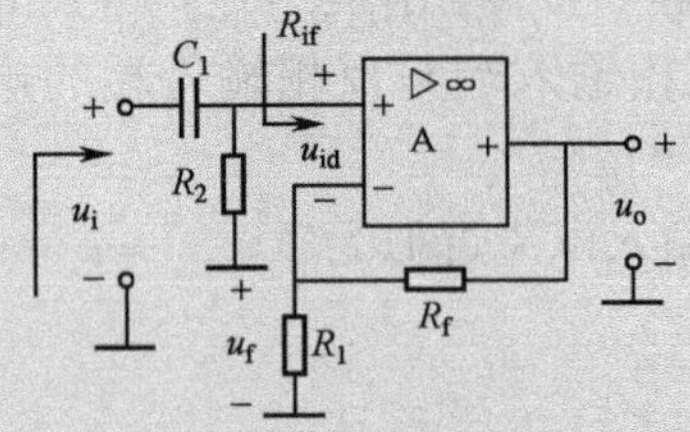

图 3-26 电压串联负反馈电路

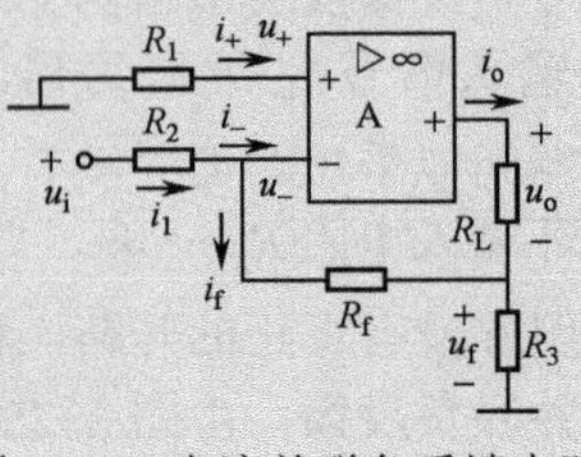

图 3-27 电流并联负反馈电路

解 图 3-27 属于电流并联负反馈，根据深度负反馈输入端虚短特点，得

$$u_+\approx u_-=0\ （虚地）$$

根据深度负反馈输入端虚断特点，得

$$i_i\approx i_f=\frac{u_i}{R_2}$$

对于输出端，有

$$u_o=i_oR_L=\left(-i_f+\frac{-i_fR_f}{R_3}\right)R_L$$

所以

$$A_{uf}=\frac{u_o}{u_i}=-\frac{(R_3+R_f)}{R_2R_3}R_L$$

3.2 集成运算放大器的基本应用电路

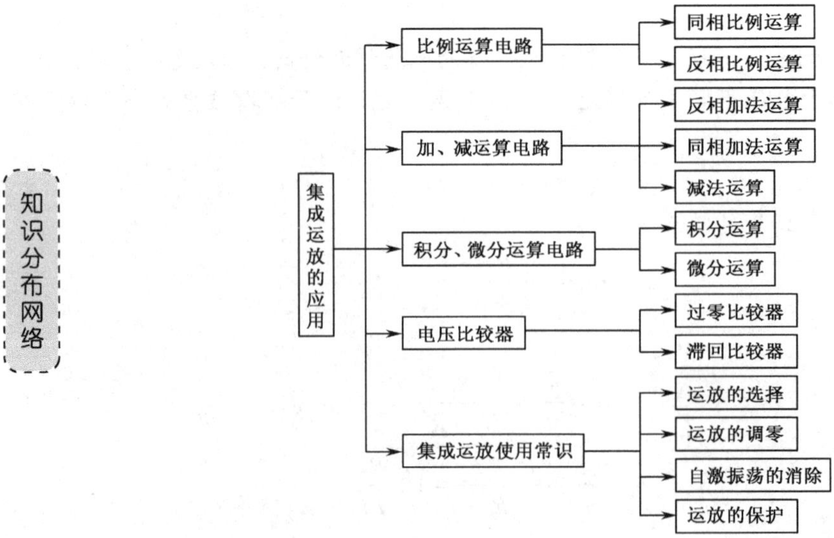

在项目 2 中介绍了集成运放的条件及特点，可知集成运放工作时有两个区：线性区和非线性区。集成运放引入深度负反馈时，工作在线性区；集成运放开环或引入正反馈时，工作在非线性区。

理想运放工作在线性区时的特点为：“虚断”和“虚短”。

理想运放工作在非线性区时的特点为：当 $u_{+}>u_{-}$时，输出 u_o 正向饱和；当 $u_{+}<u_{-}$时，输出 u_o 负向饱和。而 $u_{+}=u_{-}$ 是正负两种饱和状态的转换点。此外，“虚断”的结论在理想运放工作在非线性区时同样成立。

运用上述线性区和非线性区的特点分析电路的工作原理，将使电路的分析大为简化。

集成运算放大器的符号如图 3-28 所示。

扫一扫看比例运算电路微课视频

3.2.1 比例运算电路

比例运算电路是最基本的运算电路，也是组成其他各种运算电路的基础，包括反相比例运算电路和同相比例运算电路。

1. 反相比例运算

反相比例运算电路如图 3-29 所示。输入信号 u_i 经 R_1 加入集成运放的反相输入端，R_f 为反馈电阻，将输出电压 u_o 反馈至反相输入端，形成深度的电压并联负反馈。同相端经电阻 R_2 接地，R_2 称为直流平衡电阻，其作用是使集成运放两输入端的对地直流电阻相等，保证运放电路静态平衡。

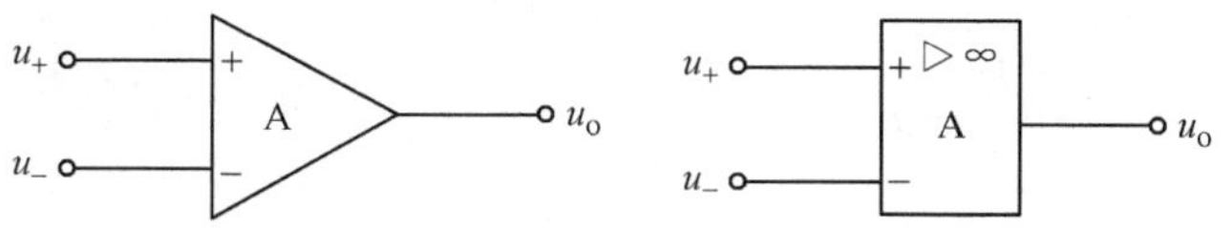

（a）国家标准符号　（b）可选符号

图 3-28　集成运算放大器的符号

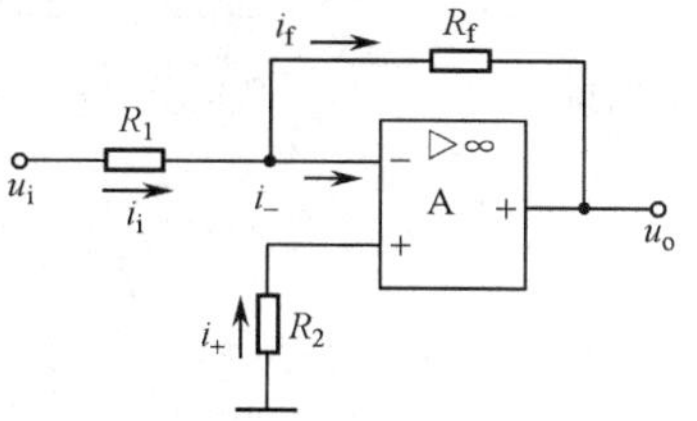

图 3-29　反相比例运算电路

因为“虚短”，所以 $u_{+}=u_{-}$，因为“虚断”，所以 $i_{+}=i_{-}=0$，即 R_2 中无电流，其两端无电压降，故 $u_{+}=0$，即 $u_{-}=0$。这说明，反相输入端虽未直接接地，但其电位也为地电位，因此称它为“虚地”，虚地是反相比例运算电路的重要特征。

所以

$$i_i=\frac{u_i-u_-}{R_1}=\frac{u_i}{R_1}=i_f$$

$$i_f=\frac{u_--u_o}{R_f}=-\frac{u_o}{R_f}$$

那么

$$u_o=-i_fR_f=-\frac{R_f}{R_1}u_i \tag{3-10}$$

$$A_{uf}=\frac{u_o}{u_i}=-\frac{R_f}{R_1} \tag{3-11}$$

从上式可以看出：u_o与u_i是比例关系，改变比例系数$\frac{R_f}{R_1}$，即可改变u_o的数值。负号表示输出电压与输入电压极性相反。

运用 Multisim 仿真软件对反相比例运算电路进行仿真。仿真电路如图 3-30 所示。

仿真结果如图 3-31 所示。仿真结果显示：当电阻 R_1、R_f、R_2 的阻值如图中所示值时，输出电压为-10V，与式（3-10）的结论完全吻合。

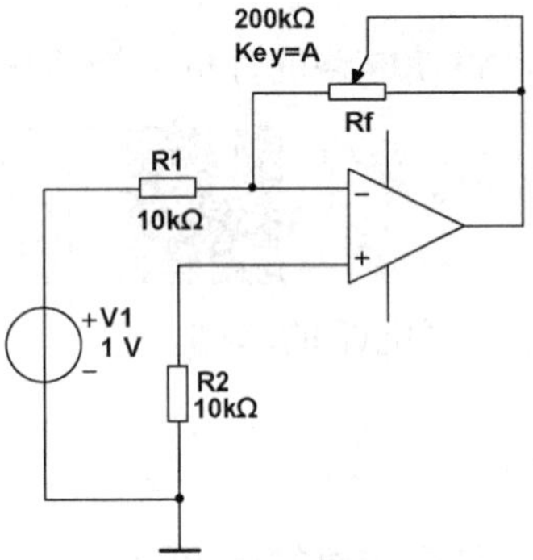

图 3-30　反相比例运算电路仿真电路

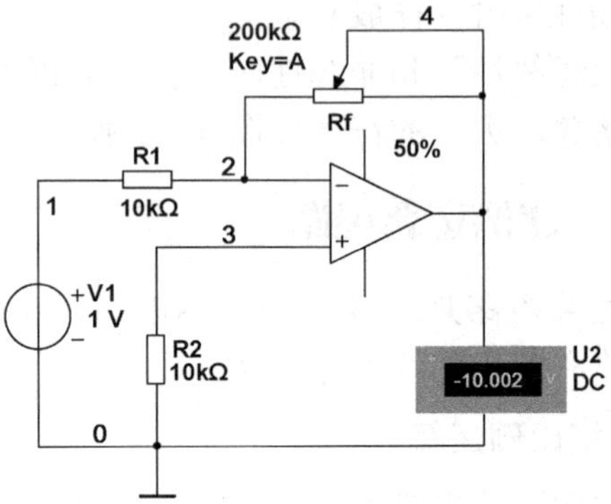

图 3-31　反相比例运算电路仿真结果

2. 同相比例运算

同相比例运算电路如图 3-32 所示。输入信号加入同相输入端。

由“虚断”和“虚短”得到$i_- = i_+ = 0$，$u_- = u_+ = u_i$，所以$i_i = i_f$。

因此

$$u_- = \frac{R_1}{R_1 + R_f} u_o$$

$$u_o = \left(\frac{R_1 + R_f}{R_1}\right) u_- = \left(1 + \frac{R_f}{R_1}\right) u_i \tag{3-12}$$

$$A_{uf} = \frac{u_o}{u_i} = \left(1 + \frac{R_f}{R_1}\right) \tag{3-13}$$

改变$\frac{R_f}{R_1}$的值即可改变u_o的值。上式表明：同相输入放大电路中输出电压与输入电压的相位相同，大小成比例关系，比例系数等于$1+\frac{R_f}{R_1}$，此值与运放本身的参数无关。

在图 3-32 中，如果把R_f短路（$R_f = 0$），把 R_1 断开（$R_1 \to \infty$），电路如图 3-33 所示，则构成$A_{uf} = 1$的电压跟随器。

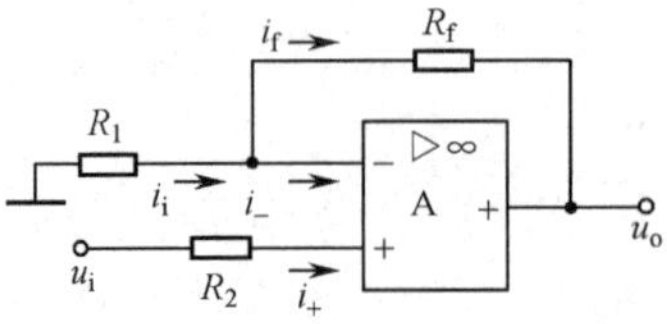

图 3-32　同相比例运算电路

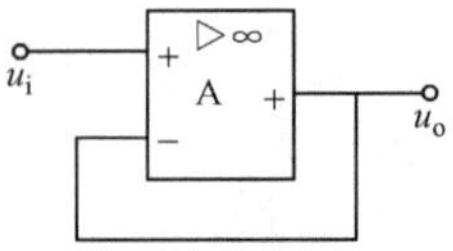

图 3-33　电压跟随器电路

运用 Multisim 仿真软件对同相比例运算电路进行仿真，仿真电路如图 3-34 所示。

仿真结果如图 3-35 所示。仿真结果显示：当电阻 R_1、R_f、R_2 的阻值如图中所示值时，输出电压为 11 V，与式（3-12）的结论完全吻合。

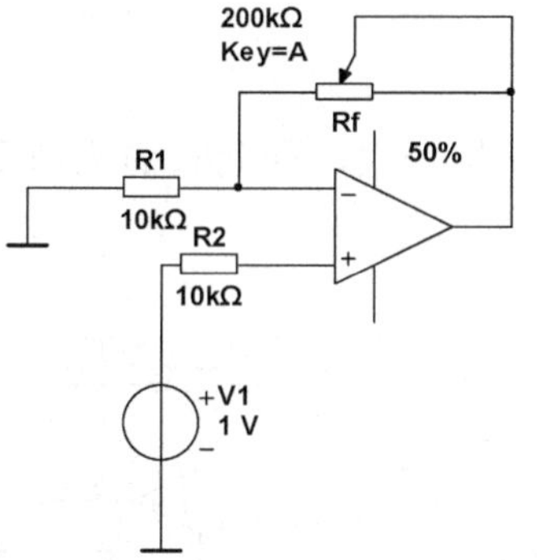

图 3-34　同相比例运算电路仿真电路

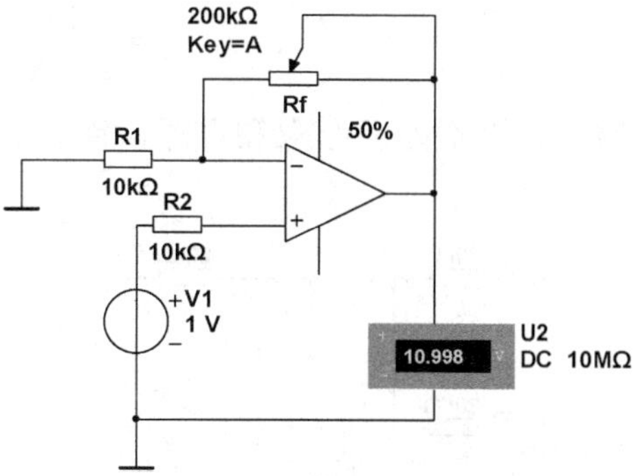

图 3-35　同相比例运算电路仿真结果

3.2.2　加法、减法运算电路

扫一扫看求和运算电路微课视频

1. 加法运算

1）反相加法运算

反相加法运算电路如图 3-36 所示。

图中，有 3 个输入信号加在了反相输入端（输入端的个数可根据需要进行调整）。反相加法运算电路也称反相加法器。其中同相端的平衡电阻值为：$R' = R_1 // R_2 // R_3 // R_f$。

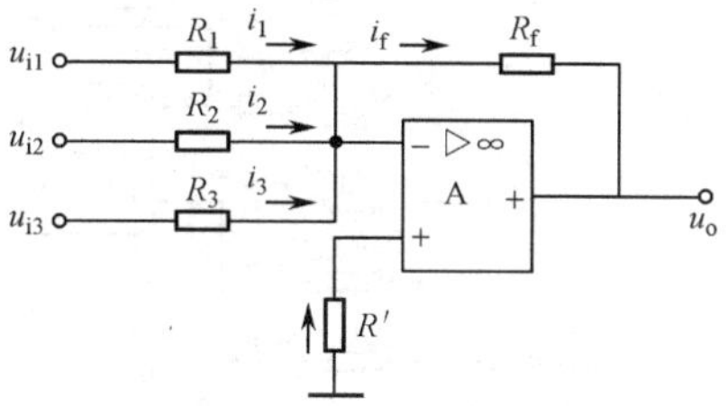

图 3-36　反相加法运算电路

根据“虚地”，有 $u_- = u_+ = 0$，则各支路中电流分别为

$$i_1 = \frac{u_{i1} - u_-}{R_1} = \frac{u_{i1}}{R_1} \qquad i_2 = \frac{u_{i2}}{R_2} \qquad i_3 = \frac{u_{i3}}{R_3} \qquad i_f = -\frac{u_o}{R_f}$$

根据“虚断”，$i_- = i_+ = 0$，则

$$i_1 + i_2 + i_3 = i_f$$

$$\frac{u_{i1}}{R_1} + \frac{u_{i2}}{R_2} + \frac{u_{i3}}{R_3} = -\frac{u_o}{R_f}$$

所以

$$u_o = -\left(\frac{R_f}{R_1}u_{i1} + \frac{R_f}{R_2}u_{i2} + \frac{R_f}{R_3}u_{i3}\right) \tag{3-14}$$

可见，上式可以模拟方程：$y = -(a_1x_1 + a_2x_2 + a_3x_3)$。

当 $R_1 = R_2 = R_3 = R_f$ 时

$$u_o = -(u_{i1} + u_{i2} + u_{i3}) \tag{3-15}$$

实现了加法运算。

运用 Multisim 仿真软件对反相加法器进行仿真，仿真电路如图 3-37 所示。

仿真结果如图 3-38 所示。仿真显示输出电压为-6 V，与式（3-15）的结论完全吻合。

2）同相加法运算

同相加法运算电路如图 3-39 所示。

在图 3-39 中，有 3 个输入信号加在了同相输入端，它的输出电压与输入电压的关系为

$$u_o = R_f\left(\frac{u_{i1}}{R_1}+\frac{u_{i2}}{R_2}+\frac{u_{i3}}{R_3}\right) \tag{3-16}$$

它的调节效果不如反相求和电路，而且它的共模输入信号大，因此它的应用不是很广泛。

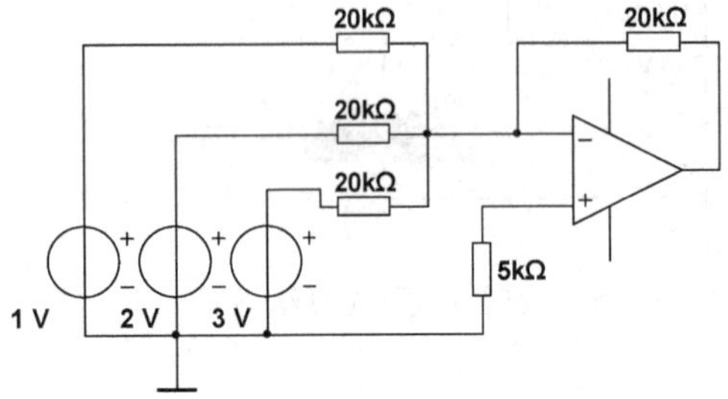

图 3-37　反相加法器仿真电路

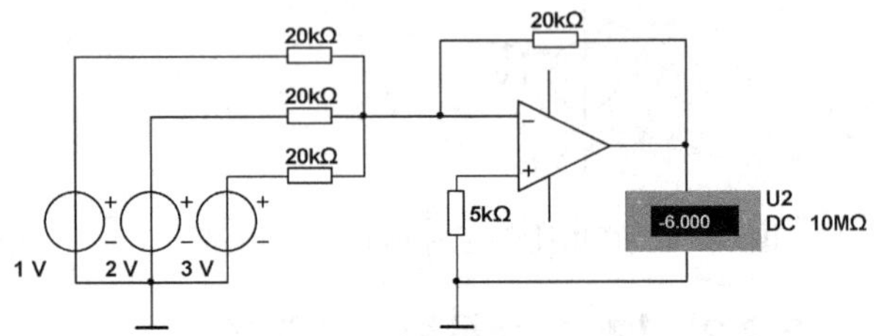

图 3-38　反相加法器仿真结果

2. 减法运算

输入信号分别加在反相输入端和同相输入端，减法运算电路如图 3-40 所示。

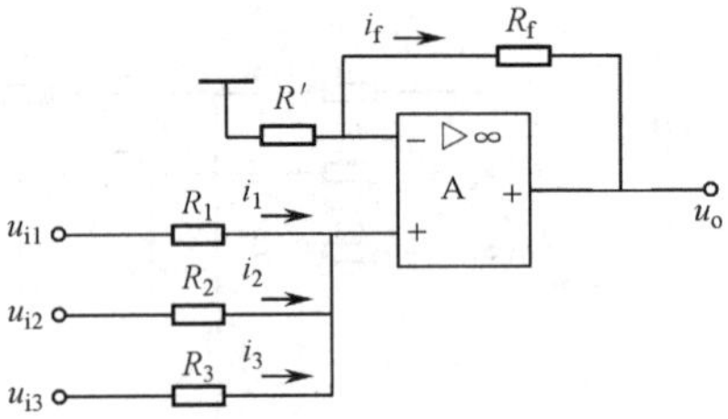

图 3-39　同相加法运算电路

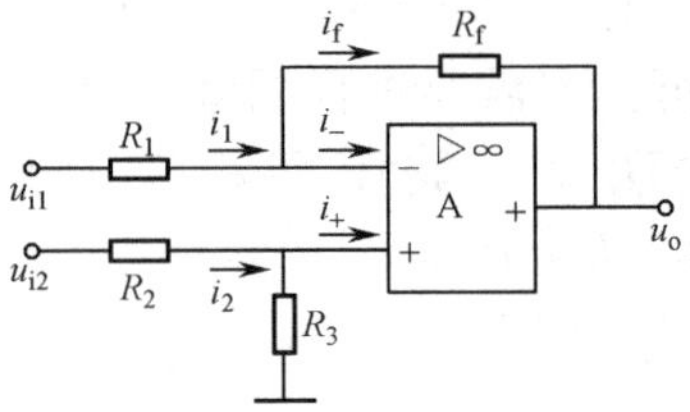

图 3-40　减法运算电路

在减法运算电路中，两输入端分别输入电压，求输出电压时，可应用叠加原理。

令 $u_{i2}=0$， u_{i1} 单独存在时，得

$$u_{o1} = -\frac{R_f}{R_1}u_{i1}$$

令 $u_{i1}=0$， u_{i2} 单独存在时，得

$$u_{o2} = u_+\left(1+\frac{R_f}{R_1}\right)$$

而

$$u_+ = \frac{R_3}{R_2+R_3}u_{i2}$$

所以

$$u_{o2} = \frac{R_3}{R_2+R_3}\left(1+\frac{R_f}{R_1}\right)u_{i2}$$

输出电压为

$$u_o = u_{o1} + u_{o2} = -\frac{R_f}{R_1}u_{i1} + \frac{R_3}{R_2 + R_3}\left(1 + \frac{R_f}{R_1}\right)u_{i2} \tag{3-17}$$

当 $R_1 = R_2$， $R_3 = R_f$ 时

$$u_o = \frac{R_f}{R_1}(u_{i2} - u_{i1})$$

由此可以看出它完成的是：对输入两信号的差运算。

运用 Multisim 仿真软件对减法器进行仿真，仿真电路如图 3-41 所示，仿真结果如图 3-42 所示。

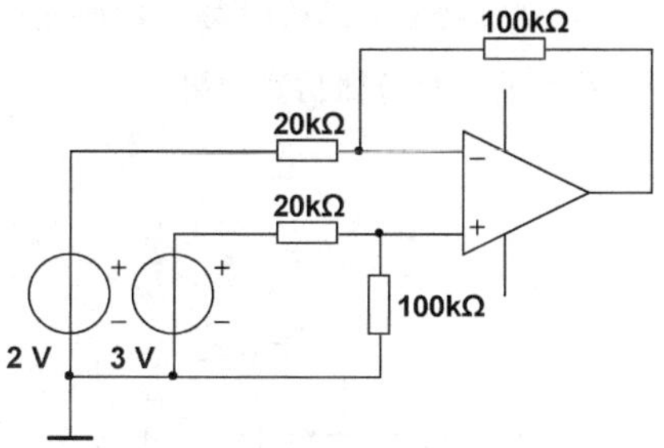

图 3-41　减法器仿真电路

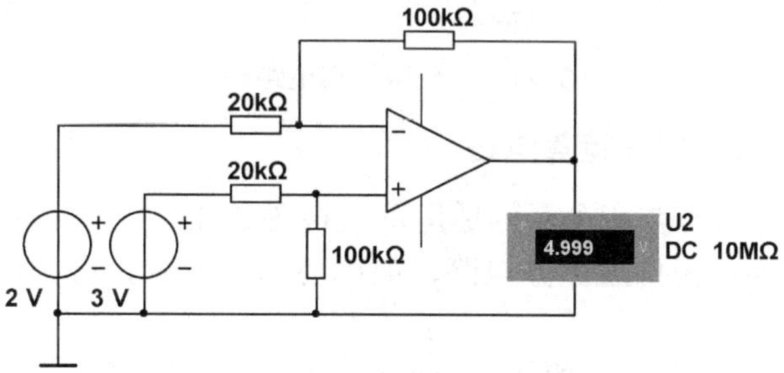

图 3-42　减法器仿真结果

3.2.3　积分、微分运算电路

扫一扫看积分和微分电路微课视频

1. 积分运算电路

积分运算电路可实现积分运算及产生三角波形等，输出电压与输入电压呈积分关系。它的电路如图 3-43 所示。

它是利用电容的充放电来实现积分运算的。由电路得

$$u_- = 0, \quad i_i = i_f = \frac{u_i}{R_1}$$

$$u_o = -u_C = -\frac{1}{C}\int i_f \mathrm{d}t = -\frac{1}{C}\int i_i \mathrm{d}t$$

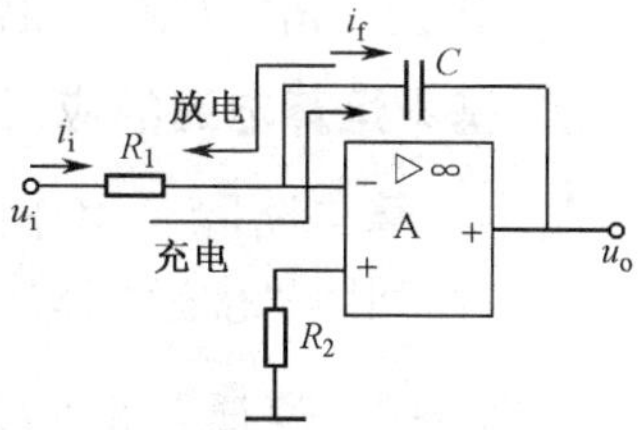

图 3-43　积分运算电路

所以

$$u_o = -\frac{1}{R_1 C}\int u_i \mathrm{d}t \tag{3-18}$$

式中，负号表示输出与输入相位相反。R_1C 为积分时间常数，其值越小，积分作用越强；反之，积分作用越弱。当输入电压为常数（$u_i = U_1$）时，式（3-18）变为

$$u_o = -\frac{U_1}{R_1 C}t \tag{3-19}$$

运用 Multisim 仿真软件对积分器进行仿真，仿真电路如图 3-44 所示。

在函数信号发生器输出频率为 1 Hz、幅值为 1 V 的脉冲信号时，经过积分器的输出波形如图 3-45 所示。

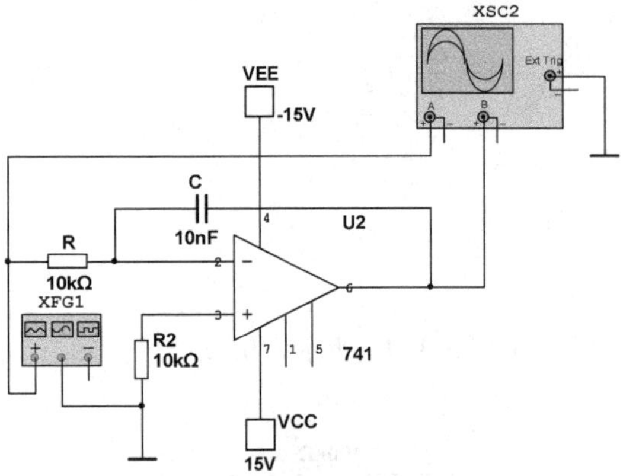

图 3-44　积分器仿真电路

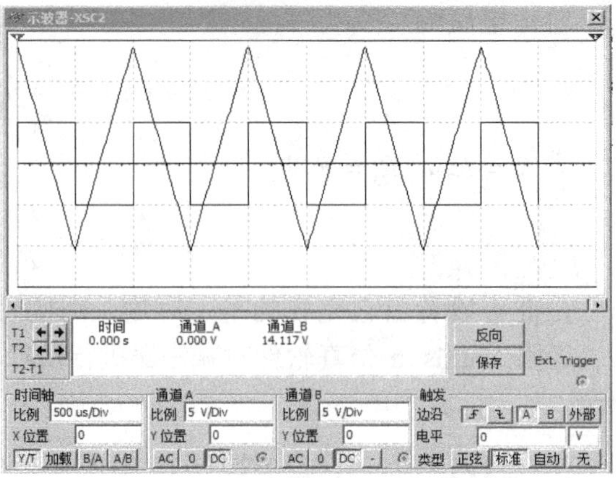

图 3-45　积分器仿真结果

2. 微分运算电路

微分与积分互为逆运算。将图 3-43 中 C 与 R_1 的位置互换，便构成微分电路，如图 3-46 所示。微分电路也称微分器。

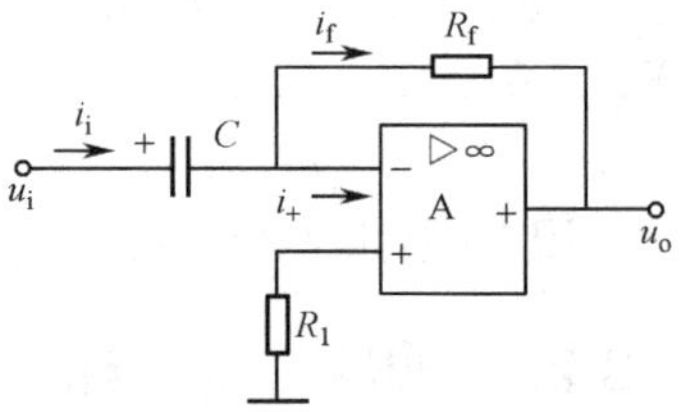

图 3-46　微分运算电路

如图 3-46 所示，由于 $u_- = 0$，$i_- = 0$，则

$$i_i = i_f \qquad i_C = C\frac{du_C}{dt} = C\frac{du_i}{dt}$$

所以

$$u_o = -i_f R_f = -i_i R_f = -R_f C\frac{du_i}{dt} \tag{3-20}$$

可见，输出电压与输入电压对时间的微商成比例，实现了微分运算。式中负号表示输出与输入相位相反。R_fC 为微分时间常数，其值越大，微分作用越强；反之，微分作用越弱。

3. 基本运算电路的应用分析

基本运算电路除了用作线性计算外，还可以实现很多功能。在对集成运算电路分析的时候，注意利用"虚短"与"虚断"的概念和基本电路分析方法。

实例 3-6　设计运算电路，要求实现 $y = 2x_1 + 5x_2 + x_3$ 的运算。

解　此题的电路模式为 $u_o = 2u_{i1} + 5u_{i2} + u_{i3}$，是 3 个输入信号的加法运算。由式（3-14）可知各个系数由反馈电阻 R_f 与各输入信号的输入电阻的比例关系所决定，由于式中各系数都是正值，而反相加法器的系数都是负值，因此需加一级变号运算电路。实现这一运算的电路如图 3-47 所示。

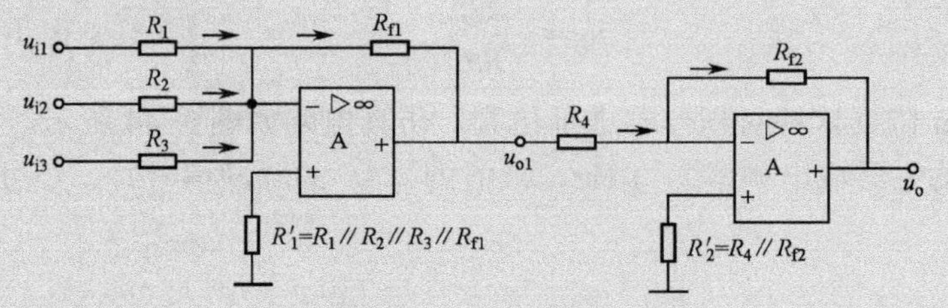

图 3-47　实例 3-6 图

输出电压和输入电压的关系如下

$$u_{o1}=-\frac{R_{f1}}{R_1}u_{i1}-\frac{R_{f1}}{R_2}u_{i2}-\frac{R_{f1}}{R_3}u_{i3}$$

$$u_o=-\frac{R_{f2}}{R_4}u_{o1}=\left(\frac{R_{f1}}{R_1}u_{i1}+\frac{R_{f1}}{R_2}u_{i2}+\frac{R_{f1}}{R_3}u_{i3}\right)\frac{R_{f2}}{R_4}$$

$\frac{R_{f1}}{R_1}=2$、$\frac{R_{f1}}{R_2}=5$、$\frac{R_{f1}}{R_3}=1$，取 $R_{f1}=R_{f2}=R_4=10\ \text{k}\Omega$，则 $R_1=5\ \text{k}\Omega$，$R_2=2\ \text{k}\Omega$，$R_3=10\ \text{k}\Omega$，$R_1'=R_1 /\!/ R_2 /\!/ R_3 /\!/ R_{f1}\approx 1.1\ \text{k}\Omega$，$R_2'=R_4 /\!/ R_{f2}=\frac{R_{f2}}{2}=5\ \text{k}\Omega$。

实例 3-7 电路如图 3-48 所示，试求输出电压和输入电压的关系式。

分析：本题电路是减法运算电路，可根据叠加原理分析。

解 令 $u_{i2}=0$，u_{i1} 单独存在时，得

$$u_{o1}=-\frac{R_5}{R_1}u_{i1}$$

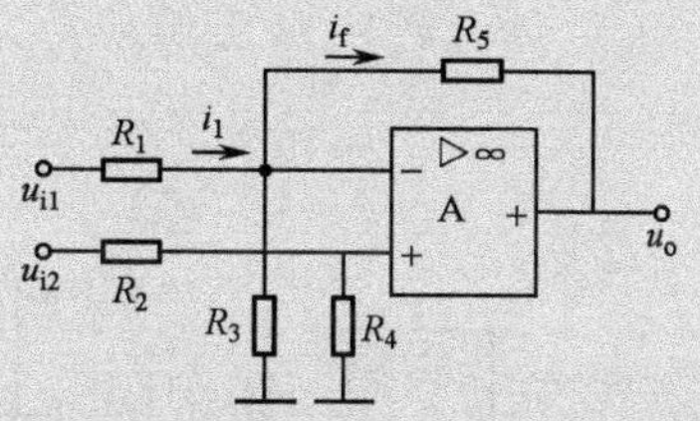

图 3-48 例 3-7 图

令 $u_{i1}=0$，u_{i2} 单独存在时，得

$$u_{o2}=u_+\left(1+\frac{R_5}{R_1/\!/R_3}\right)$$

而

$$u_+=\frac{R_4}{R_2+R_4}u_{i2}$$

所以

$$u_{o2}=\frac{R_4}{R_2+R_4}\left(1+\frac{R_5}{R_1/\!/R_3}\right)u_{i2}$$

输出电压为

$$u_o=u_{o1}+u_{o2}=-\frac{R_5}{R_1}u_{i1}+\frac{R_4}{R_2+R_4}\left(1+\frac{R_5}{R_1/\!/R_3}\right)u_{i2}$$

3.2.4 电压比较器

扫一扫看有源滤波器和电压比较器微课视频

电压比较器是理想运算放大器工作在非线性区的应用，运算放大器处于开环或正反馈状态下。

电压比较器的功能是比较两个输入电压的大小，并根据比较结果输出高电平或低电平电压。通常用一个输入端接被比较信号 u_i，另一个接基准电压 U_{REF}。

电压比较器除广泛应用于信号产生电路外，还广泛应用于信号处理和检测电路等。

非线性区的特点是：当 $u_+>u_-$ 时，$U_o=U_{om}$；当 $u_+<u_-$ 时，$U_o=-U_{om}$；当 $u_+=u_-$ 时，U_o 发生跃变，这时对应的输入电压叫作门限电平（阈值电压），记作 U_T。

根据门限电平的多少，可以将电压比较器分为单限比较器和滞回比较器。单限比较器中门限电平为零的称为过零比较器。

1. 单限比较器

1）过零比较器

过零比较器是把零作为门限电平的一种特殊单限比较器，如图 3-49 所示。

（1）$U_- < 0$ 时，$U_o = U_{om}$；

（2）$U_- > 0$ 时，$U_o = -U_{om}$。

可以看出，当 $u_i = 0$ 时，输出电压 u_o 发生跃变，因此 $U_T = 0$ 为门限电平。

由于过零比较器使集成运放工作在饱和区，仅输出集成运放的最大电压，不方便使用，所以常用以下两种电路的过零比较器对输出进行限幅，如图 3-50 所示。

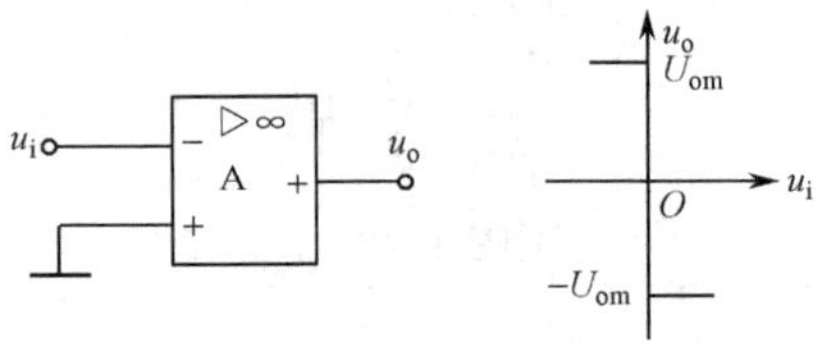

（a）符号　（b）传输特性

图 3-49　过零比较器的符号及传输特性

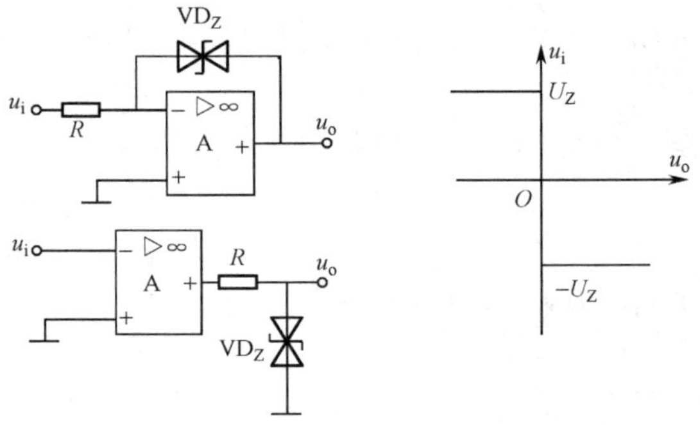

（a）电路　（b）传输特性

图 3-50　带输出限幅的过零比较器

这两种接法都可以使集成运放输出电压限制在 U_Z 和 $-U_Z$ 上。

利用 Multisim 仿真软件对过零比较器的输出进行限幅，仿真电路如图 3-51 所示，仿真结果如图 3-52 所示。

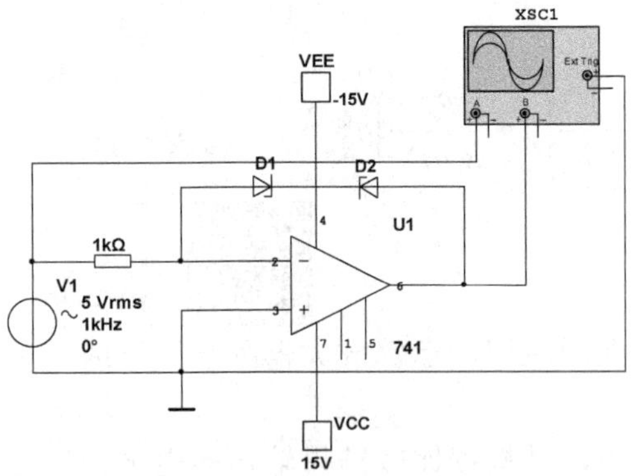

图 3-51　带输出限幅的过零比较器仿真电路

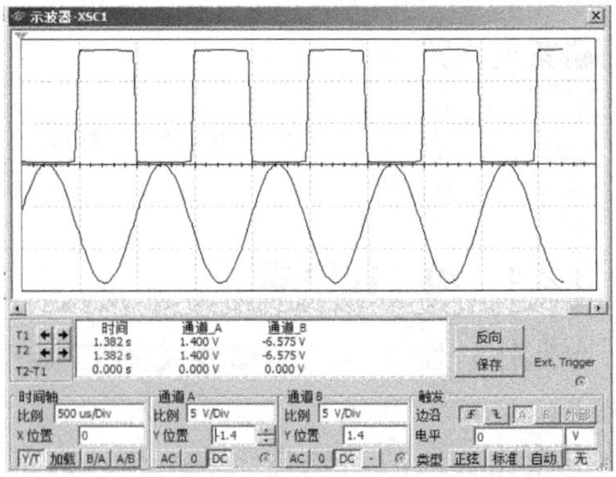

图 3-52　带输出限幅的过零比较器仿真结果

2）单限比较器

如果把门限电压设置为非零的数，则组成单限比较器，如图 3-53 所示。

将参考电压 U_{REF} 接到运算放大器的同相输入端，待比较的输入电压 u_i 接到反相端，即构成反相输入单限电压比较器，R 为稳压管限流电阻。当 $u_i>U_{REF}$，输出为低电平 $U_{oL}=-U_Z$，当 $u_i<U_{REF}$，输出为高电平 $U_{oH}=U_Z$。比较器输出电平发生跃变时的门限电压 $U_T=U_{REF}$。

2. 滞回比较器

上面介绍的电压比较器在工作时，如果输入电压在门限附近有微小干扰，就会导致状态翻转使比较器输出电压不稳定而出现错误阶跃，为克服这一缺点，常将比较器的输出电压通过反馈网络加到同相输入端，形成正反馈，将待比较电压 u_i 加到反相输入端，参考电压 U_{REF} 通过 R_2 接到运放的同相端，如图 3-54（a）所示电路称为反相输入滞回比较器。

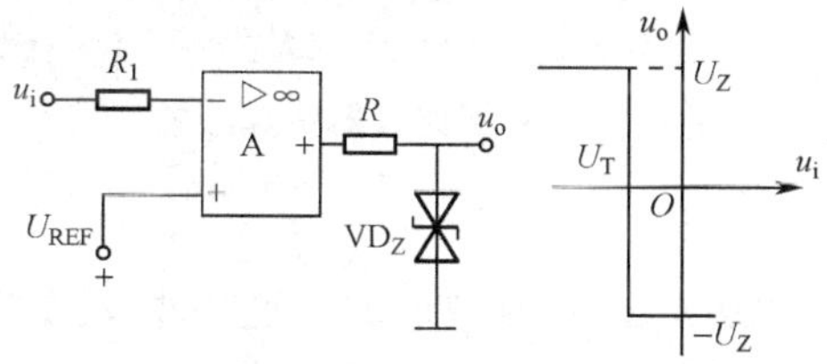

（a）电路　（b）传输特性

图 3-53　单限比较器

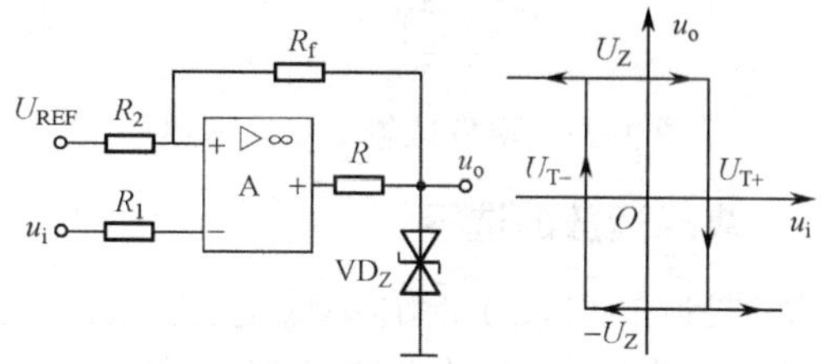

（a）反相输入滞回比较器　（b）传输特性

图 3-54　滞回比较器

当 u_i 很小时，比较器输出高电平 $U_{oH}=+U_Z$，此时同相端电压用 U_{T+}表示，利用叠加原理求得

$$U_{T+}=\frac{R_f}{R_2+R_f}U_{REF}+\frac{R_2}{R_2+R_f}U_Z \tag{3-21}$$

随着 u_i 的增大，当 $u_i>U_{T+}$ 时，比较器输出由高电平变为低电平 $U_{oH}=-U_Z$，此时同相端电压用 U_{T-}表示，利用叠加原理得

$$U_{T-}=\frac{R_f}{R_2+R_f}U_{REF}-\frac{R_2}{R_2+R_f}U_Z \tag{3-22}$$

显然，$U_{T-}<U_{T+}$，因此，当 u_i 再增大，输出仍为低电平。

反之，当 u_i 由大变小时，比较器先输出低电平 U_{oL}，运放同相端电压为 U_{T-}，只有当 $u_i<U_{T-}$时，比较器的输出才由低电平跃变为高电平，此时同相端电压变为 U_{T+}，u_i 继续减小，比较器维持输出高电平 U_{oH}。滞回比较器的传输特性如图 3-54（b）所示。由图可见它有两个门限电压 U_{T+}和 U_{T-}，分别称为上门限电压和下门限电压，两者的差值称为回差电压，即$\Delta U=U_{T+}-U_{T-}$。调节 R_f，可调节正反馈强弱，R_f 的值越小，正反馈越强，滞回宽度越宽，传输特性越陡，R_f的值一般取 100 kΩ～1 MΩ。

利用 Multisim 仿真软件对滞回比较器输出进行仿真，仿真电路如图 3-55 所示。

仿真结果如图 3-56 所示。

3.2.5　集成运放的使用常识

集成运放的用途广泛，在使用前必须进行测试，使用中应使其电参数和极限参数符合电路要求，同时还应注意以下问题。

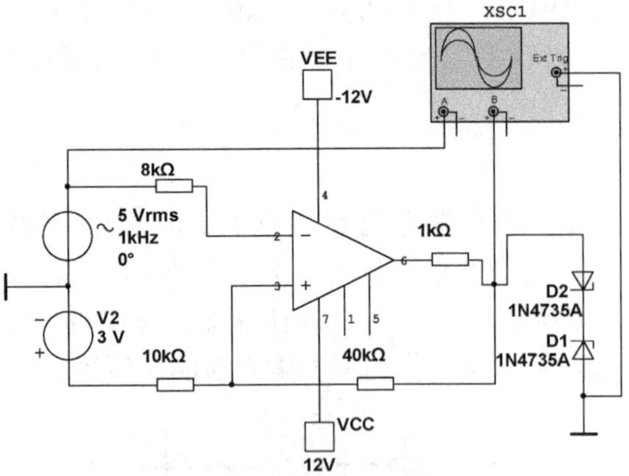

图 3-55　滞回比较器仿真电路

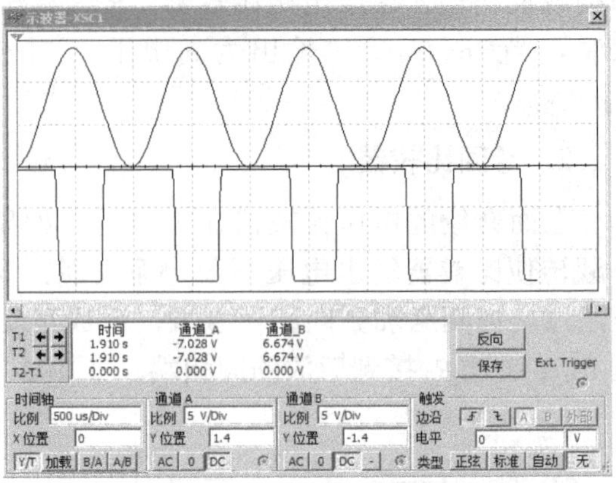

图 3-56　滞回比较器仿真结果

1. 集成运放的选择

从项目 2 可以了解到集成运放按用途分为通用型运放和专用型运放。通用型运放的各项性能指标都比一般的分立元器件直接耦合放大电路有所改善，大致能够满足中等精度的要求，一般情况下无须调零即可使用。

在没有特殊要求的场合，尽量选用通用型集成运放，这样既可降低成本，又容易保证货源。当一个系统中使用多个运放时，尽可能选用多运放集成电路，例如，LM324、LF347 等都是将 4 个运放封装在一起的集成电路。

2. 集成运放的输出调零

为了提高集成运放的精度，消除因失调电压和失调电流引起的误差，需要对集成运放进行调零。实际的调零方法有两种，一种是静态调零法，另一种是动态调零法。

集成运放的调零电路有两类，一类是内调零，集成运放设有外接调零电路的引线端，按说明书连接即可。例如，常用的μA741，其中电位器 RP 可选择 10 kΩ的电位器，如图 3-57 所示。

另一类是外调零，即集成运放没有外接调零电路的引线端，可以在集成运放的输入端加一个补偿电压，以抵消集成运放本身的失调电压，达到调零的目的。常用的辅助调零电路如图 3-58 所示。

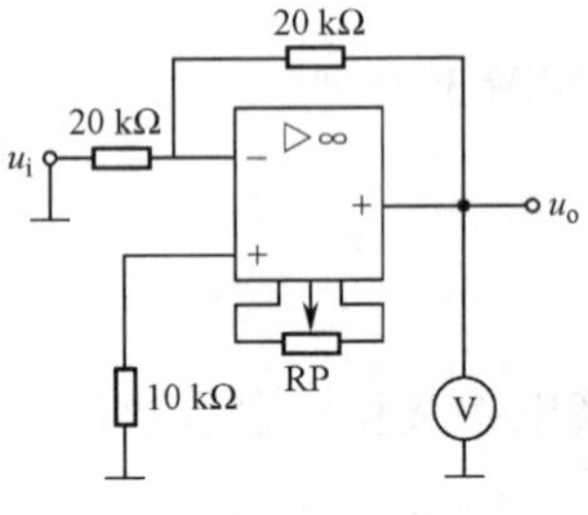

图 3-57　集成运放的调零

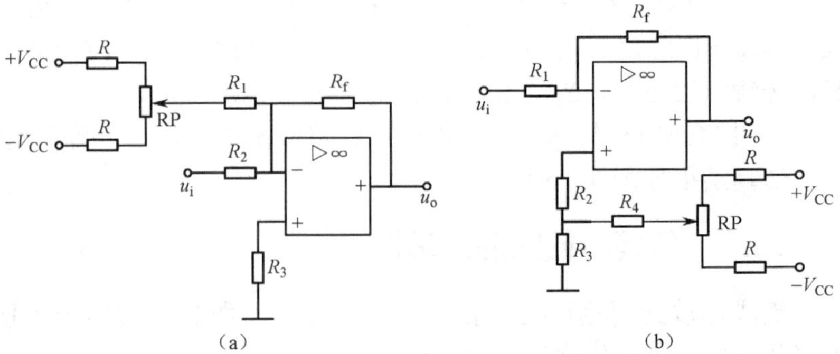

图 3-58　集成运放的辅助调零电路

3. 集成运放的自激振荡

集成运放在实际使用中遇到最棘手的问题就是自激振荡。要消除自激振荡，通常是破坏自激形成的相位条件，这就是相位补偿，如图 3-59 所示。其中，图 3-59（a）是输入分布电容和反馈电阻过大（>1 MΩ）引起的自激的补偿方法，图 3-59（b）中所接的 RC 为输入端补偿法，常用于高速集成运放。

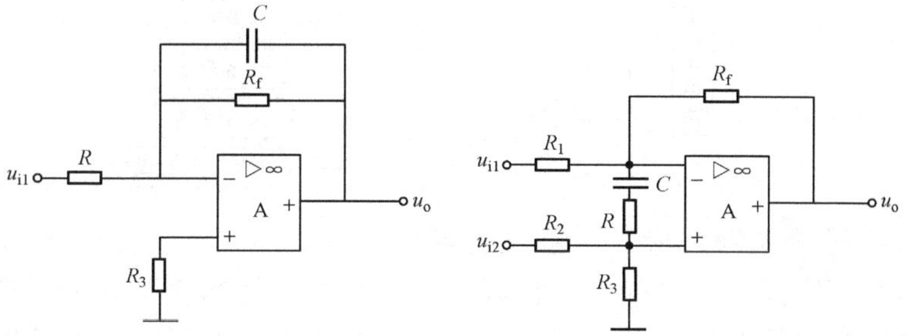

（a）　（b）

图 3-59　相位补偿

4. 保护措施

1）输入保护

一般情况下，运放工作在开环（未引反馈）状态时，易因差模电压过大而损坏；在闭环状态时，易因共模电压超出极限值而损坏。如图 3-60（a）所示是防止差模电压过大的保护电路，如图 3-60（b）所示是防止共模电压过大的保护电路。

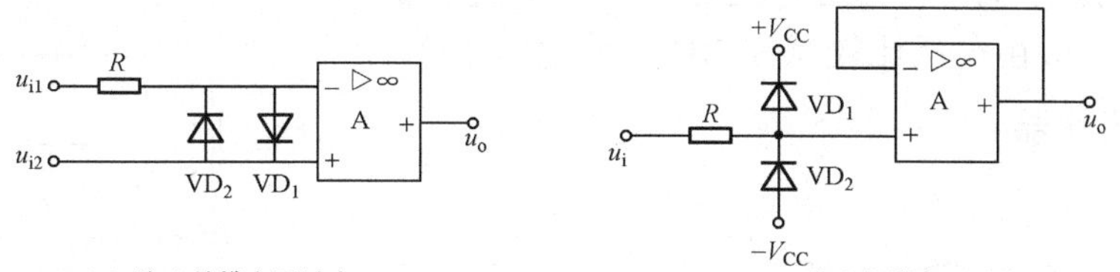

（a）防止差模电压过大　（b）防止共模电压过大

图 3-60　输入保护电路

2）输出保护

如图 3-61 所示为输出保护电路。输出正常时，双向稳压管未击穿，相当于开路，对电路没有影响。当输出端电压大于双向稳压管稳压值时，稳压管被击穿，反馈电阻减小，负反馈加深，从而将输出电压限制在双向稳压管的稳压范围内。

3）电源端保护

为了防止电源极性接反，可在电源端串联二极管来实现保护，如图 3-62 所示。

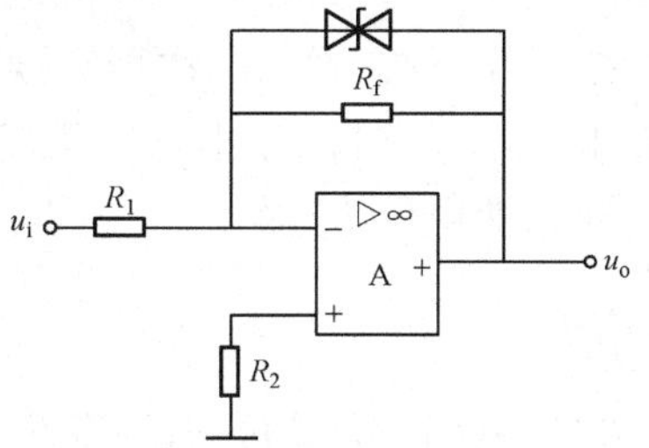

图 3-61　输出保护电路

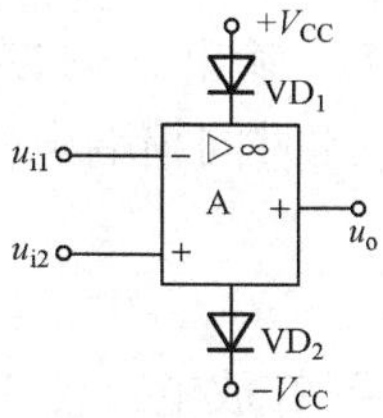

图 3-62　电源端保护电路

3.3 波形产生电路

知识分布网络

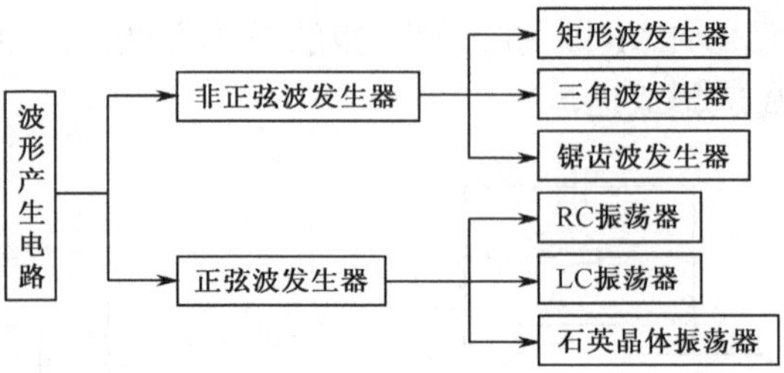

波形产生电路通常称为波形发生器，也称为振荡器，用于产生一定频率和幅度的信号。振荡器在通信、广播、自动控制、仪表测量、超声探伤和核磁共振成像等方面都有广泛应用。根据振荡产生的波形不同，可分为正弦波振荡器和非正弦波振荡器。而正弦波振荡电路按电路形式又可分为 RC 振荡电路、LC 振荡电路和石英晶体振荡电路；非正弦波振荡电路按信号形式又可分为矩形波、三角波和锯齿波振荡电路等。

振荡电路的主要性能指标有两个，一是要求输出信号的幅度要准确而且稳定；二是要求输出信号的频率要准确而且稳定。

扫一扫看非正弦波振荡电路的分析方法微课视频

3.3.1 非正弦波振荡电路

常见的非正弦信号产生电路有矩形波、三角波、锯齿波产生电路等，一般由电压比较器和 RC 积分电路组成。

1. 矩形波发生器

1）工作原理

矩形波发生电路如图 3-63 所示。图中的运放和正反馈电路 R_2 和 R_3 构成滞回比较器；R_1 和 C 构成定时电路，以决定电路的振荡频率；R_4 和双向稳压管将电路的输出电压限制在 $+U_Z$ 和 $-U_Z$ 之间，使输出幅度满足要求。

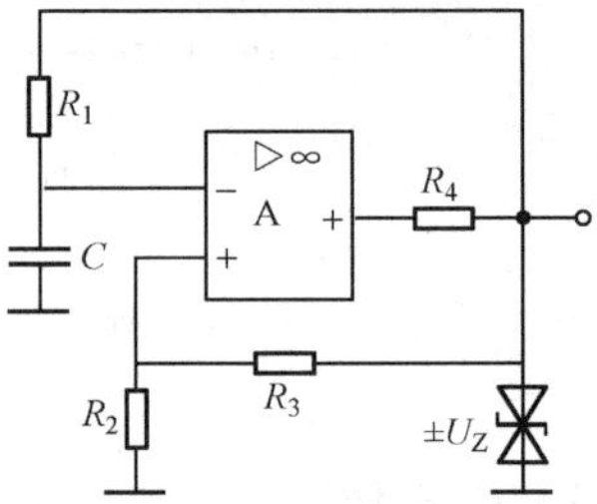

图 3-63 矩形波发生电路

当电路接通电源时，U_+ 与 U_- 必存在差异，$U_+>U_-$ 或 $U_+<U_-$ 是随机的。设接通电源瞬间，电容电压 $u_C=0$，滞回比较器输出高电平 $+U_Z$，则运放同相端的电位 U_+ 为

$$U_+ = \frac{R_2}{R_2+R_3}U_Z \tag{3-23}$$

此时，输出电压 $u_o=+U_Z$，输出经 R_1 给电容 C 充电，使 $U_-=u_C$ 按指数规律由零逐渐上升。只要 $U_-<U_+$，输出 $u_o=+U_Z$ 将保持不变；当 U_- 略大于 U_+ 时，输出电压从高电平 $+U_Z$ 突变为低电平 $-U_Z$，此时同相端电位也随之发生突变，同相端电位 U_+ 为

$$U_+ = -\frac{R_2}{R_2+R_3}U_Z \tag{3-24}$$

同时电容经 R_1 放电，使 $U_-=u_C$ 逐渐下降。只要 $U_->U_+$，输出 $u_o=-U_Z$ 将保持不变；当 U_-

略小于 U_+时，输出电压从低电平$-U_Z$突变为高电平$+U_Z$，U_+也随之突变为

$$U_+ = \frac{R_2}{R_2 + R_3} U_Z$$

电容 C 再次充电，如此周而复始，产生振荡，输出矩形波，其波形如图 3-64 所示。图中，用 U_{TH1} 表示 $\frac{R_2}{R_2 + R_3} U_Z$，用 U_{TH2} 表示 $-\frac{R_2}{R_2 + R_3} U_Z$。

2）振荡周期

振荡周期 T 可根据电容充电三要素法方便地求出

$$T = 2R_1 C \ln\left(1 + \frac{2R_2}{R_3}\right) \tag{3-25}$$

根据图 3-64 可知，因为 $U_{TH1}=|U_{TH2}|$，所以输出的矩形波是周期性的方波。改变 R_1、R_2、R_3 或 C 均可改变振荡周期。

矩形波发生器的仿真电路如图 3-65 所示，仿真结果如图 3-66 所示。

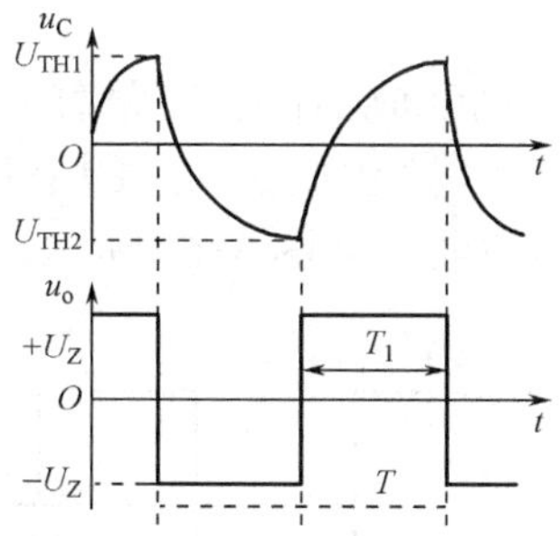

图 3-64　矩形波发生器波形图

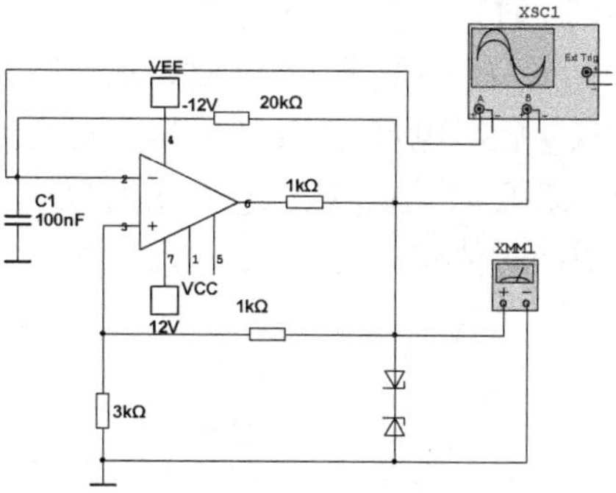

图 3-65　矩形波发生器的仿真电路

3）占空比可调的矩形波发生器

通常定义矩形波高电平的时间与振荡周期的比称为占空比。对称方波的占空比为 50%。如需产生占空比小于或大于 50%的矩形波，只需适当改变电容 C 的充、放电时间常数即可。占空比可调的矩形波发生器如图 3-67 所示。

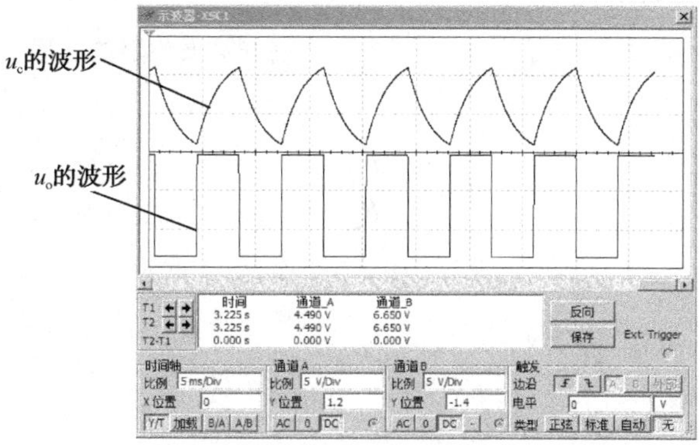

图 3-66　矩形波发生器的仿真结果

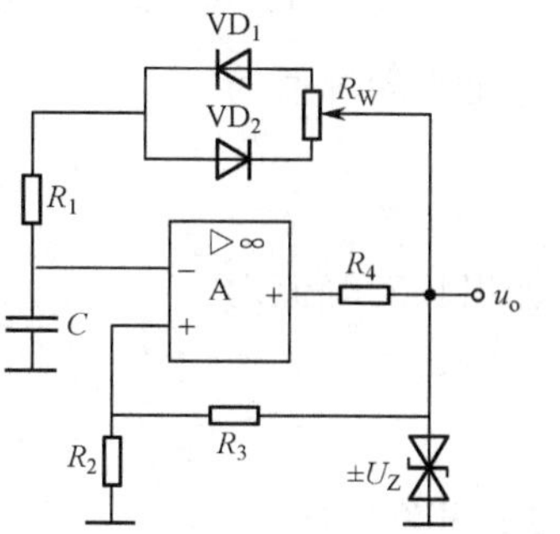

图 3-67　占空比可调的矩形波发生器

C 充电时，充电电流经电位器的上半部、二极管 VD_1、R_1；C 放电时，放电电流经 R_1、二极管 VD_2、电位器的下半部。调节 R_W 可以调节充、放电电流，显然占空比为

$$\frac{T_1}{T}=\frac{\tau_1}{\tau_1+\tau_2} \tag{3-26}$$

当 R_W 触点下移时，充电时间常数 τ_1 大于放电时间常数 τ_2，矩形波正波变宽，负波变窄；反之，负波变宽，正波变窄。

2. 三角波发生器

1）工作原理

三角波发生器的电路如图 3-68 所示。它是由矩形波发生器加上一个积分器并适当改变接线而构成的。滞回比较器 A_1 和积分器 A_2 闭环组合后，积分器的输出反馈给滞回比较器，滞回比较器 A_1 的同相端电压 U_+ 由 u_{o1} 和 u_o 共同决定，即

$$U_+=\frac{R_1}{R_1+R_2}u_{o1}+\frac{R_2}{R_1+R_2}u_o \tag{3-27}$$

当 u_{o1}=+U_Z 时，积分器的电容 C 充电，同时 u_o 按线性逐渐下降，拉动运放 A_1 的 U_+ 跟着下降，当 A_1 的 U_+ 略低于 U_-=0 时，u_{o1} 从+U_Z 跳变为-U_Z。

在 u_{o1}=-U_Z 后，电容 C 开始放电，u_o 按线性上升，拉动运放 A_1 的 U_+ 跟着上升，当 A_1 的 U_+ 略高于 U_-=0 时，u_{o1} 从-U_Z 跳变为+U_Z，如此周而复始，产生振荡。u_o 的上升、下降时间相等，斜率绝对值也相等，故 u_o 为三角波。输出的三角波波形如图 3-69 所示。

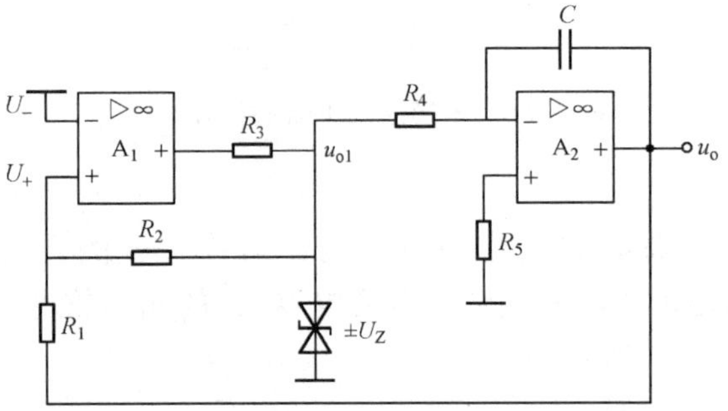

图 3-68　三角波发生器的电路

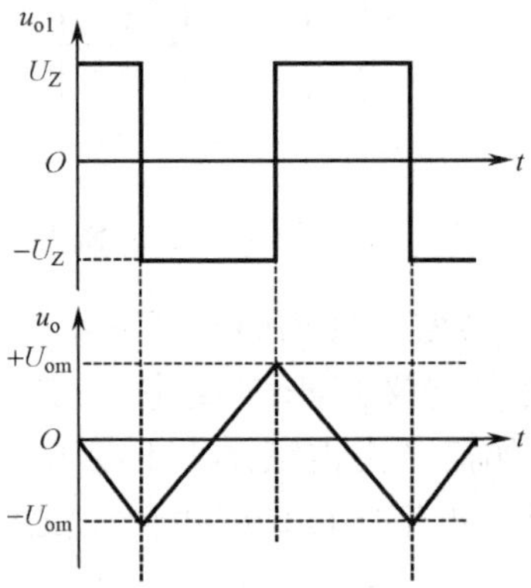

图 3-69　三角波发生器的波形

输出正向峰值为

$$U_{om}=\frac{R_1}{R_2}U_Z \tag{3-28}$$

输出负向峰值为

$$-U_{om}=-\frac{R_1}{R_2}U_Z \tag{3-29}$$

2）振荡周期

振荡周期为

$$T = 4R_4C\frac{U_{\text{om}}}{U_{\text{Z}}} = \frac{4R_4R_1C}{R_2} \tag{3-30}$$

三角波发生器的仿真电路如图 3-70 所示，仿真结果如图 3-71 所示。

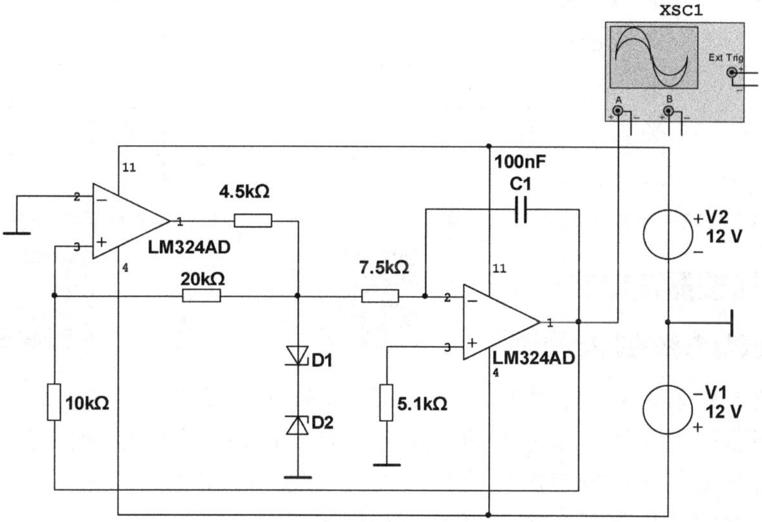

图 3-70　三角波发生器的仿真电路

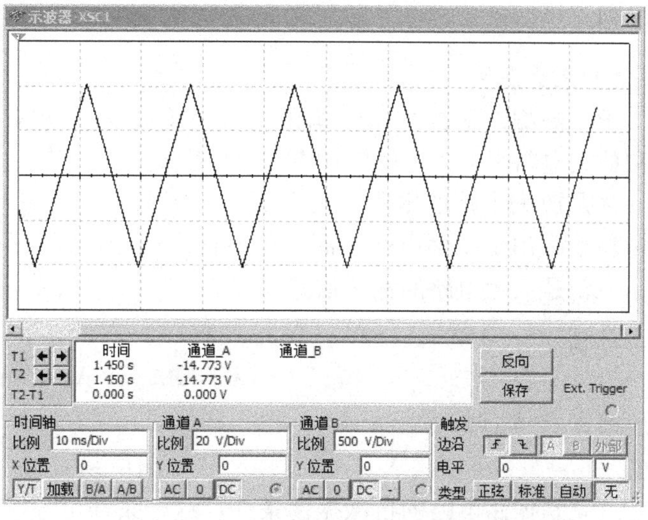

图 3-71　三角波发生器的仿真结果

注意：实际调试时，先调整 R_1、R_2，使输出电压达到峰值，再调整 R_4、C，使振荡频率满足要求；若先调频，则调输出电压峰值时，振荡频率也将变化。

3. 锯齿波发生器

锯齿波发生器的电路如图 3-72 所示。为了获得锯齿波，显然应改变积分器的充、放电时间常数，即充电电流和放电电流不等。图中的二极管 VD 和 R_6 将使充电时间常数减小为（$R_4//R_6$）C，而放电时间常数仍为 R_4C。

锯齿波发生器的波形如图 3-73 所示。

锯齿波发生器仿真电路及仿真结果见实训项目。

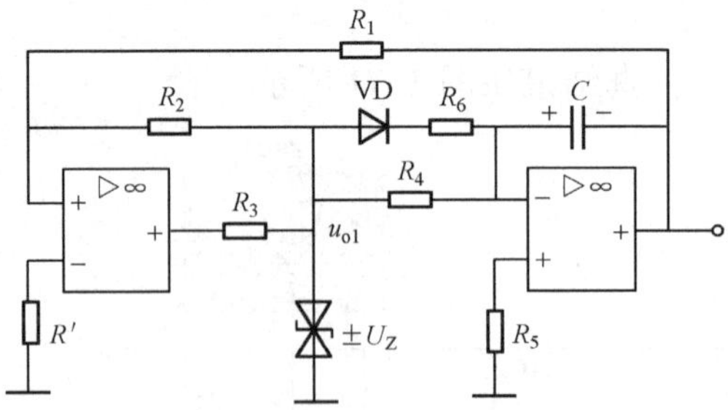

图 3-72　锯齿波发生器的电路

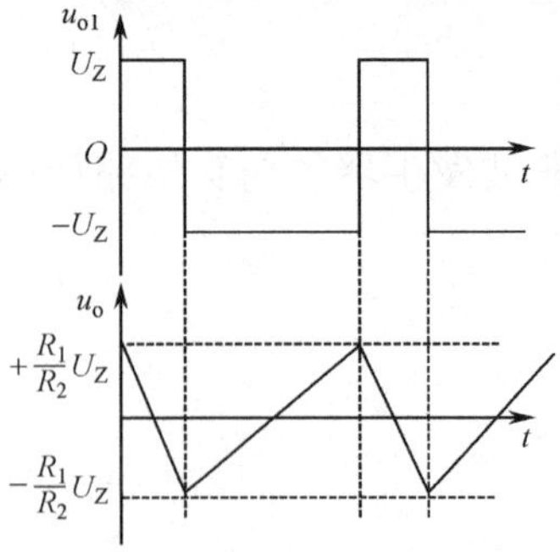

图 3-73　锯齿波发生器的波形

3.3.2　正弦波振荡电路

扫一扫看正弦波振荡电路的分析方法微课视频 1

扫一扫看正弦波振荡电路的分析方法微课视频 2

1. 正弦波振荡电路的基础知识

放大器在放大外来信号的过程中，把电源的直流电能转换成按信号规律变化的交流电能。正弦波振荡器在没有输入信号的情况下，仍有一定频率和幅度的信号输出，这种现象称为放大器的自激振荡。这种自激振荡在放大器中是需要避免的，它会影响放大器的正常工作。但在振荡器中恰恰相反，振荡器就是利用自激振荡来进行工作的，这一点就是振荡器与放大器的明显区别。

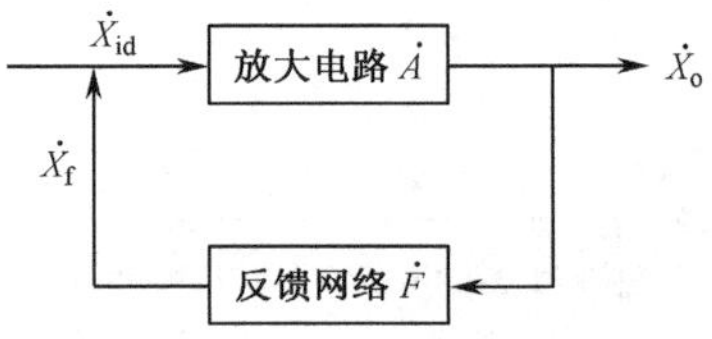

图 3-74　正弦波振荡电路的方框图

1）振荡条件

正弦波振荡器的基本结构由引入正反馈的反馈网络和放大电路组成，方框图如图 3-74 所示。

$\dot{A}$ 是放大电路的电压放大倍数，$\dot{F}$ 是反馈电路的反馈参数。由于振荡电路不需要外界输入信号，因此反馈信号 $\dot{X}_f$ 就是放大电路的输入信号 $\dot{X}_{id}$，$\dot{X}_o$ 是放大电路的输出信号。

且有

$$\dot{X}_o = \dot{A}\dot{X}_{id}，\quad \dot{X}_f = \dot{F}\dot{X}_o$$

当 $\dot{X}_f = \dot{X}_{id}$ 时

$$\dot{A}\dot{F} = 1 \tag{3-31}$$

这就是振荡电路的自激振荡条件。这个条件可分解为幅值条件和相位条件。

幅值条件为

$$|\dot{A}\dot{F}| = 1 \tag{3-32}$$

相位条件为

$$\varphi_A + \varphi_F = 2n\pi，\ n \text{ 为整数} \tag{3-33}$$

式中，φ_A 是放大电路的相移；φ_F 是反馈网络的相移。如果 $\varphi_A + \varphi_F = 0°$ 或 360° ……即为同相，引入的是正反馈。如果正反馈信号足够大，满足振荡的幅度条件，即可产生振荡。

2）起振条件

$|\dot{A}\dot{F}| = 1$ 是维持振荡的平衡条件，是针对振荡电路已进入稳态振荡而言的。为使振荡电

路在接通直流电源后能够自动起振，振荡信号可以得到不断加强，必须使 $\dot{X}_f > \dot{X}_{id}$，即 $|\dot{A}\dot{F}|>1$，所以振荡电路的起振条件为

$$|\dot{A}\dot{F}|>1 \qquad (3\text{-}34)$$

3）正弦波振荡的形成过程

放大电路在接通电源的瞬间，随着电源电压由零开始逐渐增大，电路受到扰动，在放大器的输入端产生一个微弱的扰动电压 u_i，经放大器放大、正反馈，再放大、再反馈……振荡电路进行的是扩散振荡，输出信号逐渐增大。当输出信号大到满足要求后，需要稳幅电路稳定电路的输出幅度，否则，放大电路中的管子就会进入饱和区或截止区，使输出波形失真。正弦波振荡的形成过程如图 3-75 所示。

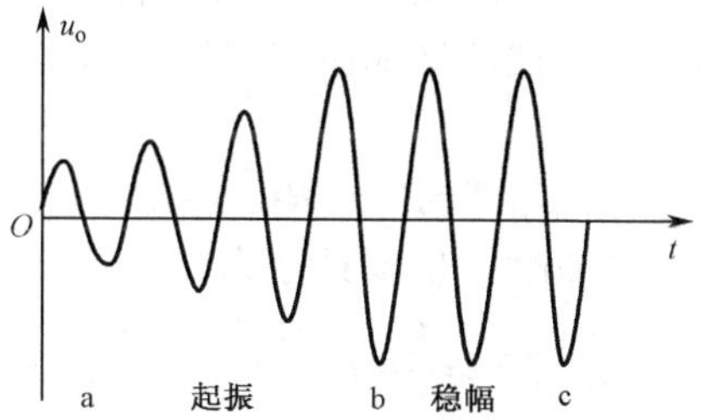

图 3-75　正弦波振荡的形成过程

为保证输出波形为单一频率的正弦波，要求振荡电路必须具有选频特性，通常由选频网络实现。振荡器仅对某一频率成分的信号满足振荡的相位条件和幅值条件，该信号的频率就是振荡器的振荡频率。

4）振荡电路的组成

正弦波振荡电路必须由以下 4 个部分组成。

（1）放大电路：放大电路是维持振荡器连续工作的主要环节，没有放大，信号就会逐渐衰减，不可能产生持续的振荡。

（2）反馈网络：反馈网络的作用是形成反馈，将输出信号的一部分或者全部反馈到输入端。通常把整个反馈系统称为反馈网络。

（3）选频网络：选频网络的主要作用是使电路产生单一频率的振荡信号。这个频率就是振荡器的振荡频率。在很多振荡电路中，选频网络和反馈网络结合在一起。

（4）稳幅电路：稳幅电路的作用主要是使振荡信号幅值稳定。

正弦波振荡电路按选频网络所用元器件类型的不同，分为 RC 正弦波振荡电路、LC 正弦波振荡电路和石英晶体正弦波振荡电路。RC 正弦波振荡电路的振荡频率较低，一般在 1 MHz 以下；LC 正弦波振荡电路的振荡频率多在 1 MHz 以上；石英晶体正弦波振荡电路的振荡频率非常稳定。

2. RC 正弦波振荡电路

1）RC 桥式正弦波振荡电路

（1）RC 振荡器的组成。RC 桥式振荡电路如图 3-76 所示。RC 串并联网络是选频网络，由运算放大器、R_3 和 R_4 负反馈网络构成放大电路。C_1R_1、C_2R_2 和 R_3、R_4 正好构成一个桥路，称为文氏桥。C_1R_1 和 C_2R_2 支路是正反馈网络，R_3、R_4 支路是负反馈网络。

（2）RC 串并联选频网络的选频特性。RC 串并联网络如图 3-77 所示。RC 串联臂的阻抗用 Z_1 表示，RC 并联臂的阻抗用 Z_2 表示。

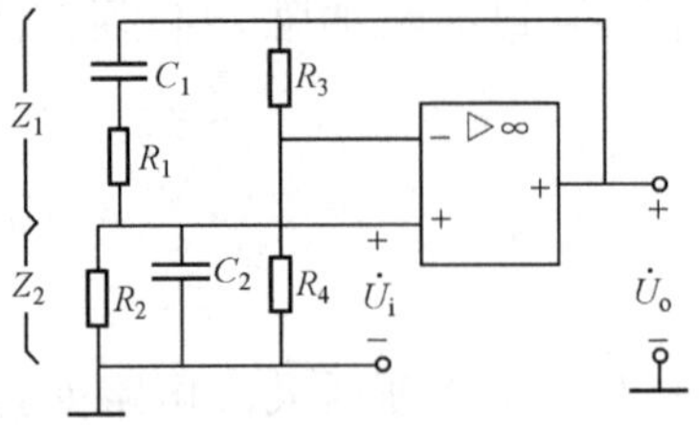

图 3-76　RC 桥式振荡电路

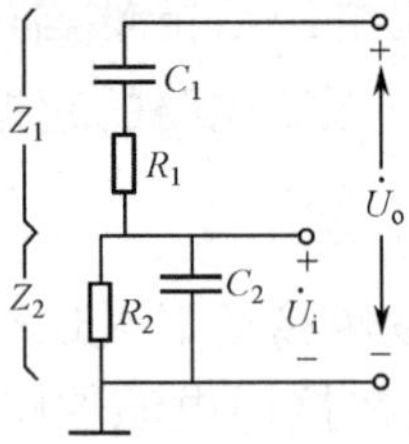

图 3-77　RC 串并联网络

RC 串并联选频网络的幅频特性和相频特性曲线如图 3-78（a）、（b）所示。

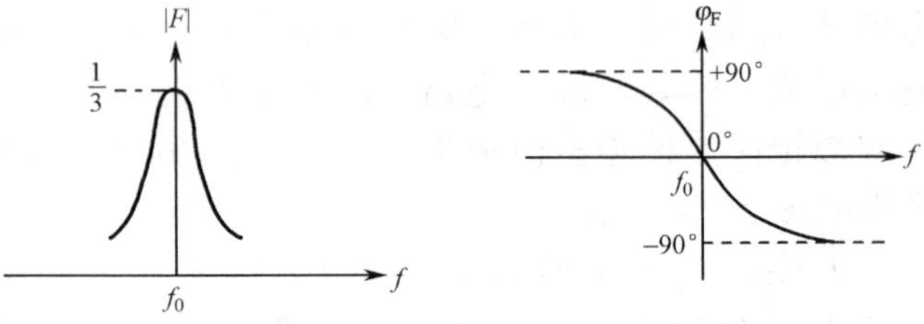

（a）幅频特性曲线　（b）相频特性曲线

图 3-78　RC 串并联网络的频率响应特性曲线

当满足 $R=R_1=R_2$，$C=C_1=C_2$，且当 $f=f_0$ 时，反馈系数为

$$|\dot{F}|=\frac{\dot{U}_f}{\dot{U}_o}=\frac{1}{3} \tag{3-35}$$

反馈系数达到最大值且等于 1/3，相移 $\varphi_F=0°$，输出电压与输入电压同相，所以 RC 串并联网络具有选频特性。电路的振荡频率为

$$f_0=\frac{1}{2\pi RC} \tag{3-36}$$

根据振荡条件，在谐振时，放大电路的电压增益应该是 $A_{uf}=3$。由图 3-76 可知，RC 串并联网络的反馈信号加在运算放大器的同相输入端，运算放大器的电压增益由 R_3 和 R_4 确定，是电压串联负反馈，于是应有

$$A_{uf}=1+\frac{R_3}{R_4}=3 \tag{3-37}$$

（3）RC 振荡器的工作原理。RC 振荡器的工作包括以下两个过程。

① 振荡的建立。由于电路中存在噪声，噪声的频谱分布很广，其中也包括 f_0 及其附近一些频率成分。由于噪声的随机性，为了保证这种微弱的信号，要经过放大并通过正反馈的选频网络，使输出幅度越来越大。所以振荡电路在起振时应有比振荡稳定时更大一些的电压增益，即 $A_{uf}>3$。故振荡要满足起振条件 $|\dot{A}\dot{F}|>1$。

② 振荡的稳定。加入 R_3、R_4 支路，电路引入了电压串联负反馈。若 A_{uf} 始终大于 3，则产生扩散振荡，振荡电路的输出会不断加大直至饱和。所以应该在起振时使 $A_{uf}>3$，而当振起来以后，应使 $A_{uf}=3$，进行等幅振荡。为此在如图 3-79 所示的电路中，通过 R_4 来调节增益。R_4 是具有正温度系数的热敏电阻，起振前其阻值较小，使 $A_{uf}>3$。当起振后，流过 R_4 的电流加大，R_4 的温度升高阻值加大，由式（3-37）知增益降低直到 $A_{uf}=3$。若热敏电阻是负温度系数，则应放置在 R_3 的位置。

（4）RC 振荡器的仿真电路如图 3-80 所示，起振时的仿真结果如图 3-81 所示，稳幅振荡时的仿真结果如图 3-82 所示。

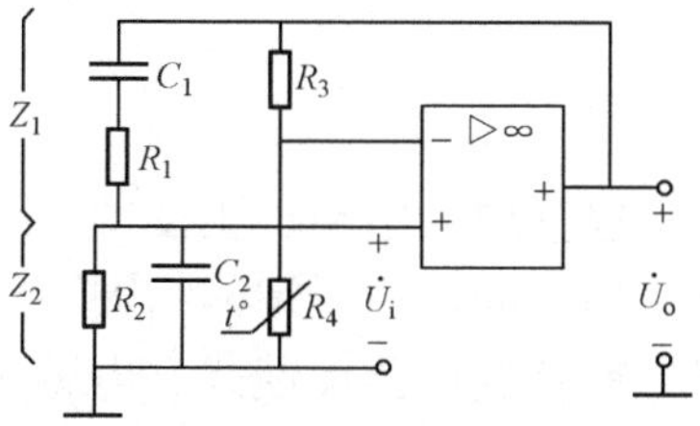

图 3-79　用热敏电阻保证电路起振

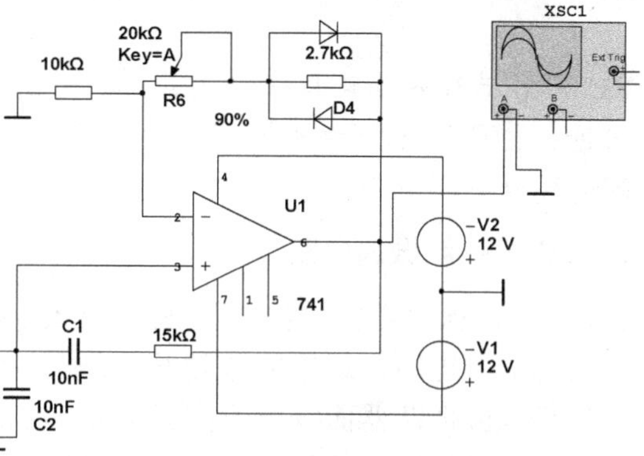

图 3-80　RC 振荡器的仿真电路

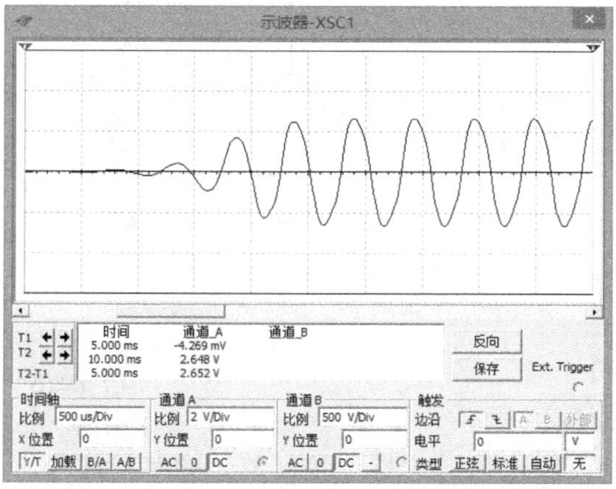

图 3-81　RC 振荡器起振时的仿真结果

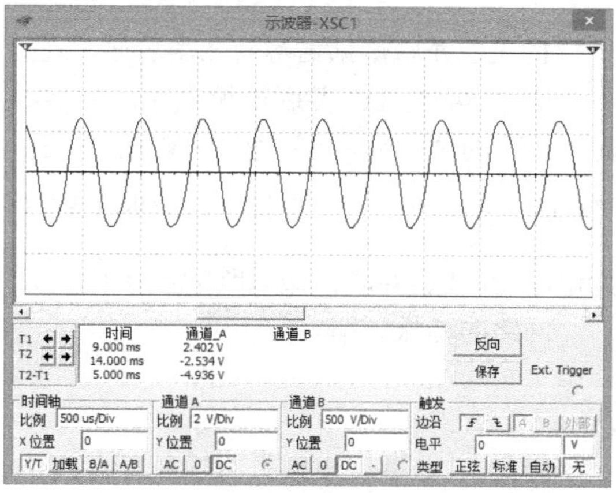

图 3-82　RC 振荡器稳幅振荡时的仿真结果

2）RC 移相式正弦波振荡电路

RC 移相式正弦波振荡电路如图 3-83 所示。

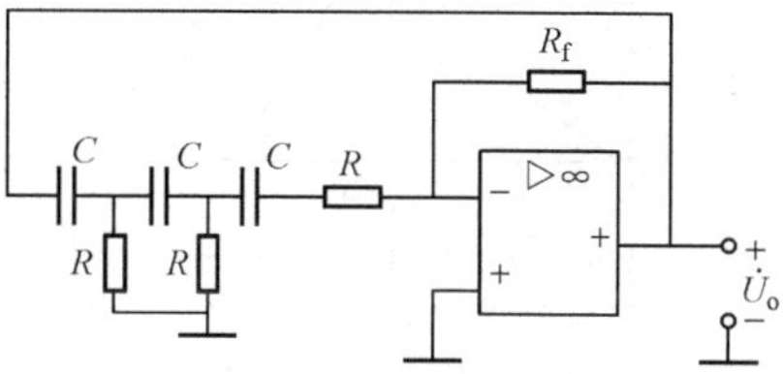

图 3-83　RC 移相式正弦波振荡电路

由于集成运算放大器的相移为 180°，为满足振荡的相位平衡条件，要求反馈网络对某一频率的信号再移相 180°，图 3-83 中 RC 构成超前相移网络。一节 RC 电路的最大相移为 90°，不能满足振荡的相位条件；二节 RC 电路的最大相移可以达到 180°，但当相移等于 180° 时，超前移相 RC 网络的频率很低，输出电压已接近于零，故不能满足起振的幅度条件。为此，在图 3-83 所示的电路中，采用三节 RC 超前相移网络，三节相移网络对不同频率的信号所产生的相移是不同的，但其中总有某一个频率的信号，通过此相移网络产生的相移刚好为 180°，满足相位平衡条件而产生振荡，该频率即为振荡频率 f_0。

$$f_0=\frac{1}{2\pi\sqrt{6}RC} \tag{3-38}$$

振幅起振条件为

$$A_{uf} > 29$$

RC 移相式振荡电路具有结构简单、经济方便等优点。其缺点是选频性能较差，频率调节不方便，由于输出幅度不够稳定，输出波形较差，一般只用于振荡频率固定、稳定性要求不高的场合。

3. LC 正弦波振荡电路

LC 正弦波振荡电路的构成与 RC 正弦波振荡电路相同，包括放大电路、正反馈网络、选频网络和稳幅电路。这里的选频网络是由 LC 并联谐振电路构成的，正反馈网络因不同类型的 LC 正弦波振荡器而有所不同。常见的 LC 正弦波振荡电路有变压器反馈式、电感三点式和电容三点式三种。它们的共同特点是用 LC 谐振回路作为选频网络，而且一般采用 LC 并联回路，因此下面先介绍 LC 并联回路的一些基本特性。

1）LC 并联谐振电路的频率特性

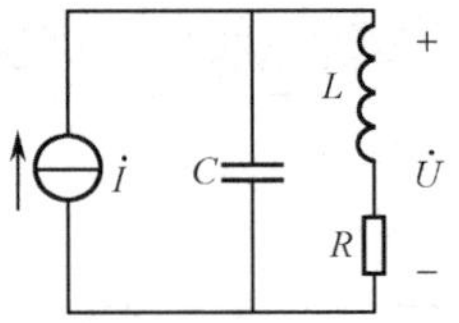

图 3-84　LC 并联谐振电路

图 3-84 是 LC 并联谐振电路。当$\omega=\omega_0$时发生谐振，此时回路的等效阻抗为纯电阻性的，其值最大，$|Z|=|Z_0|=\dfrac{L}{RC}$，电压 U 也最大，这时 $\dot{I}$ 与 $\dot{U}$ 同相，$\varphi=0$，电路为电阻性。LC 并联谐振电路的频率特性如图 3-85 所示。

回路的谐振频率为

$$f_0 = \frac{1}{2\pi\sqrt{LC}} \tag{3-39}$$

因此，LC 并联电路具有选频性。由于选频性，输出信号才是正弦（单一频率）信号。

2）变压器反馈式 LC 振荡电路

（1）电路组成。变压器反馈式 LC 振荡电路如图 3-86 所示。

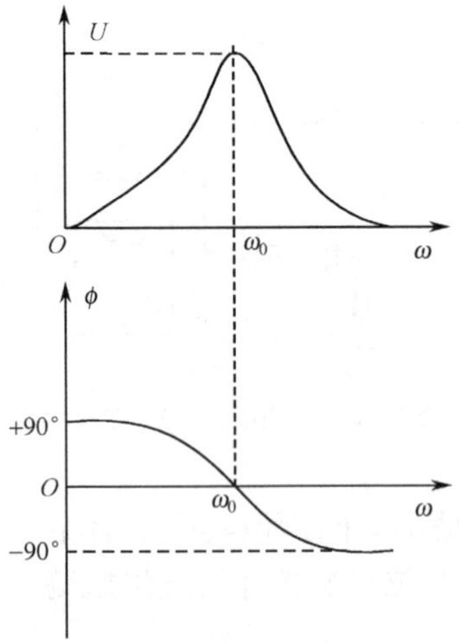

图 3-85　LC 并联谐振电路的频率特性

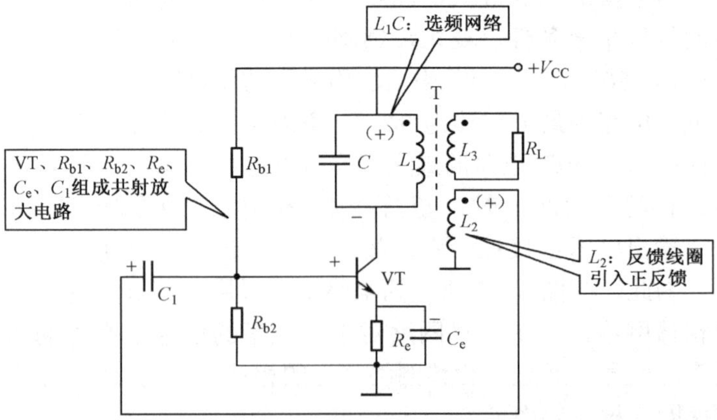

图 3-86　变压器反馈式 LC 振荡电路

（2）振荡条件。

相位平衡条件：为了满足相位平衡条件，变压器初次级之间的同名端必须正确连接。

电路振荡时，$f=f_0$，LC 回路的谐振阻抗是纯电阻性的，由图 3-86 中 L_1 及 L_2 同名端可知，反馈信号与输出电压极性相反，即 $\varphi_F=180°$。于是 $\varphi_A+\varphi_F=360°$，保证了电路的正反馈，满足振荡的相位平衡条件。对频率 $f\neq f_0$ 的信号，LC 回路的阻抗不是纯电阻性的，而是感性或容性阻抗。此时，LC 回路对信号会产生附加相移，造成 $\varphi_F\neq180°$，则 $\varphi_A+\varphi_F\neq360°$，不能满足相位平衡条件，电路也不可能产生振荡。由此可见，LC 振荡电路只有在 $f=f_0$ 这个频率上才有可能振荡。

幅度条件：为了满足幅度条件$|AF|\geqslant1$，对晶体管的β 值有一定要求。一般只要β 值较大，就能满足振幅平衡条件。反馈线圈匝数越多，耦合越强，电路越容易起振。

（3）振荡频率。变压器反馈式 LC 振荡电路的振荡频率与并联 LC 谐振电路的频率相同。

（4）电路的优、缺点。

① 电路结构简单，易起振，输出电压较大。采用变压器耦合，易满足阻抗匹配的要求。

② 调频方便。一般在 LC 回路中采用接入可变电容器的方法来实现，调频范围较宽，工作频率通常在几兆赫兹。

③ 由于变压器耦合的漏感等影响，这类振荡器工作频率不太高；输出波形中含有较多高次谐波成分，输出波形不理想。

3）电感三点式 LC 振荡电路

（1）电路组成。电感三点式 LC 振荡电路如图 3-87 所示。

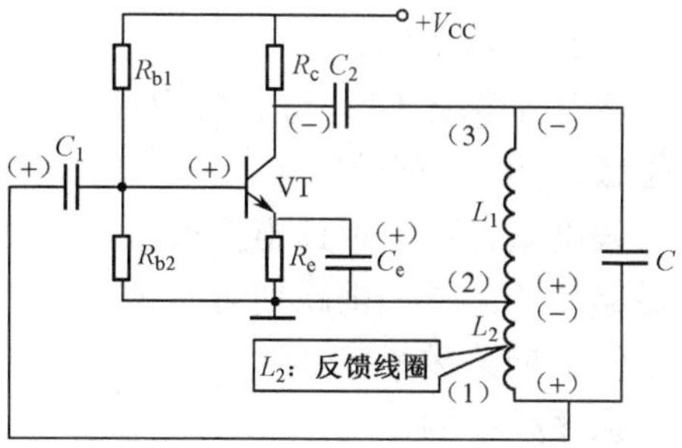

图 3-87　电感三点式 LC 振荡电路

这种电路的 LC 并联谐振电路中的电感有首端、中间抽头和尾端 3 个端点，其交流通路分别与放大电路的集电极、发射极（地）和基极相连，反馈信号取自电感 L_2 上的电压，因此，习惯上将图 3-87 所示电路称为电感三点式 LC 振荡电路。

（2）振荡条件。

相位平衡条件：设基极瞬时极性为正，由于共射电路的倒相作用，集电极电位瞬时极性为负，电感 3 端的瞬时极性为负，又因 2 端交流接地，因此 1 端的瞬时极性为正，各瞬时极性如图 3-87 所示。反馈电压由 1 端引至三极管的基极，故为正反馈，满足相位平衡条件。

幅度条件：从图 3-87 可以看出反馈电压取自电感 L_2 两端，加到晶体管 b、e 间。所以改变线圈抽头的位置，即改变 L_2 的大小，就可调节反馈电压的大小。当满足起振条件时，电路便可起振。

（3）振荡频率。

振荡频率为

$$f_0=\frac{1}{2\pi\sqrt{LC}}=\frac{1}{2\pi\sqrt{(L_1+L_2+2M)C}} \qquad (3-40)$$

上式中，L_1+L_2+2M 为 LC 回路的总电感，M 为 L_1 与 L_2 间的互感耦合系数。

（4）电路的优、缺点。

① L_1和 L_2之间是自耦变压器，耦合很紧，故电路易起振，改变抽头位置可获得较好的正弦波振荡，且输出幅度较大。

② 调频方便。电容 C 若采用可变电容器，就能获得较大的频率调节范围。

③ 由于反馈电压取自电感 L_2 两端，它对高次谐波分量的阻抗大，反馈也强，因此在输出波形中含有较多高次谐波成分，输出波形不理想。

④ 振荡频率的稳定性较差。一般电感三点式振荡电路用于收音机的本机振荡及高频加热器等。

4）电容三点式 LC 振荡电路

（1）电路组成。电容三点式 LC 振荡电路如图 3-88 所示。

其电路构成与电感三点式振荡电路基本相同，不过正反馈选频网络由电容 C_1、C_2 和电感 L 构成，反馈信号取自电容 C_2 两端，故称为电容三点式振荡电路。

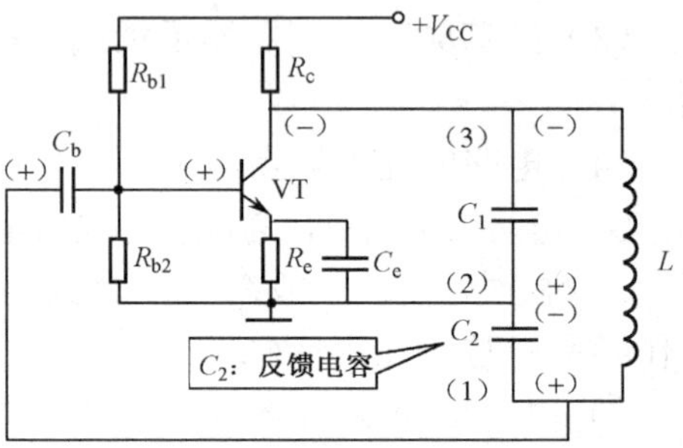

图 3-88　电容三点式 LC 振荡电路

（2）振荡条件。

相位平衡条件：与分析电感三点式振荡电路相位条件的方法相同。

幅度条件：因反馈电压取自电容 C_2 两端，所以适当地选择 C_1、C_2 的数值，并使放大器有足够的放大量，电路便可起振。

（3）振荡频率。

振荡频率为

$$f_0 = \frac{1}{2\pi\sqrt{LC}} \tag{3-41}$$

其中

$$C = \frac{C_1 C_2}{C_1 + C_2}$$

它是谐振回路的总电容。

（4）电路的优、缺点。

① 电容三点式 LC 振荡电路容易起振，振荡频率高，可达 100 MHz 以上。

② 由于反馈电压取自电容 C_2，它对高次谐波分量的阻抗较小，因此振荡波形较好。

③ 较电感三点式振荡电路受三极管极间电容的影响比较小，即频率稳定性较高。

④ 频率调节不便，调节范围较小。一般只用于高频振荡器中。

4. 石英晶体振荡电路

无线电广播发射机的频率稳定度为 10^{-5}，而无线电通信的发射机频率稳定度要求达到 10^{-8}～10^{-10} 数量级，前面讨论的电路难以达到这种要求。采用石英晶体代替选频电路，就变成了石英晶体振荡器，可以达到频率稳定度很高的要求。

1）石英晶体的特性、符号和等效电路

石英晶体谐振器是晶振电路的核心元器件，其结构和外形如图 3-89 所示。

石英晶体是二氧化硅（SiO_2）结晶体，具有各向异性的物理特性。从石英晶体上按一定方位切割下来的薄片叫石英晶片，不同切向的晶片其特性是不同的。这种晶片可以是正方形、矩形或圆形等，将晶片的两个对应表面上涂敷银层，并装上一对金属板，接出引线，封装于金属壳内，就构成了石英晶体谐振器。

物理学的研究表明，当石英晶体受到交变电场作用时，即在两极板上加以交流电压，石英晶体便会产生机械振动。反过来，若对石英晶体施加周期性机械力，使其发生振动，则又会在晶体表面出现相应的交变电场和电荷，即在极板上有交变电压。当外加电场的频率等于晶体的固有频率时，便会产生“机-电共振”，振幅明显加大，这种现象称为压电谐振。它与 LC 回路的谐振现象十分相似。压电谐振的固有频率与石英晶体的外形尺寸及切割方式有关。石英晶体的符号、等效电路与电抗频率特性如图 3-90 所示。

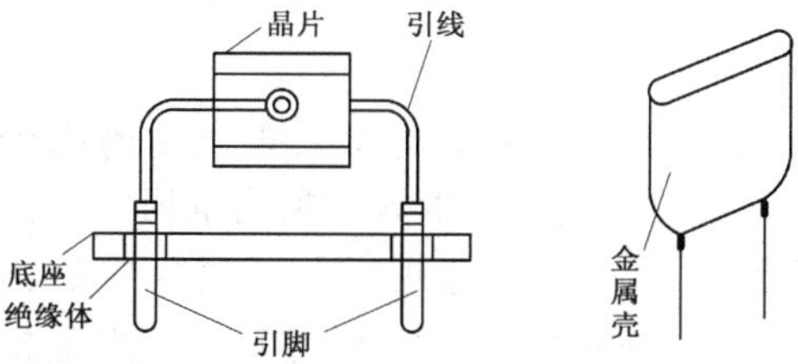

（a）结构　（b）外形

图 3-89　石英晶体谐振器

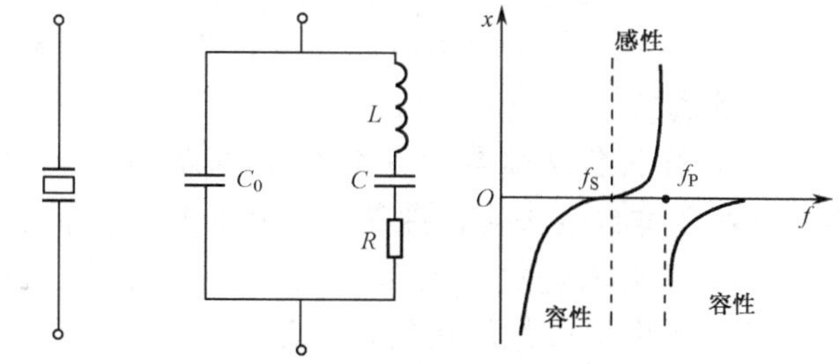

（a）符号　（b）等效电路　（c）电抗频率特性

图 3-90　石英晶体的符号、等效电路与电抗频率特性

由等效电路可见，石英谐振器有两个谐振频率。当 L、C、R 串联支路发生谐振时，它的等效阻抗最小（等于 R），串联谐振频率为

$$f_S = \frac{1}{2\pi\sqrt{LC}} \tag{3-42}$$

当频率高于 f_S 时，L、C、R 支路呈感性，可与电容 C_0 发生并联谐振，并联谐振频率为

$$f_P = \frac{1}{2\pi\sqrt{L\frac{CC_0}{C+C_0}}} = f_S\sqrt{1+\frac{C}{C_0}} \tag{3-43}$$

通常 $C_0 \gg C$，比较以上两式可见，两个谐振频率非常接近，且 f_P 稍大于 f_S。

由图 3-90（c）可知，频率很低时，两个支路的容抗起主要作用，电路呈容抗性；随频率增加，容抗减小；当 $f=f_S$ 时，LC 串联谐振，阻抗最小，呈电阻性；当 $f>f_S$ 时，LC 支路电感起主要作用，呈感抗性；当 $f=f_P$ 时，并联谐振，阻抗最大且呈纯电阻性；当 $f>f_P$ 时，C_0 支路起主要作用，电路又呈容抗性。

2）石英晶体振荡器

石英晶体振荡器电路的形式是多种多样的，但其基本电路只有两类，即并联晶体振荡

器和串联晶体振荡器，石英晶体分别以并联谐振和串联谐振的形式出现。现以图 3-91 所示并联型石英晶体振荡电路为例，对石英晶体振荡器进行简要介绍。

当工作频率介于 f_S 和 f_P 之间时，晶片等效为一电感元器件，它与电容 C_1、C_2 组成并联谐振回路，属于电容三点式 LC 振荡电路。振荡频率取决于石英晶体。

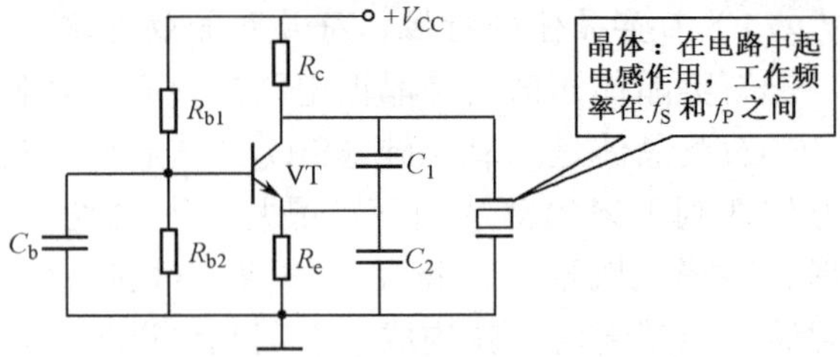

图 3-91　并联型石英晶体振荡电路

知识梳理与总结

（1）几乎所有的放大电路中都要引入负反馈。反馈是指把输出电压或输出电流的一部分或全部通过反馈网络，用一定的方式送回到放大电路的输入回路，以影响输入电量的过程。

（2）常引入的反馈有正、负反馈；交、直流反馈；电压、电流反馈；串联、并联反馈。四种常见的负反馈类型为：电压串联负反馈、电压并联负反馈、电流串联负反馈及电流并联负反馈。

（3）引入负反馈后，虽然放大电路的闭环增益减小了，但是提高了电路增益的稳定性、减小了非线性失真，抑制了干扰和噪声，扩展了通频带，改变了输入、输出电阻。

（4）若集成运放引入深度负反馈，则工作在线性区，具有“虚短”和“虚断”的特点。可实现模拟信号的比例、加法、减法积分、微分、对数和指数等各种运算。集成运放开环或引入正反馈，则工作在非线性区，其输出只有两个状态（高电平或低电平），构成电压比较器。

（5）信号产生电路通常称为振荡器，用于产生一定频率和幅度的正弦波和非正弦波。常用的非正弦波发生器，有矩形波、三角波和锯齿波发生器等。正弦波振荡电路是一种自激振荡电路，通常由放大电路、反馈网络、选频网络和稳幅电路四部分组成。振荡器按选频网络的不同分为 RC 振荡器、LC 振荡器和石英晶体振荡器。

测试题 3

扫一扫看本项目测试题参考答案

3-1　在放大电路中为了稳定静态工作点，应引入________负反馈；为了稳定输出电流，应引入________负反馈；为了提高输入阻抗，应引入________负反馈。

3-2　判断图 3-92 所示电路中负反馈的类型：图（a）存在____；图（b）存在_____；图（c）存在_____。

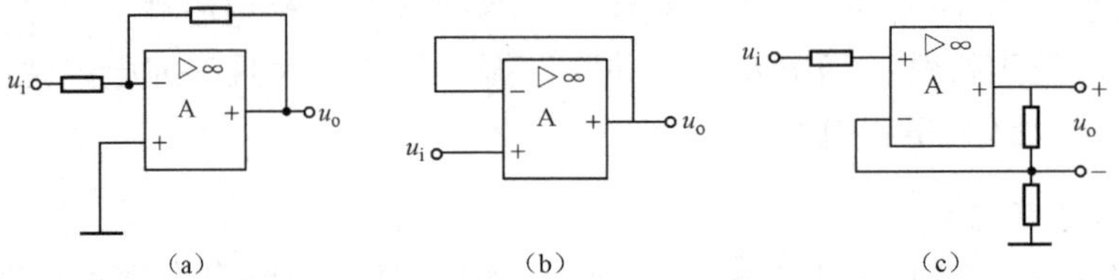

图 3-92　题 3-2 图

3-3　要求输出电压基本稳定，并能提高输入电阻，在交流放大电路中应引入_____负反馈。

3-4　某负反馈放大器的开环放大倍数为75，反馈系数为0.04，则闭环放大倍数为______。

3-5　加入负反馈后，________降低了，但通频带却 ________________。

3-6　集成运放线性应用的条件为________________________；非线性应用的条件为______________。

3-7　正弦波振荡电路利用正反馈产生振荡的条件是_________，其中相位平衡条件是_____，幅值平衡条件是______。为使振荡电路起振，其条件是________。

3-8　产生低频正弦波一般可用_________振荡电路；产生高频正弦波可用__________振荡电路；要求频率稳定性很高，则可用__________振荡电路。

3-9　正弦波振荡器的振荡频率由_____________而定。

3-10　放大电路如图3-93所示，判断反馈的组态。

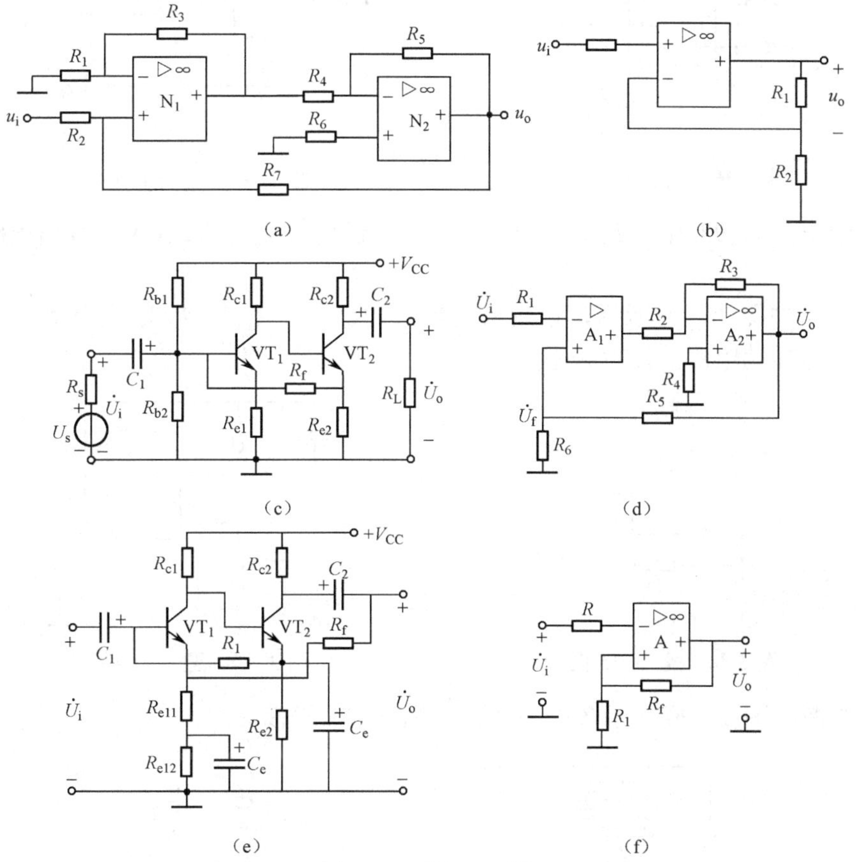

图3-93　题3-10图

3-11　推导图3-94所示放大电路中 u_o 与 u_{i1}、u_{i2} 之间的关系。

3-12　求图3-95中运放的输出电压 u_{21}。

3-13　为了获得较高的电压放大倍数，而又可避免采用高值电阻 R_F，将反相比例运算电路改为如图3-96所示的电路，并设 $R_F \gg R_4$，证明：

$$A_{uf}=\frac{u_o}{u_i}=-\frac{R_F}{R_1}\left(1+\frac{R_3}{R_4}\right)$$

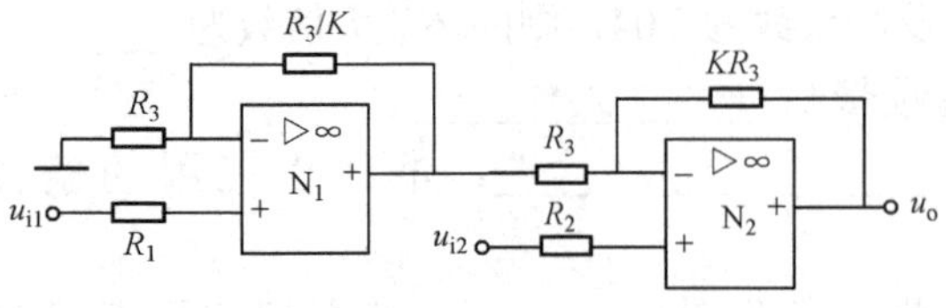

图 3-94　题 3-11 图

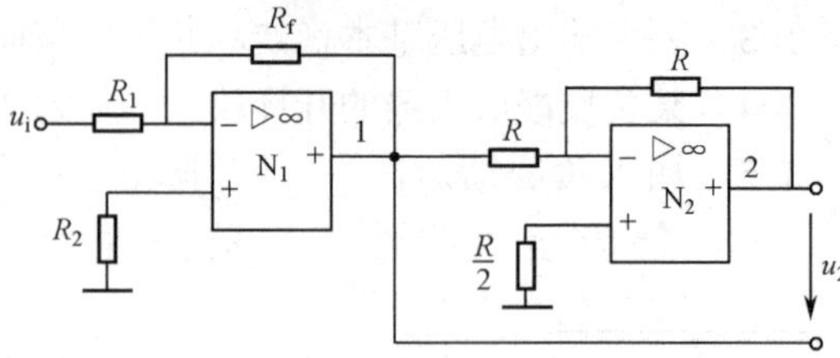

图 3-95　题 3-12 图

3-14　在图 3-97 所示电路中，已知集成运放输出电压最大幅度为±14 V，当 R_W 滑动端在最下端、R_W 滑动端在最上端、R_W 滑动端在中点时，分别计算输出电压的大小。

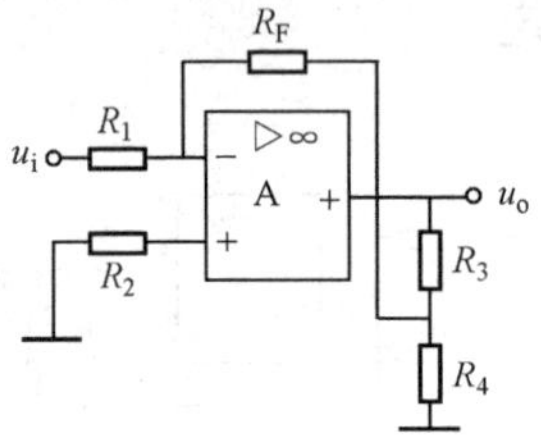

图 3-96　题 3-13 图

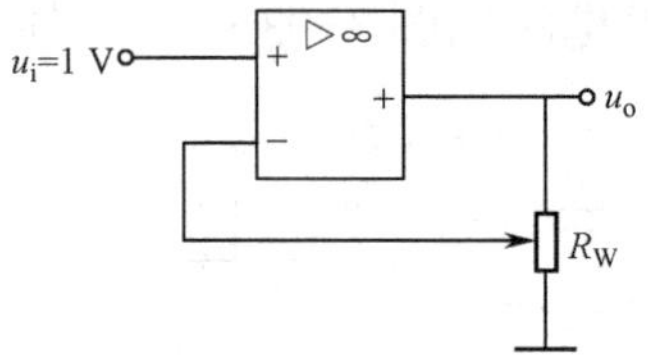

图 3-97　题 3-14 图

3-15　指出图 3-98 中电路的功能，已知运放的饱和电压为±10 V，画出电路的传输特性曲线。

3-16　电路如图 3-99 所示，设运放是理想的器件，R_1 和 R_f 取值合适，R=100 kΩ，C=0.01μF，计算振荡电路的振荡频率。

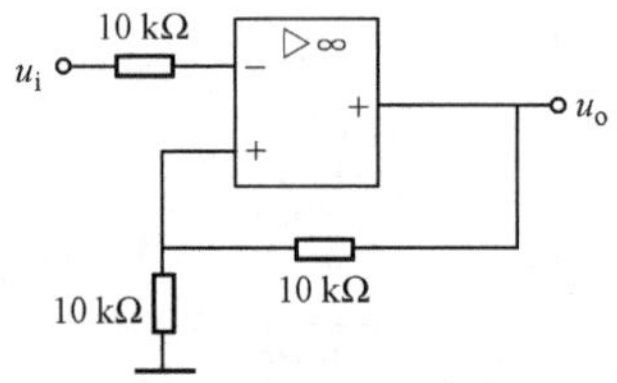

图 3-98　题 3-15 图

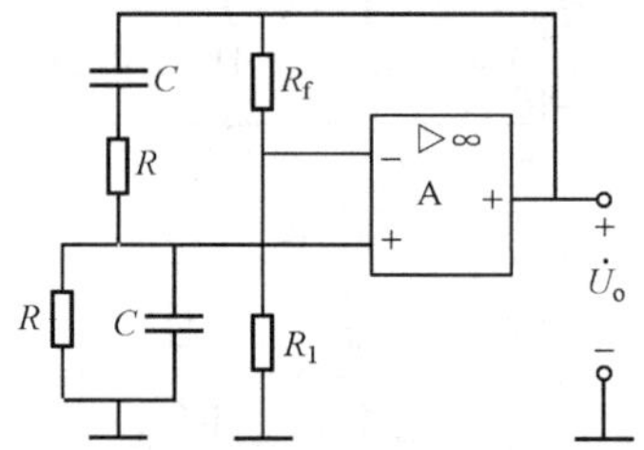

图 3-99　题 3-16 图

3-17　判断如图 3-100 所示各电路能否产生正弦波振荡。

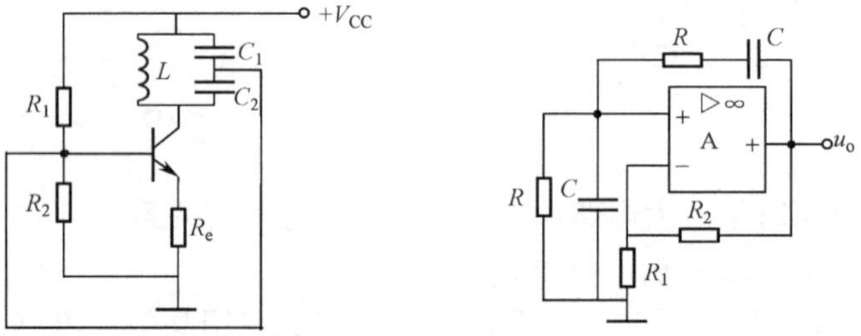

（a）　　（b）

图 3-100　题 3-17 图

项目 4

直流稳压电源的仿真实训

教学导航

扫一扫看本项目教学课件

教	知识重点	1．整流滤波电路；　2．稳压管稳压电路； 3．串联型稳压电路；　4．集成稳压器
	知识难点	1．参数计算；　2．稳压原理；　3．稳压器应用
	推荐教学方式	1．理论部分讲授采用多媒体教学； 2．电路仿真部分到机房授课，边讲边指导学生练习； 3．利用面包板插接电路和在多功能实验板上焊接调试电路在实训室进行
	建议学时	4 学时
学	推荐学习方法	以直流稳压电源项目为载体，设立相关的学习单元，创建相应的学习环境，将整流、滤波、稳压的有关知识综合运用，通过学习认识稳压电源，并能灵活运用
	必须掌握的理论知识	1．整流滤波电路的工作原理；　2．稳压管稳压电路的工作原理； 3．串联型稳压电路的工作原理；　4．集成稳压器的典型应用
	必须掌握的技能	1．熟练应用 Multisim 仿真软件进行电路的仿真； 2．能利用面包板插接验证设计的各种电路； 3．在多功能实验板上焊接并调试设计的各种电路

实训3 串联型直流稳压电源的仿真实训

1. 实训目的

（1）掌握串联型集成稳压电源的应用方法。

（2）熟练运用 Multisim 仿真软件实现直流稳压电源的仿真。

2. 预习要求

预习教材中有关稳压电源部分的内容。

3. 实训原理

直流稳压电源由电源变压器、整流、滤波和稳压电路四部分组成。电网供给的交流电压 u_i（220 V，50 Hz）经电源变压器降压后，得到符合电路需要的交流电压 u_2，然后由整流电路变换成方向不变、大小随时间变化的脉动电压 u_3，再用滤波器滤去其交流分量，就可得到比较平直的直流电压 U_i。但这样的直流输出电压，还会随电网电压的波动或负载的变动而变化。在对直流供电要求较高的场合，还需要使用稳压电路，以保证输出直流电压更加稳定。

图 4-1 为串联型集成稳压电源电路。图中 VT 为调整管，它工作在线性放大区，电阻 R_3 和稳压管 VD_Z 组成基准电压源，为集成运放的同相输入端提供基准电压，电阻 R_1、R_P、R_2 组成取样电路，它将稳压电路的输出电压分压后送到集成运放的反相输入端，运算放大器为比较放大元器件，用来对取样电压与基准电压的差值进行放大。由于调整管与负载串联，故称为串联型稳压电路。

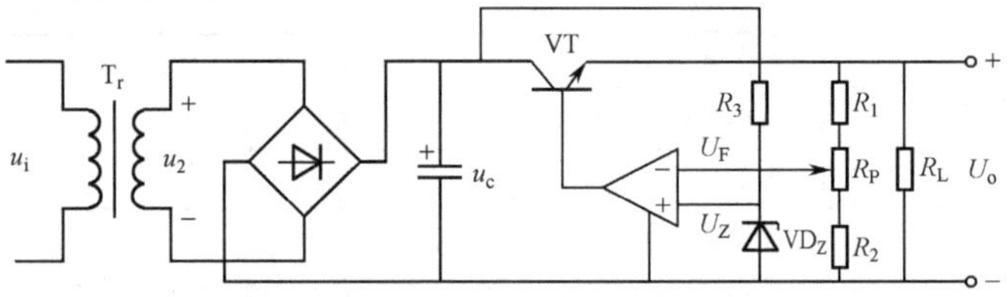

图 4-1 串联型集成稳压电源电路

4. 实训内容

1）串联型集成稳压电源的仿真

（1）启动 Multisim 仿真软件，按照图 4-1 所示连接电路。

（2）给元器件标识、赋值，单击 Multisim 软件主界面中的工具栏、仪器栏，选择元器件、电压表和示波器，正确连接在电路中，如图 4-2 所示。

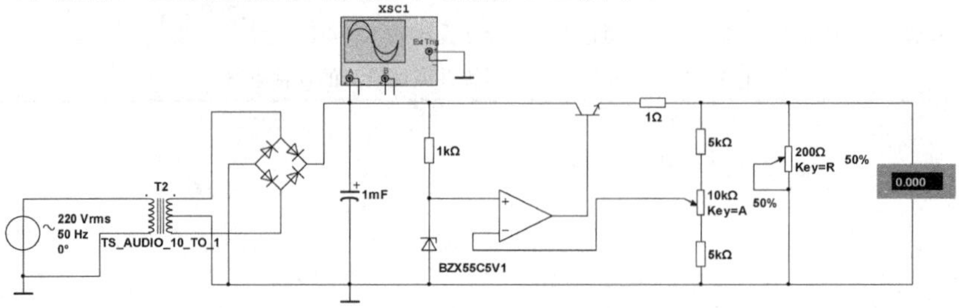

图 4-2 串联型集成稳压电源电路的仿真电路

（3）启动电路仿真，双击示波器打开面板，设置合理的示波器参数，得到滤波后的仿真结果如图 4-3 所示。

由图可以看出，利用电容的储能作用，来滤除整流后单向脉动直流电压中的交流成分，使输出电压成为比较平滑的直流电压。

滤波后的波形再经稳压电路稳压，得到的结果如图 4-4 所示，电压表显示稳定电压 10.239 V。此结果表明，电网供给的交流电压经过变压器、整流电路、滤波电路、稳压电路后输出的直流电压保持稳定不变。

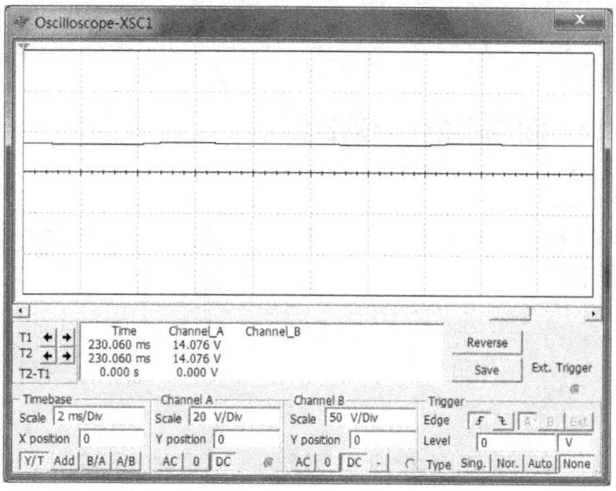

图 4-3　串联型集成稳压电源电路的仿真结果

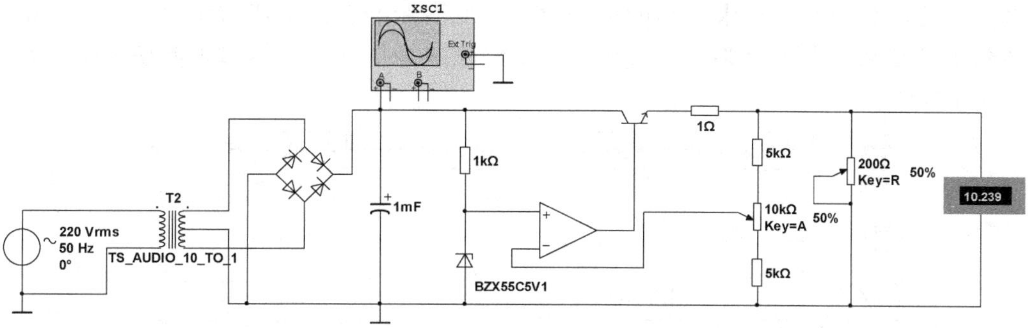

图 4-4　仿真电路稳压结果

2）串联型集成稳压电源性能测试

（1）按照如图 4-2 所示选择元器件。

（2）在实验台上按如图 4-1 所示连接实验电路。取可调工频电源电压为 16 V，作为整流电路输入电压 u_2。

（3）调试电路，并用示波器观测输出信号的波形，然后测试输出直流电压值，与仿真结果进行比较。

（4）在多功能实验板上焊好全部电路（在集成运算放大器的位置先焊插座，测试前先将运放调零），进行整机调试。

5. 实训报告

（1）画出实训电路图。

（2）列出元器件明细表。

（3）整理仿真得到的波形图。

（4）整理实训过程中测量得到的数据和波形图。

6. 分析与讨论

（1）总结桥式整流、电容滤波电路的特点。

（2）通过 3 次输出纹波电压测量值的比较，加深理解稳压电源中各元器件的作用。

（3）分析讨论实训中出现的故障及其排除方法。

4.1 整流滤波电路

扫一扫看整流滤波电路微课视频

扫一扫看整流滤波电路动画

知识分布网络

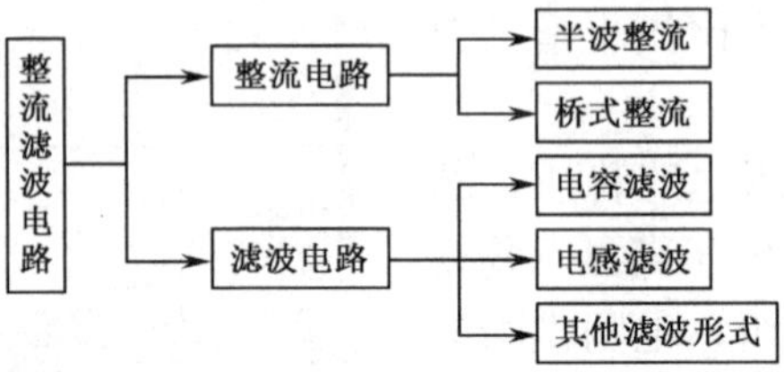

一般电子设备都需要稳定的直流电源，功率较小的直流电源大多数是由 50 Hz/220 V 交流电转化而来的。图 4-5 为小功率直流稳压电源的结构框图。可见 50 Hz/220 V 交流电经变压器变压后，被由二极管组成的电路整流成脉动的直流电，再经滤波网络平滑成有一定纹波的直流电压，对于性能要求不高的电子电路，滤波后的直流电压就可以应用了，但对于稳压性能要求较高的电子电路，滤波后再加一级集成稳压环节。这样加到负载上的直流电压纹波就非常低了。

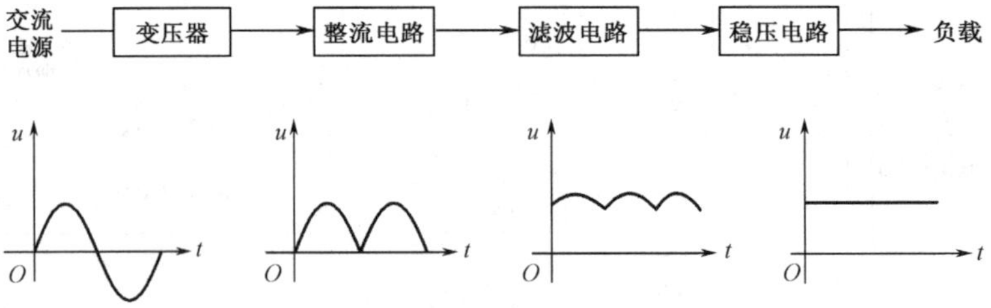

图 4-5　小功率直流稳压电源的结构框图

4.1.1 整流电路

1. 单相半波整流电路

前面项目 1 中图 1-8（a）为电阻性负载，单相半波整流电路。图 1-8（b）为电路中电压、电流的波形。电路中 T 为电源变压器，VD 为整流二极管，R_L 为负载电阻。

单相半波整流电路参数计算如下：

（1）输出平均电压 $U_{o(av)}$。这是指输出电压 u_o 在一个周期中的平均值，即

$$U_{o(av)}=\frac{1}{2\pi}\int_0^{2\pi}\sqrt{2}U_2\sin\omega t\mathrm{d}(\omega t)=\frac{\sqrt{2}}{\pi}U_2\approx 0.45U_2 \quad (4-1)$$

（2）输出电流平均值 $I_{o(av)}$。输出电流等于流过二极管的电流，两者的平均值也相等。即

$$I_{o(av)}=I_{VD(av)}=\frac{U_{o(av)}}{R_L}\approx 0.45\frac{U_2}{R_L} \quad (4-2)$$

（3）二极管承受的最高反向峰值电压 U_{RM}。u_2 负半周时二极管截止，$u_{VD}=u_2$，因此

$$U_{RM}=\sqrt{2}U_2 \quad (4-3)$$

半波整流电路的电路结构简单、效率低、输出脉动幅度大，因此很少单独用作直流电源。

2. 单相桥式整流电路

图 4-6（a）为单相桥式整流电路，其中 VD_1～VD_4 为 4 个整流二极管，也常称为整流桥。图 4-6（b）和图 4-6（c）为正弦交流电正半周和负半周时的电流流通路径。

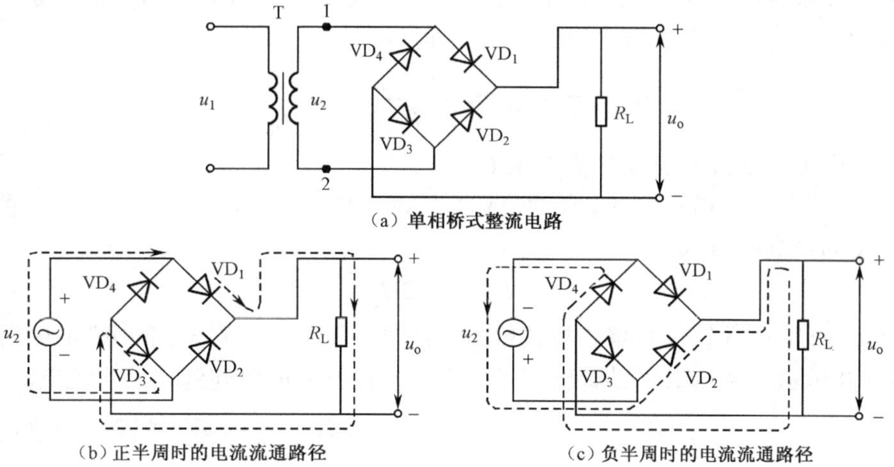

（a）单相桥式整流电路

（b）正半周时的电流流通路径

（c）负半周时的电流流通路径

图 4-6　单相桥式整流电路

设变压器二次电压为 u_2，波形如图 4-7（a）所示。在 u_2 的正半周，即 1 点为正，2 点为负时，VD_1、VD_3 承受正向电压而导通，此时有电流流过 R_L，电流路径为 $1 \to VD_1 \to R_L \to VD_3 \to 2$，此时 VD_2、VD_4 因反偏而截止，负载上得到一个半波电压；在 u_2 的负半周，即 2 点为正，1 点为负时，VD_2、VD_4 承受正向电压而导通，此时有电流流过 R_L，电流路径为 $2 \to VD_2 \to R_L \to VD_4 \to 1$，此时 VD_1、VD_3 因反偏而截止，负载上仍得到一个半波电压。由此可见，在交流电压 u_2 的整个周期始终有同方向的电流流过负载电阻 R_L，故 R_L 上得到单方向全波脉动的直流电压，如图 4-7（b）所示。

常见的单相桥式整流电路的简化画法如图 4-8 所示。桥式整流电路各参数计算如下。

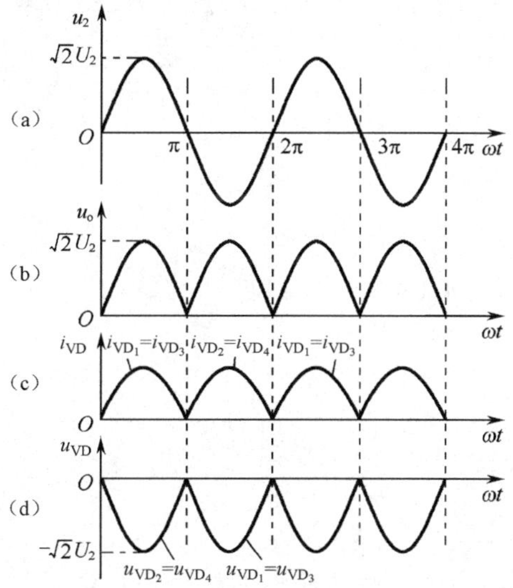

图 4-7　桥式整流电路电压、电流波形图

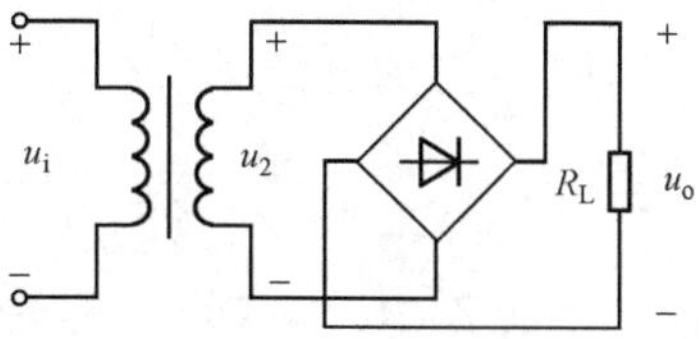

图 4-8　单相桥式整流电路的简化画法

（1）输出平均电压 $U_{o(av)}$。由 u_o 波形可知，桥式整流是半波整流的2倍，即

$$U_{o(av)}=2\frac{\sqrt{2}}{\pi}U_2\approx 0.9U_2 \tag{4-4}$$

（2）流过二极管的平均电流 $I_{VD(av)}$。由于 VD_1、VD_3 和 VD_2、VD_4 轮流导通，因此流过每个二极管的平均电流只有负载电流的一半，即

$$I_{VD(av)}=\frac{1}{2}I_{o(av)}=\frac{1}{2}\frac{U_{o(av)}}{R_L}\approx 0.45\frac{U_2}{R_L} \tag{4-5}$$

（3）二极管承受的最高反向峰值电压 U_{RM}。

当 u_2 上正下负时，VD_1、VD_3 导通，VD_2、VD_4 截止，VD_2、VD_4 相当于并联后跨接在 u_2 上，因此反向最高峰值为

$$U_{RM}=\sqrt{2}U_2 \tag{4-6}$$

运用 Multisim 仿真软件对单相桥式整流电路进行仿真，仿真电路如图4-9所示，仿真结果如图4-10所示。从结果可以看出，正弦交流电被整流成单向脉动的直流电。

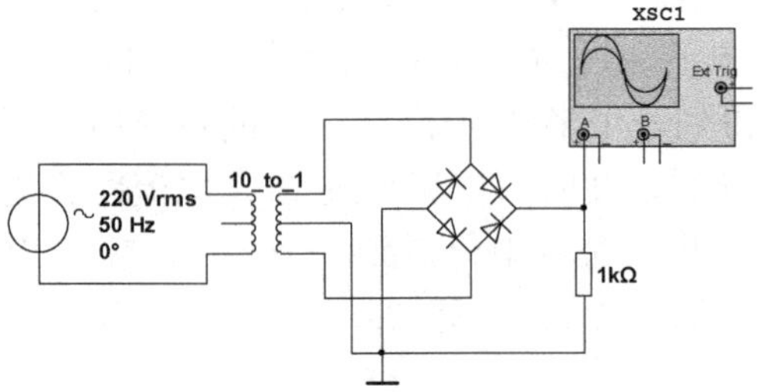

图4-9　整流电路的仿真电路

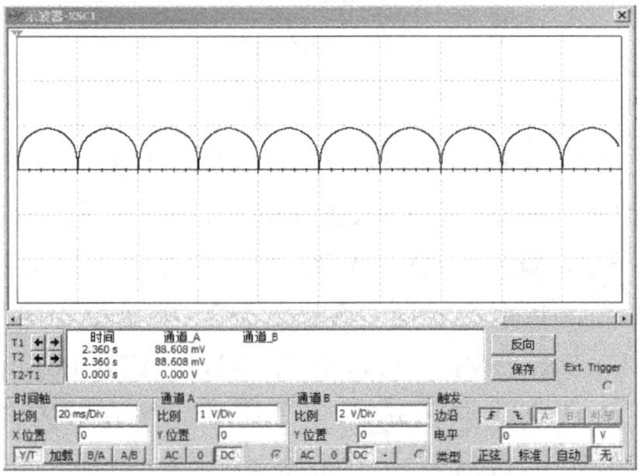

图4-10　整流电路的仿真结果

实例4-1　一单相桥式整流电路如图4-6（a）所示，要求输出电压 U_o=110 V，R_L=80 Ω，交流电压为380 V，试完成下列问题：

（1）如何选用二极管？

（2）求整流变压器变比和（视在）功率容量。

解　（1）选择二极管。

由前面分析可得

$$I_o=\frac{U_o}{R_L}=\frac{110}{80}=1.4\text{（A）}$$

$$I_{VD}=\frac{1}{2}I_o=0.7\text{（A）}$$

$$U_2=\frac{U_o}{0.9}=122\text{（V）}$$

$$U_{RM}=\sqrt{2}U_2=\sqrt{2}\times 122=172\text{（V）}$$

由此可选2CZ12C二极管，其最大整流电流为1 A，最高反向电压为300 V。

（2）求整流变压器变比和（视在）功率容量。

考虑到变压器副边绕组及管子上的压降，变压器副边电压大约要高出 10%，即

$$U_2 = 122 \times 1.1 = 134\ (\text{V})$$

则变压器变比

$$n = \frac{380}{134} = 2.8$$

再求变压器容量。变压器副边电流为

$$I = I_o \times 1.1 = 1.54\ (\text{A})$$

乘以 1.1 倍主要是考虑变压器的损耗。

故整流变压器（视在）功率容量为

$$S = U_2 I = 134 \times 1.54 = 206\ (\text{W})$$

4.1.2　滤波电路的组成及原理分析

在整流电路之后接滤波电路，尽量减小输出电压中的交流分量，使之接近于理想的直流电压。滤波电路的常见形式：电容滤波电路，电感滤波电路，RC Π形滤波器，LC Π形滤波器。

下面以电容滤波电路为例讲述滤波电路的工作原理。

在整流电路中，把一个大电容 C 并接在负载电阻两端就构成了电容滤波电路，其电路和工作波形如图 4-11 所示。

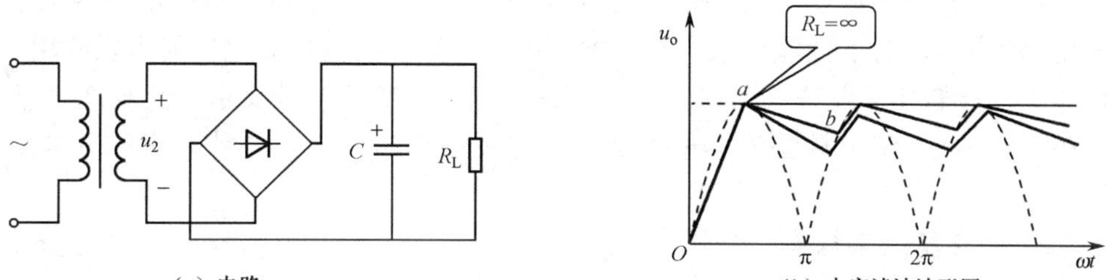

图 4-11　桥式整流电容滤波电路和工作波形

假定在 $t=0$ 时接通电路，u_2 为正半周，当 u_2 由零上升时，C 被充电，因此 $u_o=u_C=u_2$，在 u_2 达到最大值时，u_o 也达到最大值，即图 4-11（b）中的 a 点；然后 u_2 下降，此时 $u_C>u_2$，电容 C 向负载电阻 R_L 放电，由于放电时间常数 $\tau=R_LC$ 一般较大，电容电压 u_C 按指数规律缓慢下降。当 $u_o(u_C)$下降到 u_2 为负半周，即图 4-11（b）中的 b 点时，$u_2>u_C$，电容 C 再次被充电，输出电压增大。以后，每个周期如此重复上述充、放电过程。为了取得良好的滤波效果，一般取：

$$R_LC \geqslant (3 \sim 5)\frac{T}{2} \tag{4-7}$$

整流电路接入滤波电容后，不仅输出电压变得平滑、纹波显著减小，同时输出电压的平均值也增大了。当 $R_L=\infty$时，$U_o=\sqrt{2}U_2$，当 R_L 为有限值时，$0.9U_2<U_o<\sqrt{2}U_2$。

输出电压的平均值近似为 $U_o\approx1.2U_2$。因此，二极管的导通时间缩短，一个周期的导通角$\theta<\pi$。由于电容 C 充电的瞬时电流很大，形成了浪涌冲击电流。通常电容 C 越大，浪涌冲击电流越大，容易损坏二极管，故在选择二极管时，必须留有足够的电流余量。

电容滤波电路结构简单，输出电压平均值 U_o 较高，脉动较小，但是二极管中有较大的冲击电流。因此，电容滤波电路一般适用于输出电压较高、负载电流较小且变化也较小的场合。

如图 4-12 所示电路是电感滤波电路，电感 L 起着阻止负载电流变化使之趋于平直的作用，交流量由于 L 的感抗远大于负载电阻而大部分降在电感 L 上，负载 R_L 上只有很小的交流电压，达到了滤除交流分量的目的，它主要适用于低电压、大电流的情况。如图 4-13 所示是 RC Π形滤波器，图中 C_1 电容两端电压中的直流分量，有很小一部分降落在 R 上，其余部分加到了负载电阻 R_L 上；而电压中的交流脉动，大部分被滤波电容 C_2 衰减掉，只有很小的一部分加到负载电阻 R_L 上，此种电路电阻上要消耗功率，所以只适用于负载电流较小的场合。如图 4-14 所示是 LC Π形滤波器，增加了电感滤波，此种电路的滤波效果更好，而且 L 上无直流功率损耗，一般用在负载电流较大和电源频率较高的场合。

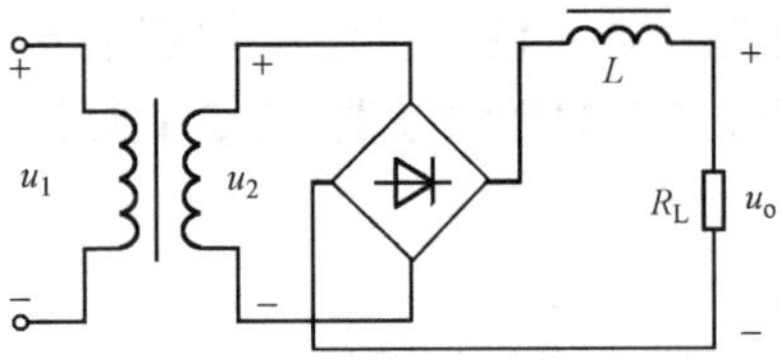

图 4-12　电感滤波电路

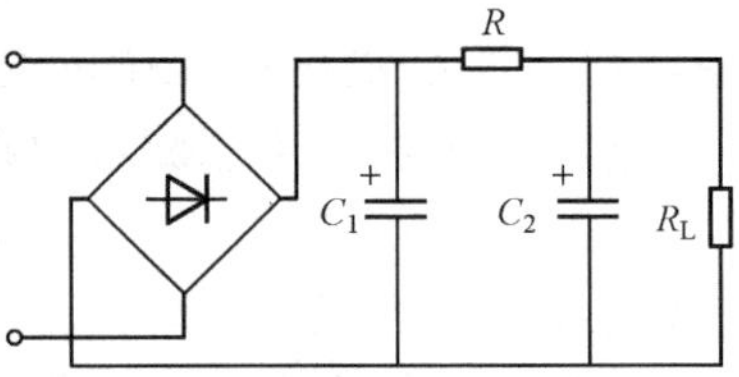

图 4-13　RC Π形滤波器

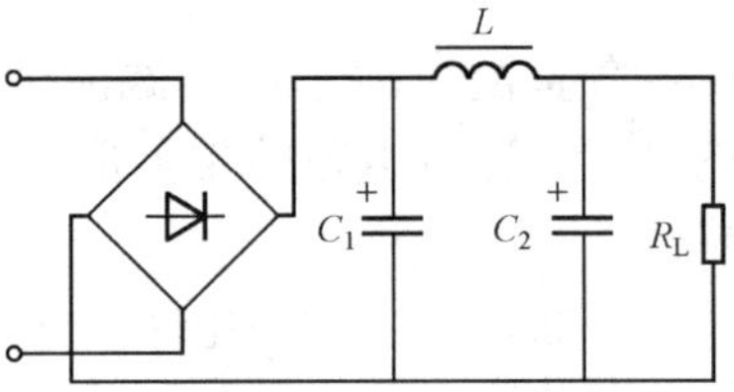

图 4-14　LC Π形滤波器

滤波电路的仿真结果如图 4-3 所示，由图可见，交流电经整流后再经滤波网络平滑成有一定纹波的直流电压，对于性能要求不高的电子电路，滤波后的直流电压就可以应用了。

实例 4-2　一单相桥式整流电容滤波电路如图 4-11 所示，若要求输出电压 U_o=30 V，负载电流为 250 mA，试选择整流二极管型号和滤波电容的大小，并计算变压器二次电流、二次电压。

解　（1）选择整流二极管。

$$I_{VD}=\frac{1}{2}I_L=\frac{1}{2}\times 250=125\text{（mA）}$$

二极管承受的最大反向电压

$$U_{RM}=\sqrt{2}U_2$$

又因为

$$U_o=1.2U_2$$

所以

$$U_2=\frac{U_o}{1.2}=\frac{30}{1.2}=25\text{（V）}$$

$$U_{RM}=\sqrt{2}U_2=\sqrt{2}\times 25=35\text{（V）}$$

查手册选 2CP21A 参数

$$I_{FM}=300\text{ mA},\quad U_{RM}=50\text{ V}$$

（2）选择滤波电容。

根据

$$R_L C \geqslant (3\sim5)\frac{T}{2}$$

取

$$R_L C = \frac{5T}{2}$$

$$R_L = \frac{U_o}{I_o} = \frac{30}{250}\ \text{k}\Omega = 120\ \Omega$$

$$C = \frac{5T}{2R_L} = \frac{5\times0.02}{2\times120}\ \text{F} = 417\ \mu\text{F}$$

（3）求变压器二次电压和电流。

$$U_2 = \frac{U_o}{1.2} = 25\ \text{V}$$

变压器二次电流在充放电过程中已不是正弦电流，一般取 I_2=（1.1～3）I_L，所以可以取 I_2=1.5I_L=1.5×250 mA=375 mA。

扫一扫看稳压电路微课视频

4.2 稳压电路

知识分布网络

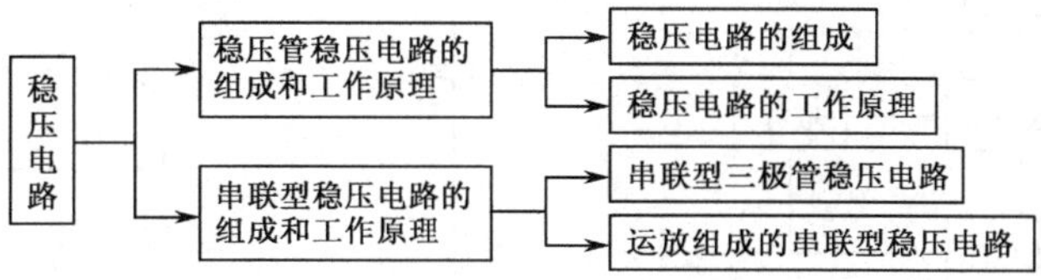

交流电源电压的波动、负载和温度的变化，会影响整流滤波后的直流输出电压，引起直流输出电压不稳定。这种电压不稳定，会引起负载工作不稳定，甚至不能正常工作。为了得到稳定的直流输出电压，在整流滤波之后需要增加稳压电路。稳压电路的作用是当交流电压波动、负载或温度变化时，维持输出直流电压稳定。在小功率电源设备中，用得较多的稳压电路有两种：一种是用稳压管组成的稳压电路；另一种是串联型稳压电路。

4.2.1 硅稳压管组成的稳压电路

硅稳压管组成的并联型稳压电路如图 4-15 所示，经整流滤波后得到的直流电压作为稳压电路的输入电压 U_i，限流电阻 R 和稳压管 VD_Z 组成稳压电路，输出电压 U_o=U_Z。

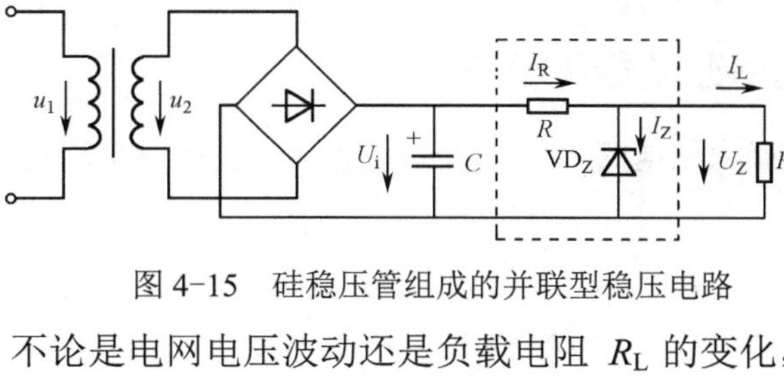

图 4-15　硅稳压管组成的并联型稳压电路

在这种电路中，不论是电网电压波动还是负载电阻 R_L 的变化，稳压管稳压电路都能起到稳压作用，因为 U_Z 基本恒定，而 U_o=U_Z。下面从两个方面来分析其稳压原理。

设电阻 R_L 的阻值不变，电网电压升高使 U_i 升高，导致 U_o 升高，而 $U_o=U_Z$。根据稳压管的特性，当 U_Z 升高一点时，I_Z 将会显著增加，这样必然使电阻 R 上的压降增大，吸收了 U_i 的增加部分，从而保持 U_o 不变。反之亦然。

设电网电压不变，当负载电阻 R_L 阻值增大时，I_L 减小，限流电阻 R 上的压降 U_R 将会减小。由于 $U_o=U_Z=U_i-U_R$，所以导致 U_o 升高，即 U_Z 升高，这样必然使 I_Z 显著增加。由于流过限流电阻 R 的电流为 $I_R=I_Z+I_L$，这样可以使流过 R 上的电流基本不变，导致压降 U_R 基本不变，则 U_o 也就保持不变。反之亦然。

4.2.2 串联型三极管稳压电路

图 4-16 为串联型三极管稳压电路。图中 V_1 为调整元器件，电阻 R_3、R_4、R_5 为取样电路，R_2 和 U_Z 组成标准参考电压。V_2 为比较放大元器件，从反馈放大器的角度看，该电路属于电压串联负反馈电路，而且调整元器件 V_1 与负载电阻 R_L 串联，因此也称为串联反馈式直流稳压电路。其稳压过程如下：

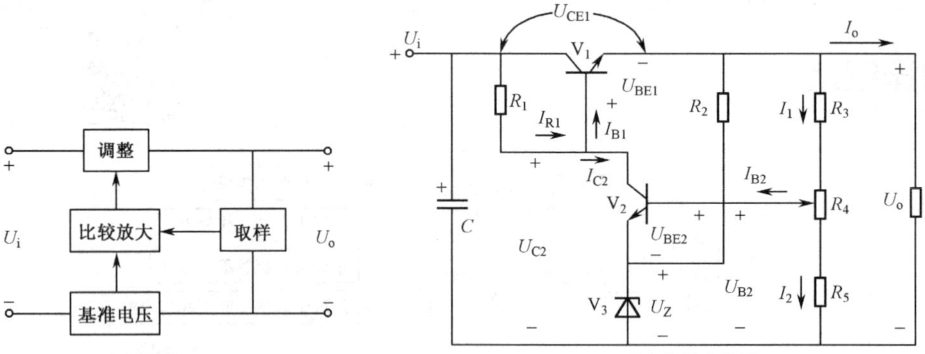

图 4-16　串联型三极管稳压电路

当负载电阻 R_L 不变时，电网电压波动，波动后的电压 U_i 上升会导致输出电压向上波动，同时取样电压的增加使 V_2 的基极电位 U_{B2} 升高，造成 V_2 管的基极电流 I_{B2} 和集电极电流 I_{C2} 增大，导致 V_2 管的集电极 U_{C2} 也就是 V_1 管的基极 U_{B1} 电位的下降，使 V_1 管的基极电流 I_{B1} 和集电极电流 I_{C1} 下降，而管压降 U_{CE1} 增加。由于输出电压 U_o 等于输入电压 U_i 减 V_1 管压降 U_{CE1}，因此抑制了输出电压的增加，起到了稳压作用。

电路中的电压和电流调整过程如下：$U_i\uparrow\rightarrow U_o\uparrow\rightarrow U_{BE2}\uparrow\rightarrow U_{C2}\downarrow\rightarrow U_{BE1}\downarrow\rightarrow I_{B1}\downarrow\rightarrow I_{C1}\downarrow\rightarrow U_{CE1}\uparrow\rightarrow U_o\downarrow$，这样就保证了输出电压 U_o 基本不变。

当输出电压下降时，电路将产生与上述相反的稳压过程。

4.2.3 运放组成的串联型稳压电路

在上面的串联型三极管稳压电路中，放大三极管 V_2 也可以采用运算放大器，如图 4-1 所示。

由图 4-1 可得

$$U_F=\frac{R_2'}{R_1+R_2+R_P}U_o \tag{4-8}$$

由于 $U_F \approx U_Z$，所以稳压电路输出电压 U_o 等于

$$U_o = \frac{R_1 + R_2 + R_P}{R_2'} U_Z \tag{4-9}$$

由此可见通过调节电位器 R_P 的滑动端，即可调节输出电压 U_o 的大小。输出电压 U_o 的调节范围为

$$\frac{R_1 + R_2 + R_P}{R_2 + R_P} U_Z \leqslant U_o \leqslant \frac{R_1 + R_2 + R_P}{R_2} U_Z \tag{4-10}$$

4.3 集成稳压器

扫一扫看集成稳压器微课视频

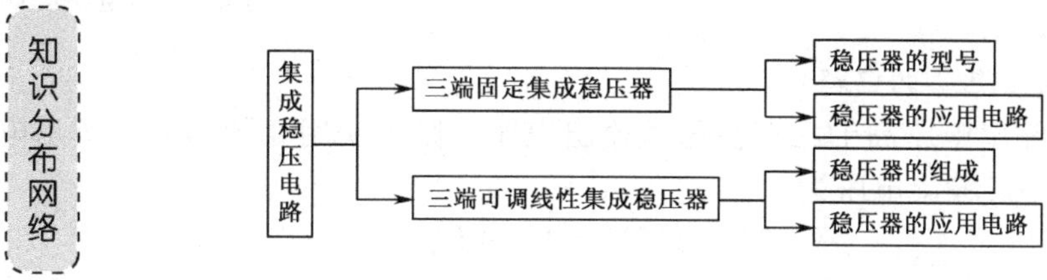

线性集成稳压器中，由于三端式稳压器只有三个引出端子，具有应用时有外接元器件少、使用方便、性能稳定、价格低廉等优点，因而得到了广泛的应用。三端式稳压器有两种，一种输出电压是固定的，称为固定输出三端稳压器；另一种输出电压是可调的，称为可调输出三端稳压器。它们的基本组成及工作原理都相同，均采用串联型稳压电路。

4.3.1 三端固定输出线性集成稳压器

1. 三端固定输出线性集成稳压器简介

三端固定输出线性集成稳压器有 CW78××（正输出）和 CW79××（负输出）系列。其型号后两位××所标数字代表输出电压值，有 5 V、6 V、9 V、12 V、15 V、18 V、24 V。其中额定电流以 78（或 79）后面的尾缀字母区分，其中 L 表示 0.1 A，M 表示 0.5 A，无尾缀字母表示 1.5 A 等。如 CW78M05 表示正输出、输出电压+5 V、输出电流 0.5 A。三端固定输出线性集成稳压器型号组成及其意义如图 4-17 所示，外形和引脚排列如图 4-18 所示。

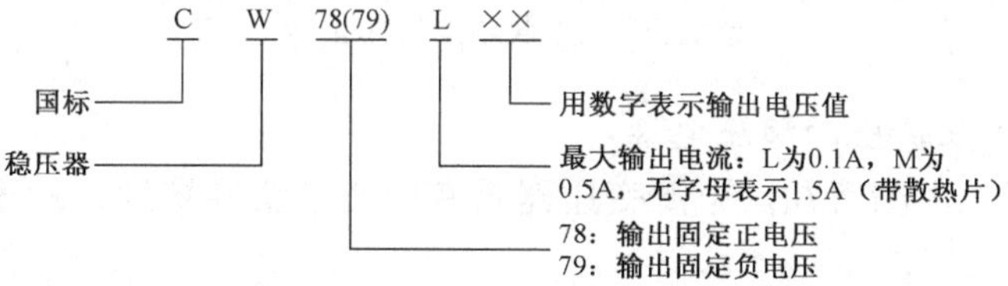

图 4-17　三端固定输出线性集成稳压器型号组成及其意义

2. 三端固定输出线性集成稳压器应用分析

1）基本应用电路

图 4-19 为 CW78××、CW79××器件的基本应用电路原理图。图中二极管 VD 是为了防止输入端短路时 C_3 反向放电损坏稳压器，电容 C_1 可以减小输入电压的纹波，也可以抵消输入线产生的电感效应，以防止自激振荡。输出端电容 C_2 用以改善负载的瞬态响应和消除电路的

高频噪声。要求输入电压 U_i 比输出电压 U_o 至少大 2.5～3 V。

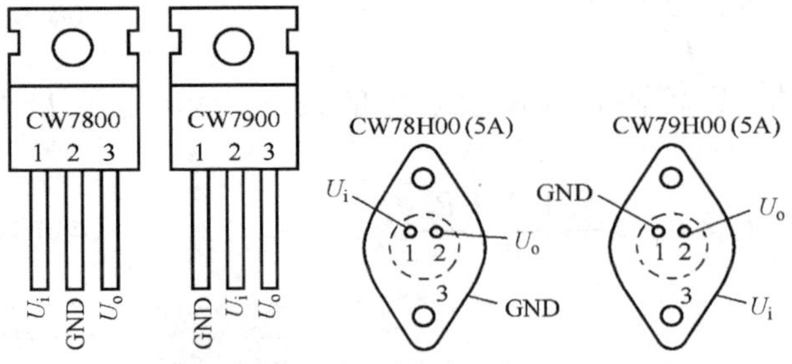

图 4-18　三端固定输出线性集成稳压器外形及引脚排列

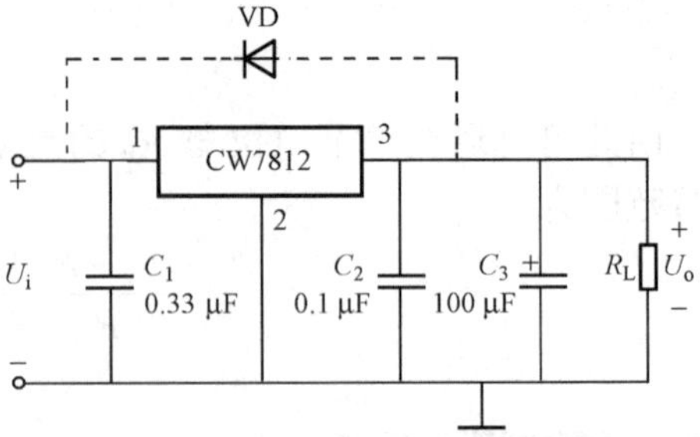

图 4-19　CW78××、CW79××器件的基本应用电路原理图

2）提高输出电压的电路

如果需要输出电压高于三端稳压器输出电压，则可采用如图 4-20 所示电路。图 4-20（a）所示电路中，输出电压为

$$U_o = U_{\times\times} + U_Z \tag{4-11}$$

式中，$U_{\times\times}$为集成稳压器的输出电压，U_Z 为稳压管的稳定电压值。

如图 4-20（b）所示电路中，输出电压为

$$U_o = U_{\times\times}\left(1+\frac{R_2}{R_1}\right) + I_Q R_2 \approx U_{\times\times}\left(1+\frac{R_2}{R_1}\right) \tag{4-12}$$

式中，I_Q 为三端稳压器的静态电流，一般为 5～8 mA，若经过 R_1 的电流 I_{R1} 大于 $5I_Q$，可以忽略 $I_Q R_2$ 的影响。

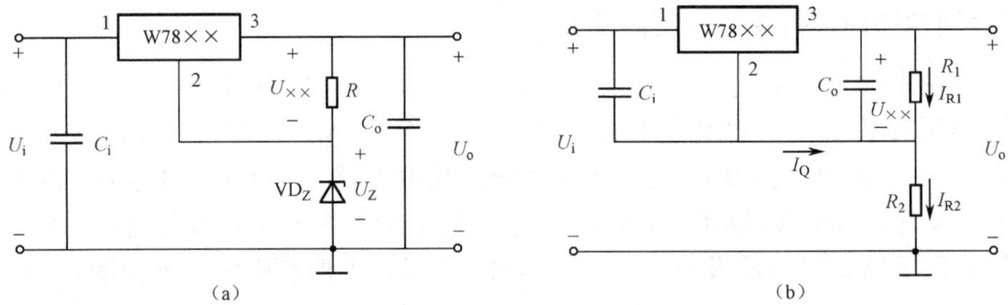

图 4-20　提高输出电压电路

3）具有正、负电压输出的稳压电源

如图 4-21 所示，由图可知，电源变压器带有中心抽头并接地，输出端得到大小相等、极性相反的电压。

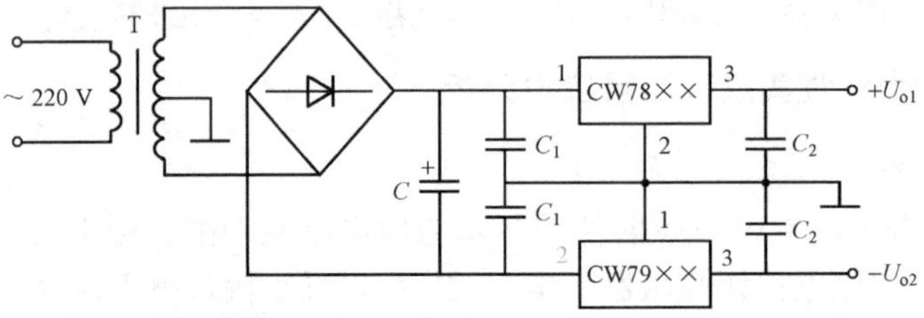

图 4-21　正、负对称的稳压电路

4.3.2　三端可调线性集成稳压器

1. 三端可调线性集成稳压器简介

三端可调线性集成稳压器也具备三端固定线性集成稳压器的优点，国产三端可调正输出集成稳压器系列有 CW117/CW217/CW317；负输出集成稳压器系列有 CW137/CW237/CW337 等，它们的工作温度分别为−55～150 ℃、−25～150 ℃、0～125 ℃。三端可调线性集成稳压器型号组成及其意义如图 4-22 所示。

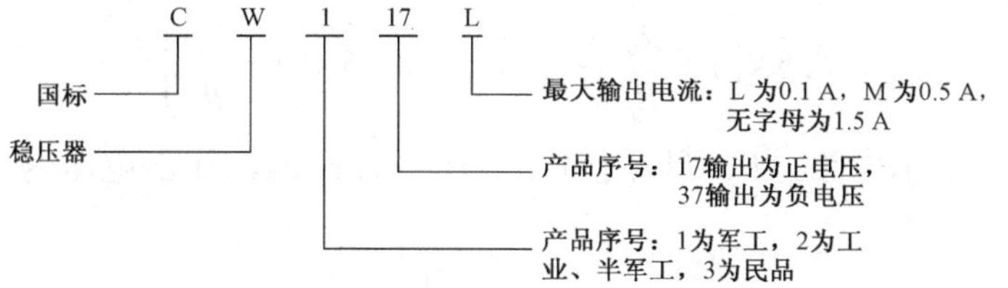

图 4-22　三端可调线性集成稳压器型号组成及其意义

2. CW117/217/317 系列和 CW137/237/337 系列简介

CW117 系列是输出电压为 1.2～37 V 可调式三端线性集成稳压器，CW117 系列的引脚图和原理图如图 4-23 所示。使用时，只要满足稳压器输入与输出的压差为 3～40 V，CW117 系列的稳压器就能正常工作。

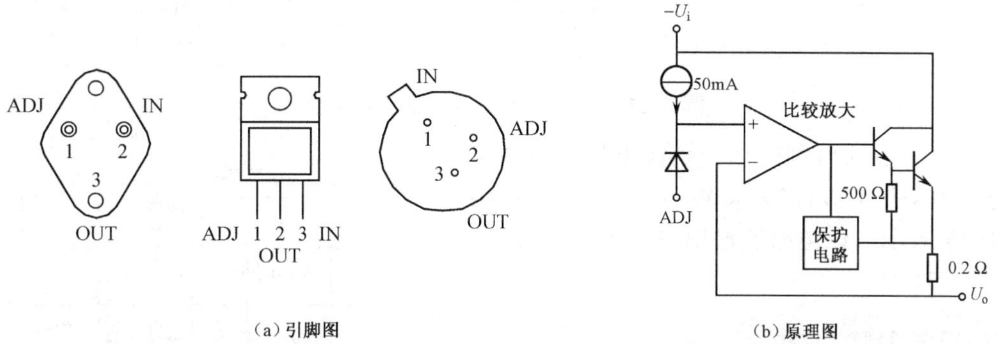

图 4-23　CW117 系列的引脚图和原理图

CW137/237/337 系列是输出电压为−1.2～−37 V 的可调式三端线性集成稳压器。与 CW117 系列类似，CW137 系列稳压器需要外接两个电阻来决定输出电压，其引脚图和典型应用如图 4-24 所示。

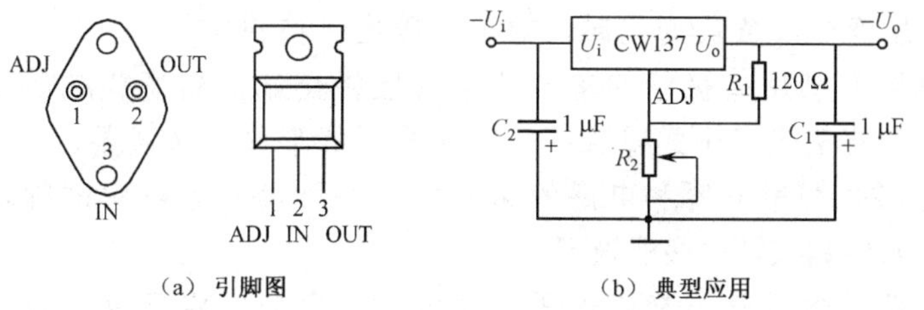

图 4-24　CW137 系列引脚图和典型应用

3. CW117/217/317 系列和 CW137/237/337 系列应用分析

CW117 典型应用电路如图 4-25（a）所示，工作中 CW117 的输出和调节端之间形成 1.25 V 的基准电压 U_{REF}，该基准电压加在设定电阻 R_1 上，产生恒定电流，再流过输出设定电阻 R_2，得到的输出电压为

$$U_o = U_{REF}\left(1+\frac{R_2}{R_1}\right)+I_{ADJ}R_2 \approx U_{REF}\left(1+\frac{R_2}{R_1}\right) \tag{4-13}$$

如图 4-25（b）所示为输出可调的正电源，由图可以看出该电路的输出电压 U_o 为

$$U_o = 1.25\times\left(1+\frac{R_P}{R_1}\right)+I_{ADJ}R_P \approx 1.25\times\left(1+\frac{R_P}{R_1}\right) \tag{4-14}$$

如图 4-25（c）所示电路，R_3 可以对输出电压进行微调，输出电压为

$$U_o = (U_{REF}+U_Z)\left(1+\frac{R_3}{R_2}\right) \tag{4-15}$$

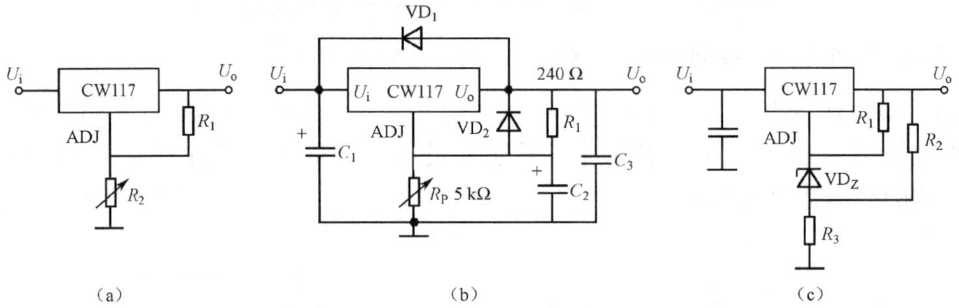

图 4-25　CW117 系列稳压器应用电路

输出电压连续可调的正、负输出稳压电源可以很方便地采用 CW117 和 CW137 来实现，电路如图 4-26 所示。该电路的输出电压为 1.2～20 V（或-1.2～-20 V）。

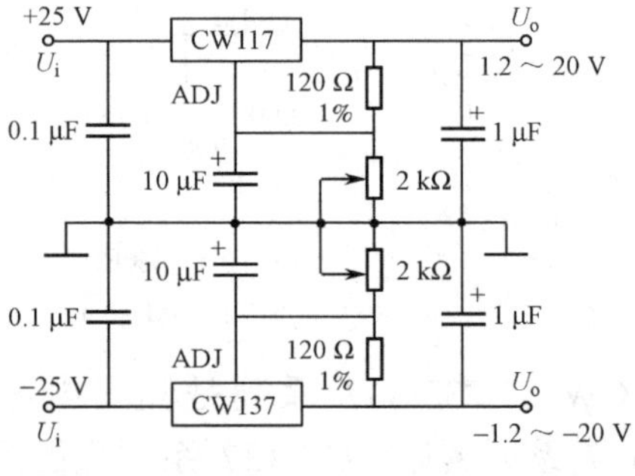

图 4-26　可调的正、负输出稳压电源

知识梳理与总结

（1）直流稳压电源是电子设备中重要的组成部分，一般小功率直流电源由电源变压器、整流电路、滤波电路和稳压电路四部分组成。直流稳压电源的输入电压变化及负载变化时，输出电压应保持稳定。

（2）整流电路是利用二极管的单向导电特性将交流电转变成脉动直流电；目前整流形式有半波整流、全波整流、桥式整流等，广泛采用的形式为桥式整流。

（3）滤波电路是利用电容和电感的储能作用将脉动直流电中的脉动成分滤掉；滤波形式有电容滤波、电感滤波、Π形滤波等。

（4）稳压电路的作用是当交流电压发生波动、负载或温度变化时，维持输出直流电压稳定。

测试题 4

扫一扫看本项目测试题参考答案

4-1　选择题

（1）整流的目的是（　　）。

A．将正弦波变方波　　B．将交流电变直流电　　C．将高频信号变成低频信号

（2）在桥式整流电路中，若其中一个二极管开路，则输出（　　）。

A．只有半周波形

B．为全波波形

C．无波形且变压器或整流管可能烧坏

（3）在桥式整流电路中，若其中一个二极管的正、负极接反了，则输出（　　）。

A．只有半周波形

B．为全波波形

C．无波形且变压器或整流管可能烧坏

（4）在桥式整流电容滤波电路中，若 U_2=15 V，则 U_o=（　　）V。

A．20　　B．18　　C．24　　D．9

（5）在桥式整流电路中，每个整流管的电流 I_{VD} 为（　　）。

A．I_o　　B．2 I_o　　C．1/2 I_o　　D．1/4 I_o

（6）在桥式整流电路中，每个整流管承受的最大反向电压 U_{RM} 为（　　）。

A．U_2　　B．$\sqrt{2}\,U_2$　　C．$2\sqrt{2}\,U_2$　　D．（$\sqrt{2}/2$）U_2

4-2　有一单相桥式整流电路，已知变压器二次电压有效值 U_2=60 V，负载 R_L=2 kΩ，二极管正向压降忽略不计。试求：（1）输出电压平均值 U_o；（2）二极管中的电流 I_{VD} 和最高反向工作电压 U_{RM}。

4-3　在如图 4-27 所示的桥式整流、电容滤波电路中，U_2=20 V（有效值），R_L=40 Ω，C=1 000 μF，试问：

（1）正常情况下 U_o 是多少？

（2）如果有一个二极管开路，U_o 是多少？

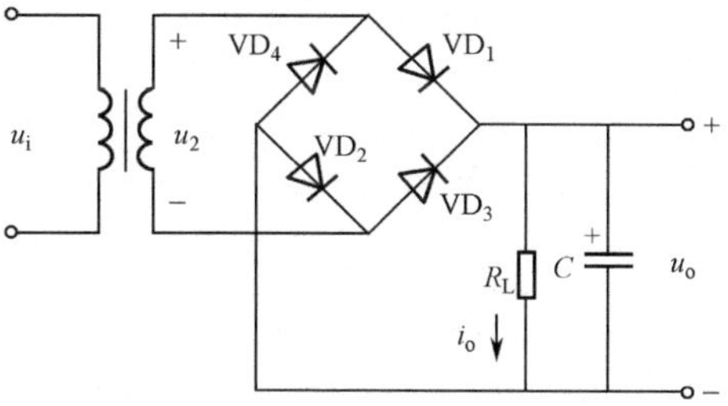

图 4-27　题 4-3 图

（3）如果测得 U_o 为下列数值，可能出现了什么故障？

（a）U_o=18 V

（b）U_o=28 V

（c）U_o=9 V

4-4　串联稳压电路如图4-28所示，设 U_Z=6 V，R_1=2 kΩ，R_2=3 kΩ，R_W =3 kΩ。

（1）标明集成运算放大器输入端的符号。

（2）计算 U_o 的变化范围。

4-5　在如图 4-29 所示电路中，设 U_{BE1}=0.7 V，U_Z=5.3 V，R_1=100 Ω，R_2=300 Ω，试问：

（1）要使 R_W 滑到最下端时 U_o=10 V，则 R_W 的阻值应为多少？

（2）当 R_W 滑到最上端时，U_o=?

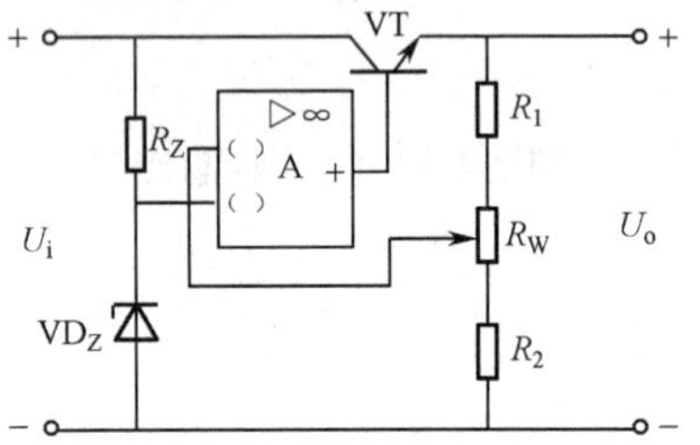

图4-28　题4-4图

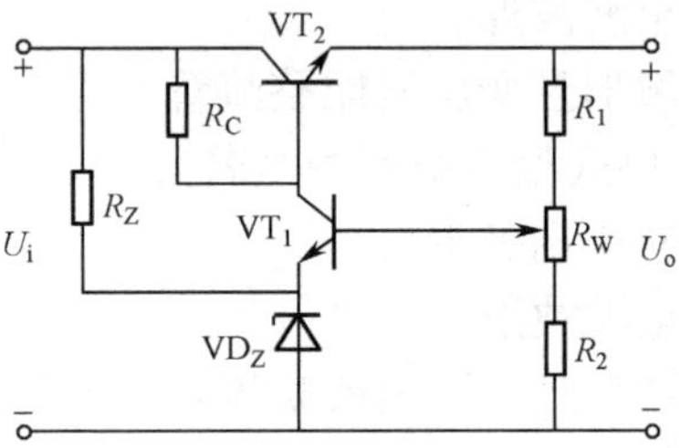

图4-29　题4-5图

4-6　图4-30是利用W7800系列和W7900系列两块集成稳压器构成的二路直流稳压电路。试问：

（1）图中 U_{o1}、U_{o2} 为多少？

（2）说明电容 C_1 和 C_2 的作用。

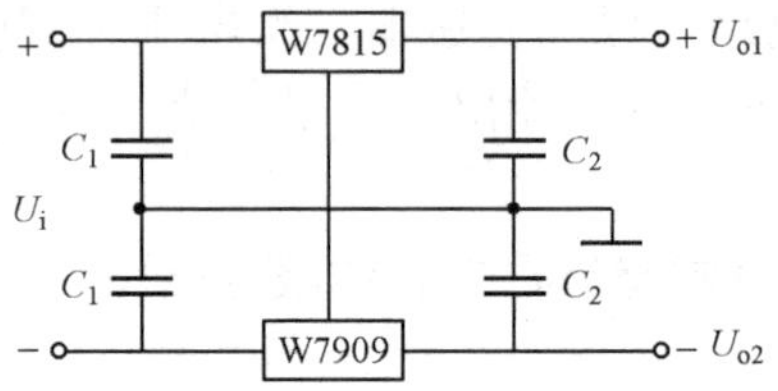

图4-30　题4-6图

项目 5

数字逻辑基础和集成门电路的仿真实训

教学导航

扫一扫看本项目教学课件

教	知识重点	1．逻辑代数的基本定律与规则，逻辑代数的公式法化简和图形法化简； 2．各种触发器的逻辑功能及不同逻辑功能触发器之间的相互转换
	知识难点	1．逻辑代数的化简；　　2．JK 触发器的功能
	推荐教学方式	第一单元以多媒体教学为主，结合实例使学生掌握重点，突破难点。第二、三单元以仿真教学为主，结合实验、实训，使学生亲自使用门电路及触发器芯片，鼓励学生学会自己查资料，为下一阶段逻辑电路的设计打下基础
	建议学时	18 学时
学	推荐学习方法	1．经常浏览相关期刊、网站，了解数字电子技术的最新发展动态和新近推出的电子器件及其大致功能特点等； 2．重视仿真和实训。仿真和实训在本课程中有着重要的作用，它可以帮助验证所学的理论，并且可以培养解决实际问题的能力
	必须掌握的理论知识	1．逻辑代数的化简方法； 2．触发器的功能及相互转换的方法
	必须掌握的技能	1．熟练应用 Multisim 仿真软件进行数字电路的仿真； 2．各种触发器的使用

实训4　集成TTL与非门芯片的功能与参数测试

1. 实训目的

（1）熟悉TTL中、小规模集成电路的外形、引脚和使用方法。

（2）学会集成门电路的使用及逻辑电平的测量。

（3）熟练运用Multisim仿真软件测试TTL 与非门的功能与参数。

2. 预习要求

（1）预习教材中TTL集成逻辑门电路逻辑功能和使用方法的知识。

（2）预习Multisim仿真软件的应用。

（3）查阅手册了解74LS00、74LS20等与非门的引脚及参数。

3. 实训原理

（1）TTL 与非门逻辑功能测试电路如图 5-1所示。

选择二输入端与非门 74LS00 或四输入端与非门 74LS20，输入端接试验箱 0-1 按钮，输出端接至 0-1 显示器，输入端按真值表依次给出各种组合，记录显示器情况，得出输出与输入之间的逻辑关系。

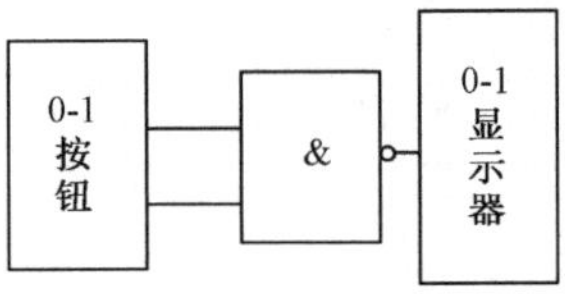

图5-1　TTL与非门逻辑功能测试电路

（2）TTL与非门主要参数的测试电路如图5-2所示。

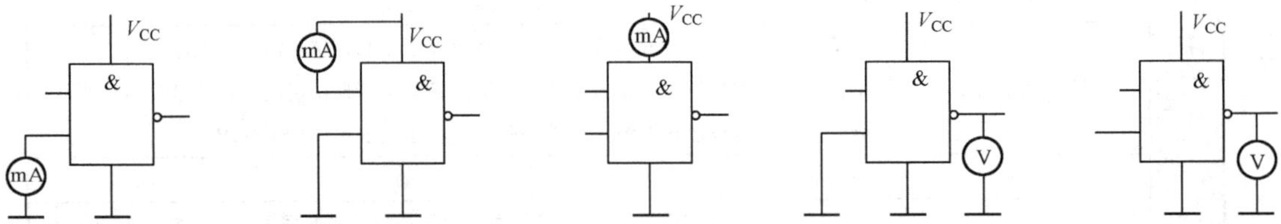

（a）低电平输入电流测试　（b）高电平输入电流测试　（c）静态电流测试　（d）输出高电平测试　（e）输出低电平测试

图5-2　TTL与非门主要参数的测试电路

4. 实训内容

1）TTL与非门逻辑功能的仿真

（1）启动Multisim仿真软件，选择数字电路芯片74LS00，按照图5-3（a）所示连接电路。

（2）单击Multisim仿真软件主界面中的仪器栏，选择逻辑转换器，正确连接在电路中。

（3）双击逻辑转换器，再单击“逻辑图转换为真值表”按钮，得到如图 5-3（b）所示的仿真结果。主窗口部分显示当 AB 分别为 00、01、10、11 时，Y 的值分别为 1、1、1、0。单击“真值表到简化表达式”按钮可得到逻辑关系式。

将数字芯片改为74LS20，重复以上过程，进一步熟悉仿真软件的使用。

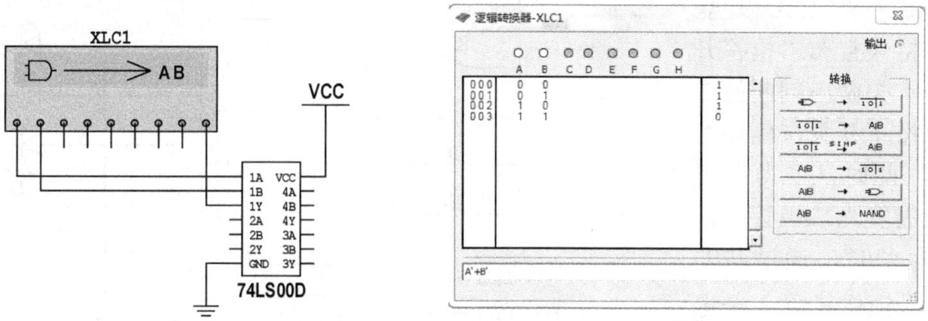

（a）　　　　　　　　　　　　（b）

图 5-3　仿真电路及测试结果

2）集成 TTL 与非门芯片的功能与参数测试的实训

（1）选择集成与非门芯片 74LS00，在实验箱或面包板上连接电路，使两个输入端的状态分别为 00、01、10、11，观察并记录相应的输出端状态。

（2）在实验箱或面包板上按图 5-2 所示连接各个测试电路，分别测出 TTL 与非门的低电平输入电流、高电平输入电流、静态电流、输出高电平和输出低电平。

5. 实训报告

（1）画出实训电路图。

（2）整理仿真得到的真值表，总结逻辑功能。

（3）整理实训过程中测量得到的 TTL 与非门各个参数。

6. 分析与讨论

（1）总结本次实训项目完成过程中遇到的问题及解决办法。

（2）如果改为其他功能的逻辑门电路，该如何进行仿真和实训？

实训 5　四路抢答器的仿真实训

1. 实训目的

（1）了解 D 触发器的逻辑功能、引脚排列及使用方法。

（2）学会用 74LS175 组成四路抢答器。

（3）熟练运用 Multisim 仿真软件实现电子抢答器的仿真。

2. 预习要求

（1）预习教材中有关触发器工作原理的知识。

（2）查阅手册了解 74LS175 等芯片的引脚及参数。

（3）预习 Multisim 仿真软件的应用。

3. 实训原理

由 74LS175 组成的四路抢答器电路如图 5-4 所示。

抢答开始时，由主持人清除信号，按下复位开关 M，74LS175 的输出 Q_0～Q_3 全为 0，所有发光二极管 LED 均熄灭，当主持人宣布“抢答开始”后，首先做出判断的参赛者立即按下开关，例如，K_1 按下，此时 Q_1 为高电平，对应的发光二极管亮，同时 $\overline{Q_1}$ 为“0”，通过与非门送出信号锁住其余 3 个选手的电路，不再接受其他信号，直到主持人再次清除信号为止。

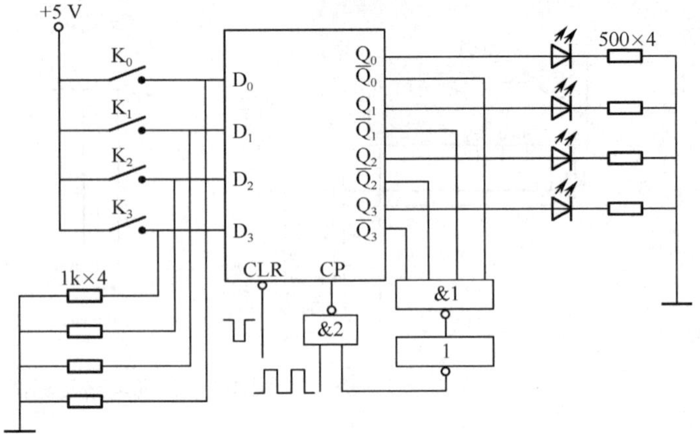

图 5-4　74LS175 组成的四路抢答器电路

4. 实训内容

1）四路抢答器的仿真

（1）启动 Multisim 仿真软件，选择芯片 74LS175，按照图 5-5 连接电路。图中开关 M 代表主持人按键，开关 A、B、C、D 代表四位选手所控制的按键，抢答成功者对应的指示灯亮。

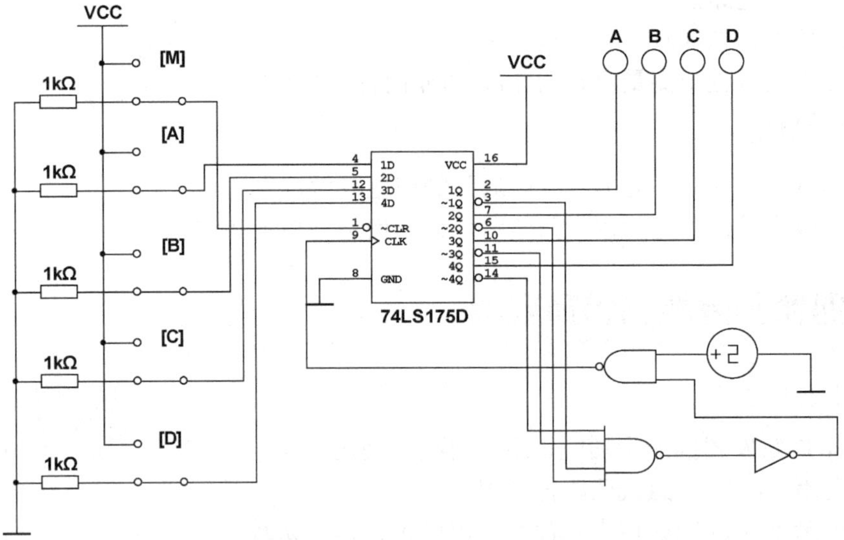

图 5-5　四路抢答器仿真电路

（2）单击仿真开关，观察仿真情况。M 接低电平时清除信号，所有指示灯熄灭；M 接高电平时可以抢答，开关 A、B、C、D 中最先接至高电平者，对应的指示灯亮，同时锁住其余三位选手的电路，阻止接收信号，直到 M 再次接至高电平为止。

2）四路抢答器的实训

（1）按照图 5-4 选择元器件，在实验箱上连接电路，四输入与非门可选用 74LS20，其余非门、与非门可用 74LS00。CLR 可接至实验箱的单次脉冲源，CP 可接至连续脉冲。

（2）接通电源，观察抢答器工作情况。

5. 实训报告

（1）画出实训电路图。
（2）列出元器件明细表。
（3）整理四路抢答器的工作原理。

6. 分析与讨论

（1）总结本次实训项目完成过程中遇到的问题及解决办法。
（2）如果增加倒计时功能，该如何进行仿真和实训？

扫一扫看逻辑代数基础微课视频

5.1 逻辑代数基础

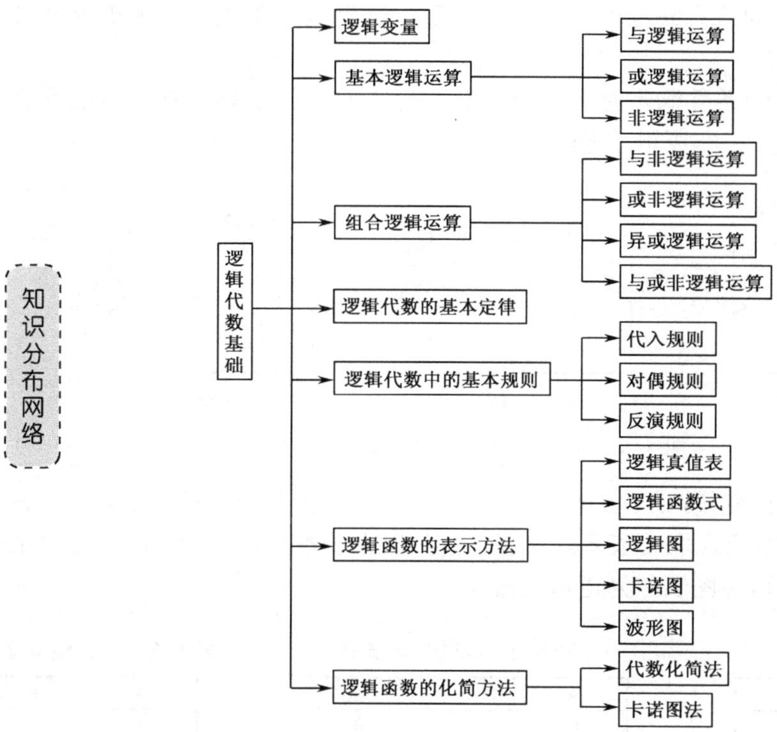

扫一扫看逻辑代数的基本运算微课视频

5.1.1 逻辑变量与逻辑运算

1849 年，英国数学家乔治 • 布尔（George Boole）首先提出了描述客观事物逻辑关系的数学方法——布尔代数。因为布尔代数被广泛地用于解决开关电路及数字逻辑电路的分析设计中，故又把布尔代数称为开关代数或逻辑代数。

1. 逻辑变量

在逻辑代数中，也用字母来表示变量，这种变量称为逻辑变量。逻辑变量的取值只有 0 和 1 两个，这时 0 和 1 不再表示数量的大小，只表示两种不同的逻辑状态。如是和非、真和假、高电位和低电位、有和无、开和关等。在研究事件的因果变化关系时，决定事件变化的因素称为逻辑自变量，而与之对应事件的结果称为逻辑因变量，以某种形式表示的逻辑自变量与逻辑结果之间的函数关系称为逻辑函数。

2. 逻辑运算

1）基本逻辑运算

基本的逻辑关系有三种，即逻辑与、逻辑或、逻辑非。与之相对应，在逻辑代数中，基本的逻辑运算也有三种：与运算、或运算、非运算。为了理解与、或、非这三种基本逻辑运算的含义，下面通过一例子来进行说明。

从图 5-6 中可以看出，若把开关的闭合作为条件，把灯泡的亮作为结果，那么三个电路图代表的逻辑关系如下：

（a）图表示只有决定事件结果的全部条件均具备时结果才发生，这种逻辑关系叫逻辑与、与逻辑或逻辑相乘。

（b）图表示决定事件的所有条件中只要一个满足，结果就能发生，这种逻辑关系叫逻辑或、或逻辑或逻辑相加。

（c）图表示决定事件的条件满足时，结果不会发生；而条件不具备时，结果反而会发生。这种逻辑关系叫逻辑非、非逻辑或逻辑求反。

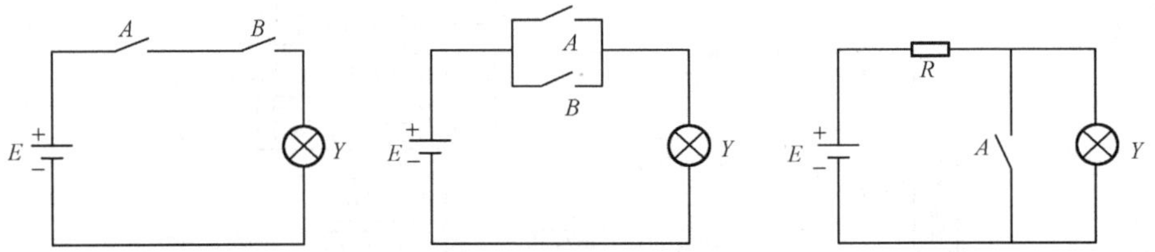

（a）与电路　　（b）或电路　　（c）非电路

图 5-6　表示与、或、非的电路

以 A、B 来表示逻辑自变量，A、B 取 0 表示开关断开，取 1 表示开关闭合；Y 表示逻辑因变量，Y 取 0 表示灯泡灭，取 1 表示灯泡亮，可列出因变量与自变量之间变化关系的图表（见表 5-1～表 5-3），这种图表称为逻辑真值表。

表 5-1　与逻辑真值表

A	B	Y
0	0	0
0	1	0
1	0	0
1	1	1

表 5-2　或逻辑真值表

A	B	Y
0	0	0
0	1	1
1	0	1
1	1	1

表 5-3　非逻辑真值表

A	Y
0	1
1	0

将上述三种基本逻辑运算的逻辑自变量与逻辑因变量之间的关系表示成逻辑函数的形式为

$$Y=A\cdot B \qquad \text{与逻辑运算}$$

$$Y=A+B \qquad \text{或逻辑运算}$$

$$Y=\overline{A} \qquad \text{非逻辑运算}$$

式中，“·”表示与运算，“+”表示或运算，变量上面的“−”表示非运算。同时，把实现与逻辑运算的单元电路叫与门，把实现或逻辑运算的单元电路叫或门，实现非逻辑运算的单元电路叫非门。与、或、非逻辑运算不仅可以用逻辑函数的形式来表示，还可以用图形符号来表示，这些图形符号不仅可以表示有关的逻辑运算，还可表示相应的门电路。图 5-7 的（a）、（b）、（c）即为国家标准所采用的图形符号。在仿真软件 Multisim 中，与、或、非门电路采用如图 5-7（d）、（e）、（f）所示的符号。

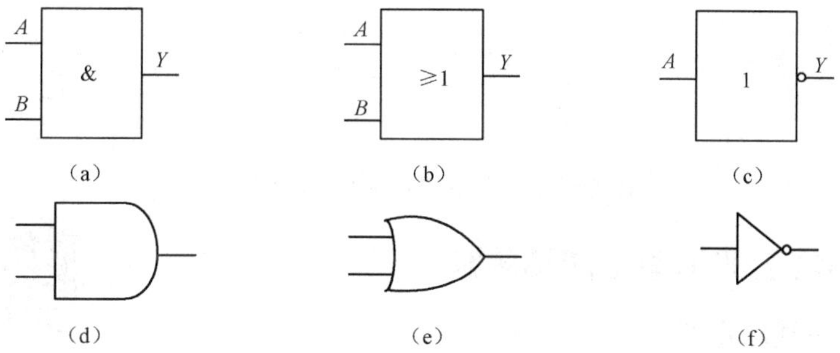

图 5-7 与、或、非逻辑符号

2）组合逻辑运算

在实际问题中，事件的因果关系往往比单一的与、或、非要复杂得多，不过它们均可用与、或、非组合来实现。将含有两个或两个以上基本逻辑的逻辑函数关系式称为组合逻辑函数。

通常组合逻辑函数包含与非、或非、异或、与或非等，相应的真值表见表 5-4～表 5-7。

表 5-4 与非逻辑真值表

A	*B*	*Y*
0	0	1
0	1	1
1	0	1
1	1	0

表 5-5 或非逻辑真值表

A	*B*	*Y*
0	0	1
0	1	0
1	0	0
1	1	0

表 5-6 异或逻辑真值表

A	*B*	*Y*
0	0	0
0	1	1
1	0	1
1	1	0

表 5-7 与或非逻辑真值表

A	*B*	*C*	*D*	*Y*	*A*	*B*	*C*	*D*	*Y*
0	0	0	0	1	1	0	0	0	1
0	0	0	1	1	1	0	0	1	1
0	0	1	0	1	1	0	1	0	1
0	0	1	1	0	1	0	1	1	0
0	1	0	0	1	1	1	0	0	0
0	1	0	1	1	1	1	0	1	0
0	1	1	0	1	1	1	1	0	0
0	1	1	1	0	1	1	1	1	0

与非、或非、异或、与或非运算的图形符号如图 5-8（a）、（b）、（c）、（d）所示。在仿真软件 Multisim 中，包含了相应的门电路。图 5-8（e）、（f）、（g）、（h）分别为与非、或非、异或和同或（即异或的反）的门电路符号。

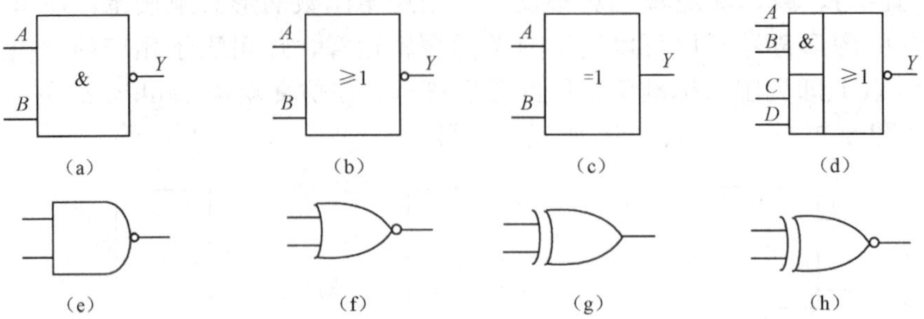

图 5-8　组合逻辑电路的图形符号

5.1.2　逻辑代数的基本定律和规则

扫一扫看逻辑代数基本定律和规则微课视频

1. 逻辑代数的基本定律

在逻辑代数中，有如下一些基本定律（见表 5-8），这些定律对今后的逻辑运算及逻辑函数的化简均有非常重要的作用。

表 5-8 中，1、2 为常量与变量间的运算规律，称为 0-1 律；3 为同一变量的运算规律，称为重叠律；4 为变量与反变量的运算规律，称为互补律；5 为交换律；6 为结合律；7 为分配律；8 是著名的摩根定理，也称反演律；9 表示一个变量两次求反运算后还原为其本身，故称还原律或非非律。

上述这些定律的正确性可用真值表的方法加以证明，若将变量的所有取值代入等式两边，两边的结果相等，则等式成立。

表 5-8　逻辑代数基本定律

序　号	定　律	
1	$0\cdot A=0$	$1+A=1$
2	$1\cdot A=A$	$0+A=A$
3	$A\cdot A=A$	$A+A=A$
4	$A\cdot\overline{A}=0$	$A+\overline{A}=1$
5	$A\cdot B=B\cdot A$	$A+B=B+A$
6	$A\cdot(B\cdot C)=(A\cdot B)\cdot C$	$A+(B+C)=(A+B)+C$
7	$A\cdot(B+C)=A\cdot B+A\cdot C$	$A+B\cdot C=(A+B)(A+C)$
8	$\overline{AB}=\overline{A}+\overline{B}$	$\overline{A+B}=\overline{A}\cdot\overline{B}$
9	$\overline{\overline{A}}=A$	

2. 逻辑代数常用公式

在逻辑代数中，有以下几个常用公式：

$$A+AB=A \tag{5-1}$$

$$A+\overline{A}B=A+B \tag{5-2}$$

$$AB+A\overline{B}=A \tag{5-3}$$

$$A(A+B)=A \tag{5-4}$$

$$AB+\overline{A}C+BC=AB+\overline{A}C \tag{5-5}$$

这里仅对式（5-5）加以证明，其余公式读者可用基本定律或真值表自己证明。

证明：

$$\begin{aligned} AB+\overline{A}C+BC &= AB+\overline{A}C+BC(A+\overline{A}) \\ &= AB+\overline{A}C+ABC+\overline{A}BC \\ &= AB(1+C)+\overline{A}C(1+B) \\ &= AB\cdot 1+\overline{A}C\cdot 1 \\ &= AB+\overline{A}C \end{aligned}$$

3. 逻辑代数中的基本规则

（1）代入规则。将等式两边的同一个逻辑变量均以一个逻辑函数取代之，则等式仍然成立，这一规则称为代入规则。

利用代入规则，可将前面所讲过的基本定律和常用公式推广，掌握这些推广的形式，对逻辑函数化简非常有用。

例如，应用代入规则将摩根定理推广，有如下结论：$\overline{A+B}=\overline{A}\cdot\overline{B}$，若以（$B$+$C$）代替原来 B 的位置，则有 $\overline{A+(B+C)}=\overline{A}\cdot\overline{B+C}=\overline{A}\cdot\overline{B}\cdot\overline{C}$。

（2）反演规则。对于任意一个逻辑函数式 Y，若将其中所有的“·”换成“+”，“+”换成“·”，0 换成 1，1 换成 0，原变量换成反变量，反变量换成原变量，得到的函数式就是 $\overline{Y}$，这就是反演规则。利用反演规则可非常方便地求反函数 $\overline{Y}$。

例如，$Y=(A+\overline{B}C)(\overline{A}+D)$，则

$$\begin{aligned} \overline{Y} &= \overline{A}\cdot(B+\overline{C})+A\cdot\overline{D} \\ &= \overline{A}B+\overline{A}\,\overline{C}+A\overline{D} \end{aligned}$$

在使用反演规则求反函数式时应注意以下两点：

① 必须遵循“先括号，然后乘，最后加”的运算原则；

② 不属于单个变量上的非号应保留不变。

（3）对偶规则。对于任意一个逻辑函数式 Y，若将其中的“·”换成“+”，“+”换成“·”，0 换成 1，1 换成 0，所得到的一个新的逻辑函数式，就是函数 Y 的对偶式，记为 Y'，这就是对偶规则。

可以证明，若两个逻辑函数相等，则其对应的对偶式也相等。利用这一结果，可先证明某一等式两边函数的对偶式相等，再得出两函数相等，这样可简化证明过程。

5.1.3 逻辑函数的表示方法及相互转换

扫一扫看逻辑函数的表示方法微课视频

1. 逻辑函数的表示方法

逻辑函数的表示方法有多种，一般可用逻辑真值表、逻辑函数式、逻辑图、卡诺图及波形图等来表示。本节介绍前三种表示方法及其相互转换，卡诺图和波形图表示法在后续章节中进行介绍。

1）逻辑真值表

将逻辑自变量所有取值和与其相对应的逻辑因变量的结果列成表格即得到真值表，真值表可将事件的因果关系非常直观地表示出来。

2）逻辑函数式

将逻辑自变量和逻辑因变量的关系用与、或、非等运算的组合形式表示出来，即为逻辑函数式。逻辑函数式将事件的因果关系表示得非常简洁，也便于利用公式法对其进行化简。

3）逻辑图

将逻辑函数式中的与、或、非等逻辑关系用对应的图形符号表示，即为逻辑图。逻辑图便于将事件的因果关系连成逻辑电路，因为最终的逻辑功能均依靠电路来实现。

2. 各种表示方法间的相互转换

1）从真值表到逻辑函数式

实例 5-1 已知一奇偶判断电路的真值表见表 5-9，试写出它的逻辑函数式。

表 5-9 实例 5-1 的真值表

A	B	C	Y
0	0	0	0
0	0	1	0
0	1	0	0
0	1	1	1
1	0	0	0
1	0	1	1
1	1	0	1
1	1	1	0

解 从真值表的变化规律可知，当变量 A、B、C 中有两个同时为 1 时，输出 Y 为 1，否则 Y 为 0，而当

A=0，B=1，C=1 时，有 $\overline{A}BC=1$；

A=1，B=0，C=1 时，有 $A\overline{B}C=1$；

A=1，B=1，C=0 时，有 $AB\overline{C}=1$。

故 Y 的逻辑函数式为上述三个乘积项之和，即 $Y=\overline{A}BC+A\overline{B}C+AB\overline{C}$。由此得出已知真值表，写出逻辑函数式的方法如下。

（1）找出真值表中使 Y=1 的那些输入变量的组合；

（2）每组输入变量取值的组合对应一个乘积项，取 1 的写成原变量，取 0 的写成反变量；

（3）将这些乘积项相加，得到的即为逻辑函数式。

2）由逻辑函数式列出真值表

将输入变量的所有取值组合代入逻辑函数式中，求出函数值，列成表格，即可得到真值表。

实例 5-2 已知 $Y=A\overline{B}+B\overline{C}$，求其对应的真值表。

解 将 A、B、C 的八种取值组合逐一代入函数式，得出函数值，列成表格，即可得到其对应真值表（见表 5-10）。

表 5-10 实例 5-2 的真值表

A	B	C	Y
0	0	0	0
0	0	1	0
0	1	0	1
0	1	1	0
1	0	0	1
1	0	1	1
1	1	0	1
1	1	1	0

3）由逻辑函数式画出逻辑图

用图形符号逐一代替函数式的运算符号，即可得到逻辑图。

实例 5-3 已知 $Y=A\overline{B}+B\overline{C}$，试画出逻辑图。

解 函数式 Y 的逻辑图如图 5-9 所示。

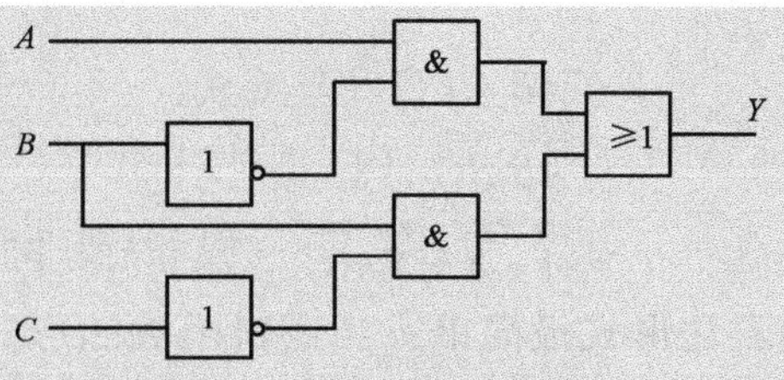

图 5-9　实例 5-3 的逻辑图

4）由逻辑图写出逻辑函数式

从输入端到输出端逐级写出每个图形符号对应的逻辑式，即可得到对应的逻辑函数式。

实例 5-4　已知某一函数的逻辑图如图 5-10 所示，写出对应的逻辑函数式。

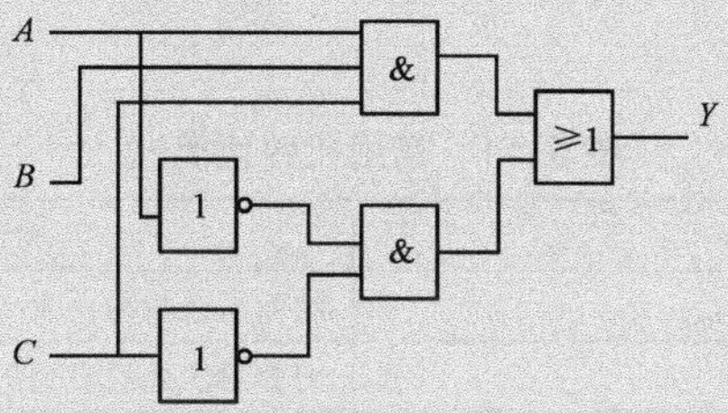

图 5-10　实例 5-4 的逻辑图

解　$Y = ABC + \overline{A}\,\overline{C}$

在 Multisim 仿真软件中，提供了虚拟仪器——逻辑转换器，可以方便地实现真值表、逻辑函数式、逻辑图之间的相互转换。例如，将实例 5-4 电路进行仿真，可按如下步骤进行。

（1）启动 Multisim 仿真软件，单击数字电路器件库，找出所需门电路；

（2）单击仪器库，拖动逻辑转换器，按图 5-11（a）连接好电路；

（3）双击逻辑转换器，出现如图 5-11（b）所示的逻辑转换器面板，单击面板转换按钮，可在逻辑图、真值表、函数式之间相互转换。

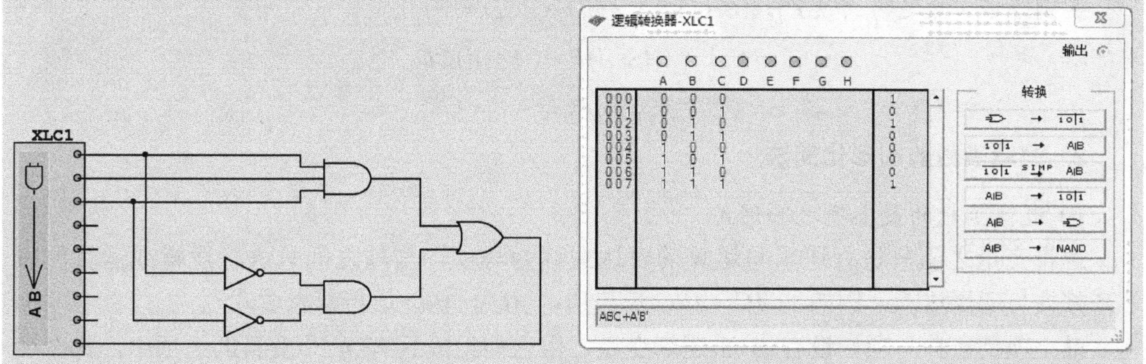

图 5-11　实例 5-4 的仿真电路及逻辑转换器

5.1.4　逻辑函数的化简方法

在分析逻辑问题时可以发现，同一个逻辑函数虽然实现的逻辑功能相同，但其表达形式却有很多种，例如：

$$\begin{aligned} Y &= AB + BC \text{（与或式）} \\ &= \overline{\overline{AB}\;\overline{BC}} \text{（与非-与非式）} \\ &= \overline{\overline{\bar{A}+\bar{B}}+\overline{\bar{B}+\bar{C}}} \text{（或非-或非式）} \end{aligned}$$

人们总希望逻辑函数的表达形式最简单。当逻辑函数的形式最简单时，实现其逻辑功能的电路元器件最少，不仅成本低，而且性能更可靠。

由于逻辑函数多以与或式出现，故下面将以与或式为例，分析其最简式的化简方法。所谓最简与或式，是指函数式的乘积项最少，且每个乘积项中的因子数也最少。

1. 逻辑函数的代数化简法

所谓代数化简法，即指采用前面所讲的基本定律及常用公式对函数进行化简。现将常用的化简法列于表5-11中。

表5-11 常用代数化简法

名称	所用公式	方法说明
并项法	$AB + A\bar{B} = A$	将两项合并为一项，且消去一个因子
吸收法	$A + AB = A$	将多余的乘积项 AB 吸收掉
消因子法	$A + \bar{A}B = A + B$	消去乘积项中多余的因子
消项法	$AB + \bar{A}C + BC = AB + \bar{A}C$ $AB + \bar{A}C + BCD = AB + \bar{A}C$	消去多余项
配项法	$A = A + A$ $1 = A + \bar{A}$	重复写入某项，再与其他项配合进行化简 一项拆成两项，再与其他项配合进行化简

在对逻辑函数进行化简时，并没有固定的方法，有时要灵活、综合，甚至重复地使用某些公式，才能将函数化成最简的形式，能否尽快将其化为最简形式，取决于对公式的熟练程度及应用技巧。下面举例加以说明。

实例5-5 对逻辑函数 $Y = A\bar{B} + \bar{A}\bar{B} + ACD + \bar{A}CD$ 进行化简。

解

$$\begin{aligned} Y &= (A+\bar{A})\bar{B} + (A+\bar{A})CD \\ &= 1\cdot\bar{B} + 1\cdot CD = \bar{B} + CD \end{aligned}$$

2. 逻辑函数的图形化简法

1）逻辑函数的最小项之和形式

逻辑变量之间只进行逻辑与运算的表达式称为与项。与项之间只进行逻辑或运算的表达式称为与或表达式。例如，AC、$\bar{A}BC$ 是与项，$AC + \bar{A}BC$ 是与或表达式。

最小项是一种与项。设有 n 个逻辑变量，由它们组成具有 n 个变量的与项中，每个变量以原变量或反变量的形式出现一次而且仅出现一次，则称这个与项为最小项。对于 n 个变量来说可以有 2^n 个最小项。

例如，对于两个变量 A、B 的函数来说，就有四个最小项，分别为 $\bar{A}\,\bar{B}$、$\bar{A}B$、$A\bar{B}$、AB。

为了叙述及书写方便，通常用 m_i 表示最小项。下角标 i 的值是这样确定的：当变量按一定顺序排列好后，在对应的最小项中，若出现原变量时表示为 1，若出现反变量时则表示为 0，这些 0、1 按顺序组成一个二进制数，这二进制数所对应的十进制数就是 m_i 的下角标 i。

例如，当 n=2 时，$\overline{A}\overline{B}(00)=m_0$，$\overline{A}B(01)=m_1$，$A\overline{B}(10)=m_2$，$AB(11)=m_3$。

为了分析最小项的性质，将 2 变量所有最小项的真值表列出，如表 5-12 所示，由表可看出最小项的性质如下。

（1）使每一个最小项等于 1 的自变量的取值是唯一的。例如，当 AB=00 时，只有 m_0=1，其余各最小项均为 0；当 AB=11 时，只有 m_3=1，而其余各最小项均为 0。

（2）两个不同的最小项之积为 0，即

$$m_i \cdot m_j=0 \quad (i \neq j)$$

表 5-12　2 变量最小项

A	B	m_0	m_1	m_2	m_3
0	0	1	0	0	0
0	1	0	1	0	0
1	0	0	0	1	0
1	1	0	0	0	1

（3）n 个变量的所有最小项之逻辑和恒等于 1，即 $\sum_{i=0}^{2^n-1} m_i = 1$。

任何一个逻辑函数都可以用最小项之和的形式表示，而且这种表示是唯一的。求最小项的方法有如下两种。

（1）将逻辑函数先用真值表表示，再根据真值表写出该逻辑函数的最小项之和。

实例 5-6　设 $Y=\overline{A}\,\overline{B}\,\overline{C}+BC+A\overline{C}$，将 Y 表示成最小项之和形式。

解　根据逻辑函数 Y 的表达式列出真值表（见表 5-13），而该逻辑函数是将 Y=1 的输入变量最小项相或而成。

表 5-13　Y 的真值表

A	B	C	$\overline{A}\overline{B}\overline{C}$	BC	$A\overline{C}$	Y
0	0	0	1	0	0	1
0	0	1	0	0	0	0
0	1	0	0	0	0	0
0	1	1	0	1	0	1
1	0	0	0	0	1	1
1	0	1	0	0	0	0
1	1	0	0	0	1	1
1	1	1	0	1	0	1

从真值表可得

$$Y=\overline{A}\,\overline{B}\,\overline{C}+\overline{A}BC+A\overline{B}\,\overline{C}+AB\overline{C}+ABC$$

$$=m_0+m_3+m_4+m_6+m_7=\sum m(0,3,4,6,7)$$

（2）将逻辑函数反复利用摩根定律和配项表示成最小项之和的形式。

实例 5-7 已知 $Y=\overline{(AB+\overline{A}\,\overline{B}+\overline{C})\overline{AB}}$，将 Y 表示成最小项之和的形式。

解

$$
\begin{aligned}
Y &= \overline{(AB+\overline{A}\,\overline{B}+\overline{C})\overline{AB}} \\
&= \overline{(AB+\overline{A}\,\overline{B}+\overline{C})}+AB \\
&= \overline{AB}\cdot\overline{\overline{A}\,\overline{B}}\cdot C+AB=(\overline{A}+\overline{B})(A+B)C+AB \\
&= (A\overline{B}+\overline{A}B)C+AB(C+\overline{C})=A\overline{B}C+\overline{A}BC+ABC+AB\overline{C} \\
&= m_5+m_3+m_7+m_6=\sum m(3,5,6,7)
\end{aligned}
$$

由以上讨论可知全部由最小项相加构成的与或表达式称为最小项表达式，这是与或表达式的标准形式，又称为标准与或式。

2）逻辑函数的图解化简法

通过真值表和逻辑函数的讨论可知对于任何一个逻辑函数的功能描述，都可列出它的真值表，根据真值表可以写出该函数的最小项之和的形式。但是，直接把真值表作为运算工具十分不便，将真值表按特定规律进行排列，变换成方格图的形式，称为卡诺图。利用卡诺图可以方便地对逻辑函数进行化简，通常称为图形法或卡诺图法。

卡诺图实质上是把真值表按格雷码的编码规律排列出来的方格图。卡诺图中，小方格的个数与真值表的行数相同；真值表中，各行的行号也就是卡诺图中相应小方格的编号。

下面分别介绍 1～4 变量的卡诺图。

（1）1 变量卡诺图：1 变量卡诺图如图 5-12（a）所示。由于变量数 $n=1$，所以它有 $2^1=2$ 个小方格，对应 m_0 和 m_1 两个最小项。图中 0 表示 A 的反变量，1 表示 A 的原变量。

（2）变量卡诺图：2 变量卡诺图如图 5-12（b）所示。由于变量数 $n=2$，所以它有 $2^2=4$ 个小方格，对应 4 个最小项。小方格按相邻原则排列，每个小方格有 2 个相邻格，如 m_0 和 m_1、m_2 相邻。

（3）3 变量卡诺图：3 变量卡诺图如图 5-12（c）所示。由于变量数 $n=3$，所以它有 $2^3=8$ 个小方格，对应 8 个最小项。每个小方格有 3 个相邻格，如 m_0 和 m_1、m_2、m_4 相邻，m_2 和 m_0、m_3、m_6 相邻。

（4）4 变量卡诺图：4 变量卡诺图如图 5-12（d）所示。由于变量数 $n=4$，所以它有

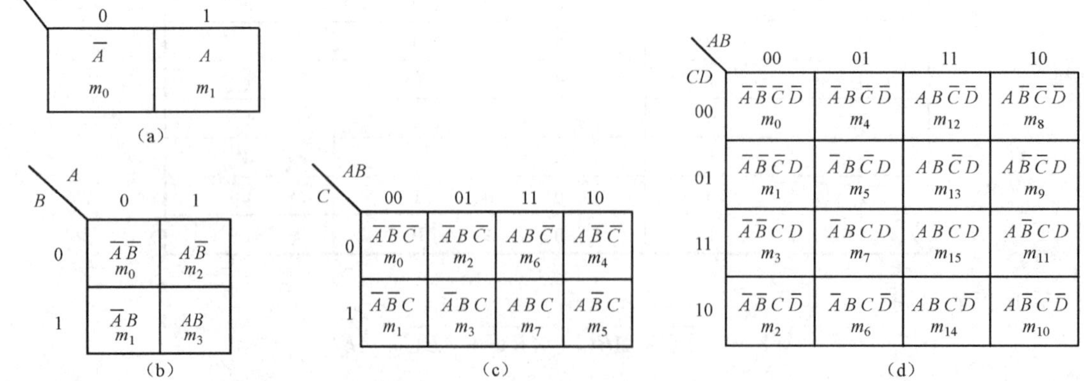

图 5-12　1～4 变量的卡诺图

2^4=16 个小方格，对应 16 个最小项。每个小方格有 4 个相邻格，如 m_5 和 m_1、m_4、m_7、m_{13} 相邻。

5 变量及以上的卡诺图将变得十分复杂，相邻关系难于寻找，所以卡诺图一般多用于 4 变量以内。

由于任意一个 n 变量的逻辑函数都可以表示成最小项之和的形式，而 n 变量的卡诺图包含了 n 个变量的所有最小项。所以只要先根据函数中的变量数画出对应的卡诺图，然后将函数中所有的最小项在卡诺图中找到对应的小方格，在格中填上“1”作为标记，其余小方格填“0”。填有“1”的所有小方格合成的区域就是该函数的卡诺图。

实例 5-8　已知 $Y = AB\overline{C} + \overline{A}BD + AC$，试将此函数填在卡诺图上。

解　利用配项首先将函数 Y 表示成最小项之和的形式。由于 Y 是 4 变量逻辑函数，所以画出 4 变量的卡诺图，然后将 Y 中的所有最小项填在卡诺图对应的小方格中，对应最小项处填“1”，其余格填“0”，如图 5-13 所示。

CD \ AB	00	01	11	10
00	0	0	1	0
01	0	1	1	0
11	0	1	1	1
10	0	0	1	1

图 5-13　实例 5-8 的卡诺图

$$
\begin{aligned}
Y &= AB\overline{C} + \overline{A}BD + AC \\
&= AB\overline{C}(D+\overline{D}) + \overline{A}BD(C+\overline{C}) + AC(B+\overline{B})(D+\overline{D}) \\
&= \overline{A}B\overline{C}D + \overline{A}BCD + A\overline{B}C\overline{D} + A\overline{B}CD + AB\overline{C}\,\overline{D} + AB\overline{C}D + ABC\overline{D} + ABCD \\
&= \Sigma m\,(5, 7, 10, 11, 12, 13, 14, 15)
\end{aligned}
$$

若已知一个逻辑函数的真值表，也可直接填出该函数的卡诺图。只要把真值表中输出为 1 的那些最小项填上“1”，输出为 0 的那些最小项填上“0”（也可不填）即可。

下面以 4 变量卡诺图为例来说明用卡诺图化简逻辑函数的方法。

化简步骤如下：

（1）画出该逻辑函数的卡诺图。

（2）画合并圈。将相邻的“1”格按 2^n 圈为一组，直到所有的“1”格全部被覆盖为止。

（3）将每个合并圈所表示的与项逻辑加。

为使简化后的逻辑函数式最简，在画圈时应注意下列几点：

（1）合并圈按 2^n 越大越好。

（2）合并圈个数越少越好。

（3）由于 $A = A + A$，所以同一个“1”格可以圈多次。

（4）每个合并圈中要有新的未被圈过的“1”格。如果某一合并圈中所有“1”格均被别的圈所包围，由此圈所表示的与项是多余的，即为冗余项。

根据以上化简步骤及注意点，举例化简逻辑函数。

实例 5-9　化简 $Y = \overline{A}\,\overline{B}\,\overline{C}\,\overline{D} + \overline{A}C\overline{D} + \overline{A}BC + \overline{A}BD + ABC + AC\overline{D} + A\overline{B}\,\overline{C}D$。

解　第一步，将 Y 正确地填入 4 变量的卡诺图内，如图 5-14（a）所示。

第二步，画合并圈，圈住所有“1”格。

具体过程如图 5-14（b）所示。为便于检查，可以将每个合并圈化简结果标在卡诺图上。

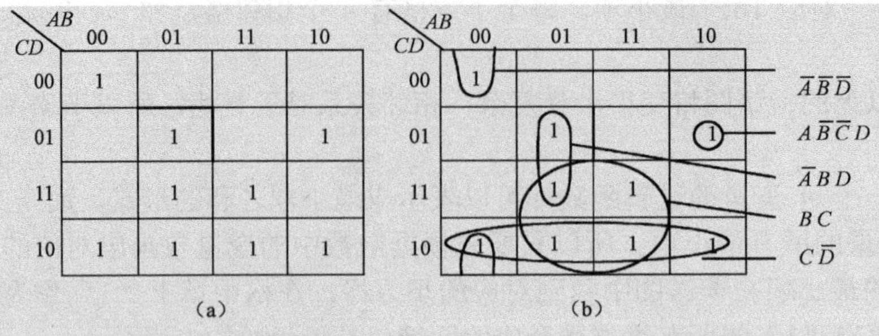

图 5-14　实例 5-9 的卡诺图

第三步，组成化简后的函数。

每一个合并圈对应一个与项，然后再将各与项“或”起来得到化简后的函数

$$Y = BC + C\overline{D} + \overline{A}\overline{B}\overline{D} + \overline{A}BD + A\overline{B}\overline{C}D$$

实例 5-10　化简 $Y=\sum m(2,3,5,7,8,10,12,13)$。

解　Y 的卡诺图及化简过程如图 5-15 所示。该函数有两种圈法，按图 5-15（a）的圈法得出

$$Y = A\overline{C}\,\overline{D} + B\overline{C}D + \overline{A}CD + \overline{B}C\overline{D}$$

按图 5-15（b）的圈法得出

$$Y = A\overline{B}\overline{D} + AB\overline{C} + \overline{A}BD + \overline{A}\overline{B}C$$

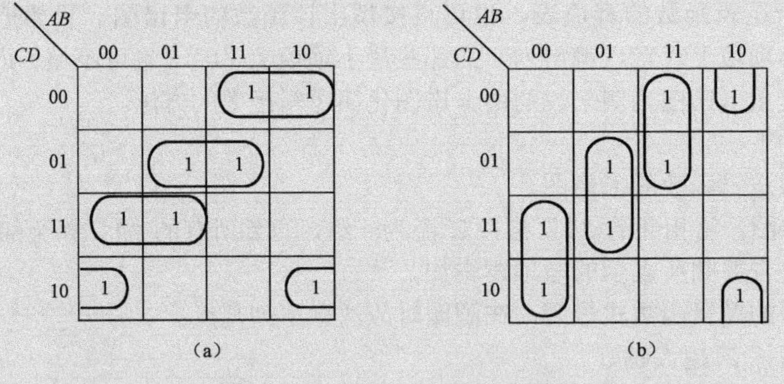

图 5-15　实例 5-10 的卡诺图

比较两个合并法得出的结果可知它们均由 4 个 3 变量的与项组成，且均为最简的结果。从本实例可知，同一逻辑函数，可能有两种以上的最简化结果。

实例 5-11　化简 $F=\sum m(3,4,5,7,9,13,14,15)$。

解　化简过程如图 5-16（a）所示。从图中可看出合并圈最大（即结果为 BD）的一个圈中所有的“1”格均被其余的与项所包围，所以是冗余项，应去掉。最简的圈法如图 5-16（b）所示，最简结果为 $F=\overline{A}B\overline{C}+A\overline{C}D+\overline{A}CD+ABC$。

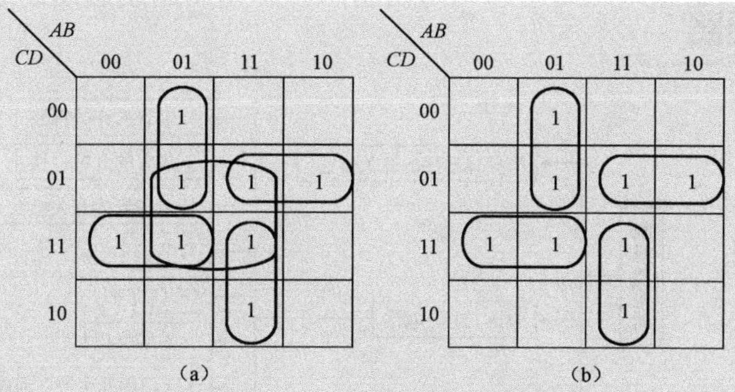

图 5-16　实例 5-11 的卡诺图

3）具有无关项的逻辑函数的化简

在一些逻辑函数中，输入变量的某些取值组合不允许出现，称为约束项。如 8421BCD 码输入变量不允许出现 1010、1011、…、1111 等 6 种状态，这 6 种状态就属于约束项。另一种情况就是，输入变量的某些取值组合项不影响逻辑函数输出的逻辑表达式，这种组合项称为任意项。如某些 BCD 码输入，显示译码器对 1010、1011、…、1111 等 6 种输入变量不显示，不影响该显示译码器输出的逻辑表达式。这 6 个输入变量就属于任意项。约束项和任意项统称为无关项。无关项用 d_i 表示，i 仍为最小项按序编号，在卡诺图中无关项用“x”填充。具有无关项的卡诺图化简时，无关项可以视作 1，也可以视作 0，以有利于化的最简为前提。

实例 5-12　试设计一个能实现四舍五入功能的逻辑函数，输入变量为 8421 码，当 $X\geqslant5$ 时，输出变量 $Y=1$，否则 $Y=0$。

解　列出真值表如表 5-14 所示，最小项为 $\sum m(5,6,7,8,9)$；因输入变量 X 为 8421 码，逻辑函数无关项为 $\sum d(10,11,12,13,14,15)$；因此逻辑函数最小项表达式可写为

$$Y=\sum m(5,6,7,8,9)+\sum d(10,11,12,13,14,15)$$

画出卡诺图如图 5-17 所示，合并相邻项得：$Y=A+BD+BC$。

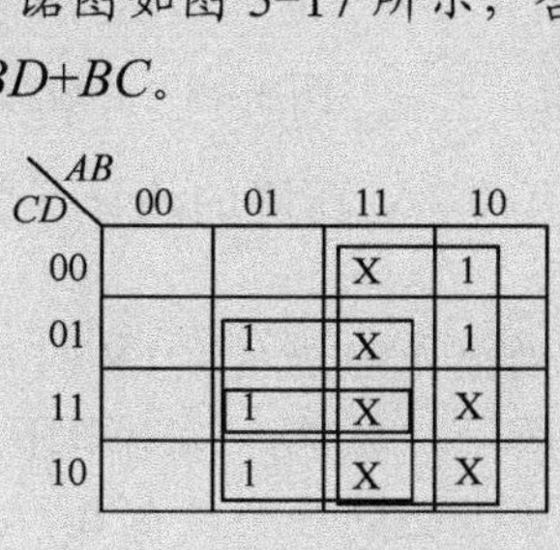

图 5-17　实例 5-12 的卡诺图

表 5-14　实例 5-12 真值表

X	A	B	C	D	Y
0	0	0	0	0	0
1	0	0	0	1	0
2	0	0	1	0	0
3	0	0	1	1	0
4	0	1	0	0	0
5	0	1	0	1	1
6	0	1	1	0	1
7	0	1	1	1	1
8	1	0	0	0	1
9	1	0	0	1	1
10	1	0	1	0	x
11	1	0	1	1	x
12	1	1	0	0	x
13	1	1	0	1	x
14	1	1	1	0	x
15	1	1	1	1	x

5.2 集成门电路

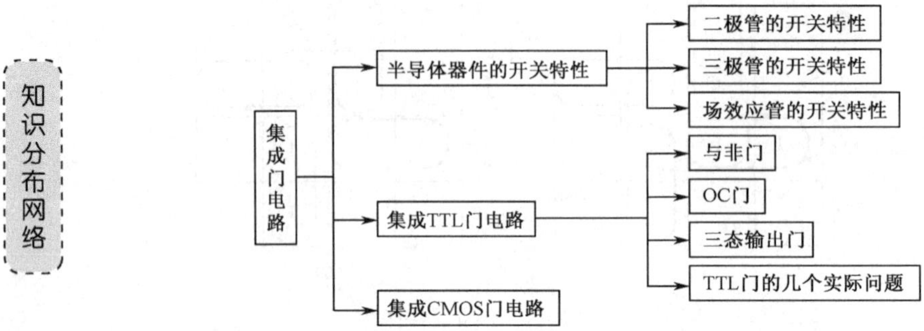

实现基本和复合逻辑运算的电子电路称为逻辑门电路，简称门电路。常用的门电路有与门、或门、非门、与非门、或非门、与或非门、异或门和同或门等。它们是组成各种数字系统的基本门电路。

门电路可分为分立元件门电路和集成门电路。用分立元器件和导线连接起来构成的门电路称为分立元件门电路。把分立元器件和连线都制作在一块半导体芯片上，封装起来构成的门电路称为集成门电路。现在使用最多的是 TTL 和 CMOS 集成门电路。

5.2.1 半导体器件的开关特性

在逻辑代数中，逻辑变量的取值不是 1 就是 0，是一种二值量。在数字电路中，与之对应的是电子元器件的两种状态。能实现这两种状态的电子元器件称为电子开关。半导体二极管、三极管和场效应管在数字电路中就是构成这种电子开关的基本开关元器件。

1. 二极管的开关特性

图 5-18 是硅二极管的伏安特性曲线。由伏安特性可知：

（1）当加在二极管两端的正向电压小于 0.5 V 或二极管两端加上反向电压时，相当于开关断开，这就是二极管截止时的特点。

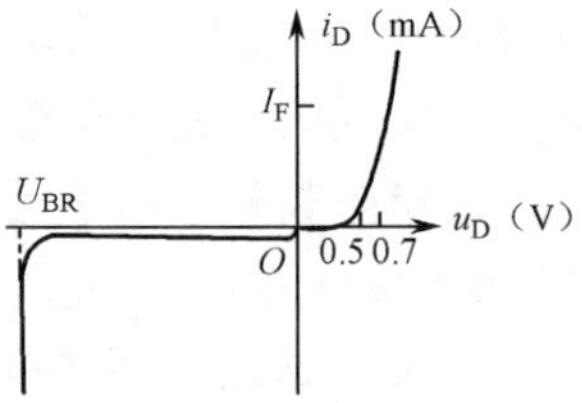

图 5-18　二极管的伏安特性

（2）当二极管外加电压大于 0.5 V 时，二极管开始导通。由于二极管的伏安特性曲线在电压为 0.7 V 时已经很陡，在一定范围内，电流有较大变化时，二极管的端电压保持在 0.7 V 左右。因此，把二极管正向电压大于 0.5 V 作为二极管的导通条件。一旦导通，即可将二极管认为是具有 0.7 V 压降的闭合开关，这就是二极管导通时的特点。

如图 5-19（a）所示是一个简单的二极管开关电路。当输入电压 $u_i = 0\,V$ 时，二极管截止，如同一个断开了的开关，其等效电路如图 5-19（b）所示，显然，输出电压 $u_o = 0\,V$。当输入电压 $u_i = 5\,V$ 时，二极管导通，其导通压降 $u_D = 0.7\,V$，如同一个具有 0.7 V 压降的闭合了的开关，其等效电路如图 5-19（c）所示。

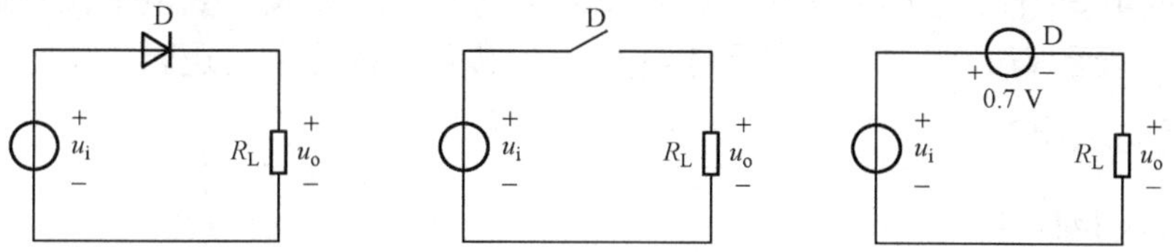

（a）　　（b）　　（c）

图 5-19　硅二极管开关电路及其等效电路

2. 三极管的开关特性

如图 5-20 所示为 NPN 型三极管的工作原理电路和输入、输出特性曲线。NPN 型三极管截止、放大、饱和 3 种状态的特点列于表 5-15 中。

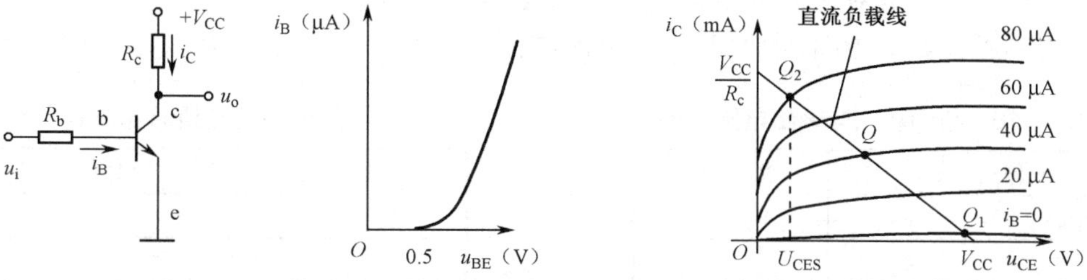

（a）工作原理电路　　（b）输入特性曲线　　（c）输出特性曲线

图 5-20　三极管的工作原理电路和输入、输出特性曲线

在数字电路中，三极管作为开关元件，主要工作在饱和和截止两种开关状态，放大区只是极短暂的过渡状态。

表 5-15　NPN 型三极管截止、放大、饱和 3 种工作状态的特点

工作状态		截止	放大	饱和
条件		$i_B=0$	$0<i_B<I_{BS}$	$i_B>I_{BS}$
工作特点	偏置情况	发射结反偏 集电结反偏 $u_{BE}<0$，$u_{BC}<0$	发射结正偏 集电结反偏 $u_{BE}>0$，$u_{BC}<0$	发射结正偏 集电结正偏 $u_{BE}>0$，$u_{BC}>0$
	集电极电流	$i_C=0$	$i_C=\beta i_B$	$i_C=I_{CS}$
	c、e 间电压	$u_{CE}=V_{CC}$	$u_{CE}=V_{CC}-i_C R_C$	$u_{CE}=U_{CES}=0.3$ V
	c、e 间等效电阻	很大 相当开关断开	可变	很小 相当开关闭合

3. 场效应管的开关特性

MOS 管也可作为开关元件。MOS 的截止条件为 $U_{GS}<U_T$，截止时的特点是 $i_D=0$，MOS 管如同一个断开了的开关。MOS 管的导通条件为 $U_{GS}>U_T$，导通后就如同一个具有一定电阻的闭合了的开关。在数字电路中，MOS 管导通时一般都工作在可变电阻区。

5.2.2 分立元件门电路

数字电路中的高、低电平称为逻辑电平。在数字电路中，用电平的高、低来表示逻辑

值 1 和 0。正逻辑是指在数字电路中，用 1 表示高电平，用 0 表示低电平；负逻辑是指在数字电路中，用 0 表示高电平，用 1 表示低电平。本书中一律使用正逻辑。

1. 二极管与门电路

1）电路组成和符号

电路如图 5-21 所示。图中 A、B 为输入端，输入信号高电平为+5 V，低电平为 0 V。Y 为输出端。

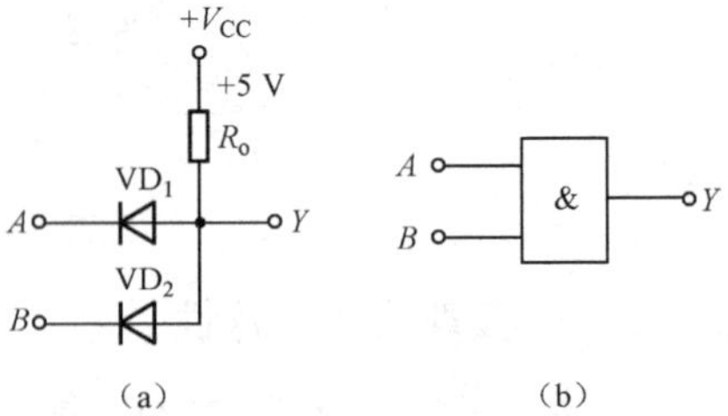

图 5-21　二极管与门电路与符号

2）工作原理

A、B 两个输入端，输入信号 u_A、u_B 有 4 种不同情况。每一种情况对应的输出 u_Y 一一列于表 5-16 中。

按正逻辑可将表 5-16 表示为表 5-17 的形式。

表 5-16　与门输入与输出电压关系

输　入		输　出
u_A/V	u_B/V	u_Y/V
0	0	0
0	5	0
5	0	0
5	5	5

表 5-17　与逻辑真值表

输　入		输　出
A	B	Y
0	0	0
0	1	0
1	0	0
1	1	1

综上所述可知，如图 5-21 所示的电路实现了 $Y = A \cdot B$ 的与逻辑功能，是一个二极管与门。

2. 二极管或门电路

1）电路组成和符号

电路如图 5-22 所示。图中 A、B 为输入端，输入信号高电平为+5 V，低电平为 0 V。Y 为输出端。

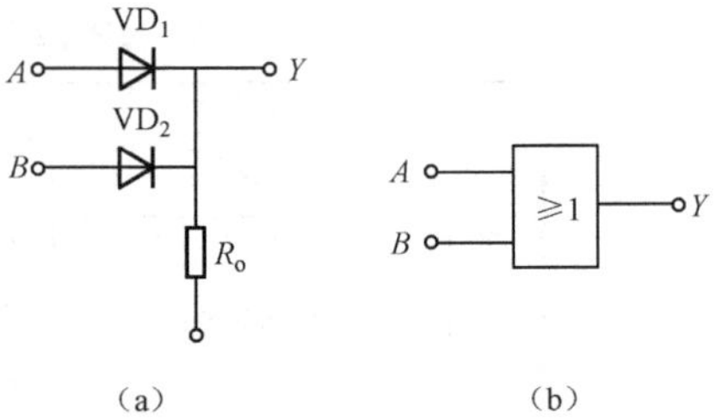

图 5-22　二极管或门电路与符号

2）工作原理

A、B 两个输入端，输入信号 u_A、u_B 有 4 种不同情况。每一种情况对应的输出 u_Y 一一列于表 5-18 中。

按正逻辑可将表 5-18 表示为表 5-19 的形式。

表 5-18　或门输入与输出电压关系

输　入		输　出
u_A/V	u_B/V	u_Y/V
0	0	0
0	5	5
5	0	5
5	5	5

表 5-19　或逻辑真值表

输　入		输　出
A	B	Y
0	0	0
0	1	1
1	0	1
1	1	1

综上所述可知，如图 5-22 所示的电路实现了 $Y = A + B$ 的或逻辑功能，是一个二极管或门。

3. 三极管非门电路

1）电路组成和符号

电路如图 5-23 所示。图中 A 为输入端，输入信号高电平为+5 V，低电平为 0 V；Y 为输出端。

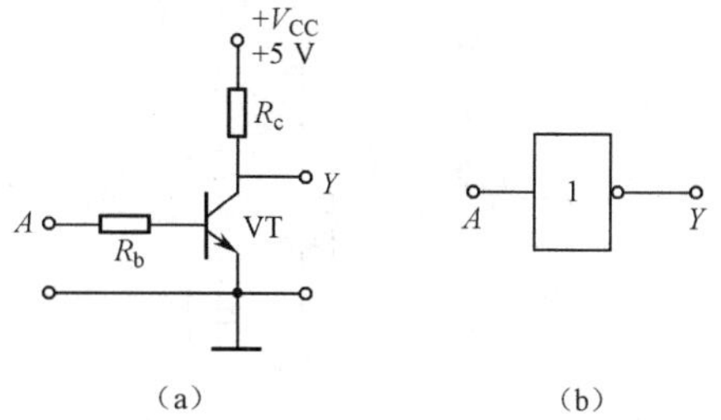

图 5-23　三极管非门电路与符号

2）工作原理

A 输入端，输入信号 u_A 有 2 种不同情况。

（1）当 u_A=0 V，即为低电平时，由于三极管处于截止工作状态，使输出端 Y 点电压 u_Y 为+5 V。

（2）当 u_A=+5 V 时，设置合适的电路参数，可使三极管处于饱和工作状态，使输出端 Y 点电压 u_Y 被钳制在 U_{CES}。U_{CES} 的值很小，可近似看为 0 V。

整理上述分析结果于表 5-20 中。按正逻辑可将表 5-20 表示为表 5-21 的形式。

表 5-20　非门输入与输出电压关系

输　入	输　出
u_A/V	u_Y/V
0	5
5	0

表 5-21　非逻辑真值表

输　入	输　出
A	Y
0	1
1	0

综上所述可知，如图 5-23 所示的电路实现了 $Y = \overline{A}$ 的非逻辑功能，是一个三极管非门。

5.2.3　TTL 集成逻辑门电路

与分立元件电路比较，集成电路具有体积小、重量轻、功耗低、可靠性高和工作速度高的特点。数字集成电路按所用半导体器件不同可分为两大类：一类为双极型数字集成电路，如 TTL 电路；另一类为 MOS 型或单极型数字集成电路，如 CMOS 集成电路。

TTL 门电路就是晶体管—晶体管逻辑门电路。集成 TTL 电路有与非门、OC 门、三态门等多种类型。

1. 与非门

1）电路结构及逻辑符号

与非门基本电路如图 5-24（a）所示，由三部分组成：第一部分是由多发射极晶体管 VT_1 和电阻 R_1 组成的电路输入级，输入信号通过多发射极晶体管 VT_1 的发射结实现与逻辑；第二部分是由 VT_2 和电阻 R_2、R_3 组成的中间级，从 VT_2 的集电极和发射极同时输出两个相位相反的信号，作为 VT_3 和 VT_4 的驱动信号；第三部分是由 VT_3、VT_4、二极管 VD_4 和电阻 R_4 组成的推拉式输出级。

多发射极晶体管 VT_1 的等效电路如图 5-24（b）所示，与非门符号如图 5-24（c）所示。

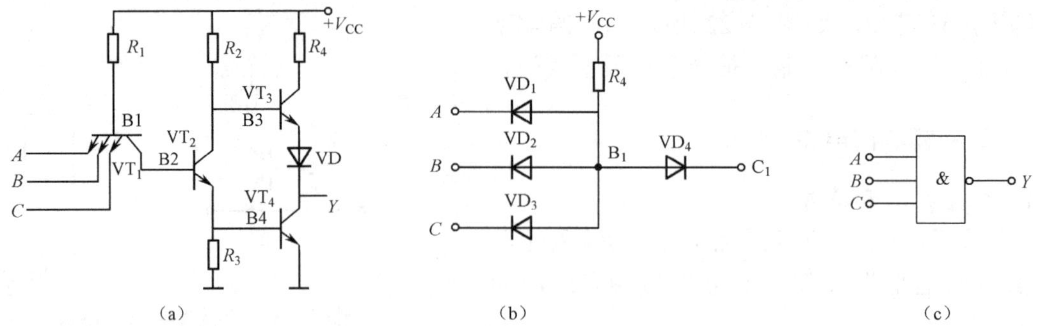

图 5-24　与非门电路与逻辑符号

2）工作原理

设输入信号的高、低电平分别为 3.6 V 和 0.3 V，PN 结导通压降为 0.7V，V_{CC} 为 5 V。

当输入信号有一个为低电平 0.3 V 时，晶体管 VT_1 基极电位被限定在 0.3+0.7=1（V）。若使 VT_2 和 VT_4 导通，VT_1 基极电位应达到 2.1 V，因此 VT_2 和 VT_4 截止。V_{CC} 通过 R_2 使 VT_3 和 VD 导通，输出端电压为 $V_{CC}-I_{B3}R_2-U_{BE3}-U_{VD}\approx3.6$ V，输出端 Y 为高电平。

当输入信号全为高电平 3.6 V 时，晶体管 VT_1 基极电位升高，使 VT_2 和 VT_4 导通并饱和，因此，晶体管 VT_1 基极电位被限定在 2.1 V，VT_2 集电极电位被限定在 $U_{CES2}+U_{BE4}\approx$ 1 V，使 VT_3 和 VD 截止。输出端电压 U_{CES4} 为低电平。

综上所述，当输入信号 A、B、C 有一个为低电平时，输出 Y 为高电平；只有全部输入为高电平时，输出 Y 才为低电平。输入与输出逻辑关系为与非关系，其输出逻辑表达式为 $Y=\overline{ABC}$。

3）电压传输特性

TTL 与非门输出电压 u_o 随输入电压 u_i 变化的关系曲线，如图 5-25 所示。

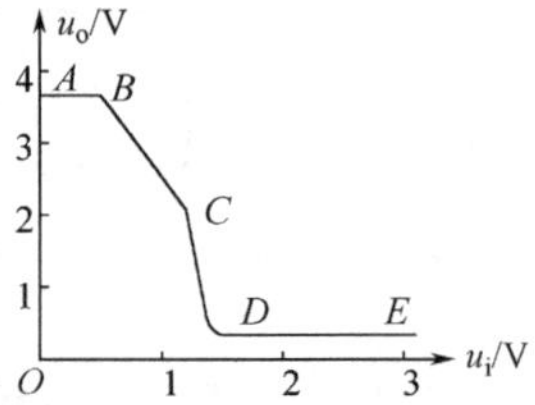

图 5-25　电压传输特性

电压传输特性曲线大体分为 4 段。

AB 段，$u_i<0.5$ V，VT_2 和 VT_4 截止，输出高电平 $u_o=$ 3.6 V，由于 VT_4 截止，此段称为截止区（或称为关门状态）。

BC 段，$0.5\text{V}\leqslant u_i<1.2$ V，VT_2 处于放大区，VT_4 仍截止，VT_3 处于射极输出状态，u_o 随 u_i 的增加而线性下降，此段称为线性区。

CD 段，u_i 为 1.2～1.4 V，VT_4 由微导通到饱和导通，VT_3 由导通变为截止，u_o 随 u_i 的增加而迅速下降，此段称为转折区。

DE 段，$u_i>1.4$ V，VT_2 和 VT_4 饱和导通，输出电压 $u_o\approx0.3$ V 为低电平，此段称为饱和区（或称为开门状态）。

4）主要参数

（1）输出高电平 U_{OH} 和输出低电平 U_{OL}：当与非门输入端有一个或几个接低电平时，输出的电压值称为输出高电平 U_{OH}，对应图 5-25 中 *AB* 段的电压。

当与非门输入端全接高电平时，输出的电压值称为输出低电平 U_{OL}，对应图 5-25 中 *DE* 段的电压。

（2）输入低电平 U_{IL} 和输入高电平 U_{IH}：输入低电平 U_{IL} 和输入高电平 U_{IH} 都有一定的取值范围。为保证输出为高电平，最大输入低电平记为 U_{ILmax}。为保证输出为低电平，最小

输入高电平记为 U_{IHmin}。

（3）门限电压（或称阈值电压）U_{TH}，一般取：

$$U_{TH}=(U_{ILmax}+U_{IHmin})/2 \tag{5-6}$$

（4）低电平噪声容限 U_{NL} 和高电平噪声容限 U_{NH}。

U_{NL} 和 U_{NH} 分别指输入低电平时允许的最大正向干扰幅度和输入高电平时允许的最大负向干扰幅度。噪声容限越大，门电路的抗干扰能力越强。

（5）空载平均功耗 P_D：空载平均功耗 P_D 是指输出端空载时，电源电压与电源电流平均值的乘积，其值越小越好。

（6）平均传输延迟时间 t_{pD}：在 TTL 电路中，由于晶体管存在开关延迟时间，以及受电路结构和电路内部元器件的影响，信号通过门电路时存在一定的时间延迟。t_{pD} 用来表示门电路的开关速度，按其大小，门电路分为低速型、中速型、高速型和超高速型等。

（7）扇出系数 N_O：以 TTL 与非门带同类门作为负载时来说明。这时有两种情况，一种是负载电流从外电路流入与非门，称为灌电流负载；另一种是负载电流从与非门流向外电路，称为拉电流负载。与非门输出低电平时带灌电流负载，此时带灌电流负载门的个数称输出低电平扇出系数，记为 N_{OL}；输出高电平时带拉电流负载，此时带拉电流负载门的个数称输出高电平扇出系数，记为 N_{OH}。

2. 集电极开路门电路（OC 门）

在工程实践中，经常需要将两个门的输出端并联以实现与逻辑的功能称为线与。

所谓集电极开路，即将图 5-24 中输出级 VT_4 的集电极开路（去掉 VT_3 和 VD），所得就是集电极开路与非门，其符号如图 5-26 所示。

需特别强调的是，OC 门必须外接负载电阻 R 和电源 V_{CC} 才能正常工作。OC 门的主要应用如下。

1）实现线与

将两个或多个 OC 门输出端连在一起可实现线与逻辑。如图 5-27 所示为两个 OC 与非门实现线与功能的电路。输出端表达式为

$$Y=Y_1\cdot Y_2=\overline{AB}\cdot\overline{CD}=\overline{AB+CD} \tag{5-7}$$

2）驱动发光二极管

如图 5-28 所示为 OC 门驱动发光二极管的电路。该电路只有在输入 A、B 都为高电平、输出为低电平时，发光二极管才发光。

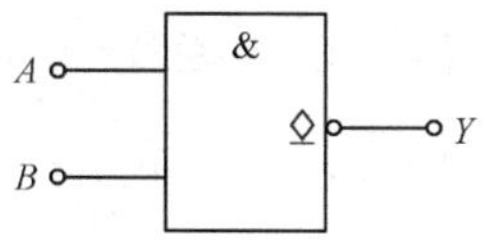

图 5-26　集电极开路与非门逻辑符号

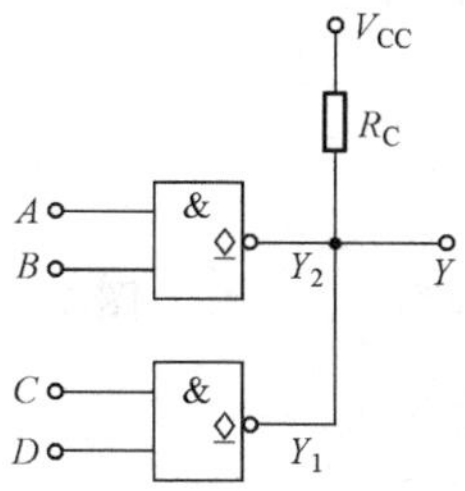

图 5-27　用 OC 门实现线与

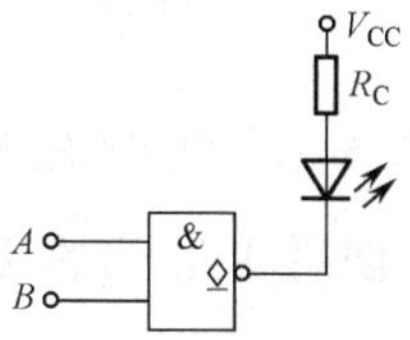

图 5-28　用 OC 门驱动发光二极管

3）实现电平转换

如图 5-29 所示为由 OC 门组成的电平转换电路。当输入 A、B 都为高电平时，输出 Y 为低电平 0.3 V；当输入 A、B 中有低电平时，输出 Y 为高电平 V_{CC}。因此，选用不同的电源电压 V_{CC} 时，可使输出的高电平能适应下一级电路对高电平的要求，从而实现电平转换。

3. 三态输出门

三态输出门（简称三态门）是在普通电路基础上，增加控制端和控制电路。它的输出除了具有一般门电路的高电平、低电平外，还具有高输出电阻的第三种状态，称为高阻态。三态与非门的符号如图 5-30 所示。

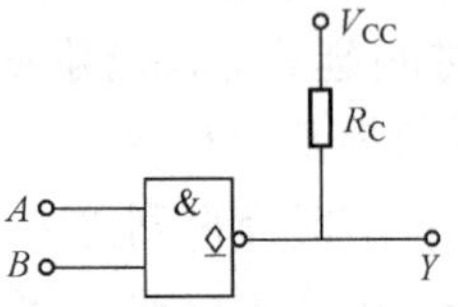

图 5-29　用 OC 门实现电平转换

（a）使能端高电平有效　　（b）使能端低电平有效

图 5-30　三态与非门

如图 5-30（a）所示的电路中，当使能控制端信号 EN 为高电平时，$Y=\overline{A\cdot B}$。当 EN 为低电平时，输出端呈高阻态。

如图 5-30（b）所示的电路中，当使能控制端信号 $\overline{EN}$ 为低电平时，$Y=\overline{A\cdot B}$。当 $\overline{EN}$ 为高电平时，输出端呈高阻态。

三态门主要应用如下。

（1）用三态门构成单向数据总线。电路如图 5-31 所示，n 个三态门输出端连接到一根信号传输线上，构成单向数据总线。n 路信号都可通过总线进行传输，但任一时刻只允许一个三态门工作，其余三态门都被禁止。

（2）用三态门构成双向数据总线。电路如图 5-32 所示，当 EN=1 时，G_1 工作，G_2 输出高阻态，数据 D_0 经 G_1 反相后送到总线上；当 EN=0 时，G_1 输出高阻态，G_2 工作，数据总线上的数据 D_1 经 G_2 反相后输出，从而实现数据的双向传输。

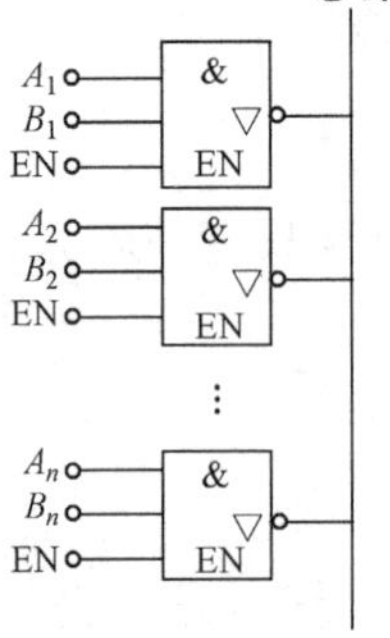

图 5-31　用三态输出门构成单向总线

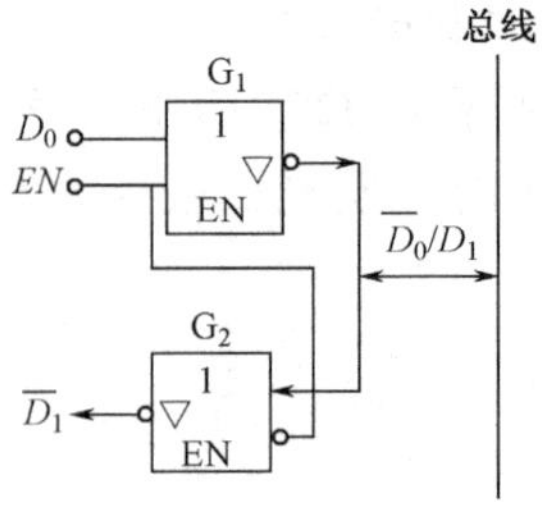

图 5-32　用三态输出门构成双向总线

4. 使用 TTL 门的几个实际问题

1）输入端电阻对 TTL 门工作状态的影响

当 TTL 门电路输入端接一电阻 R 时，电阻值的大小会影响门的工作状态。适当选择电阻值，可使门电路工作在导通或截止状态。

2）尖峰电流的问题

TTL 门工作时，会产生较大的电源尖峰电流，尖峰电流的存在会给逻辑系统带来不良影响。欲降低尖峰电流的影响，常在靠近门电路的电源与地之间接一滤波电容。

3）未使用输入端的处理

当使用 TTL 门电路时，经常会用到输入端闲置的情况。闲置输入端处理的原则是只要不影响门电路的逻辑功能悬空即可，但为了减小干扰通常不能悬空。具体地说，与门、与非门闲置输入端接高电平，或门、或非门闲置输入端接低电平。接高、低电平的方法可以通过限流电阻接正电源和地，也可以直接接正电源和地。如果信号源驱动能力强，闲置输入端也可与使用端并联使用。

5.2.4 集成 CMOS 门电路

CMOS 集成门电路的许多最基本的逻辑单元，都是用 P 沟道增强型 MOS 管和 N 沟道增强型 MOS 管按照互补对称形式连接起来构成的，故称为互补型 MOS 集成电路，简称 CMOS 集成电路。

CC4000 系列是符合国家标准的 CMOS 集成电路，电源电压 U_{DD} 为 3～18 V，产品的输入端和输出端都加了反相器作为缓冲器，具有对称的驱动能力和输出波形，高、低电平抗干扰能力相同。

一般 CMOS 电路的工作速度较低，标准门的传输延迟时间在 100 ns 左右。高速 CMOS 集成电路，即 HCMOS 集成电路的传输延迟时间已和 TTL 集成电路相当，为 9 ns 左右。目前国家生产的 HCMOS 集成电路主要是 54/74 系列，包括带缓冲输出的 HCMOS 集成电路 54/74HC 系列、不带缓冲输出的 HCMOS 集成电路 54/74HCU 系列，以及与 TTL 集成电路完全兼容的 HCMOS 集成电路 54/74HCT 系列。

和 TTL 电路比较，CMOS 电路具有以下特点。

（1）CMOS 电路的工作速度比 TTL 电路低。

（2）CMOS 电路的输入阻抗很高，在频率不高的情况下，电路的扇出能力较大，即带负载的能力比 TTL 电路强。

（3）CMOS 电路的电源电压允许范围较大，为 3～18 V，这样可使电路的输出高、低电平的摆幅大，因此电路的抗干扰能力比 TTL 电路强。

（4）由于 CMOS 电路工作时总是一管导通，另一管截止，而截止管的电阻很高，这样在任何时候流过电路的电流都很小，因此 CMOS 电路的功耗比 TTL 电路小得多。

（5）因 CMOS 集成电路的功耗很小，内部发热量也很小，因此 CMOS 集成电路的集成度比 TTL 电路高。

（6）CMOS 集成电路的温度稳定性好，抗辐射能力强，因此 CMOS 电路适合在特殊环境下工作。

（7）由于 CMOS 集成电路的输入阻抗很高，容易受静电感应而击穿，在使用和存放时应注意静电屏蔽，焊接时电烙铁应接地良好，尤其是 CMOS 电路多余不用的输入端不能悬空，应根据需要接地或接高电平。

5.3 触发器

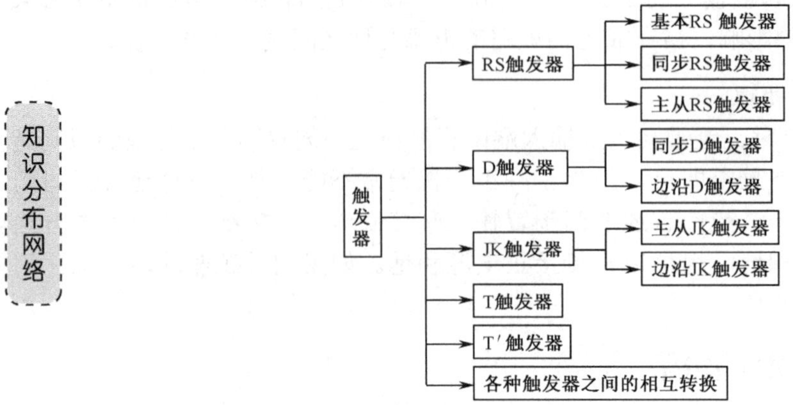

能够存储一位二值信号的基本单元电路称为触发器，它是具有“记忆”功能的存储电路，是时序逻辑电路（在后续项目中详细阐述）的基本单元。

触发器应具备以下几个基本特点：

（1）具有两个能够自行保持的稳定状态：0 态和 1 态，分别用来表示逻辑状态的 0 和 1，或二进制数的 0 和 1。

（2）根据不同的输入信号可以置成 0 态或 1 态。

（3）在输入信号消失以后，能将获得的新状态保存下来。

触发器的分类方式有很多种，按电路结构可分为基本 RS 触发器、同步触发器、主从触发器、边沿触发器等，不同电路结构的触发器有不同的动作特点。按逻辑功能可分为 RS 触发器、JK 触发器、D 触发器、T 触发器和 T′ 触发器等几种类型。

本书按逻辑功能分类方式来介绍常见触发器的组成、功能及特点。

5.3.1 RS 触发器

RS 触发器根据电路结构不同，又可分为基本 RS 触发器、同步 RS 触发器、主从 RS 触发器。

扫一扫看基本 RS 触发器微课视频

1. 基本 RS 触发器

1）电路组成

基本 RS 触发器是一种最简单的触发器，是构成各种触发器的基础。它由两个与非门（或者或非门）的输入和输出交叉连接而成，如图 5-33（a）所示。

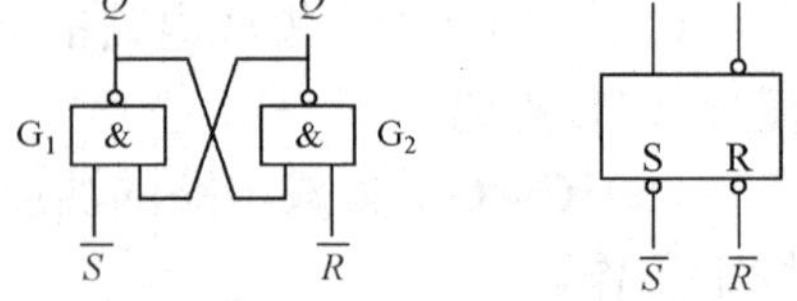

（a）逻辑电路　　（b）逻辑符号

图 5-33　用与非门组成的基本 RS 触发器

基本 RS 触发器有两个输出端，一个称为 Q 端，另一个称为 $\overline{Q}$ 端。在正常情况下，这两个输出端总是逻辑互补的，即一个为 0 状态时，另一个为 1 状态。通常规定 $Q=0$，$\overline{Q}=1$ 为触发器的 0 状态，$Q=1$，$\overline{Q}=0$ 为触发器的 1 状态。

基本 RS 触发器有两个输入端 $\overline{R}$ 和 $\overline{S}$（又称触发信号端），$\overline{R}$ 和 $\overline{S}$ 符号上面的“-”号，表示这两个输入端为低电平有效。其中 $\overline{R}$ 端为复位端，当 $\overline{R}$ 端有效时，触发器被置成 0 状态，所以 $\overline{R}$ 端也称为置 0 端；$\overline{S}$ 端为置位端，当 $\overline{S}$ 端有效时，触发器被置成 1 状态，所以 $\overline{S}$ 端也称为置 1 端。

基本 RS 触发器的逻辑符号如图 5-33（b）所示，在输入端加小圆圈“o”符号表示 $\overline{R}$ 和 $\overline{S}$ 是低电平有效的。当输入信号变化时，会影响到电路的输出端 Q 和 $\overline{Q}$。

2）工作原理

当输入信号 $\overline{R}$ 和 $\overline{S}$ 为不同的组合状态时，触发器的输出端会出现不同的状态。规定触发信号作用前的输出状态为触发器的原状态（现态），用 Q^n 表示；触发信号作用后的输出状态为触发器的新状态（次态），用 Q^{n+1} 表示。

注意：现态和次态是相对于某一次状态转换而言的，不是固定不变的。

当 $\overline{R}=\overline{S}=1$ 时，假设触发器现态为 0 状态，即 $Q^n=0$，$\overline{Q^n}=1$。从图 5-33（a）中可以看出，G_1 的两个输入端均为 1，则有 $Q^{n+1}=0$；$Q^{n+1}=0$ 反馈到 G_2 的输入端，使得 $\overline{Q^{n+1}}=1$，触发器保持 0 状态不变，即次态也为 0 状态。同理，若触发器现态为 1 状态，次态也为 1 状态。

当 $\overline{R}=1$，$\overline{S}=0$ 时，无论触发器现态为 0 状态还是 1 状态，从图 5-33（a）中可以看出，G_1 的一个输入端为 0，由与非门的逻辑功能可知其输出为 1，即 $Q^{n+1}=1$；$Q^{n+1}=1$ 反馈到 G_2 的输入端，使得 $\overline{Q^{n+1}}=0$，即次态为 1 状态。

当 $\overline{R}=0$，$\overline{S}=1$ 时，无论触发器现态为 0 状态还是 1 状态，从图 5-33（a）中可以看出，G_2 的一个输入端为 0，由与非门的逻辑功能可知其输出为 1，即 $\overline{Q^{n+1}}=1$；$\overline{Q^{n+1}}=1$ 反馈到 G_1 的输入端，使得 $Q^{n+1}=0$，即次态为 0 状态。

当 $\overline{R}=\overline{S}=0$ 时，无论触发器现态为 0 状态还是 1 状态，从图 5-33（a）中可以看出，G_2 和 G_1 都有一个输入端为 0，由与非门的逻辑功能可知其输出为 1，即有 $\overline{Q^{n+1}}=1$，$Q^{n+1}=1$。此状态不是正常的 0 状态，也不是正常的 1 状态，称为不定态用 1*表示。

注意：之所以称为不定态，是因为当 $\overline{R}$ 端和 $\overline{S}$ 端同时由 0 变成 1 时，由于 A、B 两个与非门的平均传输延时不一定完全相同，会导致触发器的输出状态不稳定，即不能确定次态是 1 态还是 0 态。

3）逻辑功能描述

触发器的功能描述一般有特性表、特性方程和状态转换图三种方式。

特性表是通过输入、输出的不同状态组合来描述触发器的逻辑功能的表格，也可以称为功能表。特性表类似于真值表，不同的地方是把现态 Q^n 当作输入变量，把次态 Q^{n+1} 当作输出变量。由以上工作原理的分析，便可得到基本 RS 触发器的特性表，如表 5-22 所示。为了更直观地描述触发器的特性，可将表 5-22 简化为表 5-23 的形式。

表 5-22　基本 RS 触发器的特性表

$\overline{R}$	$\overline{S}$	Q^n	Q^{n+1}
0	0	0	1*
0	0	1	1*
0	1	0	0
0	1	1	0
1	0	0	1
1	0	1	1
1	1	0	0
1	1	1	1

表 5-23　基本 RS 触发器的简化特性表

$\overline{R}$	$\overline{S}$	Q^{n+1}
0	0	1*　不定
0	1	0　置 0
1	0	1　置 1
1	1	Q^n　保持

特性方程是表征触发器的输入、输出的函数关系式，在表 5-22 中 $\overline{R}$、$\overline{S}$、Q^n 是输入变量，Q^{n+1} 是输出变量，即表 5-22 就是一个三变量的真值表。利用卡诺图化简方法（如图 5-34 所示），便可得到 Q^{n+1} 关于 $\overline{R}$、$\overline{S}$、Q^n 的最简与或式，即基本 RS 触发器的特性方程。

$$\begin{cases} Q^{n+1}=\overline{\overline{S}}+\overline{R}Q^n \\ \overline{R}+\overline{S}=1 \text{（约束条件）} \end{cases} \tag{5-8}$$

状态转换图是真值表的图形化，二者在本质上是一致的，只是表现形式不同而已。基本 RS 触发器的状态转换图如图 5-35 所示。

图中两个圆圈，其中写有 0 和 1，代表了基本 RS 触发器的两个稳态，状态的转换方向用箭头表示，状态转换的条件标注在箭头的旁边。

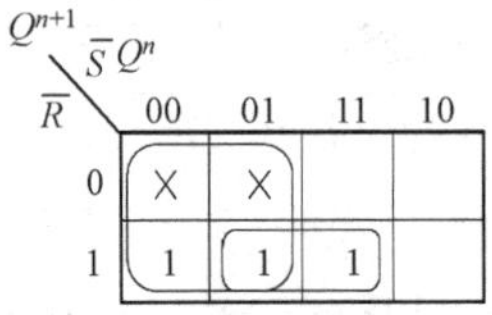

图 5-34　基本 RS 触发器的卡诺图

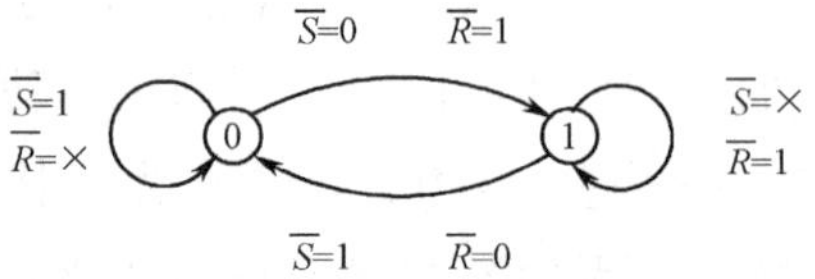

图 5-35　基本 RS 触发器的状态转换

4）动作特点

基本 RS 触发器的动作特点是输入信号在全部作用时间里都可以直接影响触发器的输出状态。

实例 5-13　画出基本 RS 触发器在给定输入信号 $\overline{R}$ 和 $\overline{S}$ 的作用下，Q 端和 $\overline{Q}$ 端的波形。设初始 Q=0，输入波形如图 5-36 所示。

解　根据基本 RS 触发器的特性表可以画出输出的波形如图 5-36 所示。

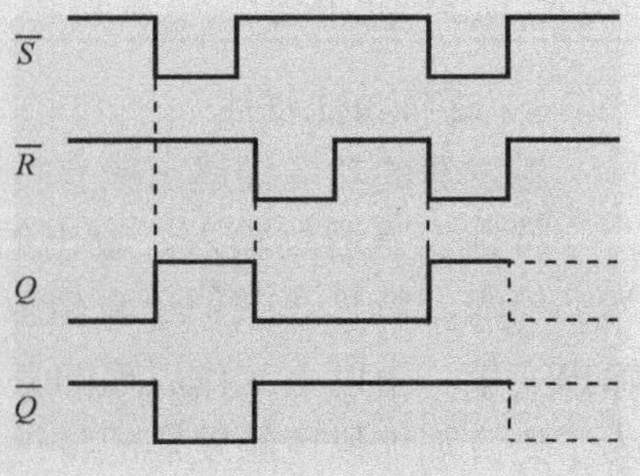

图 5-36　实例 5-13 的波形

5）常用集成 RS 触发器

如图 5-37（a）所示是 TTL 集成基本 RS 触发器 74LS279 的引脚排列图。74LS279 内部集成了 4 个相互独立的由与非门构成的基本 RS 触发器，其中有两个触发器的 $\overline{S}$ 端为双输入端，两输入端的关系为与逻辑关系，即 $\overline{S}=\overline{S_A}\ \overline{S_B}$ 。

如图 5-37（b）所示是 CMOS 集成基本 RS 触发器 CC4044 的引脚排列图。CC4044 内部也集成了 4 个相互独立的由与非门构成的基本 RS 触发器，并且采用了具有三态特点的传输门输出。当使能控制端信号 EN=1 时，当传输门工作；当 EN=0 时，传输门被禁止，输出端 Q 为高阻态。

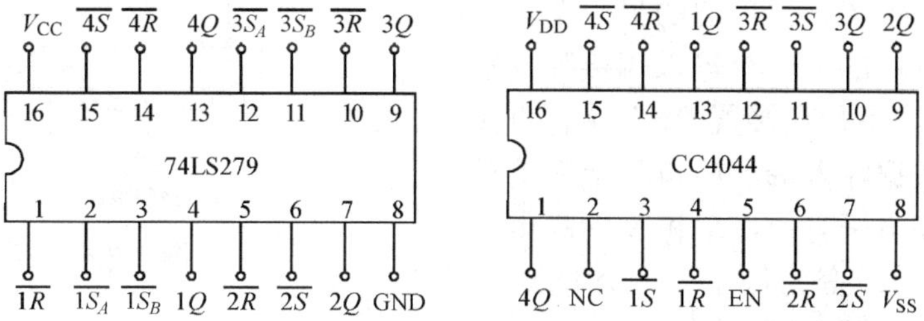

（a）74LS279 的引脚排列图　　（b）CC4044 的引脚排列图

图 5-37　集成基本 RS 触发器 74LS279 和 CC4044 的引脚图

6）仿真练习

用 Multisim 仿真软件实现基本 RS 触发器在给定输入信号 $\overline{R}$ 和 $\overline{S}$ 的作用下，Q 端的波形。

启动 Multisim 仿真软件，选择基本 RS 触发器 74LS279，在仪器栏中选择逻辑分析仪，连接电路如图 5-38（a）所示，双击逻辑分析仪，显示面板，打开开关，观察波形，如图 5-38（b）所示。

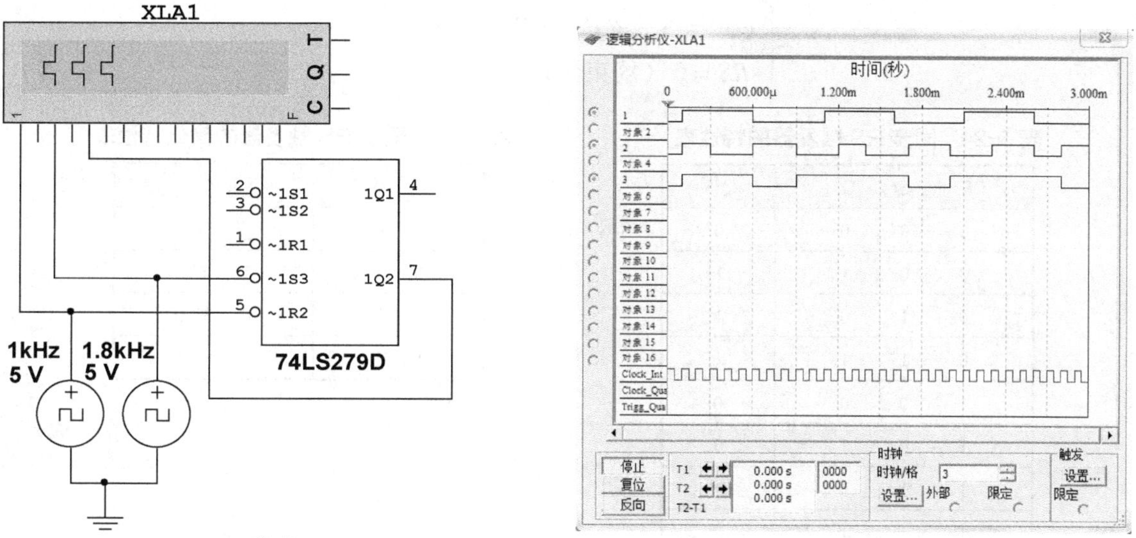

（a）仿真　　（b）逻辑分析仪波

图 5-38　基本 RS 触发器的仿真

2. 同步RS触发器

同步 RS 触发器是一种在时钟脉冲信号（Clock Pulse）的控制下翻转的触发器。没有CP就不翻转，CP来到后才翻转，翻转后的状态则由触发器翻转前的数据输入端决定，这种触发器称为时钟触发器或同步触发器。

1）电路组成

最简单的同步 RS 触发器如图 5-39 所示。为了引入时钟 CP，在基本 RS 触发器的基础上又增加了两个与非门 G_3 和 G_4。G_3 门和 G_4 门各有一个输入端接时钟 CP，G_3 门的另一个输入端接数据输入 S；G_4 门的另一个输入端接数据输入 R；这样 R 和 S 就不是直接置“0”端和直接置“1”端了，而是数据输入端，R 和 S 上面的反号也没有了，而是高电平有效，R 和 S 的高电平经 G_4 门和 G_3 门反相，变为低电平，才能对基本 RS 触发器置“0”或置“1”触发。

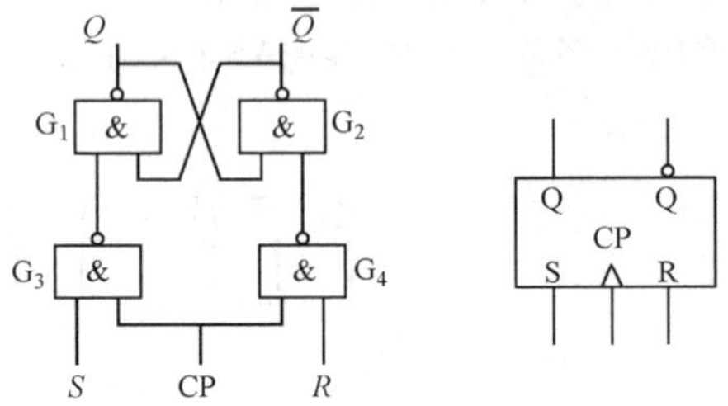

（a）逻辑电路　　（b）逻辑符号

图 5-39　同步 RS 触发器

2）工作原理

当 CP=0 时，G_3 门和 G_4 门被封锁，G_3 门和 G_4 门输出均为 1，不会改变基本 RS 触发器的状态，即触发器不翻转。当 CP=1 时，G_3 门和 G_4 门被打开，此时的同步 RS 触发器相当于一个基本 RS 触发器。

3）逻辑功能描述

同步 RS 触发器的特性表如表 5-24 所示。简化的特性表如表 5-25 所示。

利用卡诺图化简方法（如图 5-40 所示），便可得到同步 RS 触发器的特性方程。

$$\begin{cases} Q^{n+1} = S + \overline{R}Q^n \text{（CP=1 有效）} \\ RS = 0 \text{（约束条件）} \end{cases} \quad (5\text{-}9)$$

表 5-24　同步 RS 触发器的特性表

R	S	Q^n	Q^{n+1}
0	0	0	0
0	0	1	1
0	1	0	1
0	1	1	1
1	0	0	0
1	0	1	0
1	1	0	1*
1	1	1	1*

表 5-25　同步 RS 触发器的简化特性表

R	S	Q^{n+1}
0	0	Q^n　保持
0	1	1　置 1
1	0	0　置 0
1	1	1*　不定

同步 RS 触发器的状态转换图如图 5-41 所示。

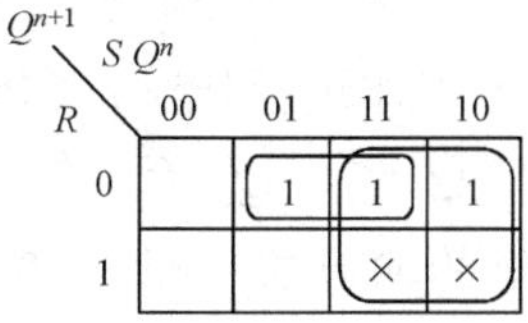

图 5-40　同步 RS 触发器的卡诺图

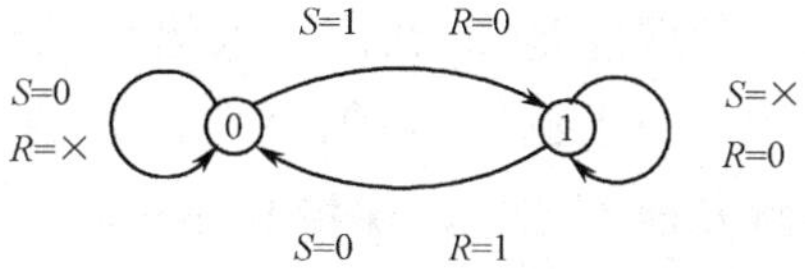

图 5-41　同步 RS 触发器的状态转换图

4）动作特点

同步 RS 触发器的动作特点是在 CP=1 期间，输入信号 R、S 才可以影响触发器的输出状态。

实例 5-14　同步 RS 触发器的输入波形如图 5-42 中的 R、S 所示。设初始 Q=0，请画出 Q、$\overline{Q}$ 端的波形。

解　根据同步 RS 触发器的动作特点和特性表可以画出 Q 和 $\overline{Q}$ 端的波形，如图 5-42 所示。

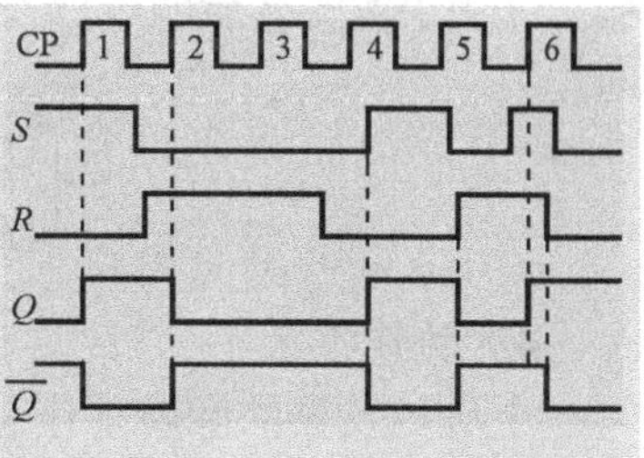

图 5-42　实例 5-14 的波形

5）空翻现象

如图 5-43 所示，在 CP 高电平期间，由于输入信号 R、S 出现了多种组合，导致触发器的输出状态 Q 发生多次变化，像这样在一个有效时钟期间，触发器多次翻转的现象称为空翻。

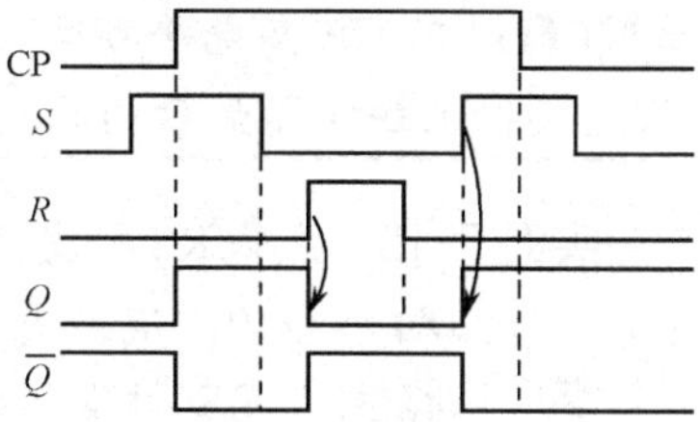

图 5-43　空翻波形

3. 主从 RS 触发器

为了消除同步触发器的空翻现象，希望每来一个控制信号，触发器的状态最多翻转一次，据此设计出了主从触发器。

1）电路组成

主从 RS 触发器的逻辑电路如图 5-44（a）所示，由两个结构相同的同步 RS 触发器组成，分别称为主触发器（G_5～G_8）和从触发器（G_1～G_4）。主触发器和从触发器分别由两个相位相反的时钟信号 CP 和 CP′控制。图 5-44（b）是其逻辑符号，其中时钟 CP 下面有一个“o”，代表触发器在 CP 的下降沿（即 CP 由 1 变为 0 的时刻）触发。

2）工作原理

在 CP=1 期间，主触发器工作，接收 RS 输入信号，而从触发器不工作，输出 Q 的状态保持不变。

在 CP 的下降沿时刻，主触发器不工作，从触发器工

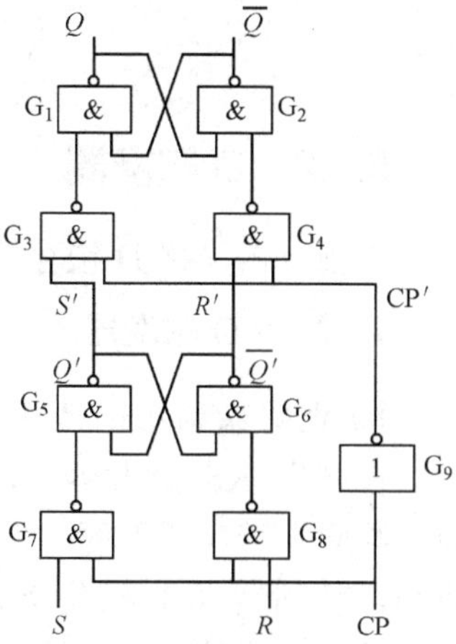

（a）逻辑电路

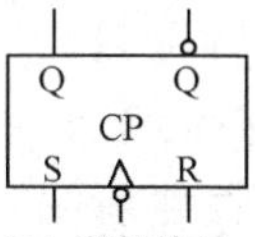

（b）逻辑符号

图 5-44　主从 RS 触发器

作，从触发器接收前一时刻主触发器的状态。

若触发器的现态是 0 态，输入信号 R=0、S=1，则其具体工作过程如下：CP=1 期间，主触发器工作，由于输入 R=0、S=1，其输出被置成 1 态，即 $Q'=1$，$\overline{Q'}=0$；在 CP 的下降沿时刻，主触发器不工作，保持其输出状态并传递给从触发器的输入端，即 R'=0、S'=1，此时从触发器工作接收其输入信号（也就是主触发器的输出状态）R'、S'，由于 R'=0、S'=1，所以从触发器被置成 1 态，即 Q=1，$\overline{Q}$=0。

3）逻辑功能描述

主从 RS 触发器的特性表、卡诺图、状态转换图均与同步 RS 触发器相同，这里不再赘述。主从 RS 触发器的特性方程为式（5-10），和同步 RS 触发器相比，只是触发的时刻不同而已。

$$\begin{cases} Q^{n+1} = S + \overline{R}Q^n & \text{（CP 下降沿有效）} \\ RS = 0 & \text{（约束条件）} \end{cases} \qquad (5\text{-}10)$$

4）动作特点

主从触发器的翻转动作总体上分为两步：第一步，在 CP=1 期间，主触发器接收输入信号 R、S；第二步，在 CP 下降沿时刻，从触发器接收主触发器的输出状态。

注意： 在 CP 高电平期间，主触发器的状态可以多次翻转，但 CP 下降沿时刻从触发器只能接收主触发器最后的状态。

实例 5-15 主从 RS 触发器输入信号的波形如图 5-45 所示。已知初始 Q=0，试画出 Q 端波形。

解 根据主从 RS 触发器的动作特点和特性表可以画出 Q 端的波形，如图 5-45 所示。

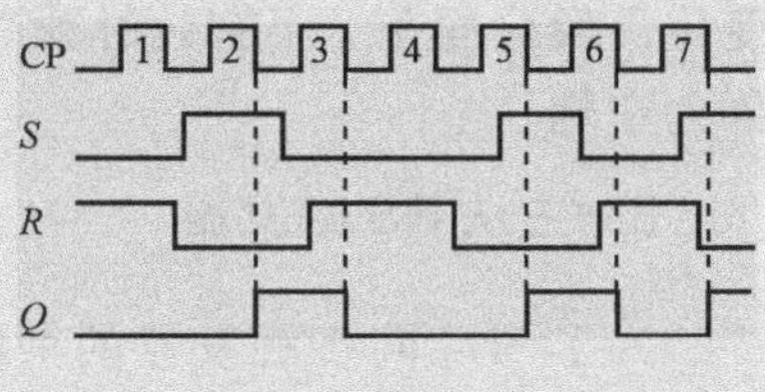

图 5-45 实例 5-15 的波形

5.3.2 D 触发器

D 触发器又称 D 锁存器，按结构不同，分为同步 D 触发器和边沿 D 触发器。

1. 同步 D 触发器

1）电路结构及逻辑符号

在同步 RS 触发器中，R、S 之间存在约束问题，给应用带来了不便。为解决 RS 触发器的约束问题，将同步 RS 触发器的结构改进，如图 5-46（a）所示，这种改进了的同步 RS 触发器称为 D 锁存器（D 触发器）。此外，D 锁存器也为单端输入信号的场合提供了便利。

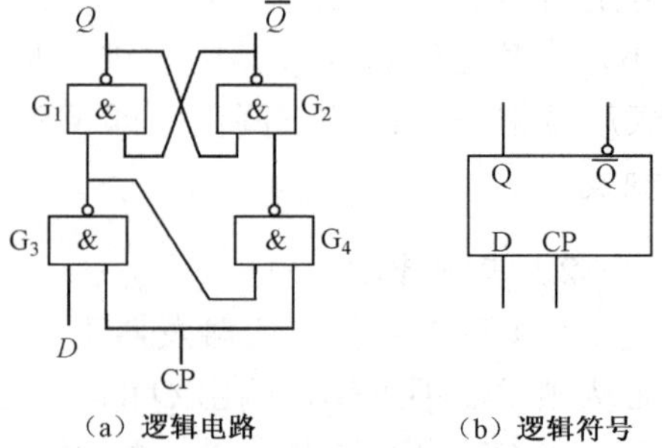

（a）逻辑电路　（b）逻辑符号

图 5-46 D 触发器

D 锁存器有两个输入端，其中 D 是数据输入端，CP 是时钟输入端，图 5-46（b）是它的逻辑符号。

2）工作原理

当 CP=0 时，G_3 和 G_4 被封锁，触发器状态保持不变。

当 CP=1 时，G_3 和 G_4 打开，触发器的输出状态取决于数据输入端 D，若 D=0，则 G_3 输出 1，G_4 输出 0，触发器被置成 0 态；若 D=1，则 G_3 输出 0，G_4 输出 1，触发器被置成 1 态。

由于 D 锁存器只有一个输入信号，解决了 RS 触发器输入信号间有约束的问题。

3）逻辑功能描述

D 锁存器的特性表如表 5-26 所示，可见 D 锁存器只有置 0 和置 1 两个功能。简化的特性表如表 5-27 所示。

表 5-26　D 锁存器的特性表

D	Q^n	Q^{n+1}
0	0	0
0	1	0
1	0	1
1	1	1

表 5-27　D 锁存器的简化特性表

D	Q^{n+1}
0	0　置 0
1	1　置 1

利用简化特性表，便可得到 D 锁存器的特性方程。

$$Q^{n+1} = D \text{（CP=1 有效）} \qquad (5\text{-}11)$$

D 锁存器的状态转换图如图 5-47 所示。

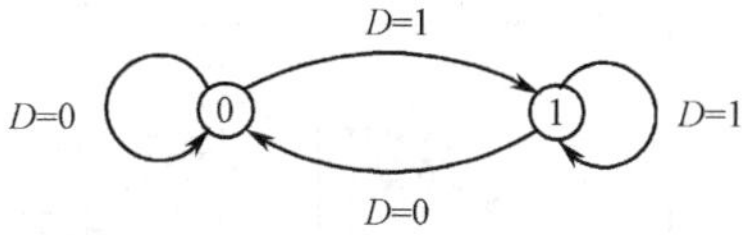

图 5-47　D 锁存器的状态转换图

4）动作特点

在 CP=1 期间，输入信号 D 才可以影响触发器的输出状态。另外，D 锁存器同样存在空翻现象，请读者自行分析。

实例 5-16　已知 D 锁存器的 CP 和输入波形如图 5-48 所示，请画出 Q 端的波形，假设其初始状态为 0。

解　根据 D 锁存器的动作特点和特性表可以画出 Q 端的波形，如图 5-48 所示。

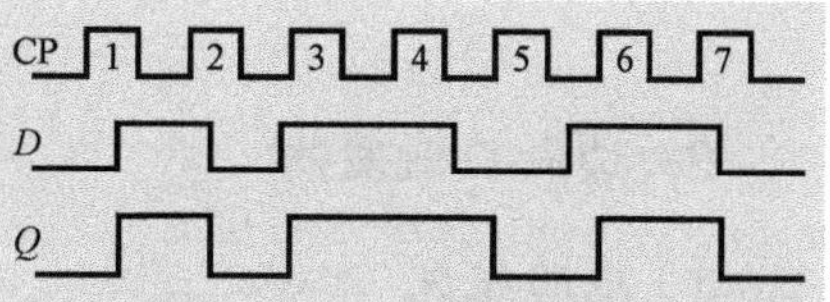

图 5-48　实例 5-16 的波形

5）常用集成同步 D 触发器

如图 5-49（a）所示为 TTL 集成同步 D 触发器 74LS375 的引脚排列图，74LS375 内部集成了 4 个同步 D 触发器单元，其中 1G 端是 1、2 单元的共用时钟 CP1 和 CP2 的输入端，2G 端是 3、4 单元的共用时钟 CP3

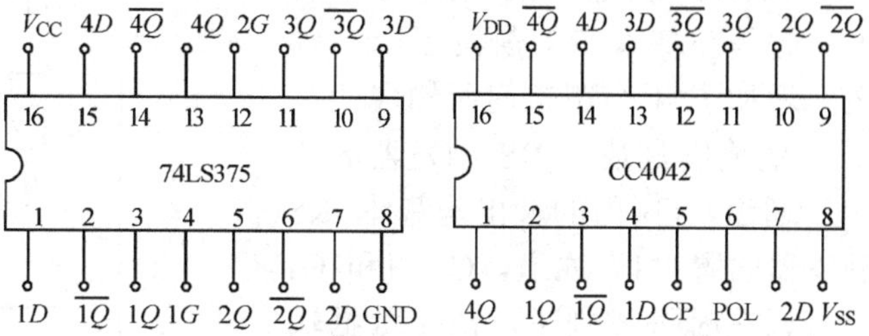

（a）74LS375的引脚排列图　（b）CC4042的引脚排列图

图 5-49　集成同步 D 触发器 74LS375 和 CC4042 的引脚排列图

和 CP4 的输入端。

如图 5-49（b）所示为 CMOS 集成同步 D 触发器 CC4042 的引脚排列图。内部也集成了 4 个同步 D 触发器单元，4 个单元共用一个时钟 CP。与 74LS375 不同的是，CC4042 增加了一个极性控制信号 POL：当 POL=1 时，有效的时钟条件是 CP=1，锁存的内容是下降沿时刻 *D* 的值；而当 POL=0 时，有效的时钟条件是 CP=0，锁存的内容是上升沿时刻 *D* 的值。

6）仿真练习

用 Multisim 仿真软件模拟实现同步 D 触发器的逻辑功能。

启动仿真软件，选择基本同步 D 触发器 74LS375，在仪器栏中选择逻辑分析仪，连接电路如图 5-50（a）所示，双击逻辑分析仪，显示面板，打开开关，观察波形，如图 5-50（b）所示。

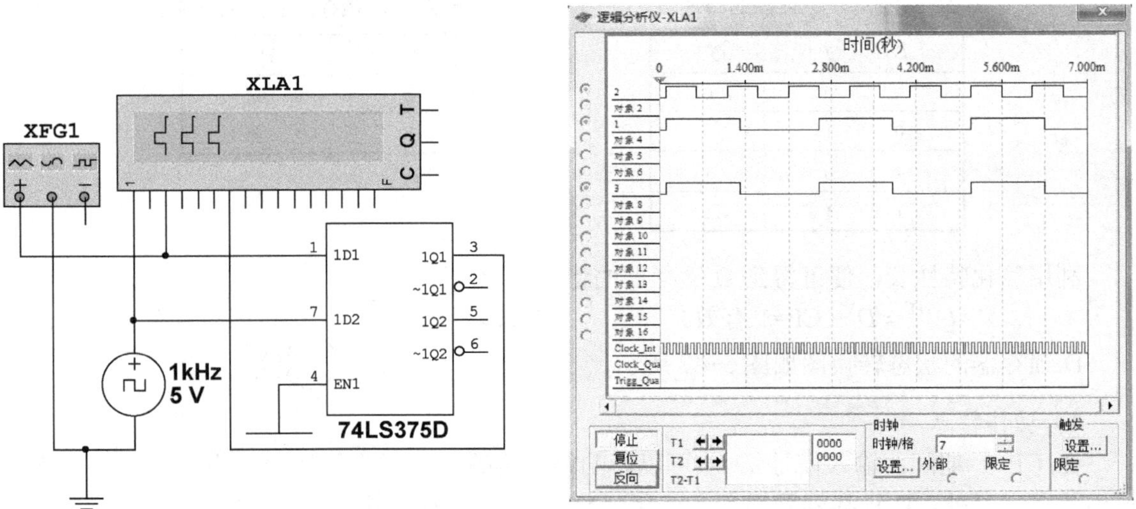

（a）仿真电路　　（b）逻辑分析仪波形

图 5-50　D 触发器仿真

2. 边沿 D 触发器

1）电路组成

边沿 D 触发器的电路如图 5-51（a）所示。从电路的结构可以看出，它是在基本 RS 触发器的基础之上增加了 4 个逻辑门而构成的，G_4 门的输出是基本 RS 触发器的置“0”通道，G_3 门的输出是基本 RS 触发器的置“1”通道。G_3 门和 G_4 门可以在时钟控制下，决定数据输入 *D* 是否能传输到基本 RS 触发器的输入端。G_6 门将数据输入 *D* 以反

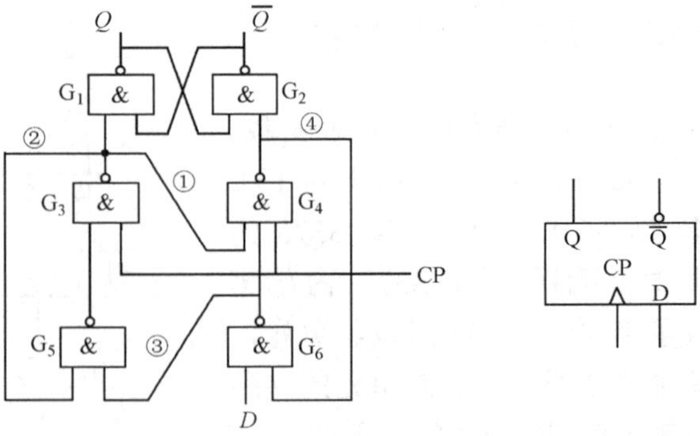

（a）逻辑电路　　（b）逻辑符号

图 5-51　边沿 D 触发器

变量形式送到 G_4 门的输入端，再经过 G_5 门将数据 D 以原变量形式送到 G_3 门的输入端，使数据输入 D 等待时钟 CP 到来后，通过 G_4 门和 G_3 门，以实现置“0”或置“1”。

2）逻辑功能描述

边沿 D 触发器的特性表、卡诺图、状态转换图均与同步触发器相同，这里不再赘述。

边沿 D 触发器的特性方程为

$$Q^{n+1}=D \quad \text{（CP 上升沿有效）} \tag{5-12}$$

3）动作特点

在 CP=0、下降沿、CP=1 期间，输入信号都不起作用，只有在 CP 上升沿时刻，触发器才会按其特性方程改变状态。边沿 D 触发器通过缩短输入信号的作用时间，避免了空翻现象。

实例 5-17 边沿 D 触发器的输入波形如图 5-52 所示。试画出 Q 端波形，假设其初始状态为 0。

解 根据边沿 D 触发器的动作特点和特性表可以画出 Q 端的波形如图 5-52 所示。

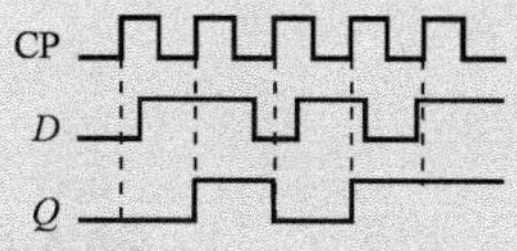

图 5-52 实例 5-17 的波形

4）常用集成边沿 D 触发器

如图 5-53（a）所示为集成边沿 D 触发器 74LS74 的引脚排列图，如图 5-53（b）所示为 CMOS 集成边沿 D 触发器 CC4013 的引脚排列图。

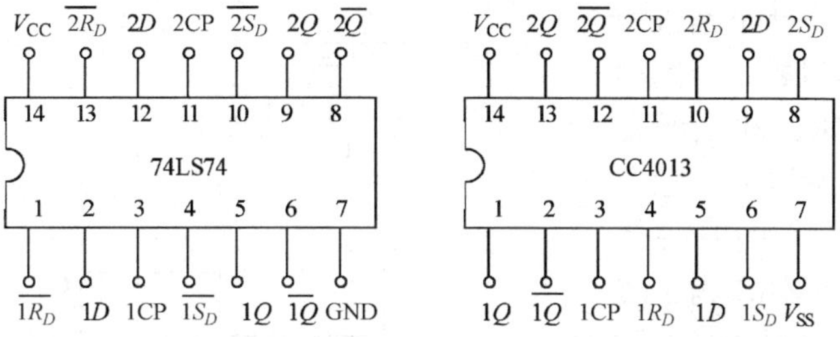

（a）74LS74 引脚排列图　　（b）CC4013 引脚排列图

图 5-53 集成边沿 D 触发器 74LS74 和 CC4013 的引脚排列图

74LS74 内部包含两个带有清零端 $\overline{R_D}$ 和预置端 $\overline{S_D}$ 的触发器，它们都是 CP 上升沿触发的边沿 D 触发器，异步输入端 $\overline{R_D}$ 和 $\overline{S_D}$ 为低电平有效。

CC4013 内部包含 2 个带有清零端 R_D 和预置端 S_D 的触发器，它们都是上升沿触发的边沿 D 触发器，值得注意的是，CC4013 的异步输入端 R_D 和 S_D 为高电平有效。

5）仿真练习

用 Multisim 仿真软件模拟实现边沿 D 触发器的逻辑功能。

启动 Multisim 仿真软件，选择基本边沿 D 触发器 74LS74，在仪器栏中选择逻辑分析仪，连接电路如图 5-54（a）所示，双击逻辑分析仪，显示面板，打开开关，观察波形，如图 5-54（b）所示。三个波形依次为 CP、D、Q 的波形。特别注意观察边沿 D 触发器与同步 D 触发器波形的区别。

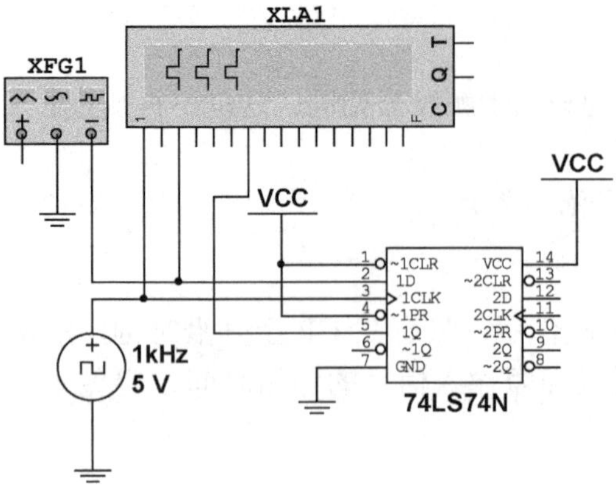

（a）仿真

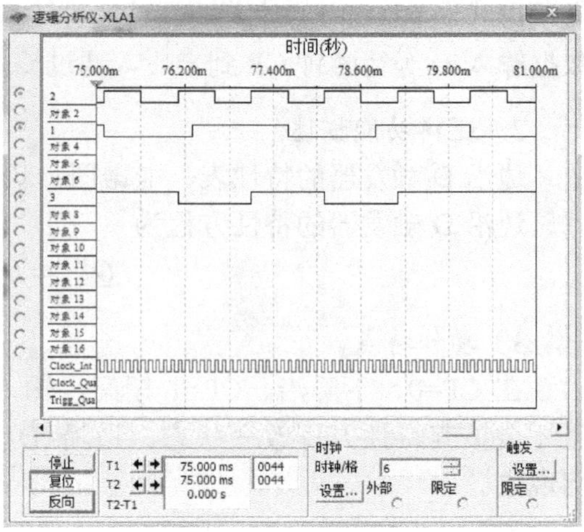

（b）逻辑分析仪波形

图 5-54　边沿 D 触发器仿真

5.3.3　JK 触发器

1. 主从 JK 触发器

1）电路结构及逻辑符号

主从 JK 触发器的逻辑电路如图 5-55（a）所示，由两个结构相同的同步 RS 触发器组成，分别称为主触发器（G_5～G_8）和从触发器（G_1～G_4）。主触发器和从触发器分别由两个相位相反的时钟信号 CP 和 CP′ 控制。另外，为了解决 RS 触发器的约束问题，又引了两条反馈线，一条是从 Q 端引到门 G_8 的输入端，另一条从 $\overline{Q}$ 端引到门 G_7 的输入端。图 5-55（b）是其逻辑符号，其中时钟 CP 下面有一个“o”，它代表触发器在 CP 的下降沿（即 CP 由 1 变为 0 的时刻）触发。

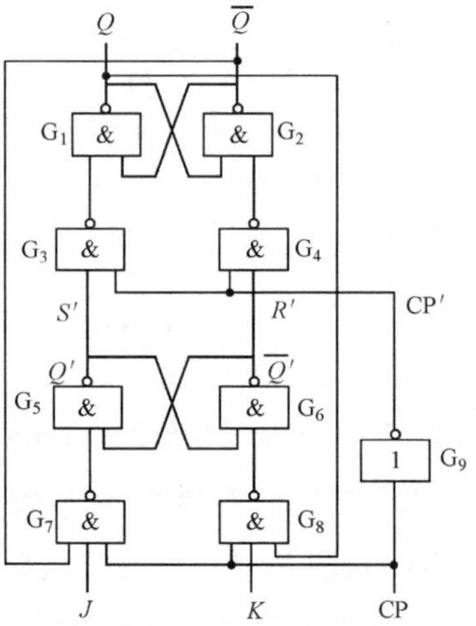

（a）逻辑电路

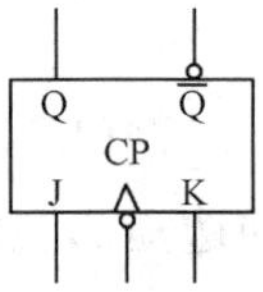

（b）逻辑符号

图 5-55　主从 JK 触发器

2）工作原理

在 CP=1 期间，主触发器工作，接收 J、K 输入信号，而从触发器不工作，输出 Q 的状态保持不变。

在 CP 的下降沿时刻，主触发器不工作，从触发器工作，从触发器接收前一时刻主触发器的状态。

若触发器的现态是 0 态，输入信号 J=1、K=0，则其具体工作过程如下：CP=1 期间，主触发器工作，由于 Q=0，G_8 的输出被封锁为 1，由于 $\overline{Q}$=1，J=1，CP=1，所以 G_7 输出为 0，而 G_5 和 G_6 构成基本 RS 触发器，其输出被置成 1 态，即 Q'=1，$\overline{Q'}$=0；在 CP 的下降沿时刻，主触发器不工作，保持其输出状态并传递给从触发器的输入端，即 R'=0、S'=1，此时从触发器工作接收其输入信号（也就是主触发器的输出状态）R'、S'，由于 R'=0、S'=1，所以从触发器被置成 1 态，即 Q=1，$\overline{Q}$=0。

从输入组合角度，触发器的分析总共有 8 种情况，以上只分析了其中的 1 种情况，其他 7 种请读者自行分析。

3）逻辑功能描述

主从 JK 触发器的特性表如表 5-28 所示，简化的特性表如表 5-29 所示。

表 5-28　主从 JK 触发器的特性表

J	K	Q^n	Q^{n+1}
0	0	0	0
0	0	1	1
0	1	0	0
0	1	1	0
1	0	0	1
1	0	1	1
1	1	0	1
1	1	1	0

表 5-29　主从 JK 触发器的简化特性表

J	K	Q^{n+1}
0	0	Q^n 保持
0	1	0　置 0
1	0	1　置 1
1	1	$\overline{Q^n}$　翻转

利用卡诺图化简方法（如图 5-56 所示），可得到主从 JK 触发器的特性方程。

$$Q^{n+1} = J\overline{Q^n} + \overline{K}Q^n \text{（CP 下降沿有效）} \tag{5-13}$$

主从 JK 触发器的状态转换图如图 5-57 所示。

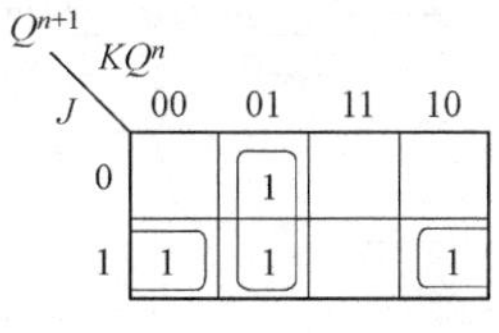

图 5-56　主从 JK 触发器的卡诺图

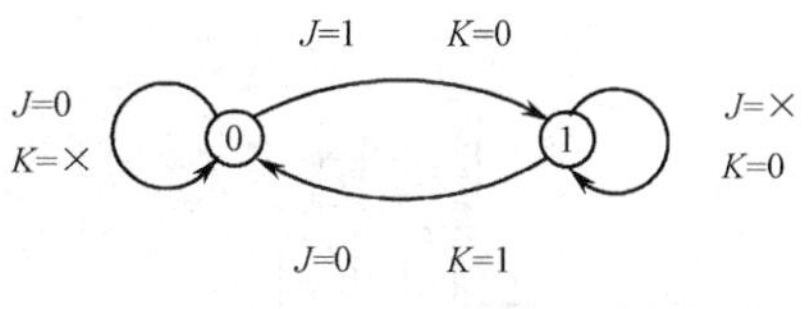

图 5-57　主从 JK 触发器的状态转换图

4）动作特点

主从 JK 触发器的翻转动作总体上分为两步：第一步，在 CP=1 期间，主触发器接收输入信号 J、K；第二步，在 CP 下降沿时刻，从触发器接收主触发器的输出状态。

注意： 在 CP 高电平期间，虽然主触发器的输入信号 J、K 会出现多种组合，但主触发器的状态只会发生一次翻转。

实例 5-18 主从 JK 触发器的输入波形如图 5-58 所示。设初始 Q=0，画出 Q 端的波形。

解 根据主从 JK 触发器的动作特点和特性表可以画出 Q 端的波形，如图 5-58 所示。

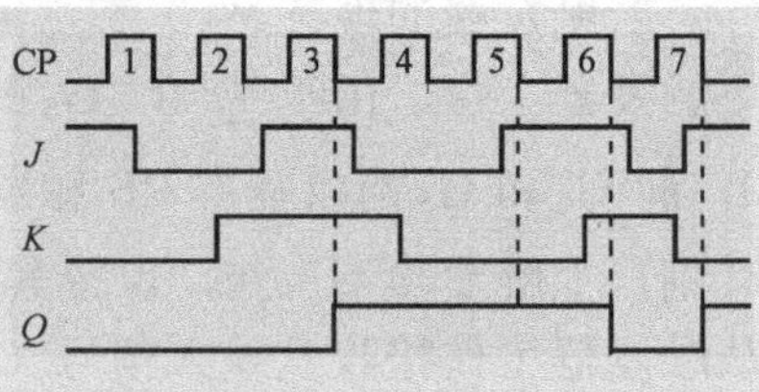

图 5-58 实例 5-18 的波形

5）常用集成主从 JK 触发器

如图 5-59 所示为 TTL 集成主从 JK 触发器 74LS76 和 7472 的引脚排列图。

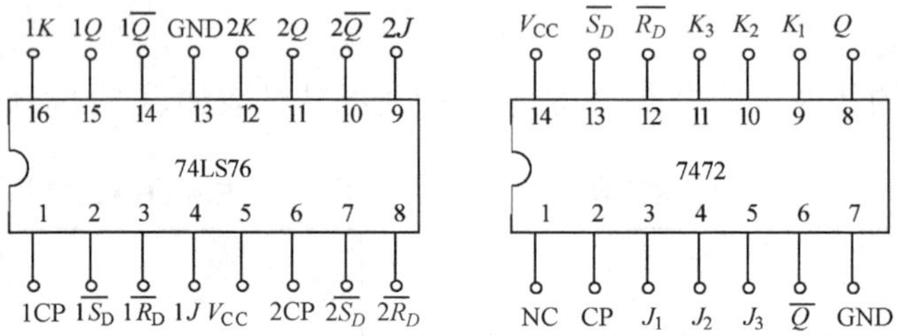

（a）74LS76 引脚排列图　　（b）7472 的引脚排列图

图 5-59 TTL 集成主从 JK 触发器 74LS76 和 7472 的引脚排列图

74LS76 内部集成了两个带有清零端 $\overline{R_D}$ 和预置端 $\overline{S_D}$ 的触发器，它们都是 CP 下降沿触发的主从 JK 触发器，异步输入端 $\overline{R_D}$ 和 $\overline{S_D}$ 为低电平有效。

7472 是带有清零端 $\overline{R_D}$ 和预置端 $\overline{S_D}$ 的与输入集成主从触发器，它有 3 个 J 端，3 个 K 端，$J=J_1J_2J_3$，$K=K_1K_2K_3$，异步输入端 $\overline{R_D}$ 和 $\overline{S_D}$ 为低电平有效。

6）仿真练习

用 Multisim 仿真软件模拟实现主从 JK 触发器的逻辑功能。

启动 Multisim 仿真软件，选择主从 JK 触发器 74LS76，在仪器栏中选择逻辑分析仪，连接电路如图 5-60（a）所示，双击逻辑分析仪，显示面板，打开开关，观察波形，如图 5-60

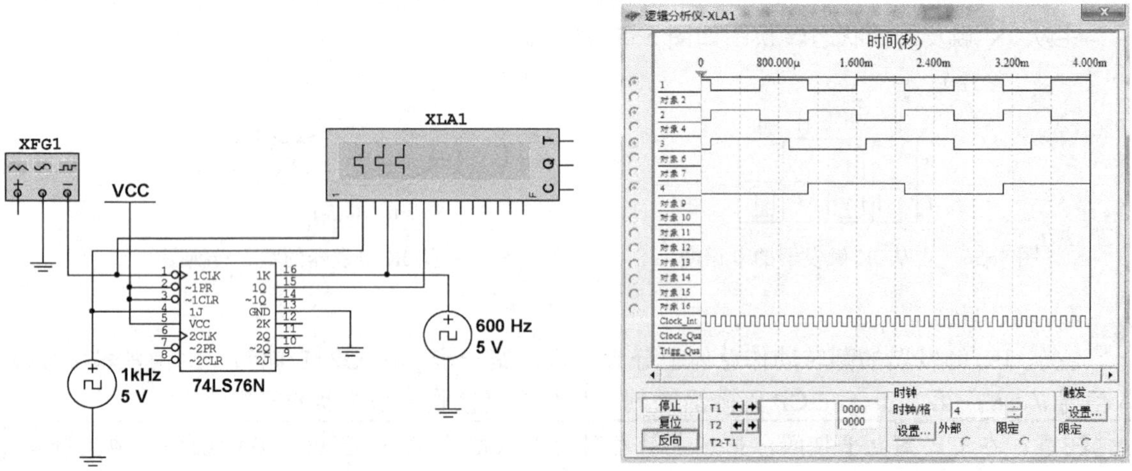

（a）仿真电路　　（b）逻辑分析仪波形

图 5-60 主从 JK 触发器仿真

（b）所示。4 个波形依次为 CP、J、K、Q 的波形，注意体会主从 JK 触发器的动作特点。

2. 边沿 JK 触发器

1）电路组成

边沿 JK 触发器是利用门电路的传输延迟时间来实现边沿触发的，电路结构如图 5-61（a）所示。这个电路包含一个由与或非门 G_1 和 G_2 组成的基本 RS 触发器和两个输入控制与非门 G_3 和 G_4。而且 G_3 和 G_4 的传输时间大于基本 RS 触发器的翻转时间。

这里对边沿 JK 触发器的工作原理不再赘述，读者可自行分析。

边沿 JK 触发器的特性表、卡诺图、状态转换图、状态方程等均与主从 JK 触发器相同。

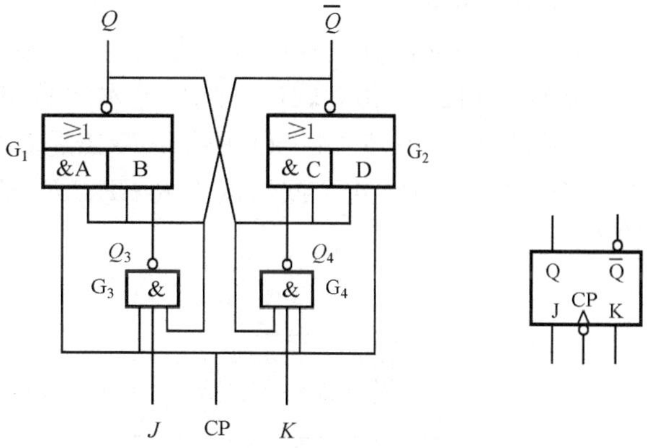

（a）逻辑电路　　（b）逻辑符号

图 5-61　边沿 JK 触发器

2）动作特点

在 CP 下降沿时刻，输入信号 J、K 可以直接影响触发器的输出状态。请注意，只有这一时刻输入信号才起作用。

实例 5-19　下降沿触发的边沿 JK 触发器的输入波形如图 5-62 所示，试画出输出 Q 的波形。

解　根据边沿 JK 触发器的动作特点和特性表可以画出 Q 端的波形如图 5-62 所示。

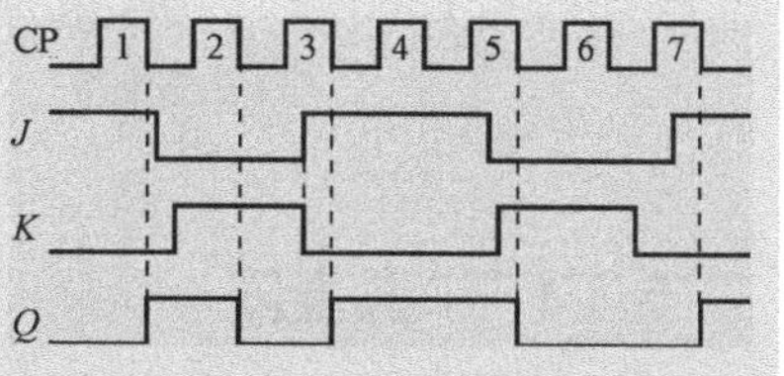

图 5-62　实例 5-19 的波形图

3）常用集成边沿 JK 触发器

集成边沿 JK 触发器属于 TTL 电路的有 74LS112，属于 CMOS 电路的有 CC4027，它们的引脚排列如图 5-63 所示。

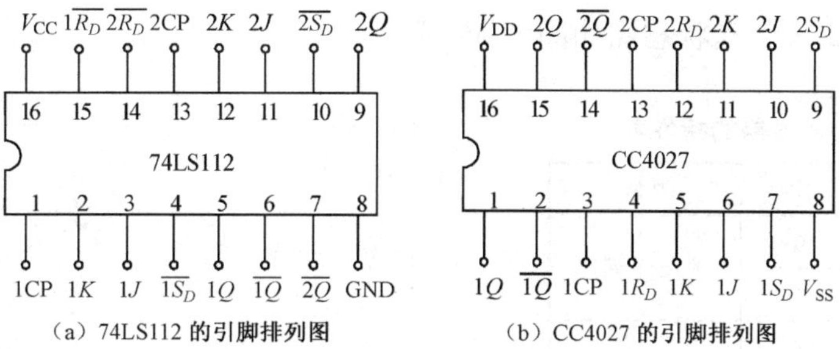

（a）74LS112 的引脚排列图　　（b）CC4027 的引脚排列图

图 5-63　集成边沿 JK 触发器 74LS112 和 CC4027 的引脚排列图

74LS112 内部集成了两个带有清零端 R_D 和预置端 S_D 的边沿 JK 触发器，它们都是 CP

下降沿触发的，异步输入端 $\overline{R_D}$ 和 $\overline{S_D}$ 为低电平有效。

CC4027 内部也包含两个带有清零端 R_D 和预置端 S_D 的边沿 JK 触发器，它们都是 CP 上升沿触发的，值得注意的是的，异步输入端 R_D 和 S_D 为高电平有效。

4）仿真练习

用 Multisim 仿真软件模拟实现边沿 JK 触发器的逻辑功能。

启动 Multisim 仿真软件，选择基本边沿 JK 触发器 74LS112，在仪器栏中选择逻辑分析仪，连接电路如图 5-64（a）所示，双击逻辑分析仪，显示面板，打开开关，观察波形，如图 5-64（b）所示。4 个波形依次为 CP、J、K、Q 的波形，注意体会边沿 JK 触发器的动作特点。

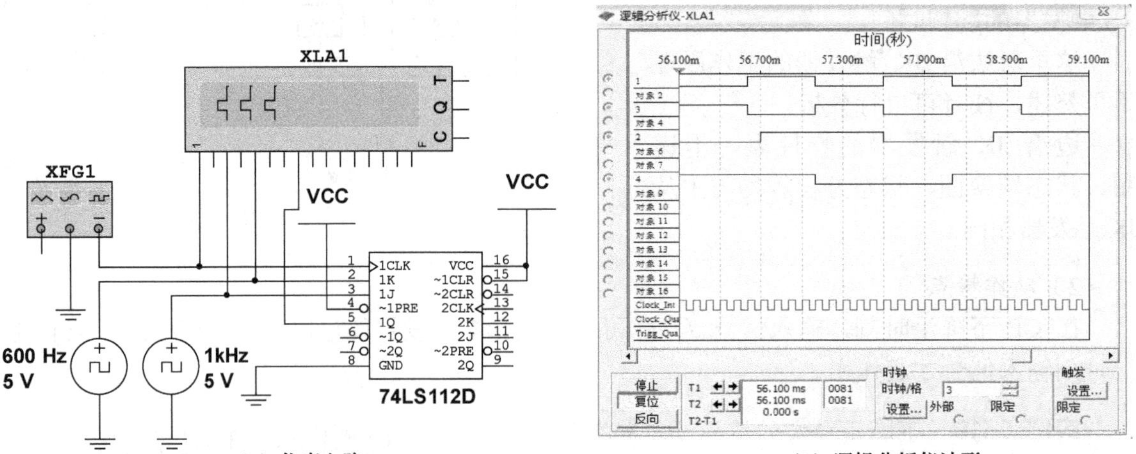

（a）仿真电路　　　　（b）逻辑分析仪波形

图 5-64　边沿 JK 触发器仿真

5.3.4　T 触发器

在数字电路中，凡在 CP 时钟脉冲控制下，根据输入信号 T 取值的不同，具有保持和翻转功能的电路，即当 T=0 时能保持状态不变，T=1 时一定翻转的电路，都称为 T 触发器。T 触发器的特性表如表 5-30 所示。

由表 5-30 可得触发器的特性方程为

$$Q^{n+1}=T\overline{Q^n}+\overline{T}Q^n=T\oplus Q^n \quad \text{（CP 下降沿有效）} \qquad (5-14)$$

T 触发器的逻辑符号和状态图如图 5-65 所示。

表 5-30　T 触发器的特性表

T	Q^n	Q^{n+1}	功能
0	0	0	$Q^{n+1}=Q^n$ 保持
0	1	1	
1	0	1	$Q^{n+1}=\overline{Q^n}$ 翻转
1	1	0	

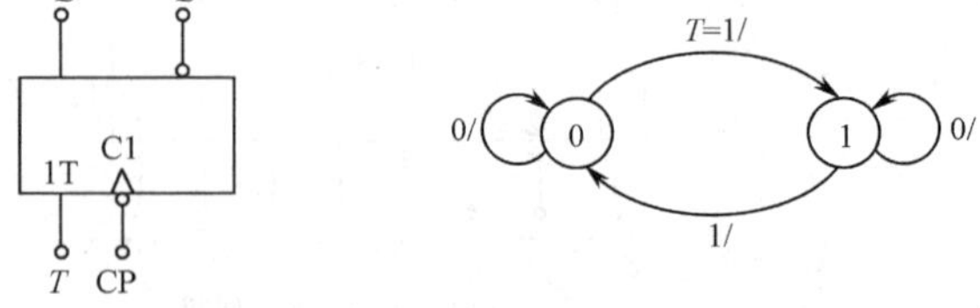

图 5-65　T 触发器的逻辑符号和状态图

实例 5-20　T 触发器的输入波形如图 5-66 所示。设初始 Q=0，画出 Q 端的波形。

解　根据 T 触发器的动作特点和特性表可以画出 Q 端的波形，如图 5-66 所示。

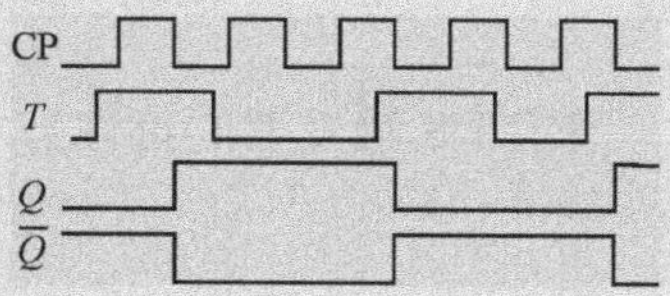

图 5-66　实例 5-20 的波形

5.3.5　T′ 触发器

在数字电路中，凡每来一个时钟脉冲就翻转一次的电路，都称为 T′ 触发器。如图 5-67 所示为 T′ 触发器的逻辑符号和状态图。

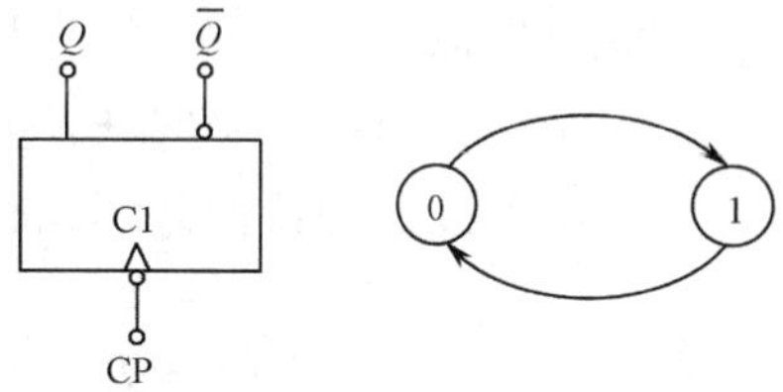

图 5-67　T′ 触发器的逻辑符号和状态图

T′ 触发器的特性表如表 5-31 所示。

由表可得 T′ 触发器的特性方程为

$$Q^{n+1}=\overline{Q^n}\text{（CP 下降沿有效）}\qquad(5\text{-}15)$$

如图 5-68 所示为 T′ 触发器的波形。

表 5-31　T′触发器的特性表

Q^n	Q^{n+1}	功能
0	1	翻转
1	0	

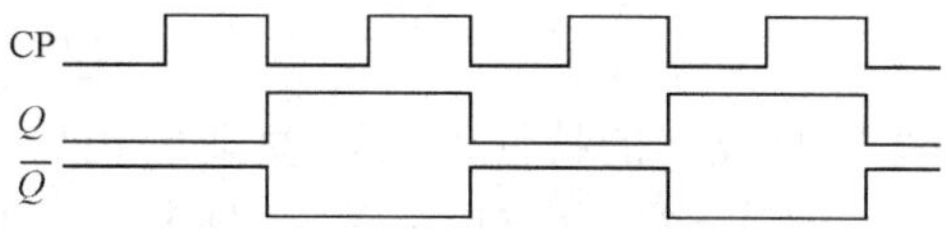

图 5-68　T′ 触发器的波形

5.3.6　触发器逻辑功能的转换

根据实际需要，可以将某种功能的触发器经过改接或附加一些门电路后，转换为另一种功能的触发器。转换方法是令已有触发器和待求触发器的特性方程相等，求出转换逻辑。转换步骤如下：

（1）写出已有触发器和待求触发器的特性方程；

（2）变换待求触发器的特性方程，使其形式与已有触发器的特性方程一致；

（3）比较已有和待求触发器的特性方程，根据两个方程相等的原则求出转换逻辑；

（4）根据转换逻辑画出逻辑电路图。

由于实际生产的集成主从触发器和边沿触发器只有 JK 型和 D 型两种，所以这里只介绍如何把 JK 触发器和 D 触发器转换成其他类型的触发器，以及它们之间的相互转换。

1. 将 JK 触发器转换为 RS、D、T 和 T′ 触发器

JK 触发器的特性方程为

$$Q^{n+1}=J\overline{Q^n}+\overline{K}Q^n$$

1）JK 触发器→RS 触发器

RS 触发器的特性方程为

$$\begin{cases} Q^{n+1} = S + \bar{R}Q^n \\ RS = 0 \end{cases}$$

变换 RS 触发器的特性方程，使其形式与 JK 触发器的特性方程一致：

$$\begin{aligned} Q^{n+1} &= S + \bar{R}Q^n \\ &= S(\bar{Q}^n + Q^n) + \bar{R}Q^n \\ &= S\bar{Q}^n + SQ^n + \bar{R}Q^n \\ &= S\bar{Q}^n + \bar{R}Q^n + SQ^n(\bar{R} + R) \\ &= S\bar{Q}^n + \bar{R}Q^n + \bar{R}SQ^n + RSQ^n \end{aligned}$$

$\bar{R}SQ^n$ 可被 $\bar{R}Q^n$ 吸收，约束项 $RS = 0$， RSQ^n=0，化简上式可得

$$Q^{n+1} = S\bar{Q}^n + \bar{R}Q^n$$

与 JK 触发器的特性方程比较可得

$$\begin{cases} J = S \\ K = R \end{cases}$$

画出电路图，如图 5-69 所示。

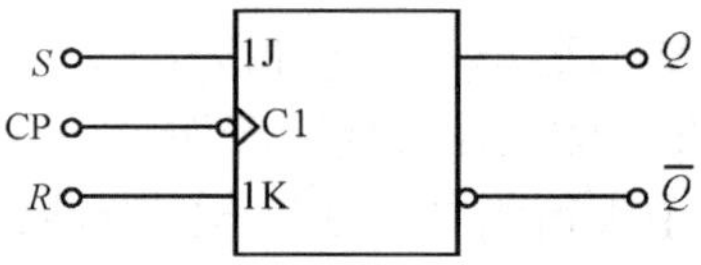

图 5-69　JK 触发器转换成 RS 触发器

2）JK 触发器→D 触发器

D 触发器的特性方程为

$$Q^{n+1} = D$$

变换 D 触发器的特性方程，使其形式与 JK 触发器的特性方程一致：

$$Q^{n+1} = D = D(\bar{Q}^n + Q^n) = D\bar{Q}^n + DQ^n$$

与 JK 触发器的特性方程比较可得

$$\begin{cases} J = D \\ K = \bar{D} \end{cases}$$

画出电路图，如图 5-70 所示。

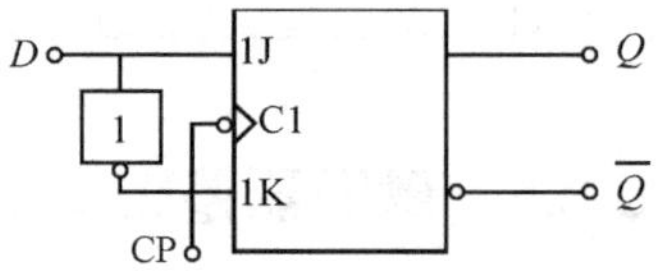

图 5-70　JK 触发器转换成 D 触发器

3）JK 触发器→T 触发器

T 触发器的特性方程为

$$Q^{n+1} = T\bar{Q}^n + \bar{T}Q^n$$

与 JK 触发器的特性方程比较可得

$$\begin{cases} J = T \\ K = T \end{cases}$$

画出电路图，如图 5-71 所示。

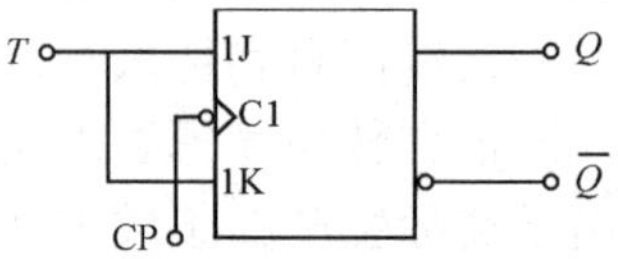

图 5-71　JK 触发器转换成 T 触发器

4）JK 触发器→T′ 触发器

T′ 触发器的特性方程为

$$Q^{n+1} = \overline{Q^n}$$

变换 T' 触发器的特性方程，使之形式与 JK 触发器的特性方程一致：

$$Q^{n+1} = \bar{Q}^n = 1 \cdot \bar{Q}^n + \bar{1} \cdot Q^n$$

与 JK 触发器的特性方程比较可得

$$\begin{cases} J = 1 \\ K = 1 \end{cases}$$

画出电路图，如图 5-72 所示。

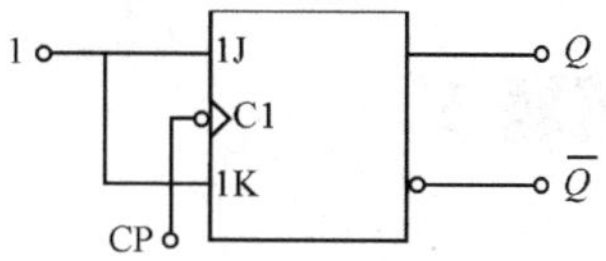

图 5-72　JK 触发器转换成 T′ 触发器

2. 将 D 触发器转换为 JK、T、T′ 和 RS 触发器

D 触发器的特性方程为

$$Q^{n+1} = D$$

将 D 触发器转换为 JK 触发器，先写出 JK 触发器的特性方程为

$$Q^{n+1} = J\overline{Q^n} + \overline{K}Q^n$$

再与 D 触发器的特性方程比较可得

$$D = J\overline{Q}^n + \overline{K}Q^n$$

画出电路图，如图 5-73 所示。

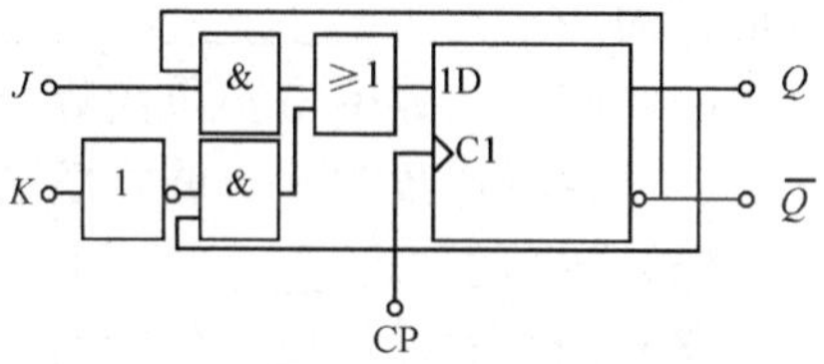

图 5-73　D 触发器转换成 JK 触发器

同理可将 D 触发器转换为 T、T′ 或 RS 触发器，分别如下。

T 触发器：

$$D = T \oplus Q^n$$

T′ 触发器：

$$D = \overline{Q}^n$$

RS 触发器：

$$D = S + \overline{R}Q^n$$

电路图读者可自行画出。

知识梳理与总结

（1）基本逻辑关系有 3 种：与逻辑、或逻辑、非逻辑。由基本逻辑运算可实现与非、或非、异或等组合逻辑运算。逻辑函数遵循逻辑代数的运算法则，逻辑函数反映的不是数量之间的关系，而是逻辑关系。

（2）逻辑函数有 5 种表示方法：真值表、逻辑函数式、逻辑图、卡诺图和波形图。

（3）逻辑函数的化简有两种基本方法：公式法和卡诺图化简方法。卡诺图化简方法在逻辑电路的设计中常被使用。

（4）用分立元件可组成与门、或门、非门，以及与或非门、与非门等复合门电路。更多的则采用 TTL 集成门电路和 MOS 集成门电路，而 MOS 集成门电路具有工艺简单、成本低、输入阻抗高、功耗低、集成度高等优点，目前被广泛应用。

（5）触发器是数字系统中极为重要的基本逻辑单元。按逻辑功能可分为 RS 触发器、JK 触发器、D 触发器、T 触发器和 T′ 触发器，其逻辑功能可用特性表、特征方程、状态转换图和波形图来描述。

（6）在使用触发器时，必须注意电路的功能及其触发方式。触发器有高电平 CP=1、低电平 CP=0、上升沿 CP、下降沿 CP 这 4 种触发方式。

测试题 5

扫一扫看本项目测试题参考答案

5-1 填空题

（1）数字信号的特点是_____和_____都是断续变化的，其高电平和低电平常用_______和______来表示。

（2）最基本的逻辑关系有________、________、_________3 种。常用的几种导出的逻辑运算为_______、_______、_________、________、_________。

（3）逻辑代数中与普通代数相似的定律有______、_______、________。

（4）逻辑代数的 3 个重要规则是_____________、____________、___________。

（5）OC 门称为________门，多个 OC 门输出端并联到一起可实现____功能。

（6）TTL 与非门电压传输特性曲线分为____区、____区、____区和____区。

（7）触发器有____个稳态，存储 8 位二进制信息要_____个触发器。

（8）一个基本 RS 触发器在正常工作时，它的约束条件是$\overline{R}+\overline{S}=1$，则它不允许输入$\overline{S}=$_____且$\overline{R}=$____的信号。

（9）触发器有两个互补的输出端 Q、$\overline{Q}$，定义触发器的 1 状态为__________，0 状态为___________，可见触发器的状态指的是______端的状态。

（10）一个同步 RS 触发器在正常工作时，不允许输入 $R=S=1$ 的信号，因此它的约束条件是__________。

5-2 选择题

（1）以下代码中为无权码的为（　　）。

A．8421BCD 码　　B．5421BCD 码　　C．余三码　　D．格雷码

（2）十进制数 25 用 8421BCD 码表示为（　　）。

A．10 101　　B．0010 0101　　C．100101　　D．10101

（3）与模拟电路相比，数字电路的主要优点有（　　）。

A．容易设计　　B．通用性强　　C．保密性好　　D．抗干扰能力强

（4）以下表达式中符合逻辑运算法则的是（　　）。

A．$A \cdot A=A^2$　　B．1+1=10　　C．0<1　　D．$A+1=1$

（5）逻辑函数的表示方法中具有唯一性的是（　　）。

A．真值表　　B．表达式　　C．逻辑图　　D．卡诺图

（6）在（　　）的输入情况下，“与非”运算的结果是逻辑 0。

A．全部输入是 0　　B．任一输入是 0　　C．仅一输入是 0　　D．全部输入是 1

（7）三态门输出高阻状态时，（　　）是正确的说法。

A．用电压表测量指针不动　　B．相当于悬空

C．电压不高不低　　D．测量电阻指针不动

（8）以下电路中可以实现“线与”功能的有（　　）。

A．与非门　　B．三态输出门　　C．集电极开路门　　D．漏极开路门

（9）CMOS 数字集成电路与 TTL 数字集成电路相比突出的优点是（　　）。

A. 微功耗　　B. 高速度　　C. 高抗干扰能力　　D. 电源范围宽

（10）在下列触发器中，有约束条件的是（　　）。

A. 主从 JK　　B. 主从 D　　C. 同步 RS　　D. 边沿 D

（11）对于 JK 触发器，若 $J=K$，则可完成（　　）触发器的逻辑功能。

A. RS　　B. D　　C. T　　D. T′

（12）为实现将 JK 触发器转换为 D 触发器，应使（　　）。

A. $J=D, K=\overline{D}$　　B. $K=D, J=\overline{D}$　　C. $J=K=D$　　D. $J=K=\overline{D}$

5-3　判断题

（1）数字电路中用“1”和“0”分别表示两种状态，二者无大小之分。（　　）

（2）格雷码具有任何相邻码只有一位码元不同的特性。（　　）

（3）若两个函数具有相同的真值表，则两个逻辑函数必然相等。（　　）。

（4）因为逻辑表达式 $A+B+AB=A+B$ 成立，所以 $AB=0$ 成立。（　　）

（5）若两个函数具有不同的逻辑函数式，则两个逻辑函数必然不相等。（　　）

（6）当 TTL 与非门的输入端悬空时相当于输入为逻辑 1。（　　）

（7）普通的逻辑门电路的输出端不可以并联在一起，否则可能会损坏器件。（　　）

（8）三态门的三种状态分别为：高电平、低电平、不高不低的电压。（　　）

（9）一般 TTL 门电路的输出端可以直接相连，实现线与。（　　）

（10）D 触发器的特性方程为 $Q^{n+1}=D$，与 Q^n 无关，所以它没有记忆功能。（　　）

（11）同步触发器存在空翻现象，而边沿触发器和主从触发器克服了空翻。（　　）

（12）主从 JK 触发器、边沿 JK 触发器和同步 JK 触发器的逻辑功能完全相同。（　　）

5-4　化简下列逻辑函数（方法不限）：

（1）$Y = A\overline{B} + \overline{A}C + \overline{C}\,\overline{D} + D$

（2）$Y = \overline{A}(C\overline{D} + \overline{C}D) + B\overline{C}D + A\overline{C}D + \overline{A}C\overline{D}$

（3）$Y = \sum_m(0,4,6,8,10,12,14)$

（4）$Y = \sum_m(3,5,7,8,9,11,13,14,15)$

（5）$Y = \sum_m(1,3,5,7,8,9) + \sum_d(10,11,12,13,14,15)$

（6）$Y = \sum_m(0,2,3,4,6,8,10) + \sum_d(11,12,14,15)$

5-5　试画出用与非门和反相器实现下列函数的逻辑图。

（1）$Y = AB + BC + AC$

（2）$Y = (\overline{A} + B)(A + \overline{B})C + \overline{BC}$

5-6　若负载门输出高电平为 2.4 V、低电平为 0.3 V，负载门允许输入最低高电平为 1.8 V、最高低电平为 0.8 V，求负载门的噪声容限。

5-7　边沿 D 触发器的输入波形如图 5-74 所示。试画出 Q 端波形，假设 D 触发器在 CP 的上升沿触发，其初始状态为 0。

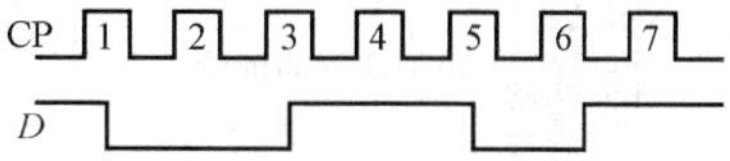

图 5-74　题 5-7 的波形

项目6 组合逻辑电路的仿真实训

教学导航

扫一扫看本项目教学课件

教	知识重点	1．SSI组合逻辑电路的分析方法；　2．SSI组合逻辑电路的设计方法； 3．MSI组合逻辑器件的使用方法
	知识难点	1．由逻辑真值表确定电路的功能；　2．逻辑抽象和功能的仿真验证； 3．译码器和数据选择器的应用
	推荐教学方式	通过典型的例题讲解SSI组合逻辑电路的设计方法和MSI器件的使用方法，并利用Multisim仿真软件对相关例题进行仿真演示，提高学生的学习积极性，增强学生的学习效果
	建议学时	8学时
学	推荐学习方法	熟悉各种逻辑符号与化简方法，理解逻辑抽象的含义，通过典型例题掌握SSI组合逻辑电路的设计与仿真方法、MSI器件的外部逻辑功能与基本应用电路的仿真方法
	必须掌握的理论知识	1．由所给定的逻辑图写出逻辑表达式；用逻辑函数或卡诺图化简，求出最简函数式；列写真值表。 2．根据实际问题所要求的逻辑功能，进行逻辑抽象；用卡诺图化简真值表；由真值表写出逻辑表达式；由逻辑表达式，画出相应的逻辑图
	必须掌握的技能	组合逻辑电路的分析、设计与仿真方法

实训6　交通灯故障报警电路的仿真实训

1. 实训目的

（1）掌握小规模组合逻辑电路（SSI）的分析方法。

（2）熟练应用 Multisim 软件进行小规模组合逻辑电路（SSI）的绘制、仿真与调试。

2. 预习要求

（1）预习教材中有关门电路的相关知识。

（2）预习教材中小规模组合逻辑电路分析的知识。

（3）预习 Multisim 仿真软件的应用。

3. 实训原理

交通灯故障报警电路如图 6-1 所示，主要由四 2 输入与非门 7400、六反相器 7404 和二 4 输入与非门 7420 构成，其中 7400 的第一个与非门实现了与非式 $\overline{AC}$，第二个与非门实现了与非式 $\overline{AB}$，第三个与非门实现了与非式 $\overline{BC}$，7404 利用 3 个非门实现了输入变量 A、B、C 的反相，7420 的第一个与非门实现了与非式 $\overline{\overline{A}\,\overline{B}\,\overline{C}}$，第二个与非门实现了与非式 $\overline{\overline{AB}\,\overline{AC}\,\overline{BC}\,\overline{\overline{A}\,\overline{B}\,\overline{C}}}$，其结果就是交通灯的故障报警信号。

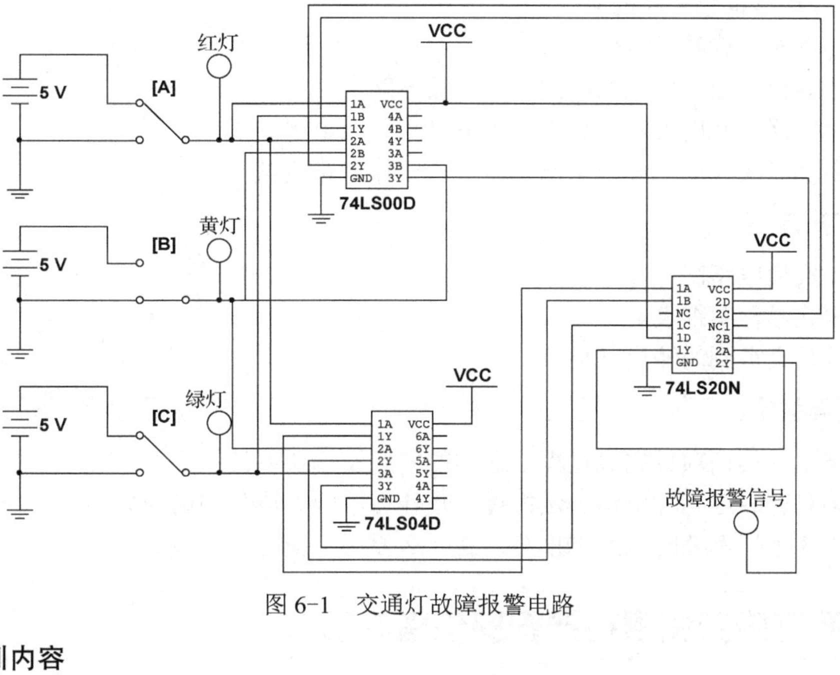

图 6-1　交通灯故障报警电路

4. 实训内容

1）交通灯故障报警电路的仿真

（1）启动 Multisim 仿真软件，按照图 6-1 连接电路。

（2）给元器件标识、赋值，单击 Multisim 仿真软件主界面中的工具栏、仪器栏，选择不同颜色的指示灯，正确连接在电路中。

（3）启动电路仿真，通过指示灯的亮灭观察不同情况下的仿真结果。图 6-2 是两个灯同时亮发生故障报警的仿真图，其他报警情况读者可以自行仿真测试，在此不再赘述。

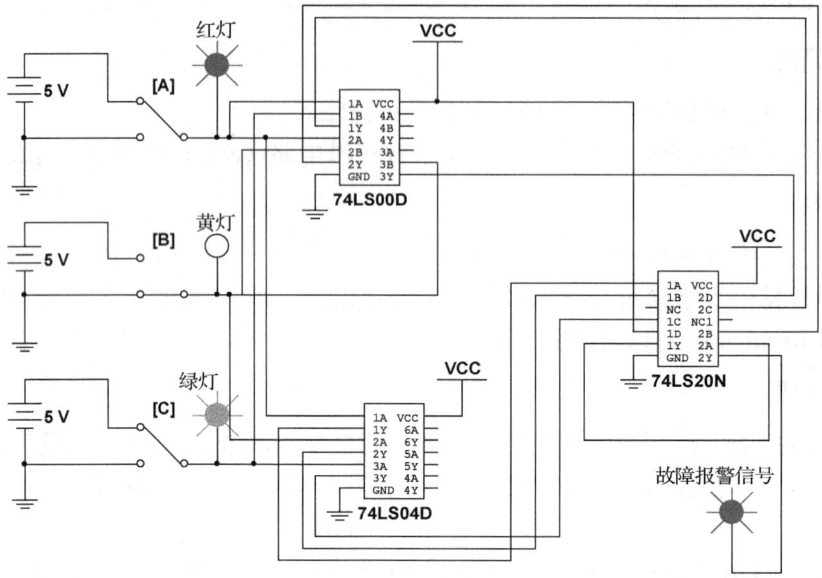

图 6-2　两个灯同时亮发生故障报警的仿真图

2）交通灯故障报警电路的实训

（1）按照图 6-1 选择元器件。

（2）在实验台或面包板上按照图 6-1 连接电路。

（3）调试电路，并用指示灯观测输出信号的高低电平。

（4）在多功能实验板上焊好全部电路进行整体电路调试。

5. 实训报告

（1）画出实训电路图。

（2）列出元器件明细表。

（3）整理仿真得到的输出结果。

6. 分析与讨论

（1）总结本次实训项目完成过程中遇到的问题及解决办法。

（2）如果只有绿灯亮时电路仍然报警，是什么原因？应如何解决？

（3）如果 3 个灯都亮时电路不报警，是什么原因？应如何解决？

实训 7　四路智力竞赛抢答器的仿真实训

1. 实训目的

（1）掌握中规模组合逻辑电路（MSI）的分析方法。

（2）掌握编码器 74LS148 的使用方法，会利用 Multisim 仿真软件进行 74LS148 的仿真与调试。

（3）掌握显示译码器 74LS48 和 7 段数码管的使用方法，会利用 Multisim 仿真软件进行 74LS48 和 7 段数码管的仿真与调试。

（4）掌握 D 触发器 74LS175 的使用方法，会利用仿真软件进行 74LS175 的仿真与调试。

2. 预习要求

（1）预习教材中中规模组合逻辑电路分析的知识。

（2）预习教材中编码器 74LS148 的工作原理与使用方法的知识。

（3）预习显示译码器 74LS48 和 7 段数码管的工作原理与使用方法的知识。

（4）预习教材中 D 触发器 74LS175 的工作原理与使用方法的知识。

（5）预习 Multisim 仿真软件的应用。

3. 实训原理

四路智力竞赛抢答器的仿真电路原理图如图 6-3 所示，竞赛抢答器由电源、开关、电阻、四 D 触发器 74LS175、双 4 输入与门芯片 74LS21、编码器 74LS148、六非门芯片 74LS04、显示译码器 74LS48 和共阴极 7 段数码管等构成。

四路智力竞赛抢答器的工作原理：主持人按下复位开关 Space，抢答器清零，数码管没有任何显示，等待抢答。抢答时，当 1～4 号任意一个按键最先按下去之后，该按键输出端就给 74LS175 的相应 D 触发器的输入端一个高电平信号，通过 74LS175 处理后相应的 Q'端输出低电平信号，经 74LS21 后其 1Y 端（第 6 引脚）输出低电平，在经过 74LS21 的第二个与门后其 2Y 端（第 9 引脚）输出低电平，屏蔽了外部的时钟信号，使得 74LS175 停止工作，不再接收其他抢答按键的触发，因此保证只有最先抢答的一个按键有效。同时 74LS175 将抢答有效的按键对应的触发器 Q'端的低电平信号送至编码器 74LS148，通过 74LS148 对该按键进行编码，编码输出低电平有效信号，通过反相器 74LS04 变成高电平有效信号后送至显示译码器 74LS48 进行译码，将二进制表示的抢答有效的按键号码“翻译”成 7 段数码管的字形码，最后利用数码管显示出抢答有效的按键号码，至此完成了一次抢答。当主持人按下复位开关时，抢答器清零，数码管没有任何显示，便可以进行下一轮的抢答。

4. 实训内容

1）4 路智力竞赛抢答器的仿真

（1）启动 Multisim 仿真软件，按照图 6-3 连接电路。

（2）给元器件标识、赋值，单击 Multisim 仿真软件主界面中的工具栏、仪器栏，选择元器件指示灯和 7 段数码管，正确连接在电路中。

（3）启动电路仿真，通过指示灯的亮灭和数码管显示的数字观察不同按键抢答情况下的仿真结果。图 6-4 是 2 号按键抢答成功的仿真图，数码管显示数字 2，几号按键抢答成功数码管就显示几，其他抢答情况读者可以自行仿真测试，在此不再赘述。

2）四路智力竞赛抢答器的实训

（1）按照图 6-3 选择元器件。

（2）在实验台或面包板上按照图 6-3 连接电路。

（3）调试电路，并用指示灯和数码管观测输出信号。

（4）在多功能实验板上焊好全部电路进行整体电路调试。

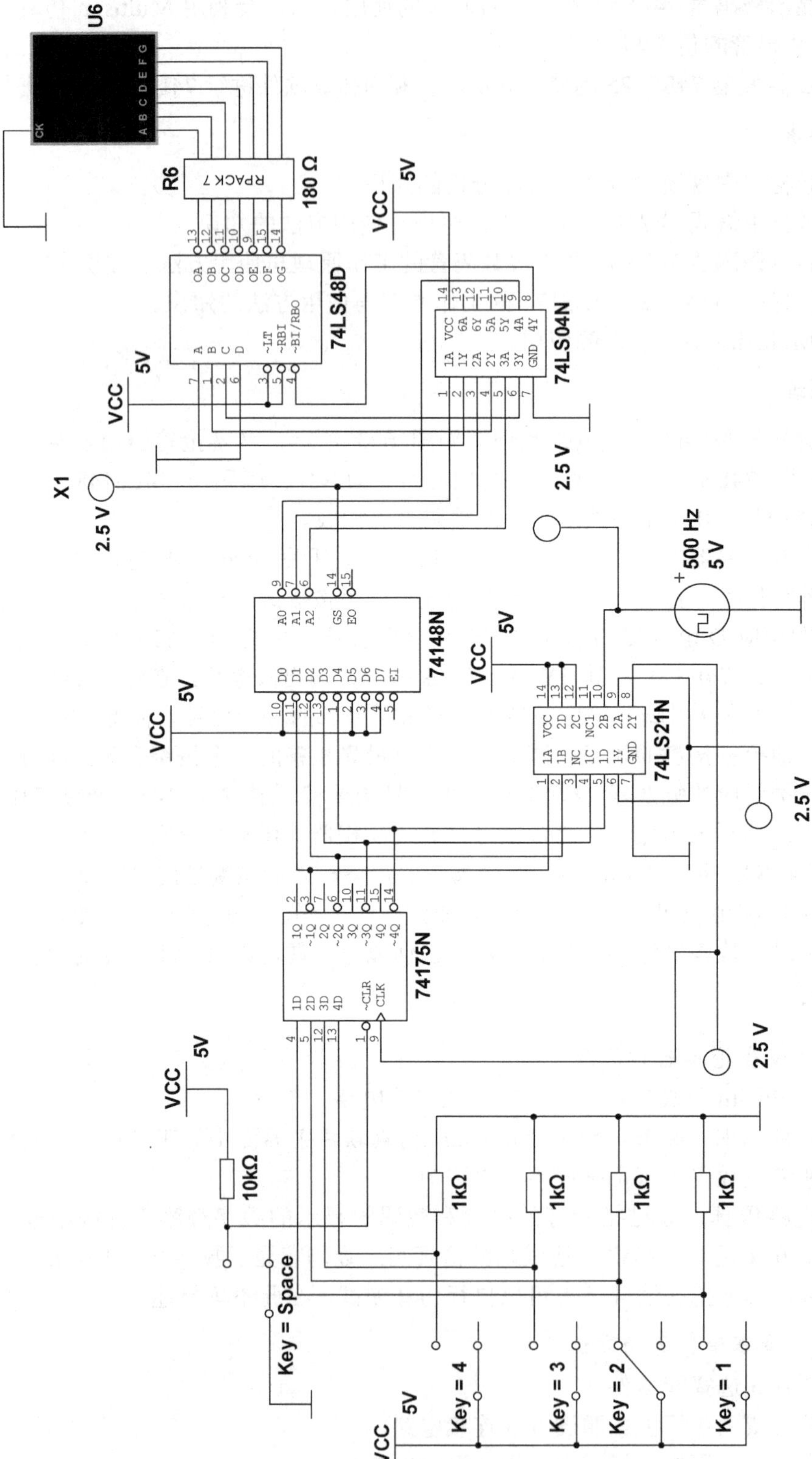

图6-3　四路智力竞赛抢答器的仿真电路原理图

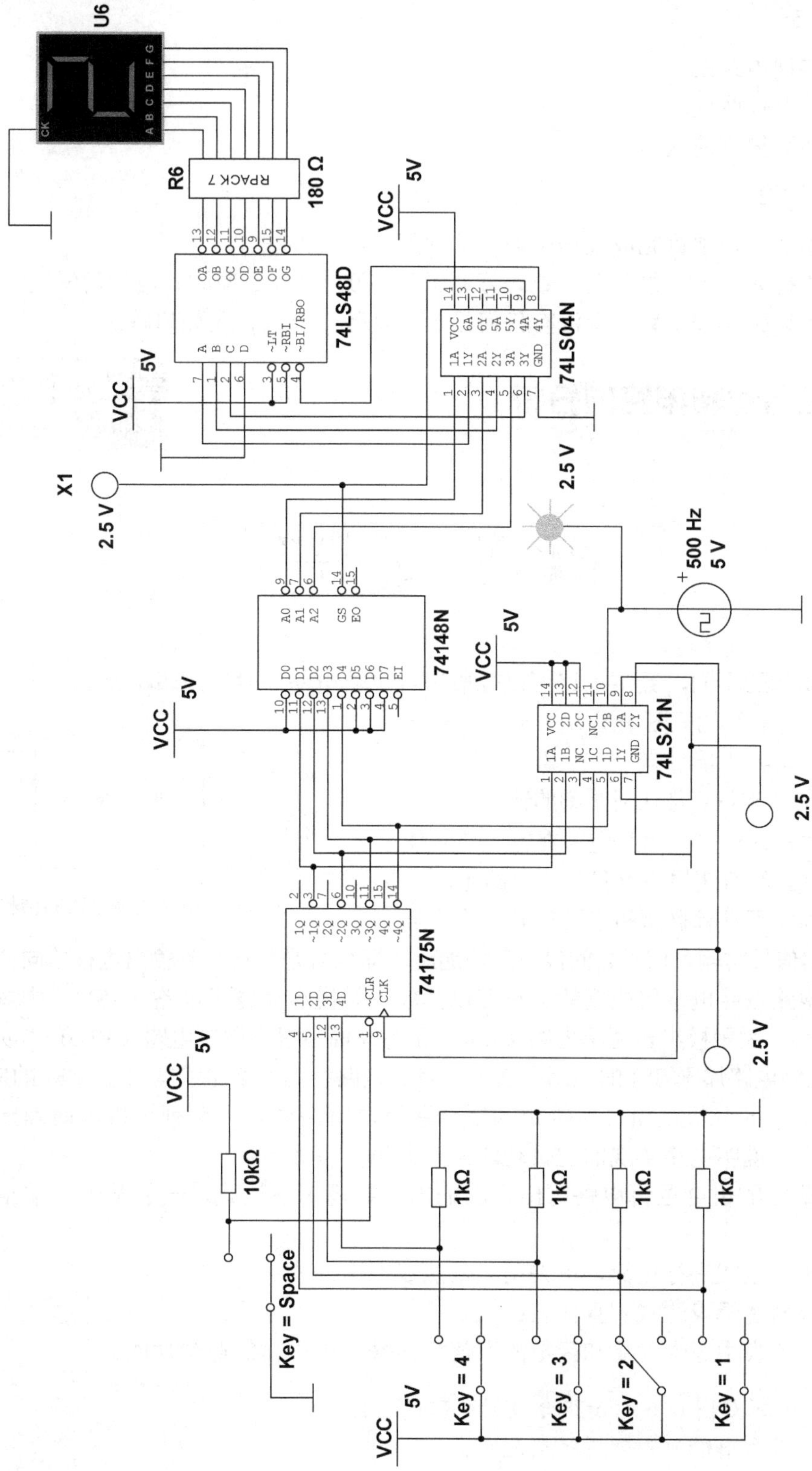

图6-4　2号按键抢答成功的仿真图

5. 实训报告

（1）画出实训电路图。

（2）列出元器件明细表。

（3）整理仿真得到的输出结果。

6. 分析与讨论

（1）总结本次实训项目完成过程中遇到的问题及解决办法。

（2）如果主持人按下复位开关后数码管显示数字0，是什么原因？应如何解决？

（3）如果抢答按键按下数码管没有任何显示，是什么原因？应如何解决？

6.1 SSI组合逻辑电路的分析

扫一扫看组合逻辑电路分析及设计微课视频

知识分布网络

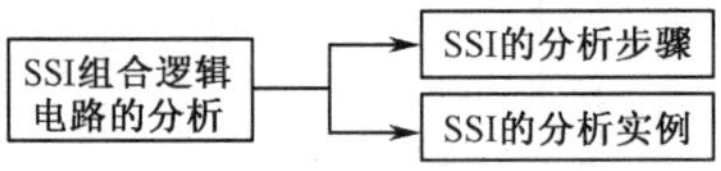

按照逻辑功能的不同，数字电路可以分成组合逻辑电路和时序逻辑电路。

组合逻辑电路的结构框图如图6-5所示，组合逻辑电路具有一组输入信号$X_1 \cdots X_n$和一组输出信号$Y_1 \cdots Y_m$，它的基本特点是任何时刻的输出信号仅取决于该时刻的输入信号，而与电路在输入信号作用前的状态无关。组合逻辑电路只由门电路组成，没有触发器，因此不具有存储和记忆功能。从信号走向来看，输出信号与输入信号之间没有反馈通路，即信号是从输入到输出进行单向传输的。

图6-5 组合逻辑电路的结构框图

组合逻辑电路按照电路集成度的大小可以分成小规模组合逻辑电路（SSI）、中规模组合逻辑电路（MSI）、大规模组合逻辑电路（LSI）和超大规模组合逻辑电路（VLSI）。实训项目1交通灯故障报警电路属于SSI的应用，实训项目2四路智力竞赛抢答器属于MSI的应用。

组合逻辑电路的分析是指，对给定的组合逻辑电路图进行一系列分析进而确定输出与输入的逻辑关系，说明电路实现的逻辑功能。其分析步骤如下：

（1）根据给定的组合逻辑电路写出它的输出函数逻辑表达式，一般从输入端至输出端逐级写；

（2）对逻辑表达式进行化简，可采用代数法或卡诺图法；

（3）根据最简逻辑表达式列真值表；

（4）根据真值表中逻辑变量和函数的取值规律来分析电路的逻辑功能。

实例6-1 分析如图6-6所示组合逻辑电路的功能。

解 （1）逐级写出输出函数逻辑表达式。

$$Y_1 = \overline{AB}，\quad Y_2 = \overline{BC}，\quad Y_3 = \overline{AC}$$

$$Y = \overline{Y_1 \cdot Y_2 \cdot Y_3} = \overline{\overline{AB} \cdot \overline{BC} \cdot \overline{AC}}$$

（2）对逻辑表达式进行化简。

$$Y = AB + BC + AC$$

（3）列真值表，如表 6-1 所示。

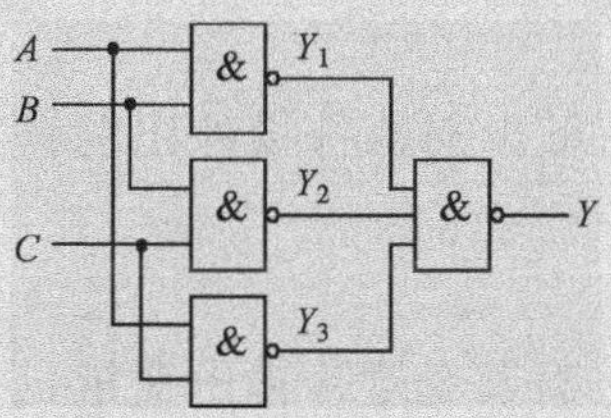

图 6-6　实例 6-1 的逻辑图

表 6-1　实例 6-1 的逻辑真值表

A	B	C	Y
0	0	0	0
0	0	1	0
0	1	0	0
0	1	1	1
1	0	0	0
1	0	1	1
1	1	0	1
1	1	1	1

（4）确定电路的逻辑功能。

由表 6-1 可知，若输入两个或者两个以上的 1（或 0）时，输出 Y 为 1（或 0），因此电路实现了多数表决电路功能。

实例 6-2　组合电路如图 6-7 所示，试分析其逻辑功能。

解　（1）由逻辑图写出逻辑表达式。

$$Y_1 = \overline{A + B + C}，\quad Y_2 = \overline{A + \overline{B}}，\quad Y_3 = \overline{Y_1 + Y_2 + \overline{B}}$$

$$Y = \overline{Y_3} = Y_1 + Y_2 + \overline{B} = \overline{A + B + C} + \overline{A + \overline{B}} + \overline{B}$$

（2）对逻辑表达式进行化简。

$$Y = \overline{A} \cdot \overline{B} \cdot \overline{C} + \overline{A}B + \overline{B} = \overline{A}B + \overline{B} = \overline{A} + \overline{B}$$

（3）列真值表，如表 6-2 所示。

（4）确定电路的逻辑功能。

电路的输出 Y 只与输入 A、B 有关，而与输入 C 无关。Y 和 A、B 的逻辑关系为：A、B 中只要一个为 0，Y=1；A、B 全为 1 时，Y=0。所以 Y 和 A、B 的逻辑关系为与非运算的关系，此电路可用一个与非门来实现。

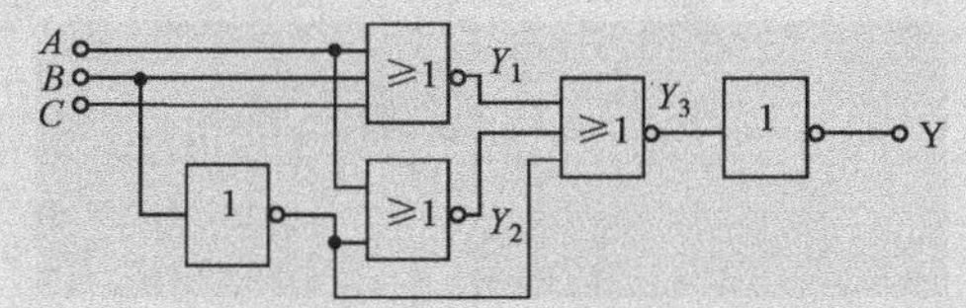

图 6-7　实例 6-2 的逻辑图

表 6-2　实例 6-2 的逻辑真值表

A	B	C	Y
0	0	0	1
0	0	1	1
0	1	0	1
0	1	1	1
1	0	0	1
1	0	1	1
1	1	0	0
1	1	1	0

6.2 SSI 组合逻辑电路的设计

知识分布网络

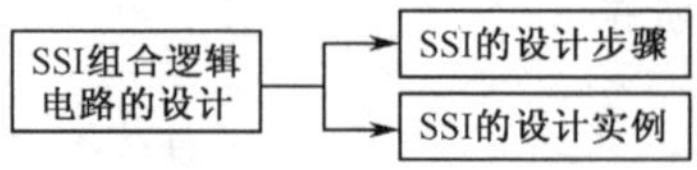

组合逻辑电路的设计，就是根据逻辑功能的要求，利用最少的器件设计出能够实现该功能的组合逻辑电路。

SSI 设计的一般步骤如下：

（1）逻辑抽象。根据设计要求中的逻辑因果关系，确定输入变量、输出变量，并对输入与输出变量进行逻辑赋值；根据输入变量和输出变量之间的逻辑关系列出真值表。

（2）卡诺图化简。利用卡诺图化简真值表，得到最简与或表达式。

（3）形式变换。将最简与或表达式转换成题目所要求的逻辑表达式形式。

（4）画逻辑电路图。根据逻辑表达式画出逻辑电路图。

（5）逻辑功能验证。利用 Multisim 仿真软件根据逻辑电路图绘制仿真电路，观察仿真结果，检查是否与设计要求一致。也可以在面包板上插接元件测试，但花费时间较多，成本相对较高。

实例 6-3 在举重比赛中，有一名主裁判，两名副裁判。当两名以上裁判（必须包括主裁判在内）认为运动员上举杠铃合格，按下按钮时，裁决合格信号灯亮，试用与非门设计该电路。

解 （1）逻辑抽象。设变量 A 表示主裁判是否按下按钮，B 和 C 分别表示两个副裁判是否按下按钮，1 表示按钮按下，0 表示按钮没有按下；用 Y 表示裁决信号灯是否亮，1 表示灯亮，0 表示灯灭。根据逻辑要求列出真值表，如表 6-3 所示。

（2）利用卡诺图化简，得到最简与或式。

卡诺图化简情况如图 6-8 所示，化简后得到的最简与或式为 $Y = AB + AC$ 。

（3）形式变换。利用互补律和反演律将最简与或式变成最简与非式：

$$Y = AB + AC = \overline{\overline{AB + AC}} = \overline{\overline{AB}\ \overline{AC}}$$

（4）画逻辑电路图。由逻辑表达式可画出如图 6-9 所示的逻辑电路图。

表 6-3 实例 6-3 的真值表

A	B	C	Y
0	0	0	0
0	0	1	0
0	1	0	0
0	1	1	0
1	0	0	0
1	0	1	1
1	1	0	1
1	1	1	1

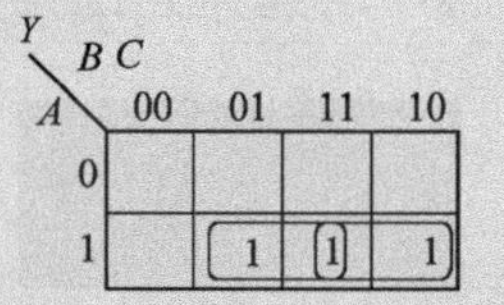

图 6-8 实例 6-3 的卡诺图

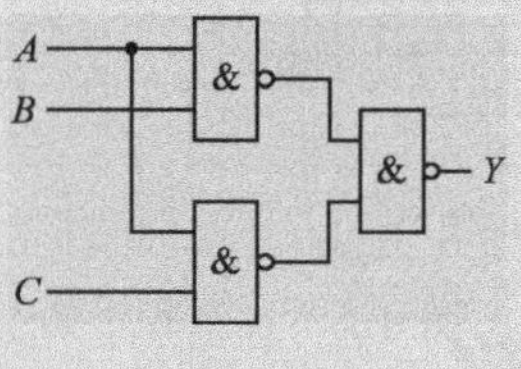

图 6-9 实例 6-3 的逻辑电路图

（5）逻辑功能验证。利用 Multisim 仿真软件根据逻辑电路图绘制的仿真电路如图 6-10 所示，仿真结果如图 6-11 所示，当主裁判 A 和副裁判 B 认为运动员上举杠铃合格，按下按钮时，裁决合格信号灯亮，仿真结果与设计要求一致，其他仿真情况请读者自行测试。

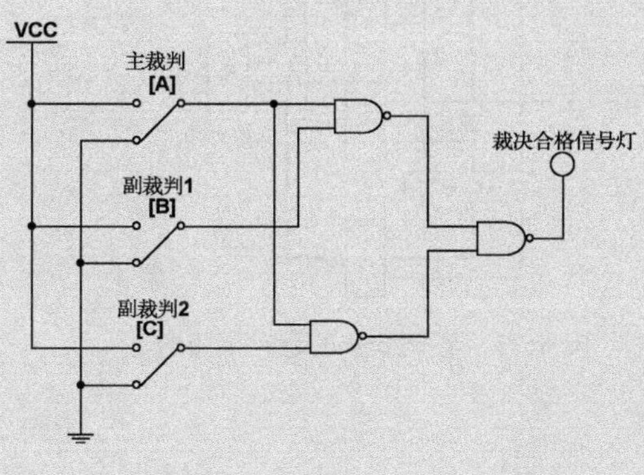

图 6-10　实例 6-3 的仿真电路图

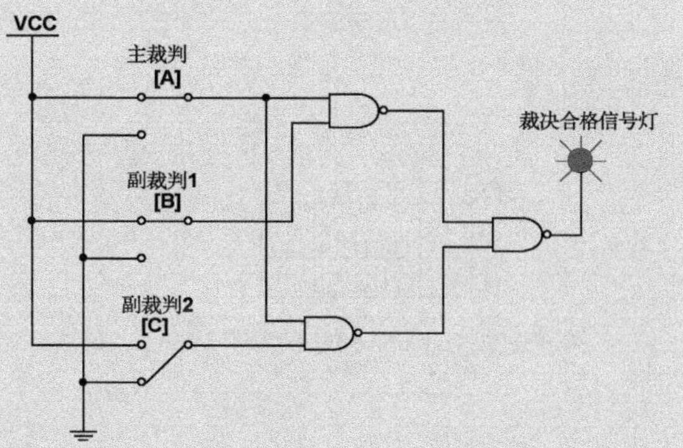

图 6-11　实例 6-3 的仿真结果

实例 6-4　交通灯有红、黄、绿三色，只有其中一个亮为正常状态，其余情况为故障状态，利用最少个数的与非门设计一个交通灯故障报警电路，写出必要的设计步骤，利用 Multisim 仿真软件绘制相应的仿真电路，进行仿真，实现交通灯故障报警，利用指示灯观察报警情况，得到正确的仿真结果。

解　（1）逻辑抽象。设 A、B、C 分别表示红、黄、绿三色交通灯是否点亮，1 表示灯亮，0 表示灯灭；Y 表示电路是否报警，1 表示报警，0 表示不报警。根据题意，可写出真值表，如表 6-4 所示。

表 6-4　实例 6-4 的真值表

A	B	C	Y
0	0	0	1
0	0	1	0
0	1	0	0
0	1	1	1
1	0	0	0
1	0	1	1
1	1	0	1
1	1	1	1

（2）利用卡诺图化简，得到最简与或式。

卡诺图化简情况如图 6-12 所示。化简后得到的最简与或式为

$$Y = AB + AC + BC + \overline{A}\cdot\overline{B}\cdot\overline{C}$$

（3）形式变换。利用互补律和反演律将最简与或式变成最简与非式，为

$$Y = AB + AC + BC + \overline{A}\cdot\overline{B}\cdot\overline{C} = \overline{\overline{AB + AC + BC + \overline{A}\cdot\overline{B}\cdot\overline{C}}}$$

$$= \overline{\overline{AB}\,\overline{AC}\,\overline{BC}\cdot\overline{\overline{A}\cdot\overline{B}\cdot\overline{C}}}$$

（4）画逻辑电路图。根据上式画出的逻辑电路图如图 6-13 所示。

（5）逻辑功能验证。利用 Multisim 仿真软件根据逻辑电路图绘制的仿真电路如图 6-14 所示，仿真结果如图 6-15 所示。当黄灯和绿灯同时亮时，故障报警信号灯亮，仿真结果与设计要求一致，其他仿真情况请读者自行测试。

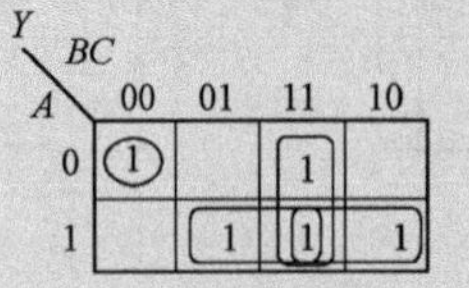

图 6-12　实例 6-4 的卡诺图

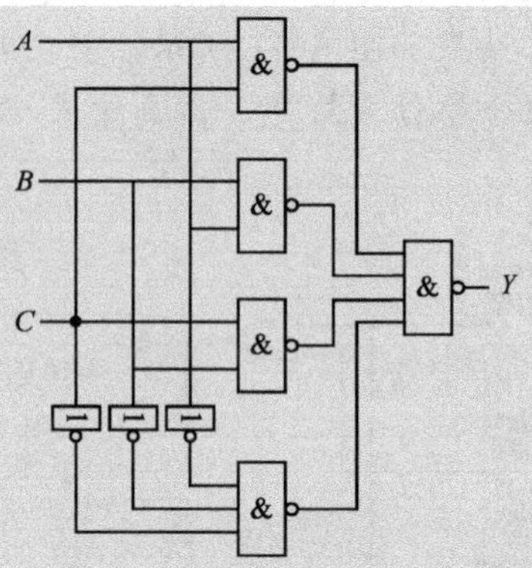

图 6-13　实例 6-4 的逻辑电路图

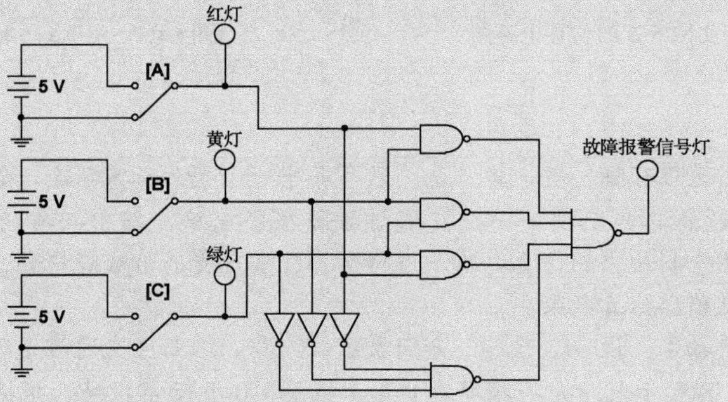

图 6-14　实例 6-4 的仿真电路图

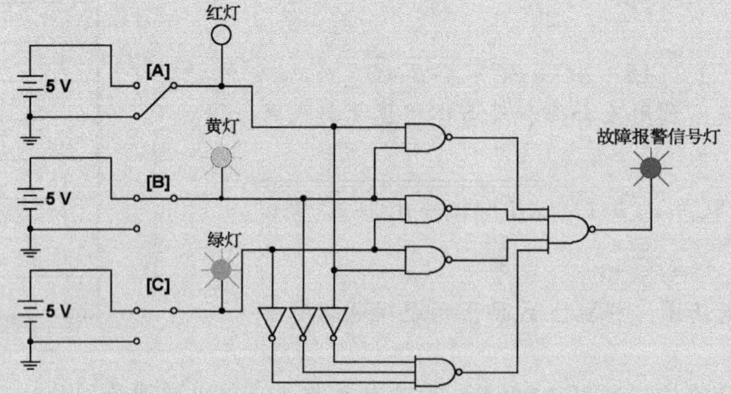

图 6-15　实例 6-4 的仿真结果

6.3 MSI组合逻辑器件

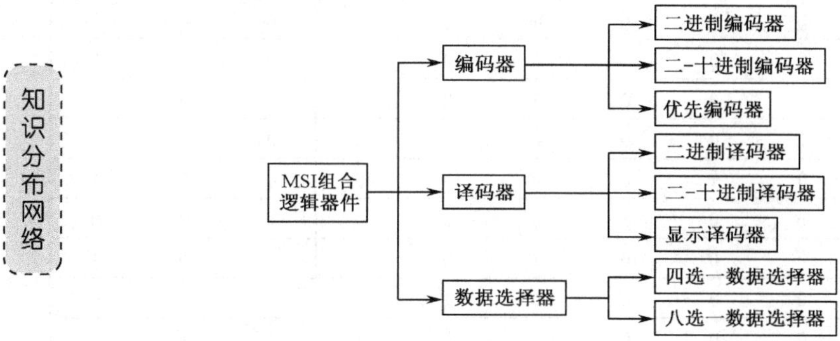

在数字系统中，有些组合逻辑电路会被经常使用。为了使用方便，目前已将这些电路的设计标准化，并且制成了中规模集成电路（MSI）产品，如编码器、译码器、数据选择器等。使用 MSI 产品有利于缩小电路的体积，减少连线，提高电路的可靠性，使设计的工作量大大减少。

扫一扫看编码器微课视频

6.3.1 编码器

将特定含义的输入信号（文字、数字、符号）转换成二进制代码的过程称为编码。能够实现编码功能的数字电路称为编码器。常用的编码器有二进制编码器、二-十进制编码器和优先编码器等。

1. 二进制编码器

用 n 位二进制代码对 2^n 个信号进行编码的电路称为二进制编码器。

图 6-16 是由非门和与非门组成的三位二进制编码器（或称为 8 线-3 线编码器）的逻辑电路图。I_0、I_1、…、I_7 为输入端，以高电平为输入信号。Y_0、Y_1、Y_2 为输出端，输出三位二进制代码。

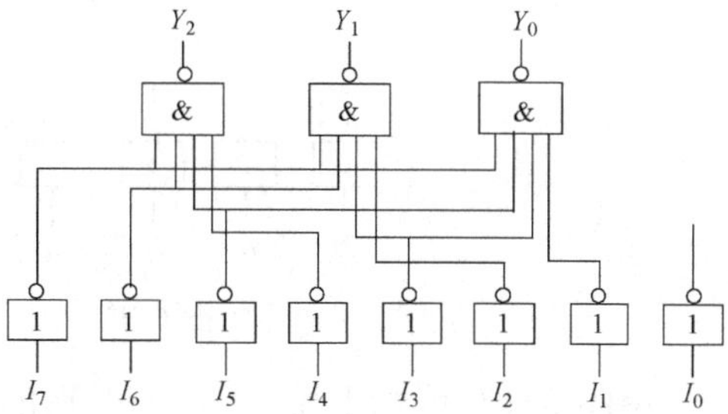

图 6-16 三位二进制编码器逻辑电路图

由图 6-16 可写出输出变量 Y_0、Y_1、Y_2 的逻辑函数式为

$$\begin{cases} Y_2 = \overline{\overline{I_4} \cdot \overline{I_5} \cdot \overline{I_6} \cdot \overline{I_7}} \\ Y_1 = \overline{\overline{I_2} \cdot \overline{I_3} \cdot \overline{I_6} \cdot \overline{I_7}} \\ Y_0 = \overline{\overline{I_1} \cdot \overline{I_3} \cdot \overline{I_5} \cdot \overline{I_7}} \end{cases} \tag{6-1}$$

表 6-5 是根据式（6-1）列出的真值表。由该表可知，该编码器在任何时刻只能对一个输入信号进行编码，不允许有两个或两个以上的输入信号同时有效，否则编码器的输出将会发生混乱，出现错误。

表 6-5　三位二进制编码器的逻辑真值表

输　入								输　出		
I_0	I_1	I_2	I_3	I_4	I_5	I_6	I_7	Y_2	Y_1	Y_0
1	0	0	0	0	0	0	0	0	0	0
0	1	0	0	0	0	0	0	0	0	1
0	0	1	0	0	0	0	0	0	1	0
0	0	0	1	0	0	0	0	0	1	1
0	0	0	0	1	0	0	0	1	0	0
0	0	0	0	0	1	0	0	1	0	1
0	0	0	0	0	0	1	0	1	1	0
0	0	0	0	0	0	0	1	1	1	1

当 $I_1I_2\cdots I_7$ 的输入信号为 00…0 时，$Y_0Y_1Y_2$ 输出信号就为 000，所以输入端 I_0 所对应的电路可以省略。

2. 二-十进制编码器

用 4 位二进制代码表示一位十进制数的编码电路称为二-十进制编码器。

如图 6-17 所示为二-十进制编码器的逻辑电路图。I_0、I_1、…、I_9 为 10 个输入端，以高电平为输入信号。Y_0、Y_1、Y_2、Y_3 为输出端，输出信号为 4 位二进制代码。

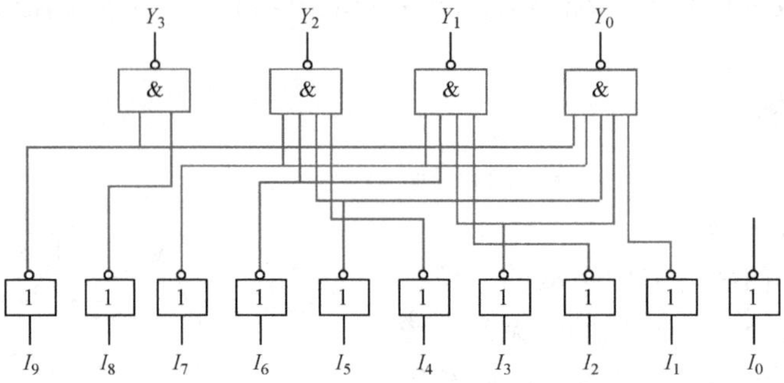

图 6-17　二-十进制编码器的逻辑电路图

由图 6-17 可写出 Y_0、Y_1、Y_2、Y_3 的输出逻辑函数式为

$$\begin{cases} Y_3=\overline{\overline{I_8}\cdot\overline{I_9}} \\ Y_2=\overline{\overline{I_4}\cdot\overline{I_5}\cdot\overline{I_6}\cdot\overline{I_7}} \\ Y_1=\overline{\overline{I_2}\cdot\overline{I_3}\cdot\overline{I_6}\cdot\overline{I_7}} \\ Y_0=\overline{\overline{I_1}\cdot\overline{I_3}\cdot\overline{I_5}\cdot\overline{I_7}\cdot\overline{I_9}} \end{cases} \tag{6-2}$$

根据式（6-2）可以列出真值表如表 6-6 所示。由表可以看出，编码器的输出对应有效输入信号的 8421BCD 码，如 I_5=1 时，$Y_3Y_2Y_1Y_0$=0101，所以如图 6-17 所示电路为 8421BCD 码编码器。此编码器在任何时刻只能对一个输入信号进行编码，不允许有两个或两个以上的输入信号请求编码。与二进制编码器同理，输入端 I_0 所对应的电路可以省略。

表 6-6　二-十进制编码器的逻辑真值表

输入										输出			
I_0	I_1	I_2	I_3	I_4	I_5	I_6	I_7	I_8	I_9	Y_3	Y_2	Y_1	Y_0
1	0	0	0	0	0	0	0	0	0	0	0	0	0
0	1	0	0	0	0	0	0	0	0	0	0	0	1
0	0	1	0	0	0	0	0	0	0	0	0	1	0
0	0	0	1	0	0	0	0	0	0	0	0	1	1
0	0	0	0	1	0	0	0	0	0	0	1	0	0
0	0	0	0	0	1	0	0	0	0	0	1	0	1
0	0	0	0	0	0	1	0	0	0	0	1	1	0
0	0	0	0	0	0	0	1	0	0	0	1	1	1
0	0	0	0	0	0	0	0	1	0	1	0	0	0
0	0	0	0	0	0	0	0	0	1	1	0	0	1

3. 优先编码器

以上两种编码器在任意时刻只能对一个输入信号进行编码，不允许有两个或两个以上的输入信号同时请求编码，否则编码器的输出将会发生错误。为了克服这一局限性，出现了优先编码器。

当多个输入信号同时有效时，只对其中优先级别最高的信号进行编码的电路称为优先编码器。

在优先编码器中优先级别高的信号排斥级别低的，即具有单方面排斥的特性。下面以常见的集成三位二进制优先编码器 74LS148 为例进行介绍。

1）74LS148 的逻辑功能

74LS148 的逻辑符号如图 6-18（a）所示，$\overline{I}_0 \sim \overline{I}_7$ 为信号输入端，$\overline{S}$ 是使能输入端，$\overline{Y}_0 \sim \overline{Y}_2$ 是 3 个输出端，$\overline{Y}_{EX}$ 和 $\overline{Y}_S$ 是用于扩展功能的输出端。74LS148 的引脚图如图 6-18（b）所示。

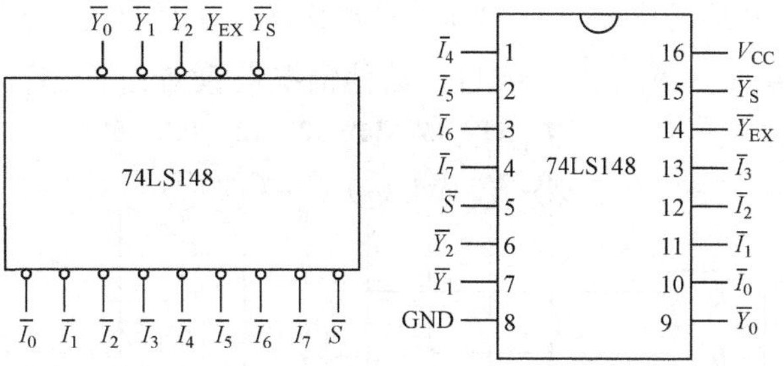

（a）逻辑符号　　（b）引脚图

图 6-18　74LS148 的逻辑符号及引脚图

74LS148 的功能表如表 6-7 所示。

表 6-7　74LS148 的功能表

使能输入端	输入								输出			扩展	使能输出
$\overline{S}$	$\overline{I}_7$	$\overline{I}_6$	$\overline{I}_5$	$\overline{I}_4$	$\overline{I}_3$	$\overline{I}_2$	$\overline{I}_1$	$\overline{I}_0$	$\overline{Y}_2$	$\overline{Y}_1$	$\overline{Y}_0$	$\overline{Y}_{EX}$	Y_s
1	×	×	×	×	×	×	×	×	1	1	1	1	1
0	1	1	1	1	1	1	1	1	1	1	1	1	0

续表

使能输入端	输　入								输　出			扩展	使能输出
$\overline{S}$	$\overline{I}_7$	$\overline{I}_6$	$\overline{I}_5$	$\overline{I}_4$	$\overline{I}_3$	$\overline{I}_2$	$\overline{I}_1$	$\overline{I}_0$	$\overline{Y}_2$	$\overline{Y}_1$	$\overline{Y}_0$	$\overline{Y}_{EX}$	Y_s
0	0	×	×	×	×	×	×	×	0	0	0	0	1
0	1	0	×	×	×	×	×	×	0	0	1	0	1
0	1	1	0	×	×	×	×	×	0	1	0	0	1
0	1	1	1	0	×	×	×	×	0	1	1	0	1
0	1	1	1	1	0	×	×	×	1	0	0	0	1
0	1	1	1	1	1	0	×	×	1	0	1	0	1
0	1	1	1	1	1	1	0	×	1	1	0	0	1
0	1	1	1	1	1	1	1	0	1	1	1	0	1

由表6-7可以看出，74LS148具有如下功能：

① 输入$\overline{I}_0$～$\overline{I}_7$低电平有效，$\overline{I}_7$优先级最高，$\overline{I}_0$优先级最低。即只要$\overline{I}_7$=0，不管其他输入端是0还是1，输出只对$\overline{I}_7$编码，且对应的输出为反码有效，$\overline{Y}_0\,\overline{Y}_1\,\overline{Y}_2$=000。

② $\overline{S}$为使能输入端。只有$\overline{S}$=0时编码器工作，$\overline{S}$=1时编码器不工作。

③ $\overline{Y}_S$为使能输出端。当$\overline{S}$=0允许工作时，如果$\overline{I}_0$～$\overline{I}_7$端有信号输入，$\overline{Y}_S$=1；若$\overline{I}_0$～$\overline{I}_7$端无信号输入，$\overline{Y}_S$=0。

④ $\overline{Y}_{EX}$扩展输出端。当$\overline{S}$=0，且有编码信号输入时，$\overline{Y}_{EX}$就是低电平，其他情况为高电平。

利用Multisim仿真软件可以对74LS148的功能表进行仿真验证，如图6-19所示，输入端$\overline{I}_7$、$\overline{I}_6$、$\overline{I}_5$是高电平（无效），输入端$\overline{I}_4$是低电平（有效），虽然输入端$\overline{I}_3$、$\overline{I}_2$、$\overline{I}_1$、$\overline{I}_0$也是低电平（有效），但是由于$\overline{I}_4$的优先级比较高，因此74LS148只对$\overline{I}_4$编码，输出$A_2A_1A_0$（$\overline{Y_2}\,\overline{Y_1}\,\overline{Y_0}$）=011，其他情况请读者自行测试。

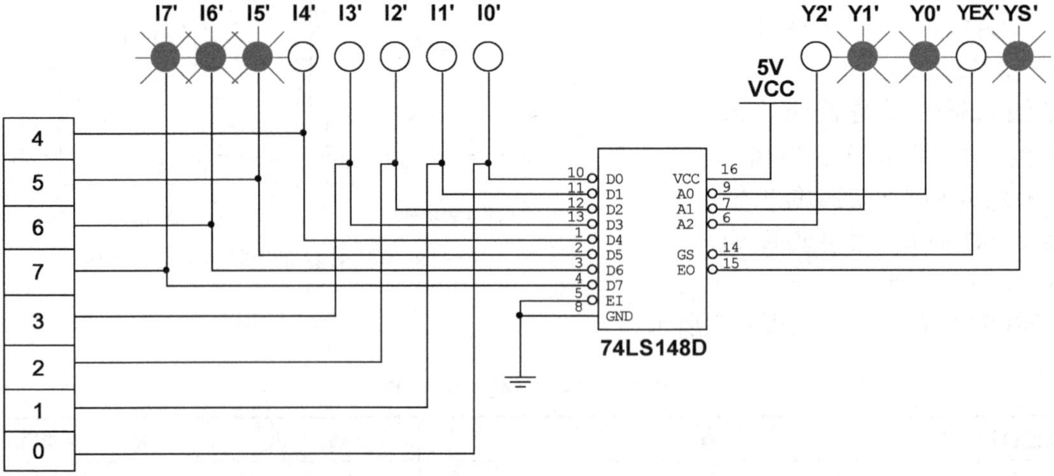

图6-19　优先编码器74LS148的仿真电路

74LS148编码器的应用非常广泛。例如，常用的计算机键盘内部就是一个字符编码器。

它将键盘上的按键编成一系列的 7 位二进制数码，送到计算机的 CPU，经过处理和存储后，输出到显示器或打印机上。此外，还可以用 74LS148 编码器进行温度监控，当任何一路温度超限时，则相应的检测传感器输出一个低电平到 74LS148 编码器的输入端，编码器编码后输出 3 位二进制代码到微处理器进行控制。

在实训项目 2 四路智力竞赛抢答器中，74LS148 接收 74LS175 的与抢答有效按键对应的触发器 Q'端的低电平信号，对其进行编码，编码输出低电平有效信号，通过反相器 74LS04 变成高电平有效信号，最后送至显示译码器 74LS48 进行译码显示抢答有效按键的编号。

2）74LS148 的功能扩展

利用两片 8 线-3 线优先编码器便可构成 16 线-4 线优先编码器，如图 6-20 所示。当 $\overline{A}_{15}$ ～ $\overline{A}_8$ 中任一个输入端为低电平时，如 $\overline{A}_9=0$，则片（1）的 $\overline{Y}_{EX}=0$，$Z_3=1$，$\overline{Y_2}\,\overline{Y_1}\,\overline{Y_0}=110$。同时片（1）$\overline{Y}_S=1$，将片（2）封锁，使片（2）的输出 $\overline{Y_2}\,\overline{Y_1}\,\overline{Y_0}=111$，于是在最后的输出端得到 $Z_3Z_2Z_1Z_0=1001$。如果片（1）中同时有几个输入端为低电平，则只对其中优先权最高的输入信号编码。当 $\overline{A}_{15}$ ～ $\overline{A}_8$ 全为高电平时，片（1）的 $\overline{Y}_S=0$，故片（2）可以工作。此时片（1）的 $\overline{Y}_{EX}=1$，$Z_3=0$，$\overline{Y_2}\,\overline{Y_1}\,\overline{Y_0}=111$。假设 $\overline{A}_3=0$，则片（2）的 $\overline{Y_2}\,\overline{Y_1}\,\overline{Y_0}=100$，故输出的编码为 $Z_3Z_2Z_1Z_0=0011$。可见该电路能将 $\overline{A}_{15}$ ～ $\overline{A}_0$ 的输入信号按优先编码规则依次进行编码。

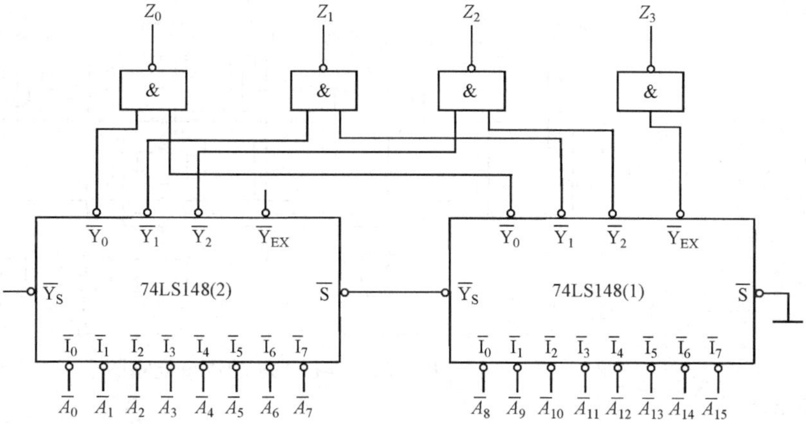

扫一扫看译码器微课视频

图 6-20　两片 74LS148 构成的 16 线-4 线优先编码器

6.3.2　译码器

将二进制代码“翻译”成特定的状态信号称为译码。实现译码功能的数字电路称为译码器。译码器是一个多输入、多输出的组合逻辑电路，常用于数字显示、数据分配、存储器寻址等。

1. 二进制译码器

二进制译码器的输入是一组二进制代码，输出为一组高低电平信号。若输入端为 n 个，则输出端为 2^n 个，且对应于输入代码的每一种状态，2^n 个输出端中只有一个为 1（或为 0），其余全为 0（或为 1）。

常见的二进制译码器有：2 线-4 线译码器、3 线-8 线译码器、4 线-16 线译码器，下面以集成 3 线-8 线译码器 74LS138 为例进行介绍。

1）74LS138 逻辑功能

74LS138 的逻辑符号如图 6-21（a）所示，A_2、A_1、A_0 为译码输入端，$\overline{Y}_7 \sim \overline{Y}_0$ 为译码输出端（低电平有效），G_1、$\overline{G}_{2A}$、$\overline{G}_{2B}$ 为使能输入端。74LS138 的引脚图如图 6-21（b）所示。

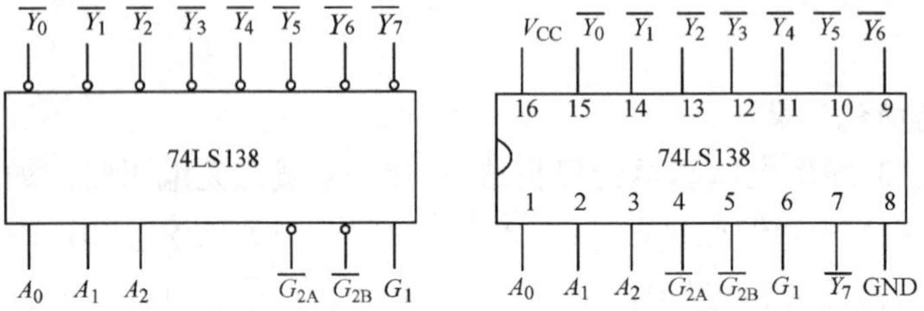

（a）逻辑符号　　（b）引脚图

图 6-21　74LS138 的逻辑符号及引脚图

74LS138 的逻辑电路图如图 6-22 所示。

由图 6-22 可写出各输出端的逻辑表达式：

$$
\begin{cases}
\overline{Y}_0 = \overline{\overline{A}_2\overline{A}_1\overline{A}_0} \\
\overline{Y}_1 = \overline{\overline{A}_2\overline{A}_1 A_0} \\
\overline{Y}_2 = \overline{\overline{A}_2 A_1\overline{A}_0} \\
\overline{Y}_3 = \overline{\overline{A}_2 A_1 A_0} \\
\overline{Y}_4 = \overline{A_2\overline{A}_1\overline{A}_0} \\
\overline{Y}_5 = \overline{A_2\overline{A}_1 A_0} \\
\overline{Y}_6 = \overline{A_2 A_1\overline{A}_0} \\
\overline{Y}_7 = \overline{A_2 A_1 A_0}
\end{cases} \tag{6-3}
$$

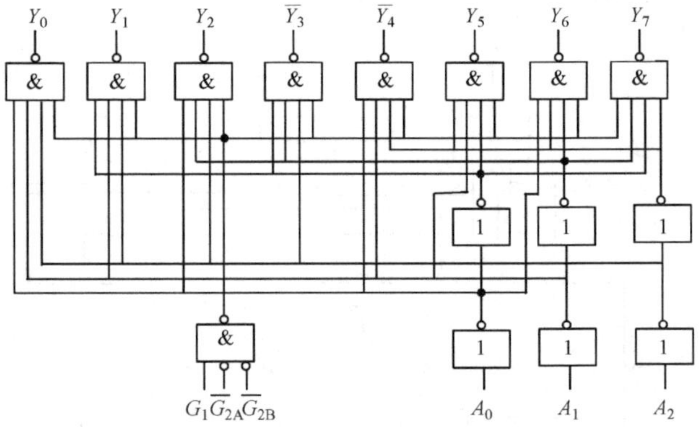

图 6-22　74LS138 的逻辑电路图

74LS138 具有如下功能：

① 当 G_1=1、$\overline{G}_{2A}=\overline{G}_{2B}$=0 时，译码器处于工作状态，译码器的输出 $\overline{Y}_7 \sim \overline{Y}_0$ 由输入的二进制代码决定。

② 当 G_1=0 或 $\overline{G}_{2A}+\overline{G}_{2B}$=1 时，译码器处于禁止状态，译码器不工作，输出端都为高电平。

74LS138 的功能表如表 6-8 所示。

表 6-8　74LS138 的功能表

输入					输出							
使能		选择										
G_1	$\overline{G}_2$	A_2	A_1	A_0	$\overline{Y}_7$	$\overline{Y}_6$	$\overline{Y}_5$	$\overline{Y}_4$	$\overline{Y}_3$	$\overline{Y}_2$	$\overline{Y}_1$	$\overline{Y}_0$
×	1	×	×	×	1	1	1	1	1	1	1	1
0	×	×	×	×	1	1	1	1	1	1	1	1

续表

输入					输出							
使能		选择										
G_1	$\overline{G_2}$	A_2	A_1	A_0	$\overline{Y_7}$	$\overline{Y_6}$	$\overline{Y_5}$	$\overline{Y_4}$	$\overline{Y_3}$	$\overline{Y_2}$	$\overline{Y_1}$	$\overline{Y_0}$
1	0	0	0	0	1	1	1	1	1	1	1	0
1	0	0	0	1	1	1	1	1	1	1	0	1
1	0	0	1	0	1	1	1	1	1	0	1	1
1	0	0	1	1	1	1	1	1	0	1	1	1
1	0	1	0	0	1	1	1	0	1	1	1	1
1	0	1	0	1	1	1	0	1	1	1	1	1
1	0	1	1	0	1	0	1	1	1	1	1	1
1	0	1	1	1	0	1	1	1	1	1	1	1

其中，$\overline{G}_2 = \overline{G}_{2A} + \overline{G}_{2B}$。

利用 Multisim 仿真软件可以对 74LS138 的逻辑功能进行仿真验证，如图 6-23 所示，控制端 $G_1\overline{G}_{2A}\overline{G}_{2B} = 100$，电路可以工作，输入端 $A_2A_1A_0 = 110$，74LS138 译码输出端只有 $\overline{Y}_6 = 0$ 有效，其他输出端则都为 1 无效。其他情况请读者自行测试。

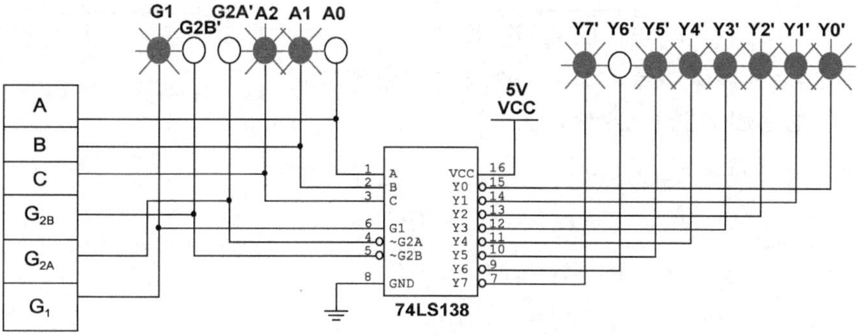

图 6-23　74LS138 的仿真电路

2）74LS138 的功能扩展

译码器 74LS138 可以进行扩展，如用两片 74LS138 实现一个 4 线-16 线译码器，如图 6-24 所示。

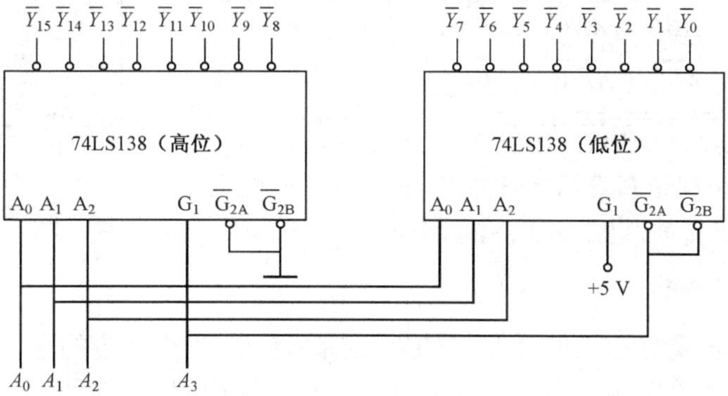

图 6-24　用两片 74LS138 实现的 4 线-16 线译码器

将译码器的使能端作为高位输入端，当 A_3=0 时，低位片 74LS138 工作，对输入信号 $A_2A_1A_0$ 进行译码，输出 $\overline{Y_0}\sim\overline{Y_7}$ 由 A_2、A_1、A_0 决定；而高位片 74LS138 禁止工作，$\overline{Y_8}\sim\overline{Y_{15}}$ 都为高电平 1。当 A_3=1 时，高位片 74LS138 工作，输出 $\overline{Y_8}\sim\overline{Y_{15}}$ 由 $A_2A_1A_0$ 决定；而低位片 74LS138 禁止工作，输出 $\overline{Y_0}\sim\overline{Y_7}$ 都为高电平 1。

3）74LS138 的应用

由式（6-3）可知 74LS138 的每个输出端都是输入变量的最小项，利用这个特点，可以实现组合逻辑函数。

实例 6-5　用一个 3 线-8 线译码器 74LS138 实现函数 $Y=\bar{A}\bar{B}C+A\bar{B}+\bar{A}\bar{C}$。

解　$Y=\bar{A}\bar{B}C+A\bar{B}+\bar{A}\bar{C}$

$$=\bar{A}\bar{B}C+A\bar{B}(C+\bar{C})+\bar{A}\bar{C}(B+\bar{B})$$

$$=\bar{A}\bar{B}C+A\bar{B}C+A\bar{B}\bar{C}+\bar{A}B\bar{C}+\bar{A}\bar{B}\bar{C}$$

$$=\overline{\overline{\bar{A}\bar{B}C}\cdot\overline{A\bar{B}C}\cdot\overline{A\bar{B}\bar{C}}\cdot\overline{\bar{A}B\bar{C}}\cdot\overline{\bar{A}\bar{B}\bar{C}}}$$

将上式与式（6-3）对比，将输入变量 A、B、C 分别代替式（6-3）中的 A_2、A_1、A_0，则可得到函数

$$Y=\overline{\overline{Y_0}\cdot\overline{Y_1}\cdot\overline{Y_2}\cdot\overline{Y_4}\cdot\overline{Y_5}}$$

可见，用 3 线-8 线译码器再加上一个与非门就可实现函数 Y，其逻辑电路图如图 6-25 所示。

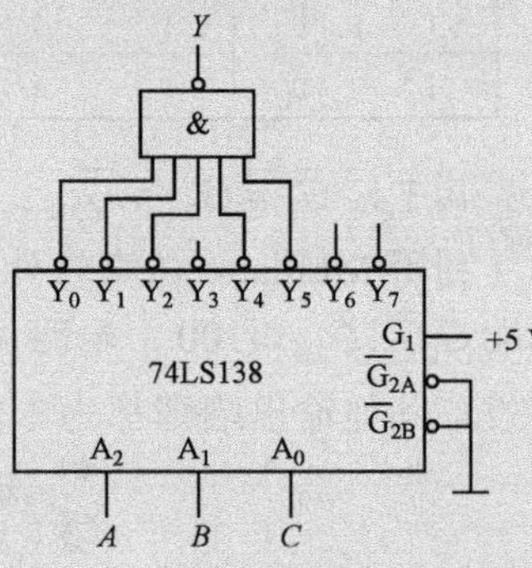

图 6-25　实例 6-5 的逻辑电路图

实例 6-6　用译码器 74LS138 实现下面的一组逻辑函数:

$$Z_1=\overline{ABC}+AB$$

$$Z_2=\bar{A}B\bar{C}+A\overline{BC}+\bar{A}BC$$

$$Z_3=A+\overline{AB}C$$

解　先将逻辑函数 $Z_1\sim Z_3$ 化简为最小项的与非表达式的形式，再用输入变量 A、B、C 分别代替式（6-3）中的 A_2、A_1、A_0，则可得到逻辑函数

$$Z_1=\bar{A}\bar{B}\bar{C}+AB\bar{C}+ABC=\overline{\overline{\bar{A}\bar{B}\bar{C}}\cdot\overline{AB\bar{C}}\cdot\overline{ABC}}=\overline{\overline{Y_0}\cdot\overline{Y_6}\cdot\overline{Y_7}}$$

$$Z_2=\bar{A}B\bar{C}+A\bar{B}\bar{C}+\bar{A}BC=\overline{\overline{\bar{A}B\bar{C}}\cdot\overline{A\bar{B}\bar{C}}\cdot\overline{\bar{A}BC}}=\overline{\overline{Y_2}\cdot\overline{Y_3}\cdot\overline{Y_4}}$$

$$Z_3=ABC+AB\bar{C}+A\bar{B}C+A\bar{B}\bar{C}+\bar{A}\bar{B}C$$

$$=\overline{\overline{ABC}\cdot\overline{AB\bar{C}}\cdot\overline{A\bar{B}C}\cdot\overline{A\bar{B}\cdot\bar{C}}\cdot\overline{\bar{A}\cdot\bar{B}C}}=\overline{\overline{Y_1}\cdot\overline{Y_4}\cdot\overline{Y_5}\cdot\overline{Y_6}\cdot\overline{Y_7}}$$

可见，用 3 线-8 线译码器再加上 3 个与非门就可实现函数 $Z_1\sim Z_3$，其逻辑电路图如图 6-26 所示。

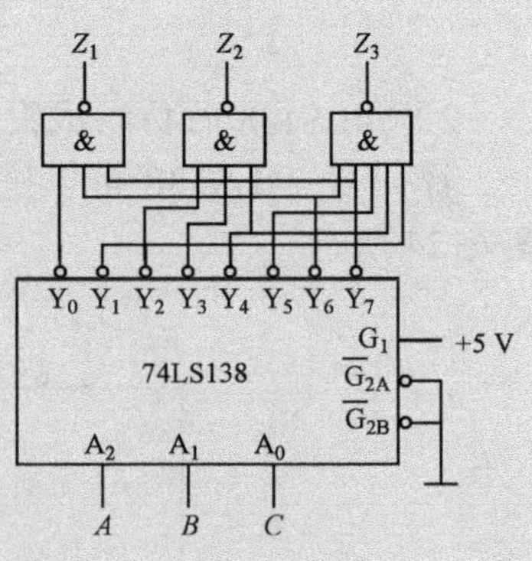

图 6-26　实例 6-6 的逻辑电路图

2. 二-十进制译码器

二-十进制译码器是将输入的 4 位 BCD 代码翻译成 10 个对应的高、低电平信号。由于有 4 个输入端，10 个输出端，所以又称为 4 线-10 线译码器。下面以集成二-十进制译码器 74LS42 为例进行说明。

74LS42 的逻辑符号如图 6-27（a）所示，$A_0 \sim A_3$ 为译码输入端，$\overline{Y}_0 \sim \overline{Y}_9$ 为译码输出端，74LS42 的引脚图如图 6-27（b）所示。

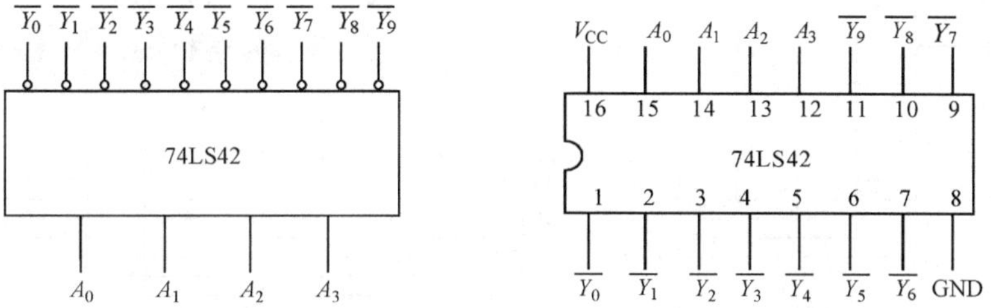

（a）逻辑符号　　（b）引脚图

图 6-27　集成二-十进制译码器 74LS42 的逻辑符号及引脚图

输出端的逻辑表达式为

$$\begin{cases} \overline{Y}_0 = \overline{\overline{A}_3\overline{A}_2\overline{A}_1\overline{A}_0}, & \overline{Y}_1 = \overline{\overline{A}_3\overline{A}_2\overline{A}_1 A_0} \\ \overline{Y}_2 = \overline{\overline{A}_3\overline{A}_2 A_1\overline{A}_0}, & \overline{Y}_3 = \overline{\overline{A}_3\overline{A}_2 A_1 A_0} \\ \overline{Y}_4 = \overline{\overline{A}_3 A_2\overline{A}_1\overline{A}_0}, & \overline{Y}_5 = \overline{\overline{A}_3 A_2\overline{A}_1 A_0} \\ \overline{Y}_6 = \overline{\overline{A}_3 A_2 A_1\overline{A}_0}, & \overline{Y}_7 = \overline{\overline{A}_3 A_2 A_1 A_0} \\ \overline{Y}_8 = \overline{A_3\overline{A}_2\overline{A}_1\overline{A}_0}, & \overline{Y}_9 = \overline{A_3\overline{A}_2\overline{A}_1 A_0} \end{cases} \tag{6-4}$$

74LS42 的功能表如表 6-9 所示。

表 6-9　集成二-十进制译码器 74LS42 的功能表

输　入				输　出									
A_3	A_2	A_1	A_0	$\overline{Y}_9$	$\overline{Y}_8$	$\overline{Y}_7$	$\overline{Y}_6$	$\overline{Y}_5$	$\overline{Y}_4$	$\overline{Y}_3$	$\overline{Y}_2$	$\overline{Y}_1$	$\overline{Y}_0$
0	0	0	0	1	1	1	1	1	1	1	1	1	0
0	0	0	1	1	1	1	1	1	1	1	1	0	1
0	0	1	0	1	1	1	1	1	1	1	0	1	1
0	0	1	1	1	1	1	1	1	1	0	1	1	1
0	1	0	0	1	1	1	1	1	0	1	1	1	1
0	1	0	1	1	1	1	1	0	1	1	1	1	1
0	1	1	0	1	1	1	0	1	1	1	1	1	1
0	1	1	1	1	1	0	1	1	1	1	1	1	1
1	0	0	0	1	0	1	1	1	1	1	1	1	1
1	0	0	1	0	1	1	1	1	1	1	1	1	1

对于 BCD 码以外的代码 1010～1111，译码器输出端 $\overline{Y}_0 \sim \overline{Y}_9$ 无低电平信号产生，译码器“拒绝翻译”。

利用 Multisim 仿真软件可以对 74LS42 的功能表进行仿真验证，集成二-十进制译码器 74LS42 的仿真电路如图 6-28 所示，输入端 $A_3A_2A_1A_0 = 1001$，74LS42 译码输出端只有 $\overline{Y}_9 = 0$ 有效，其他输出端则都为 1 无效。其他情况请读者自行测试。

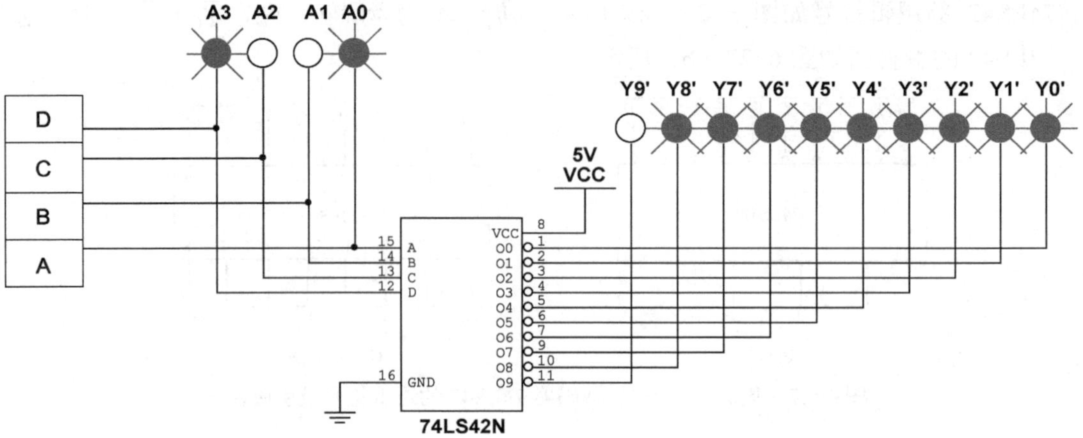

图 6-28　集成二-十进制译码器 74LS42 的仿真电路

3. 显示译码器

在数字系统中处理的是二进制信号，而人们习惯使用十进制数字。为了便于人们查看电路的运行状态，需要用显示电路将数字系统的处理结果用十进制数字显示出来。显示电路通常由显示译码器和显示器件构成。

1）显示器件

常用的数字显示器有数码管和液晶，数码管由于价格低廉得到广泛应用。数码管的外形如图 6-29（a）所示，它有共阴极和共阳极两种类型。如图 6-29（b）所示为数码管的共阴极接法，共阴极接法是各发光二极管的阴极都接地作为公共端，对应的阳极接高电平时亮。如图 6-29（c）所示为数码管共阳极接法，共阳极接法是各发光二极管阳极都接高电平作为公共端，对应的阴极接低电平时亮。利用字段的不同组合可以分别显示出 0～9 这 10 个数字，如图 6-30 所示。

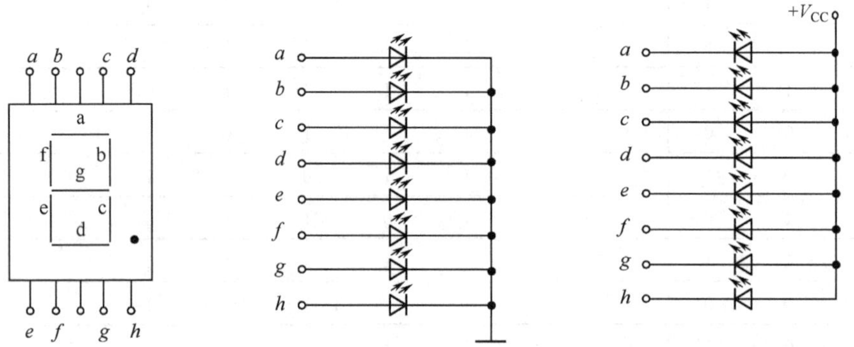

（a）外形图　（b）共阴极接法　（c）共阳极接法

图 6-29　数码管外形及其接法示意图

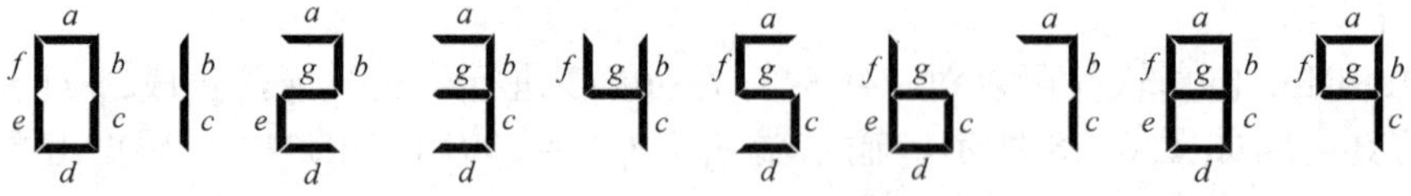

图 6-30　数码管发光段组合图

数码管的优点是工作电压较低、体积小、寿命长、工作可靠性高、响应速度快、亮度高，但工作电流大，每个字段工作电流为 10 mA 左右。

2）集成电路 74LS47

显示译码器是能将二进制信息转换为显示器件所需信息的电路，它由译码电路和驱动电路组成。74LS47 是常用的显示译码芯片，用于连接共阳数码管，其逻辑符号如图 6-31（a）所示，输入信号为 BCD 码，输出端为 a、b、c、d、e、f、g 共 7 线，另有 3 个辅助控制端 $\overline{LT}$、$\overline{I_{BR}}$、$\overline{I_B}/\overline{Y_{BR}}$。74LS47 的引脚图如图 6-31（b）所示。

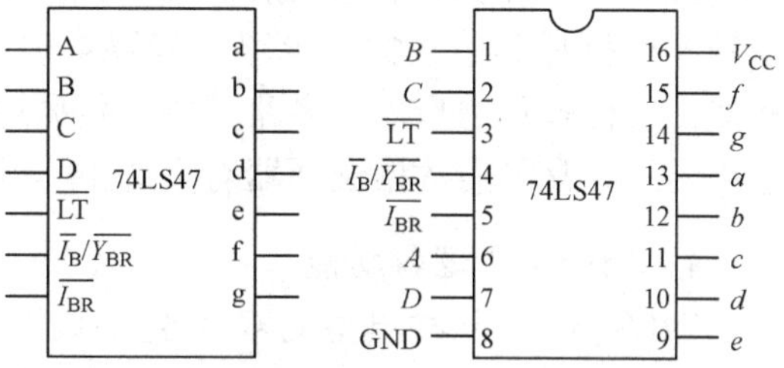

（a）逻辑符号　　（b）引脚图

图 6-31　74LS47 的逻辑符号及引脚图

74LS47 的功能表如表 6-10 所示。

表 6-10　显示译码器 74LS47 的功能表

输入							输出							显示字型
$\overline{LT}$	$\overline{I_{BR}}$	$\overline{I_B}/\overline{Y_{BR}}$	*D*	*C*	*B*	*A*	*g*	*f*	*e*	*d*	*c*	*b*	*a*	
0	×	1	×	×	×	×	0	0	0	0	0	0	0	8
1	0	1	0	0	0	0	1	1	1	1	1	1	1	灭
×	×	0	×	×	×	×	1	1	1	1	1	1	1	灭
1	1	1	0	0	0	0	1	0	0	0	0	0	0	0
1	×	1	0	0	0	1	1	1	1	1	0	0	1	1
1	×	1	0	0	1	0	0	1	0	0	1	0	0	2
1	×	1	0	0	1	1	0	1	1	0	0	0	0	3
1	×	1	0	1	0	0	0	0	1	0	0	1	0	4
1	×	1	0	1	0	1	0	0	1	0	0	1	0	5
1	×	1	0	1	1	0	0	0	0	0	0	1	1	6
1	×	1	0	1	1	1	1	1	1	1	0	0	0	7
1	×	1	1	0	0	0	0	0	0	0	0	0	0	8
1	×	1	1	0	0	1	0	0	1	1	0	0	0	9
1	×	1	1	0	1	0	0	1	0	0	1	1	1	无效输出
⋮		⋮		⋮						⋮				
1	×	1	1	1	1	1	1	1	1	1	1	1	1	

利用 Multisim 仿真软件可以对 74LS47 的功能表进行仿真验证，集成显示译码器 74LS47 的仿真电路如图 6-32 所示。当输入端 *DCBA* = 0101时，74LS47 译码输出在数码管

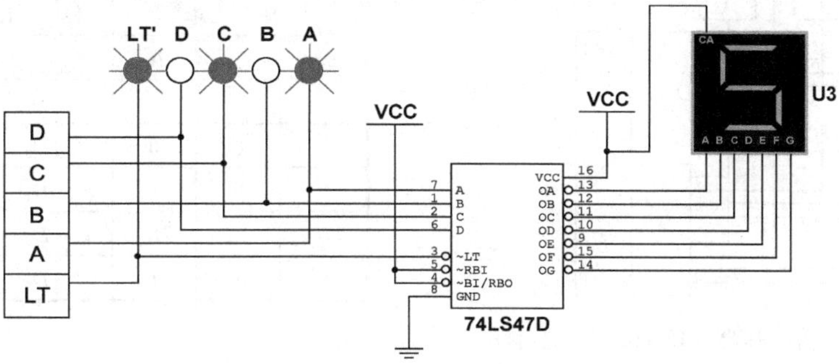

图 6-32　集成显示译码器 74LS47 的仿真电路

上显示数字 5。其他情况请读者自行测试。

6.3.3 数据选择器

如果有多路数据需要通过一条线路传输或多路数据需要逐个处理，就要有一种能选择某个数据而排斥其他数据的电路。能够实现从多路数据中选择一路进行传输的电路称为数据选择器，又称多路选择器、多路开关。数据选择器示意图如图 6-33 所示。它是一个多输入、单输出电路。常见的数据选择器有 2 选 1、4 选 1、8 选 1 和 16 选 1 等。

1）74LS153 逻辑功能

74LS153 是一种典型的双 4 选 1 数据选择器，其逻辑符号如图 6-34（a）所示，它有两个地址端 A_1A_0，可选择 D_0～D_3 4 个数据，$\overline{E}$ 为使能端。74LS153 的引脚图如图 6-34（b）所示。

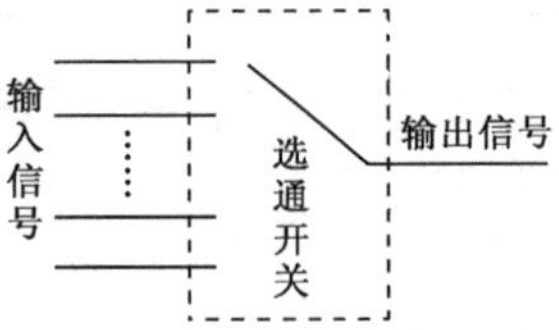

图 6-33　数据选择器示意图

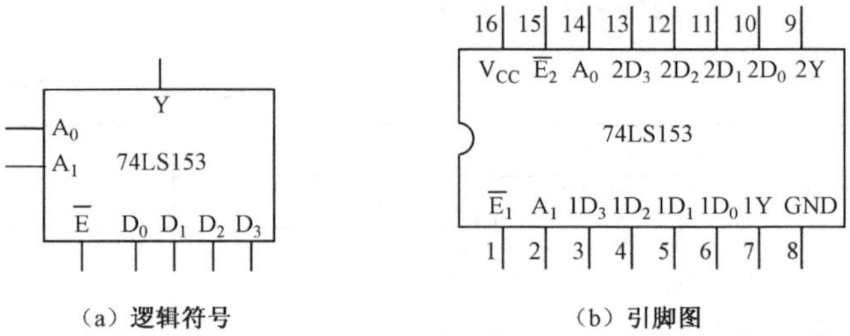

图 6-34　74LS153 的逻辑符号及引脚图

74LS153 的逻辑图如图 6-35 所示，图中 D_0～D_3 为数据输入端，A_1A_0 为地址信号输入端，Y 为数据输出端，$\overline{E}$ 为使能端。

输入使能端 $\overline{E}$ 是低电平有效，当 $\overline{E}$=1 时，所有与门都被封锁，无论地址码是什么，Y 总是等于 0；当 $\overline{E}$=0 时，封锁解除，由地址码的取值情况决定哪一个与门打开。为了对 4 个数据源进行选择，使用两位地址码 A_1A_0 产生 4 个地址信号，由 A_1A_0 取值 00、01、10、11 分别控制 4 个与门的开闭。显然，任何时候 A_1A_0 只有一种可能的取值，所以只有一个与门打开，使对应的那一路数据传输至 Y 端。若地址输入端为 n 个，可选择的输入通道数为 2^n。

4 选 1 数据选择器 74LS153 的功能表如表 6-11 所示。

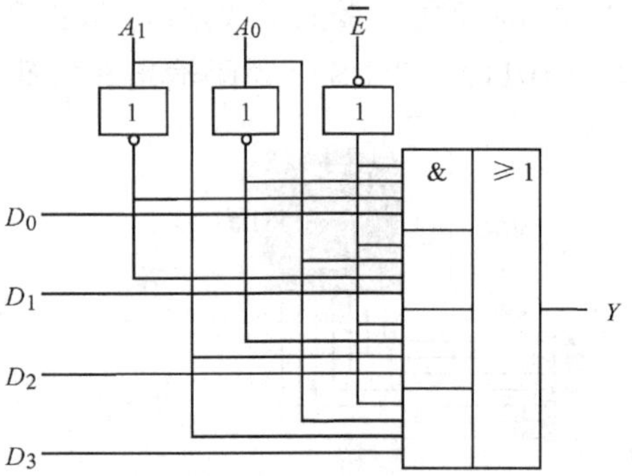

图 6-35　4 选 1 数据选择器 74LS153 的逻辑图

表 6-11　4 选 1 数据选择器 74LS153 的功能表

输入			输出
$\overline{E}$	A_1	A_0	Y
1	×	×	0
0	0	0	D_0
0	0	1	D_1
0	1	0	D_2
0	1	1	D_3

由图 6-35 可以得到输出 Y 的表达式为

$$Y=(\overline{A_1}\,\overline{A_0}\cdot D_0+\overline{A_1}A_0\cdot D_1+A_1\overline{A_0}\cdot D_2+A_1A_0\cdot D_3)\cdot\overline{\overline{E}} \qquad (6\text{-}5)$$

若 $\overline{E}$=0，4 选 1 数据选择器正常工作，输出 Y 的表达式可简化为

$$Y=\overline{A_1}\,\overline{A_0}\cdot D_0+\overline{A_1}A_0\cdot D_1+A_1\overline{A_0}\cdot D_2+A_1A_0\cdot D_3 \qquad (6\text{-}6)$$

利用 Multisim 仿真软件可以对 74LS153 的功能表进行仿真验证，如图 6-36 所示，使能端 $\overline{E}$=0 电路可以工作，地址码 A_1A_0=11 选择 D_0～D_3 4 个输入数据中的 D_3 通过，输出端 Y 和输入 D_3 的数据一致，图中 D_3 端为高电平（指示灯亮），所以输出端 Y 也为高电平（指示灯亮）。其他情况请读者自行测试。

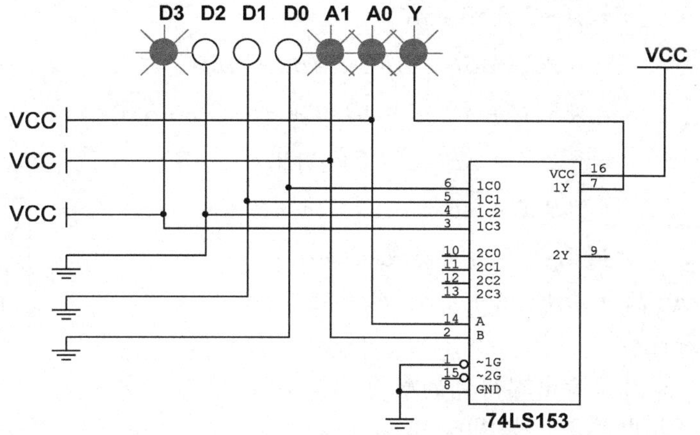

图 6-36　74LS153 的仿真电路

2）74LS153 的功能扩展

两个 4 选 1 数据选择器可以扩展为一个 8 选 1 数据选择器，由于 74LS153 是双 4 选 1 数据选择器，因此一个 74LS153 就可以扩展为 8 选 1 数据选择器，仿真电路如图 6-37 所示。地址选择端 A_2 用于两个 4 选 1 数据选择器的选通。

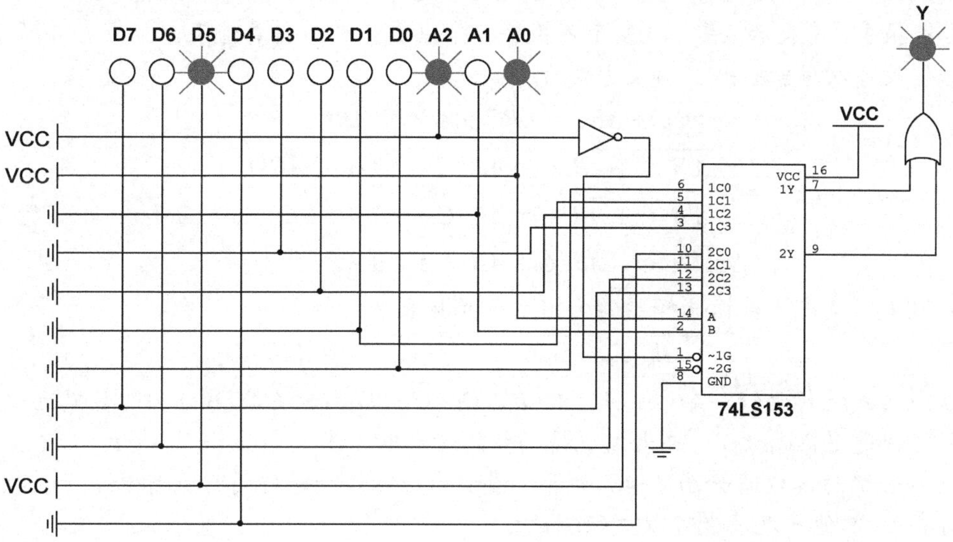

图 6-37　74LS153 扩展为 8 选 1 数据选择器的仿真电路

3）74LS153 的应用

从式（6-6）可以看出，数据选择器的输出实际上是地址信号与输入数据组成的最小项之和，只要将地址信号作为逻辑变量，适当确定输入数据的状态，就可以实现任意逻辑函数。

实例 6-7 试用 4 选 1 数据选择器 74LS153 实现逻辑函数：

$$Y=\overline{A}\,\overline{B}C+\overline{A}B+AC$$

解 把逻辑函数变换成最小项表达式

$$\begin{aligned}Y&=\overline{A}\,\overline{B}C+\overline{A}B+AC\\&=\overline{A}\,\overline{B}C+\overline{A}B\overline{C}+\overline{A}BC+A\overline{B}C+ABC\\&=\overline{A}\,\overline{B}\cdot C+\overline{A}B\cdot\overline{C}+\overline{A}B\cdot C+A\overline{B}\cdot C+AB\cdot C\\&=\overline{A}\,\overline{B}\cdot C+\overline{A}B\cdot(\overline{C}+C)+A\overline{B}\cdot C+AB\cdot C\\&=\overline{A}\,\overline{B}\cdot C+\overline{A}B\cdot 1+A\overline{B}\cdot C+AB\cdot C\end{aligned}$$

当 $\overline{E}$=0 时，4 选 1 数据选择器的输出逻辑函数表达式为

$$Y=\overline{A_1}\,\overline{A_0}\cdot D_0+\overline{A_1}A_0\cdot D_1+A_1\overline{A_0}\cdot D_2+A_1A_0\cdot D_3$$

将以上两式进行比较，令 A_1=A、A_0=B，D_0=D_2=D_3=C，D_1=1，则数据选择器的输出端得到的就是逻辑函数 Y。画出该逻辑函数的逻辑电路图，如图 6-38 所示。

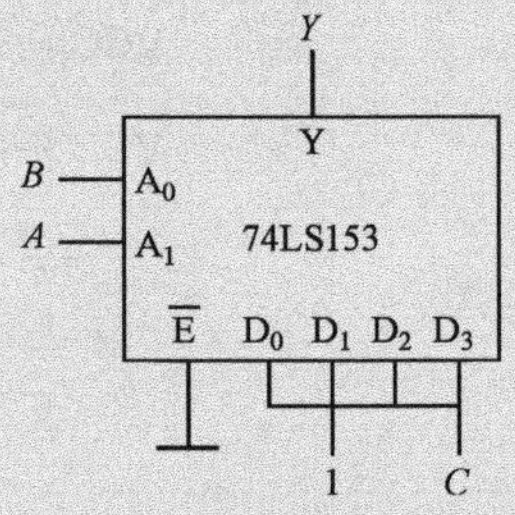

图 6-38 实例 6-7 的逻辑电路图

实例 6-8 交通灯有红、黄、绿 3 色，只有其中一个亮时为正常状态，其余情况为故障状态，利用选择器 74LS153 和必要的门电路设计实现交通灯故障报警电路，写出必要的设计步骤。利用 Multisim 仿真软件绘制相应的仿真电路，进行仿真，实现交通灯故障报警，利用指示灯观察报警情况，得到正确的仿真结果。

解 设 A、B、C 表示红、黄、绿 3 色交通灯是否点亮，1 表示灯亮，0 表示灯灭；Y 表示电路是否报警，1 表示报警，0 表示不报警。根据题意可写出真值表，如表 6-4 所示。

由真值表可以写出输出 Y 的表达式为

$$\begin{aligned}Y&=\overline{A}\,\overline{B}\,\overline{C}+\overline{A}BC+A\overline{B}C+AB\overline{C}+ABC\\&=\overline{A}\,\overline{B}\cdot\overline{C}+\overline{A}B\cdot C+A\overline{B}\cdot C+AB\cdot\overline{C}+AB\cdot C\\&=\overline{A}\,\overline{B}\cdot\overline{C}+\overline{A}B\cdot C+A\overline{B}\cdot C+AB\cdot(\overline{C}+C)\\&=\overline{A}\,\overline{B}\cdot\overline{C}+\overline{A}B\cdot C+A\overline{B}\cdot C+AB\cdot 1\end{aligned}$$

当 $\overline{E}$=0 时，4 选 1 数据选择器的输出逻辑函数表达式为

$$Y=\overline{A_1}\,\overline{A_0}\cdot D_0+\overline{A_1}A_0\cdot D_1+A_1\overline{A_0}\cdot D_2+A_1A_0\cdot D_3$$

将以上两式进行比较，令 A_1=A、A_0=B，D_0=$\overline{C}$，D_1=D_2=C，D_3=1，则数据选择器的输出端得到的就是逻辑函数 Y。画出该逻辑函数的逻辑电路图，如图 6-39 所示。

实例 6-8 的仿真电路如图 6-40 所示，图示为当红灯和绿灯同时亮时电路产生故障报警信号（灯亮），其他情况读者可以自行测试。

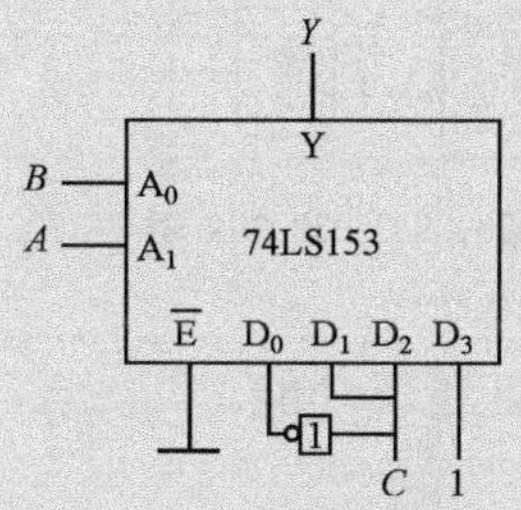

图 6-39　实例 6-8 的逻辑电路图

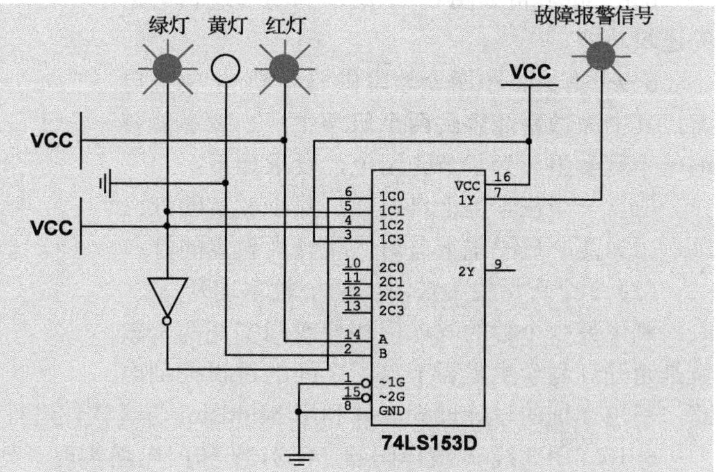

图 6-40　实例 6-8 的仿真电路图

知识梳理与总结

（1）组合逻辑电路在任一时刻的输出信号只取决于该时刻输入信号的取值组合，而与电路原来的状态无关，其输入、输出的逻辑关系遵循逻辑函数的运算法则。

（2）组合逻辑电路的分析方法：由所给定的逻辑图写出逻辑表达式；用逻辑函数或卡诺图化简，求出最简函数式；列出真值表；最后写出输出与输入的逻辑功能说明。

（3）组合逻辑电路的设计方法：根据实际问题所要求的逻辑功能，首先确定组合逻辑电路的输入变量和输出变量，并对它们进行逻辑状态赋值，确定逻辑 1 和逻辑 0 所对应的状态；然后准确列出真值表；根据真值表写出逻辑表达式，然后化简，求出最简逻辑表达式；按照最简逻辑表达式，画出相应的逻辑图。

（4）用中规模集成电路组成的编码器、译码器、数据选择器是常用的典型组合逻辑电路，重点掌握它们的外部逻辑功能及基本应用与仿真方法。

测试题 6

扫一扫看本项目测试题参考答案

6-1　按照逻辑功能的不同，数字电路分成__________和__________两大类。

6-2　组合逻辑电路的基本特点是____。

6-3　组合逻辑电路由__________组成。

6-4　若在编码器中有 50 个编码对象，则要求输出二进制代码位数至少为_____位。

6-5　8 线-3 线优先编码器的输入为 $I_0 \sim I_7$，当优先级别最高的 I_7 有效时，其输出 $\overline{Y_2}\cdot\overline{Y_1}\cdot\overline{Y_0}$ 的值是____________。

6-6　一位 8421BCD 码译码器的数据输入线有_____条，译码输出线有_____条。

6-7　一个 8 选 1 的数据选择器有___________个数据输入端，_________个地址输入端。

6-8　试分析如图6-41所示的组合逻辑电路的逻辑功能。

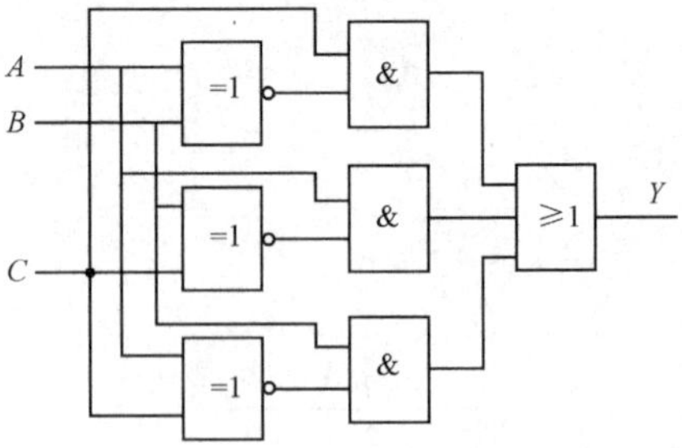

图6-41　题6-8图

6-9　有大、小两个教室供3个班学生上自习，其中大教室能容纳两个班学生，小教室能容纳一个班学生。为了节约用电，要求如下：

（1）一个班学生上自习，只开小教室的灯；

（2）两个班学生上自习，只开大教室的灯；

（3）3个班学生上自习，两个教室均开灯。

利用最少个数的与非门和异或门实现两个教室是否开灯与学生是否上自习之间的逻辑控制电路，写出详细的设计过程，并利用Multisim仿真软件进行仿真，验证逻辑功能。

6-10　用3线-8线译码器74LS138和门电路实现下列逻辑函数。

（1）$Y(A,B,C)=\bar{A}C+\bar{B}C+ABC$

（2）$Y(A,B,C)=\bar{A}\bar{B}C+\overline{A\bar{B}+\bar{A}\bar{C}}$

（3）$Y(A,B,C)=\bar{A}\bar{B}C+BC$

（4）$Y(A,B,C)=\bar{A}C+AB\bar{C}+A\bar{B}C$

（5）$Y(A,B,C)=\bar{A}B\bar{C}+A\bar{B}$

（6）$Y(A,B,C)=\bar{A}\bar{B}\bar{C}+\bar{B}C+ABC$

6-11　试用4选1数据选择器实现下列逻辑函数。

（1）$Y(A,B,C)=A\bar{B}\bar{C}+\bar{A}\bar{C}+BC$

（2）$Y(A,B,C)=\sum m(1,3,4,7)$

项目 7 时序逻辑电路的仿真实训

教学导航

扫一扫看本项目教学课件

教	知识重点	1．时序逻辑电路的分析方法；　2．555 定时器的工作原理功能表； 3．任意系数分频电路的设计方法；　4．移位寄存器 74LS194 的使用方法
教	知识难点	1．时序逻辑电路的分析方法； 2．555 定时器实现其他脉冲产生与整形电路的方法及参数计算； 3．各种集成计数芯片的使用与仿真方法； 4．集成移位寄存器 74LS194 的使用与仿真方法
教	推荐教学方式	通过典型的例题讲解时序逻辑器件的使用方法，并利用 Multisim 仿真软件对相关例题进行仿真演示，提高学生的学习积极性，增强学生的学习效果。采取理论讲授与上机仿真相结合的教学方式
教	建议学时	12 学时
学	推荐学习方法	1．通过典型的例题掌握同步时序逻辑电路的分析方法； 2．学习 555 定时器时注意理论设计、参数计算等与软件仿真相结合； 3．通过典型的例题掌握计数芯片的应用与仿真方法； 4．通过典型的例题掌握集成移位寄存器的应用与仿真方法
学	必须掌握的理论知识	1．555 定时器的工作原理及其使用方法； 2．计数器的工作原理和任意进制计数器的构成方法
学	必须掌握的技能	时序逻辑电路的分析与仿真方法

实训8　任意进制计数器的仿真实训

1．实训目的

（1）掌握集成计数器74LS160和74LS163的功能测试方法和使用方法。

（2）掌握计数器的级联方法并能进行*N*进制计数器的设计。

（3）熟练应用Multisim仿真软件进行任意进制计数器的绘制、仿真与调试。

2．预习要求

（1）预习教材中有关门电路的相关知识。

（2）预习教材中有关计数器的相关知识。

（3）预习Multisim仿真软件的应用。

3．实训原理

六十进制加法计数器如图7-1所示，主要由四2输入与非门74LS00、同步十进制加法计数器74LS160和显示译码器74LS47构成，其中左侧的74LS160实现十位的加法计数，右侧的74LS160实现个位的加法计数，74LS00的一个与非门实现了十位计数器的状态跳

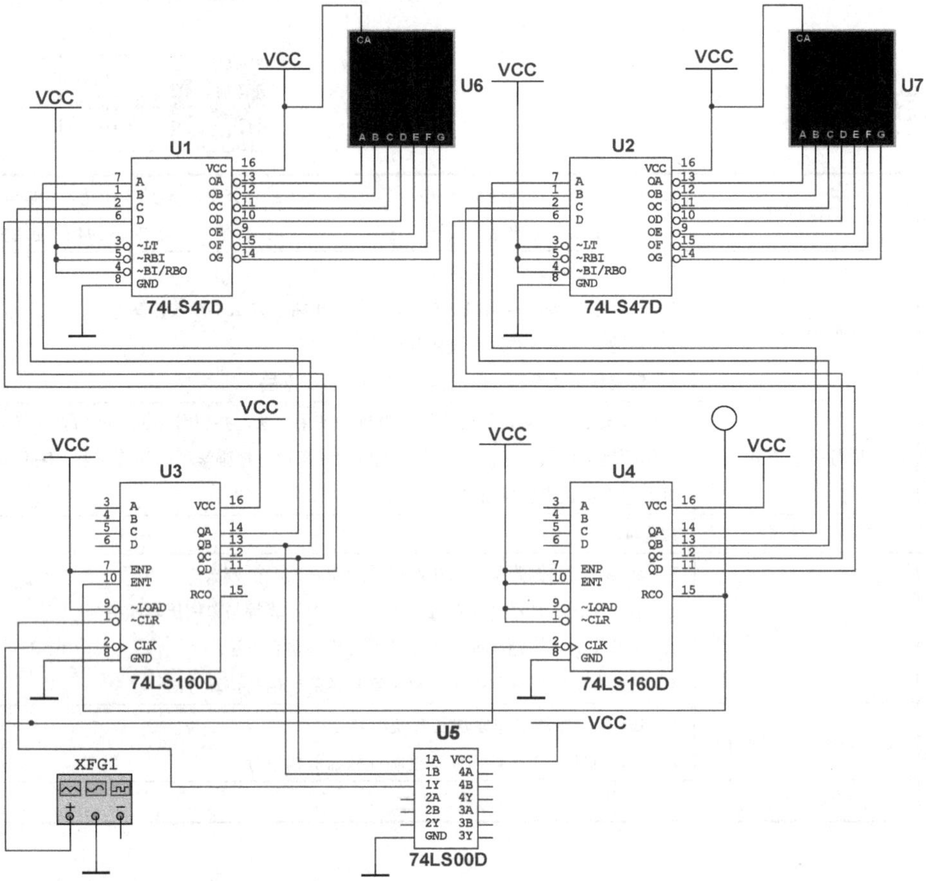

图7-1　六十进制加法计数器

跃，在两个十进制计数器级联（最大模数为一百进制）的情况下构成了六十进制。两个计数芯片 74LS160 的输出都通过译码芯片 74LS47 连接到数码管，用来显示计数状态的变化。

4. 实训内容

1）六十进制加法计数器的仿真

（1）启动 Multisim 仿真软件，在工具栏中选择元器件 74LS00、74LS160 和 74LS47，按照图 7-1 连接电路。

（2）单击 Multisim 仿真软件主界面中的仪器栏，选择信号发生器，设置输出为方波，频率为 1 kHz，幅值为 5 V；选择数码管，正确连接在电路中。

（3）启动电路仿真，通过数码管的数值变化观察加法计数的仿真结果。图 7-2 是计数到六十进制最大状态 59 的仿真电路，再来下个脉冲信号后，计数状态将回到初始状态 00。

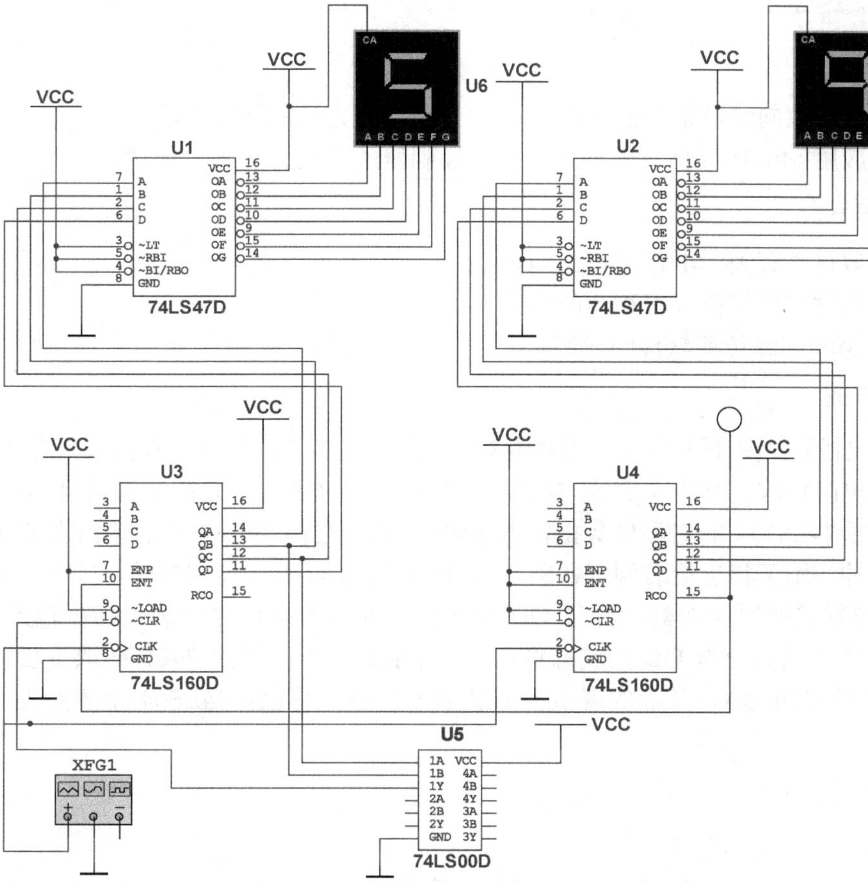

图 7-2　计数到六十进制最大状态 59 的仿真电路

2）六十进制加法计数器的实训

（1）按照图 7-1 选择元器件。

（2）在实验台或面包板上按照图 7-1 连接电路。

（3）调试电路，并用数码管观测计数状态变化。

（4）在多功能实验板上焊好全部电路进行整体电路调试。

5. 实训报告

（1）画出实训电路图。
（2）列出元器件明细表。
（3）整理仿真得到的输出结果。

6. 分析与讨论

（1）总结本次实训项目完成过程中遇到的问题及解决办法。
（2）如果计数器按照一百进制计数，是什么原因？应如何解决？

实训9　8路彩灯控制器的仿真实训

1. 实训目的

（1）掌握集成双向移位寄存器74LS194的功能测试方法和使用方法。
（2）熟练应用Multisim仿真软件进行彩灯控制器的绘制、仿真与调试。

2. 预习要求

（1）预习教材中有关门电路的相关知识。
（2）预习教材中有关移位寄存器的相关知识。
（3）预习Multisim仿真软件的应用。

3. 实训原理

8路彩灯控制器如图7-3所示，主要由双向移位寄存器74LS194、六输入非门74LS04、发光二极管和电阻构成。其中左侧的74LS194的输出端QA～QD控制左侧4个灯，并且QD连接到右侧74LS194的右移位数据输入端SR，这样左侧74LS194的输出端QD的状态将在下一个脉冲作用下移位给右侧74LS194的输出端QA；同理，右侧的74LS194的输出端QA～QD控制右侧的4个灯，并且QD连接到左侧74LS194的右移位数据输入端SR，这样右侧74LS194的输出端QD的状态将在下一个脉冲作用下经过74LS04取反后移位给左侧74LS194的输出端QA，从而实现8个输出状态的循环移位；74LS04主要完成一次状态取反。

4. 实训内容

1）8路彩灯控制器的仿真

（1）启动Multisim仿真软件，在工具栏中选择元器件74LS04、74LS194、电阻、发光二极管，按照图7-3连接电路。

（2）单击Multisim仿真软件主界面中的仪器栏，选择信号发生器，设置输出为方波，频率为1 Hz，幅值为5 V。

（3）启动电路仿真，通过发光二极管的亮灭变化观察彩灯的移位情况。图7-4是左侧5个彩灯点亮的仿真电路，再来下个脉冲信号后，第6个彩灯将会点亮。

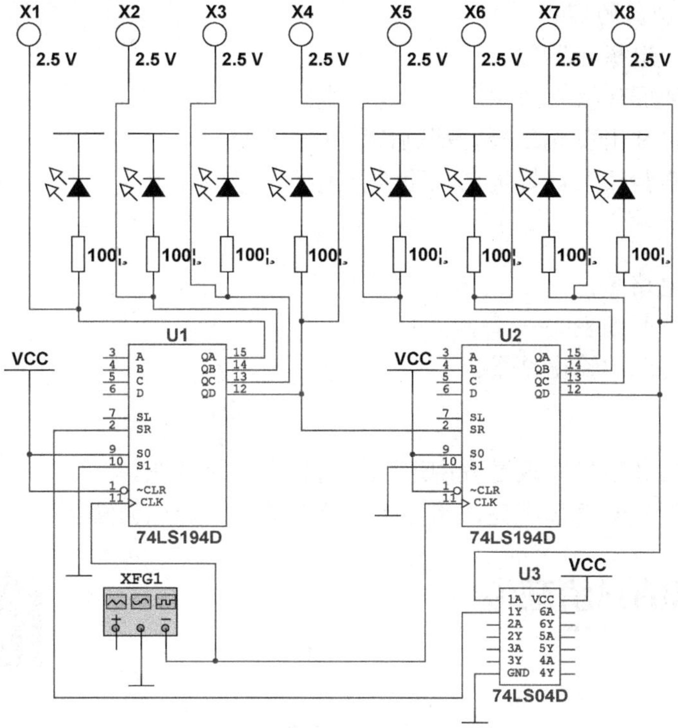

图 7-3　8 路彩灯控制器

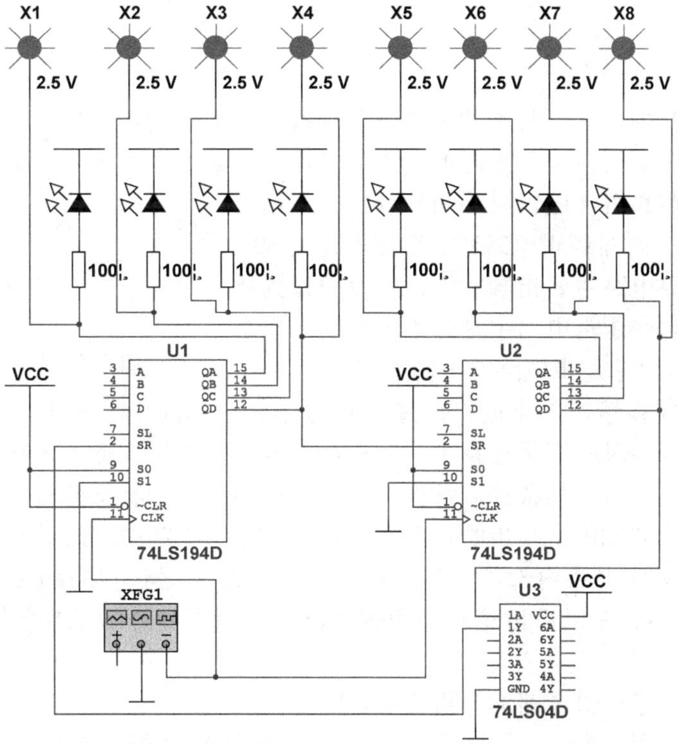

图 7-4　8 个彩灯依次点亮的仿真电路

2）8路彩灯控制器的实训

（1）按照图 7-3 选择元器件。

（2）在实验台或面包板上按照图 7-3 连接电路。

（3）调试电路，并用发光二极管观测移位状态的变化。

（4）在多功能实验板上焊好全部电路进行整体电路调试。

5. 实训报告

（1）画出实训电路图。

（2）列出元器件明细表。

（3）整理仿真得到的输出结果。

6. 分析与讨论

（1）总结本次实训项目完成过程中遇到的问题及解决办法。

（2）如果 8 个彩灯一直都不亮，请分析是什么原因，应如何解决。

7.1 时序电路的分析和设计

扫一扫看时序逻辑电路分析微课视频

知识分布网络

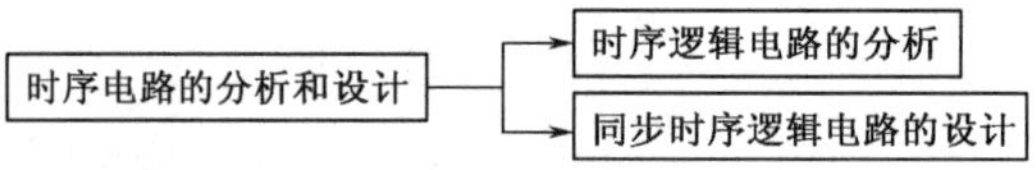

在组合逻辑电路中，任一时刻的输出信号仅取决于当时的输入信号，而时序逻辑电路在任一时刻的输出状态不仅取决于当时的输入信号，而且还取决于电路原来的状态。时序逻辑电路主要由存储电路和组合逻辑电路两部分组成，结构框图如图 7-5 所示。时序逻辑电路通过存储电路实现状态的记忆功能。存储电路主要指触发器，触发器作为最基本的存储单元在时序逻辑电路中是必不可少的，也是区别组合逻辑电路与时序逻辑电路的关键所在。

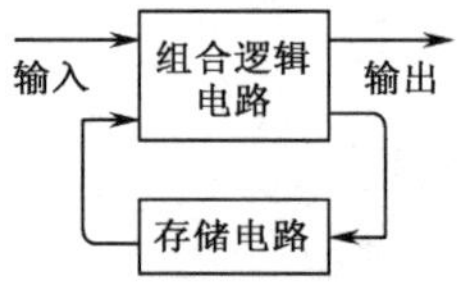

图 7-5　时序逻辑电路的结构框图

根据电路状态转换情况的不同，时序逻辑电路又分为同步时序逻辑电路和异步时序逻辑电路两大类。在同步时序逻辑电路中，所有触发器的时钟输入端 CP 都连在一起，在同一个时钟脉冲 CP 作用下，凡具备翻转条件的触发器在同一时刻状态翻转，也就是说，触发器状态的更新和时钟脉冲 CP 是同步的。而在异步时序逻辑电路中，时钟脉冲只触发部分触发器，其余触发器则是由电路内部信号触发的。因此，触发器状态的翻转有先有后，并不都和时钟脉冲 CP 同步。在以后讨论时序逻辑电路时，所讲的计数脉冲实际上就是时钟脉冲 CP，二者是一致的。

本项目仅讨论时序逻辑电路的分析方法。

分析一个时序电路，就是要找出给定时序电路的逻辑功能。具体地说，就是要求找出电路的状态和输出变量在输入变量和时钟信号作用下的变化规律。

在同步时序逻辑电路中，由于所有触发器都由同一个时钟脉冲信号 CP 来触发，它只控制触发器的翻转时刻，而对触发器翻转到何种状态并无影响，所以，在分析同步时序逻辑电路时，可以不考虑时钟条件。

基本分析步骤如下。

1. 写方程式

（1）输出方程。它是时序逻辑电路的输出逻辑表达式，通常为现态的函数。

（2）驱动方程。它是各触发器输入端的逻辑表达式。如 JK 触发器 J 和 K 的逻辑表达式、D 触发器 D 的逻辑表达式等。

（3）状态方程。将驱动方程代入相应触发器的特性方程中，便得到该触发器的次态方程。时序逻辑电路的状态方程由各触发器次态的逻辑表达式组成。

2. 列状态转换真值表

状态转换真值表的输入部分通常包含输入变量和电路的现态，其输出部分通常包含电路的次态和输出。可以将电路现态的各种取值代入状态方程和输出方程中进行计算，求出相应的次态和输出，从而列出状态转换真值表。如现态的起始值已给定时，则从给定值开始计算。如没有给定时，则可设定一个现态起始值依次进行计算。

3. 逻辑功能的说明

根据状态转换真值表来说明电路的逻辑功能。

4. 画状态转换图和时序图

状态转换图是指电路由现态转换到次态的示意图。电路的时序图是在时钟脉冲 CP 作用下各触发器状态变化的波形图。

实例 7-1　试分析如图 7-6 所示电路的逻辑功能，并画出状态转换图和时序图。

解　由图 7-6 所示电路可以看出，时钟脉冲 CP 加在每个触发器的时钟脉冲输入端上。因此，它是一个同步时序逻辑电路，可以忽略时钟方程。

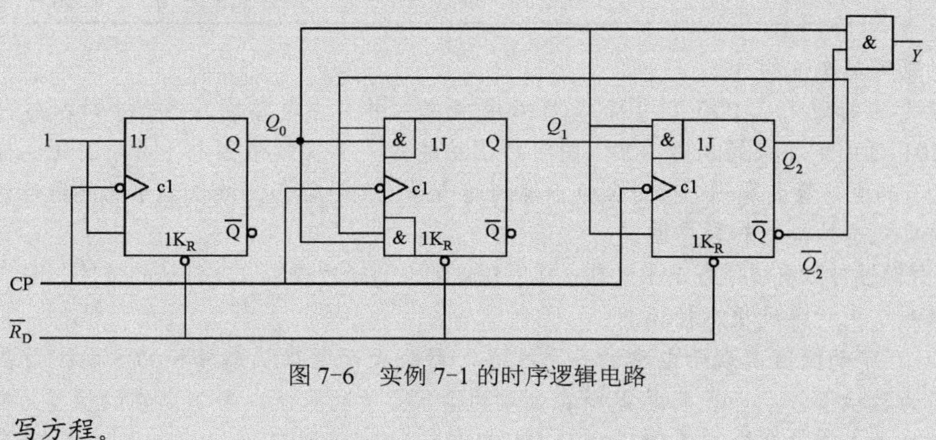

图 7-6　实例 7-1 的时序逻辑电路

（1）写方程。

① 输出方程。

$$Y = Q_2^n Q_0^n$$

② 驱动方程。

$$\begin{cases}J_0=1,K_0=1\\ J_1=\overline{Q_2^n}Q_0^n,K_1=\overline{Q_2^n}Q_0^n\\ J_2=Q_1^nQ_0^n,K_2=Q_0^n\end{cases}$$

③ 状态方程。将驱动方程代入 JK 触发器的特性方程 $Q^{n+1}=J\overline{Q^n}+\overline{K}Q^n$ 中，便得到电路的状态方程，为

$$\begin{cases}Q_0^{n+1}=J_0\overline{Q_0^n}+\overline{K_0}Q_0^n=1\overline{Q_0^n}+\overline{1}Q_0^n=\overline{Q_0^n}\\ Q_1^{n+1}=J_1\overline{Q_1^n}+\overline{K_1}Q_1^n=\overline{Q_2^n}Q_0^n\overline{Q_1^n}+\overline{\overline{Q_2^n}Q_0^n}Q_1^n\\ Q_2^{n+1}=J_2\overline{Q_2^n}+\overline{K_2}Q_2^n=Q_1^nQ_0^n\overline{Q_2^n}+\overline{Q_0^n}Q_2^n\end{cases}$$

（2）列状态转换真值表。

设电路的现态为 $Q_2^nQ_1^nQ_0^n=000$，代入输出方程和状态方程中进行计算后得到 Y=0 和 $Q_2^{n+1}Q_1^{n+1}Q_0^{n+1}=001$，这说明输入第一个计数脉冲 CP 后，电路的状态由 000 翻到 001。然后再将 001 当作现态，输入第二个时钟脉冲 CP 后，$Q_2^{n+1}Q_1^{n+1}Q_0^{n+1}=010$，电路的状态由 001 翻到 010，以此类推，可求得如表 7-1 所示的状态转换真值表。

表 7-1　实例 7-1 的状态转换真值表

现　态			次　态			输　出
Q_2^n	Q_1^n	Q_0^n	Q_2^{n+1}	Q_1^{n+1}	Q_0^{n+1}	Y
0	0	0	0	0	1	0
0	0	1	0	1	0	0
0	1	0	0	1	1	0
0	1	1	1	0	0	0
1	0	0	1	0	1	0
1	0	1	0	0	0	1

（3）逻辑功能说明。

表 7-1 中标记了从 000 到 101 总共 6 种状态，并且在电路输入第六个计数脉冲后，该电路从 101 返回到原来的状态 000，同时输出端输出一个有效值高电平 1。因此，可以把如图 7-6 所示的电路看成是一个带进位输出端的同步六进制计数器，输出端 Y 为其进位输出端。

（4）画状态转换图和时序图。

状态转换图可以直观地表示出电路从现态转换到次态的过程，以及转换的条件。图 7-7（a）就是根据表 7-1 所得的状态转换图。

图 7-7 中的圆圈内表示电路的一个状态，箭头表示电路状态转换的方向。箭头旁所标注的 X/Y 为转换条件，一般来说 X 所在位置为输入变量的取值，而 Y 所在的位置为输出变量的取值，由于本例没有输入变量，故 X 未标数值。

时序图和状态转换图一样，都可以表示电路状态转换的过程，但是和状态转换图不同的是，时序图需要考虑时钟脉冲对各个触发器的影响。图 7-7（b）就是根据表 7-1 画出的

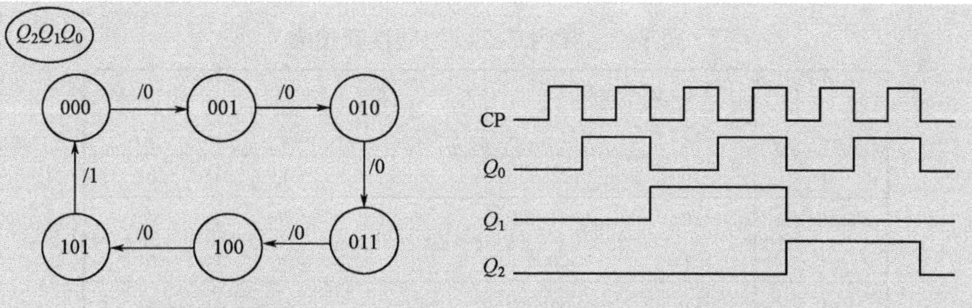

（a）状态转换图　　（b）时序图

图 7-7　实例 7-1 的状态转换图和时序图

时序图，由图可见，电路状态的每一次变换都是在时钟脉冲的下降沿发生的。

（5）检查电路能否自启动。

如图 7-6 所示电路应该有 000～111 共 8 个工作状态，而只有其中 000～101 这 6 个状态被利用了，这 6 个状态称为有效状态，将 110 和 111 这两个没有被利用的状态称为无效状态。在正常状况下，电路应该在其有效状态下运转。但是由于外界干扰、故障等其他因素的作用，电路也有可能跳入无效状态。当电路跳入无效状态时，如果继续输入计数脉冲电路能够自动返回其有效状态，称该电路可以实现自启动；反之，如果继续输入计数脉冲电路不能自动返回其有效状态，称该电路不能实现自启动。检验能够自启动的方法就是把无效状态代入状态方程中进行计算，看结果也就是次态是否是有效状态。在如图 7-6 所示电路中，把无效状态 110 代入状态方程中进行计算，得到 $Q_2^{n+1}Q_1^{n+1}Q_0^{n+1}=111$，再将 111 代入状态方程后得 $Q_2^{n+1}Q_1^{n+1}Q_0^{n+1}=010$，010 为有效状态，可见该电路能够实现自启动。

实例 7-2　试分析如图 7-8 所示的逻辑电路，并画出状态转换图和时序图。

解　（1）写方程。

① 输出方程。

$$Y = Q_1^n Q_0^n \mathrm{CP}$$

② 驱动方程。

$$\begin{cases} J_0 = 1, K_0 = 1 \\ J_1 = X \oplus Q_0^n, K_1 = X \oplus Q_0^n \end{cases}$$

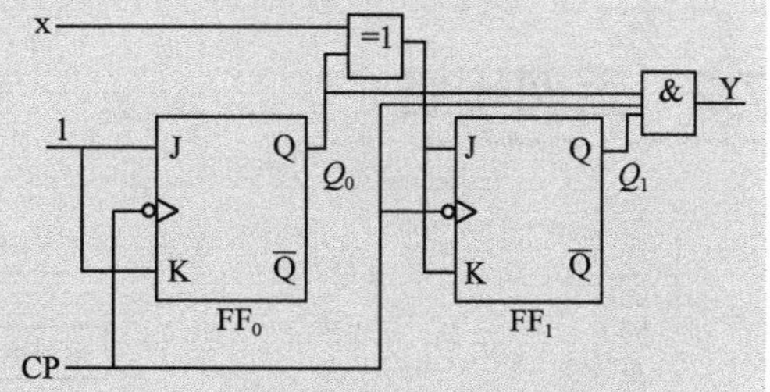

图 7-8　实例 7-2 的时序逻辑电路

③ 状态方程。

$$\begin{cases} Q_0^{n+1} = J_0\overline{Q_0^n} + \overline{K_0}Q_0^n = \overline{Q_0^n} \\ Q_1^{n+1} = J_1\overline{Q_1^n} + \overline{K_1}Q_1^n = (X \oplus Q_0^n)\overline{Q_1^n} + \overline{(X \oplus Q_0^n)}Q_1^n \end{cases}$$

（2）列状态转换真值表。

由于该电路包含输入控制信号 X，因此在状态转换真值表中，其输入部分应该在现态 $Q_1^nQ_0^n$ 的基础上加入 X 的不同取值，而输出部分还是次态 $Q_1^{n+1}Q_0^{n+1}$ 和输出 Y。设电路的现态为 $Q_1^nQ_0^n=00$，代入输出方程和状态方程进行计算，可得表 7-2。

（3）逻辑功能说明。

当 X=0 时，电路为同步加法计数器；当 X=1 时，电路为同步减法计数器。所以，该电路为同步四进制加/减计数器。

表 7-2　实例 7-2 状态转换真值表

输　入	现　态		次　态		输　出
X	Q_1^n	Q_0^n	Q_1^{n+1}	Q_0^{n+1}	Y
0	0	0	0	1	0
0	0	1	1	0	0
0	1	0	1	1	0
0	1	1	0	0	1
1	0	0	1	1	0
1	1	1	1	0	1
1	1	0	0	1	0
1	0	1	0	0	0

（4）画状态转换图和时序图。

画状态转换图时需要表明输入变量 X 的不同取值，如图 7-9 所示。

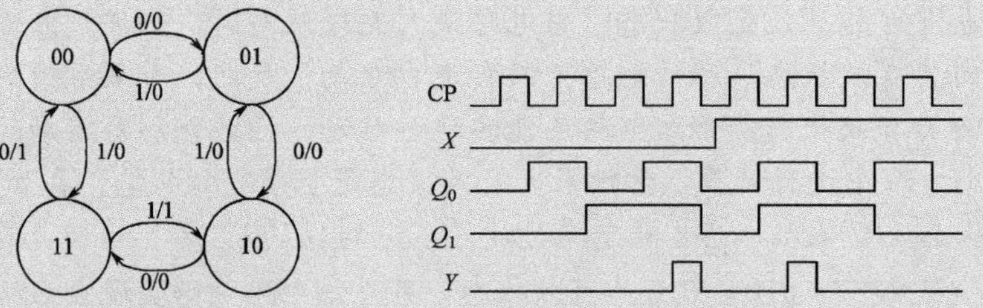

（a）状态转换图　　（b）时序图

图 7-9　实例 7-2 的状态转换图和时序图

7.2　定时电路

扫一扫看 555 定时器及应用微课视频

知识分布网络

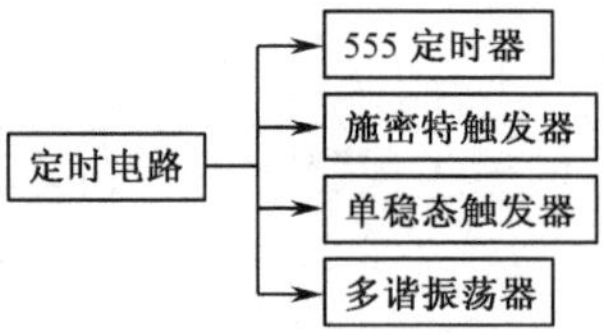

在同步时序电路中，作为时钟信号的矩形脉冲控制和协调着整个系统的工作。因此，时钟脉冲的特性直接关系到系统能否正常工作。

获得脉冲波形的方法主要有两种，一种是利用多谐振荡器直接产生符合要求的矩形脉冲；另一种是通过整形电路对已有的波形进行整形、变换，使之符合系统的要求。

施密特触发器和单稳态触发器是两种不同用途的脉冲波形的整形、变换电路。施密特触发器主要用以将变化缓慢的非矩形脉冲变换成上升沿和下降沿都很陡峭的矩形脉冲，而单稳态触发器则主要用以将宽度不符合要求的脉冲变换成符合要求的矩形脉冲。

555 定时器是一种多用途集成电路，只要其外部配接少量阻容元件就可构成施密特触发器、单稳态触发器和多谐振荡器等，使用方便、灵活。因此，在波形变换与产生、测量控制、家用电器等方面都有着广泛的应用。

为了定量描述矩形脉冲的特性，通常给出图 7-10 中所标注的几个主要参数。这些参数如下。

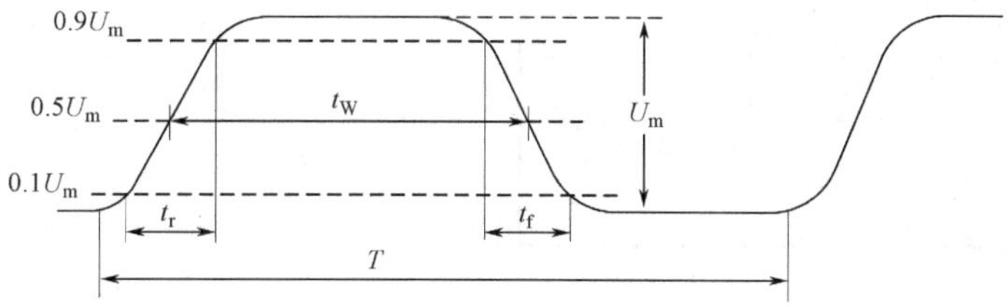

图 7-10　脉冲波形的参数

（1）脉冲幅度 U_m：脉冲电压波形变化的最大值，单位为伏（V）。

（2）脉冲上升时间 t_r：脉冲波形从 $0.1U_m$ 上升到 $0.9U_m$ 所需的时间。

（3）脉冲下降时间 t_f：脉冲波形从 $0.9U_m$ 下降到 $0.1U_m$ 所需的时间。脉冲上升时间 t_r 和下降时间 t_f 越短，越接近于理想的矩形脉冲，单位为秒（s）。

（4）脉冲宽度 t_W：脉冲上升沿 $0.5U_m$ 到下降沿 $0.5U_m$ 所需的时间，单位和 t_r、t_f 相同。

（5）脉冲周期 T：在周期性脉冲中，相邻两个脉冲波形重复出现所需的时间，单位和 t_r、t_f 相同。

（6）脉冲频率 f：每秒时间内，脉冲出现的次数，单位为赫兹（Hz）。

（7）占空比 q：脉冲宽度 t_W 与脉冲周期 T 的比值，$q=\dfrac{t_W}{T}$，它是描述脉冲波形密度的参数。

7.2.1　555 定时器

1. 基本原理和功能

555 定时器是一种中规模集成电路，只要在外部配上适当的阻容元件，就可以方便地构成脉冲产生和整形电路，在工业控制、定时、仿声、电子乐器及防盗报警等方面得到了广泛应用。

1）电路组成

图 7-11 给出的是 555 集成定时器的电路结构图（a）及引脚排列图（b），它由 5 个部分组成。

（1）基本 RS 触发器。

由两个与非门组成，$\overline{R}$ 是专门设置的可从外部进行置 0 的复位端，当 $\overline{R}$=0 时，Q=0，$\overline{Q}$=1。

（2）比较器。

C_1、C_2 是两个电压比较器。比较器有两个输入端，分别标有+号和−号，如果用 U_+ 和 U_- 表示相应输入端上所加的电压，则当 $U_+>U_-$ 时其输出为高电平，当 $U_+<U_-$ 时输出为低电平，两个输入端基本上不同外电路索取电流，即输入电阻趋近于无穷大。

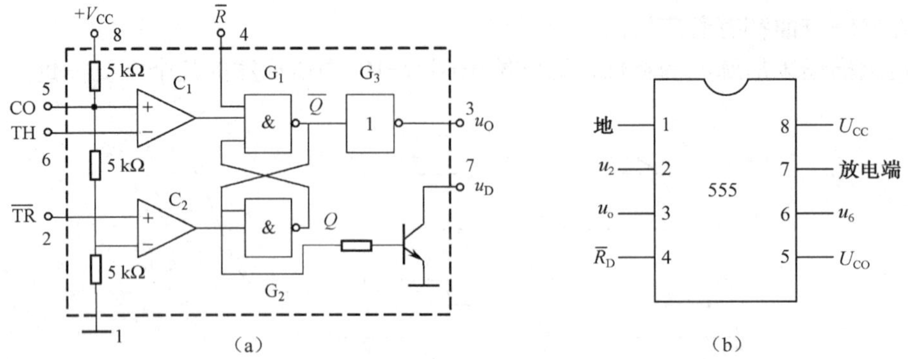

图 7-11　555 集成定时器的电路结构图及引脚排列图

（3）分压器。

3 个阻值均为 5kΩ的电阻串联起来构成分压器（555 也因此而得名），为比较器 C_1 和 C_2 提供参考电压，C_1 的+端 $U_+=\frac{2}{3}V_{CC}$、C_2 的−端 $U_-=\frac{1}{3}V_{CC}$。如果在电压控制端 CO 另加控制电压，则可改变 C_1、C_2 的参考电压。工作中不使用 CO 端时，一般都通过一个 0.01 μF 的电容接地，以旁路高频干扰。

（4）放电三极管和输出缓冲器。

放电三极管的状态受 $\overline{Q}$ 端控制，当 $\overline{Q}$ 为 0 时 VT_D 截止、为 1 时 VT_D 导通。接在输出端的反相器 G_3 构成输出缓冲器，其作用是提高定时器的带负载能力和隔离负载对定时器的影响。

2）基本功能

当 $\overline{R}$=0 时，$\overline{Q}$=1，输出电压 $u_O=U_{OL}$ 为低电平，VT_D 饱和导通。

当 $\overline{R}$=1、$U_{TH}>\frac{2}{3}V_{CC}$、$U_{\overline{TR}}>\frac{1}{3}V_{CC}$ 时，C_1 输出低电平、C_2 输出高电平，$\overline{Q}$=1、Q=0，$u_O=U_{OL}$、VT_D 饱和导通。

当 $\overline{R}$=1、$U_{TH}<\frac{2}{3}V_{CC}$、$U_{\overline{TR}}>\frac{1}{3}V_{CC}$ 时，C_1、C_2 输出均为高电平，基本 RS 触发器保持原来状态不变，因此 u_O、VT_D 也保持不变。

当 $\overline{R}$=1、$U_{TH}<\frac{2}{3}V_{CC}$、$U_{\overline{TR}}<\frac{1}{3}V_{CC}$ 时，C_1 输出高电平，C_2 输出低电平，$\overline{Q}=0$，$Q=1$，$u_O=U_{OH}$，VT_D 截止。

如表 7-3 所示是 555 定时器的功能表，它全面地表示了 555 定时器的基本功能。

表 7-3　555 定时器的功能表

U_{TH}	$U_{\overline{TR}}$	$\overline{R}$	u_O	VT_D 的状态
×	×	0	U_{OL}	导通
$>\frac{2}{3}V_{CC}$	$>\frac{1}{3}V_{CC}$	1	U_{OL}	导通
$<\frac{2}{3}V_{CC}$	$>\frac{1}{3}V_{CC}$	1	不变	不变
$<\frac{2}{3}V_{CC}$	$<\frac{1}{3}V_{CC}$	1	U_{OH}	截止

7.2.2　施密特触发器

1. 用 555 定时器组成的施密特触发器

1）施密特触发器的性能特点

施密特触发器是脉冲波形变换中经常使用的一种电路，它在性能上有两个重要的特点：

第一，输入信号从低电平上升的过程中，电路状态转换对应的输入电平与输入信号从高电平下降过程中对应的输入转换电平不同。

第二，在电路状态转换时，通过电路内部的正反馈过程使输出电压波形的边沿变得很陡峭。

利用这两个特点不仅能将边沿变化缓慢的信号波形整形为边沿陡峭的矩形波，而且可以将叠加在矩形脉冲高、低电平上的干扰噪声有效地清除。

2）用 555 定时器组成的施密特触发器

（1）电路组成。

将 555 定时器的 TH 端（6）、$\overline{TR}$ 端（2）连接起来作为信号输入端 u_I，便构成了施密特触发器，如图 7-12 所示。

（2）工作原理。

如图 7-13 所示为当 u_I 为三角波时施密特触发器的工作波形。

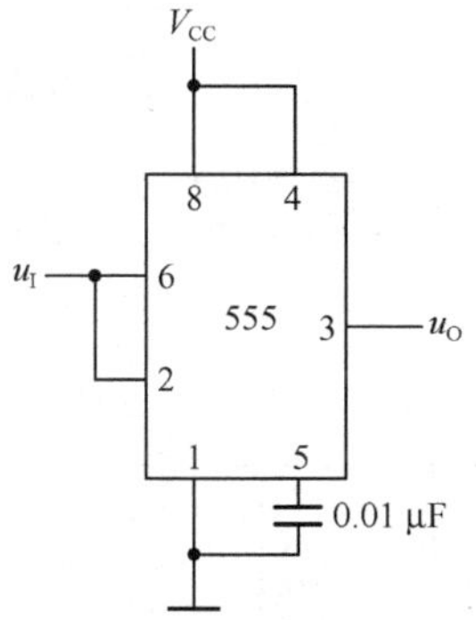

图 7-12　用 555 定时器组成的施密特触发器

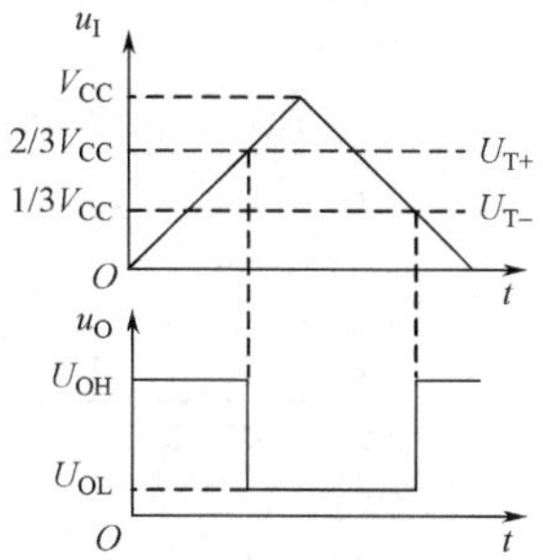

图 7-13　施密特触发器的工作波形

① 当 u_I=0 V 时。

由于 $u_{TH}=u_{\overline{TR}}=u_I$=0 V，显然，比较器 C_1 输出为 1、C_2 输出为 0，基本 RS 触发器将工作在 1 状态，即 $\overline{Q}$=0、Q=1，u_O 输出为高电平 U_{OH}。u_I 升高，在未到达 $\frac{2}{3}V_{CC}$ 以前，电路的这种状态是不会改变的。

② 当 u_I 上升到 $\frac{2}{3}V_{CC}$ 时。

不难理解，比较器 C_1 输出会跳变为 0，C_2 输出为 1，基本 RS 触发器被触发，由 1 状态翻转到 0 状态，即跳变到 $\overline{Q}$=1、Q=0，u_O 也随之由高电平 U_{OH} 跳变到低电平 U_{OL}。此后，u_I 上升到 V_{CC} 再降低，但是在未下降到 $\frac{1}{3}V_{CC}$ 以前，$\overline{Q}$=1、Q=0 和 u_O 为 U_{OL} 的状态会一直保持

不变。

③ 当u_I下降到$\frac{1}{3}V_{CC}$时。

此时，比较器C_1输出为1，C_2输出为0，基本RS触发器被触发，由0状态翻转到1状态，即跳变到$\overline{Q}$=0、Q=1，u_O也随之由低电平U_{OL}跳变到高电平U_{OH}。而且u_I继续下降直到0 V，电路的这种状态也都不会改变。

综上所述，如图7-12所示的施密特触发器将输入的缓慢变化的三角波u_I整形成为输出跳变的矩形脉冲u_O。

利用Multisim仿真软件可以对如图7-14所示的施密特触发器进行仿真验证。如图7-14所示，将555定时器的TH端和$\overline{TR}$端连接起来作为信号输入端，输入信号由信号发生器提供，选择三角波输出方式，频率为1 000 Hz，幅值为5 V。555定时器的OUT端（3）接示波器，在示波器的面板上选择适当的参数就可以得到555定时器输出的矩形波。

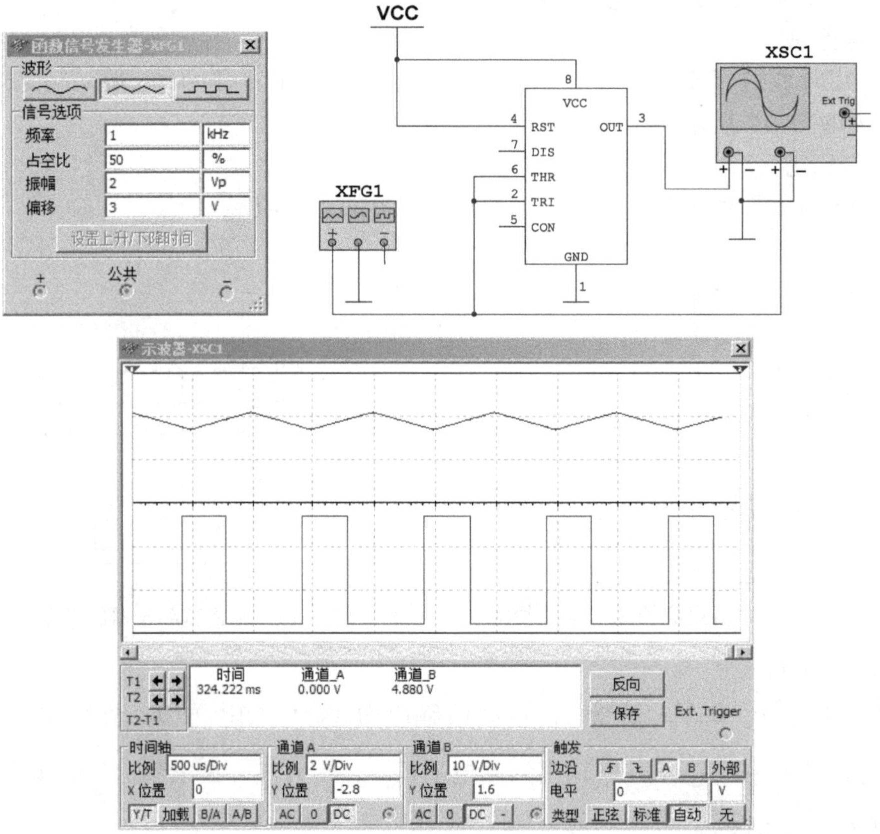

图7-14　施密特触发器仿真图

3）滞回特性及主要参数

（1）滞回特性。

如图7-15所示是施密特触发器的电压传输特性，即输出电压u_O与输入电压u_I的关系曲线。虽然当u_I由0 V上升到$\frac{2}{3}V_{CC}$时，u_O由U_{OH}跳变到U_{OL}，但是当u_I下降到$\frac{2}{3}V_{CC}$时，

$u_O = U_{OL}$ 却不改变，只有当 u_I 下降到 $\frac{1}{3}V_{CC}$ 时，u_O 才会由 U_{OL} 跳变回到 U_{OH}。

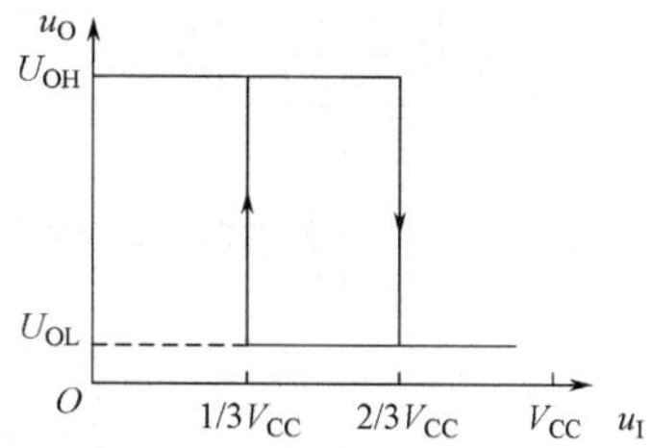

图 7-15　施密特触发器的电压传输特性

（2）主要静态参数。

① 上限阈值电压 U_{T+}。

把 u_I 上升过程中，使施密特触发器状态翻转，输出电压 u_O 由高电平 U_{OH} 跳变到 U_{OL} 时，所对应的输入电压的值称为上限阈值电压，并用 U_{T+} 表示。在图 7-15 中，$U_{T+} = \frac{2}{3}V_{CC}$。

② 下限阈值电压 U_{T-}。

把 u_I 下降过程中，使施密特触发器状态翻转，输出电压 u_O 由低电平 U_{OL} 跳变到 U_{OH} 时，所对应的输入电压的值称为下限阈值电压，并用 U_{T-} 表示。在图 7-15 中，$U_{T-} = \frac{1}{3}V_{CC}$。

③ 回差电压 ΔU_T。

回差电压 ΔU_T 又叫滞回电压，定义为

$$\Delta U_T = U_{T+} - U_{T-} \tag{7-1}$$

在图 7-15 中，$\Delta U_T = \frac{1}{3}V_{CC}$。若在控制端 CO（5）外加电压 U_S，则有 $U_{T+} = U_S$、$U_{T-} = \frac{1}{2}U_S$、$\Delta U_T = \frac{1}{2}U_S$，而且改变 U_S，它们的值也随之改变。

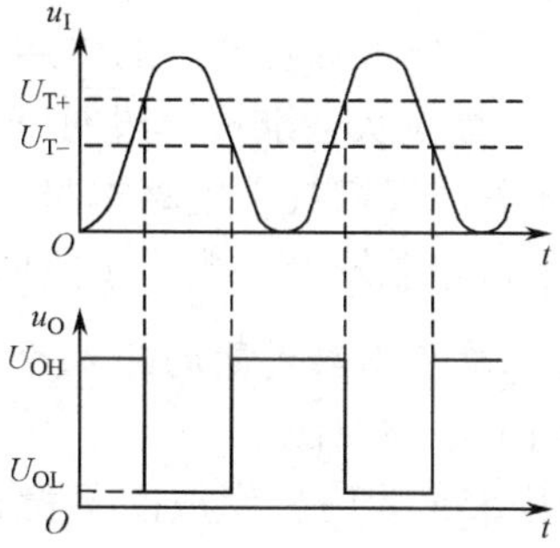

图 7-16　用施密特触发器实现波形变换

2. 施密特触发器的应用

1）波形转换

施密特触发器可用于将三角波、正弦波及其他不规则信号变换成矩形脉冲。如图 7-16 所示为用施密特触发器实现波形变换。

2）脉冲整形

当传输的信号受到干扰而发生畸变时，可利用施密特触发器的回差特性，将受到干扰的信号整形成较好的矩形脉冲，如图 7-17 所示。

3）脉冲幅度鉴别

如图 7-18 所示，如果输入信号为一组幅度不等的脉冲，要求将幅度大于 U_{T+} 的脉冲信号挑选出来，则可以利用施密特触发器对输入脉冲的幅度进行鉴别，将输入幅度大于 U_{T+} 的脉冲信号选出来，而幅度小于 U_{T+} 的脉冲信号则去掉了。

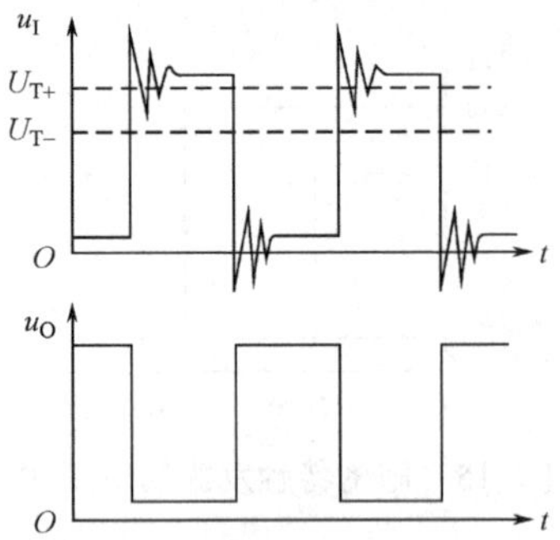

图 7-17　用施密特触发器整形

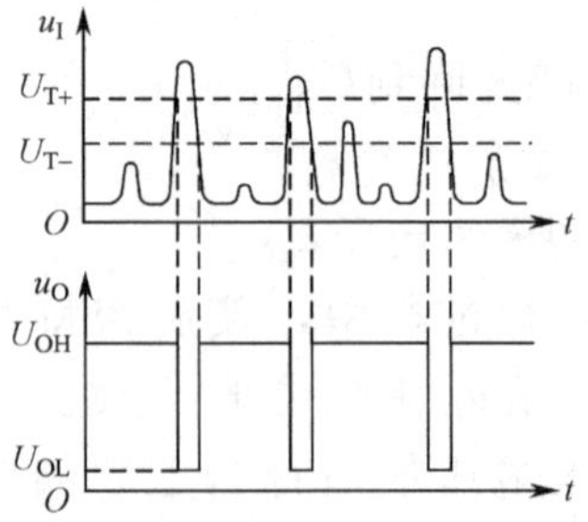

图 7-18　用施密特触发器鉴别脉冲幅度

实例 7-3　如图 7-12 所示，如果 V_{CC}=5 V，施密特触发器的回差电压 ΔU_T 为多少？

解　上限阈值电压 $U_{T+}=\frac{2}{3}V_{CC}$=3.33 V，下限阈值电压 $U_{T-}=\frac{1}{3}V_{CC}$=1.67 V，回差电压 $\Delta U_T=U_{T+}-U_{T-}$=1.66 V。

7.2.3　单稳态触发器

1. 用 555 定时器组成的单稳态触发器

1）单稳态触发器的性能特点

单稳态触发器和前面介绍的触发器有所不同，一般来说具有如下特点：

① 具有一个稳定状态和一个暂稳状态；

② 在外来触发脉冲的作用下，能够由稳定状态翻转到暂稳态；

③ 暂稳状态维持一段时间以后，将自动返回到稳定状态，而暂稳态时间的长短与触发脉冲无关，仅取决于电路本身的参数。

单稳态触发器一般用于定时、整形及延时等。

2）单稳态触发器的基本原理

（1）电路组成。

用 555 定时器组成的单稳态触发器如图 7-19 所示。R、C 是定时元器件，u_I 是输入触发信号，下降沿有效，加在 555 定时器的 $\overline{TR}$ 端（2 脚），u_O 是输出信号。

（2）工作原理。

单稳态触发器的工作波形如图 7-20 所示。

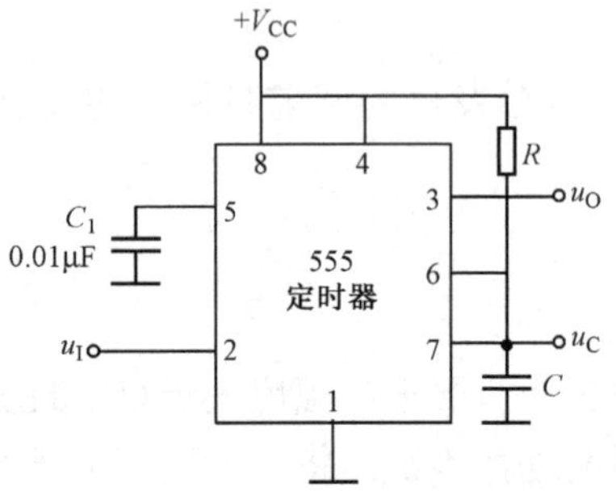

图 7-19　用 555 定时器组成的单稳态触发器

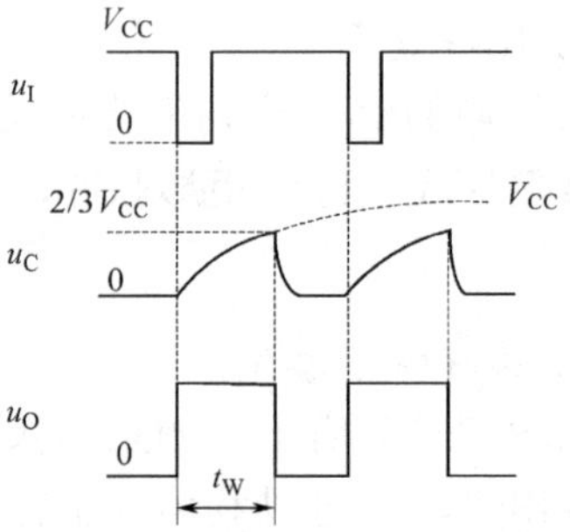

图 7-20　单稳态触发器的工作波形

① 没有触发信号时电路工作在稳态。

无触发信号即u_I为高电平时，电路工作在稳定状态$\overline{Q}=1$、$Q=0$，u_O为低电平，VT_D饱和导通。

若接通电源后，$u_I=U_{IH}$，555 定时器中基本 RS 触发器处在 0 状态，即$\overline{Q}=1$、$Q=0$，$u_O=U_{OL}$，VT_D饱和导通，则这种状态将保持不变。

若接通电源后，$u_I=U_{IL}$，555 定时器中基本 RS 触发器处在 1 状态，即$\overline{Q}=0$，$Q=1$，$u_O=U_{OH}$，VT_D截止，这种状态是不稳定的，经过一段时间之后，电路会自动地返回到稳定状态。因为VT_D截止，电源V_{CC}会通过R对C进行充电，u_C将逐渐升高，当$u_C=u_{TH}$上升到$\frac{2}{3}V_{CC}$时，比较器C_1输出 0，将基本 RS 触发器复位到 0 状态，$\overline{Q}=1$、$Q=0$，$u_O=U_{OL}$，VT_D饱和导通，电容C通过VT_D迅速放电，使$u_C\approx 0$，即电路返回到稳态。

② u_I下降沿触发。

当u_I下降沿到来时，电路被触发，立即由稳态翻转到暂稳态$\overline{Q}=0$，$Q=1$，$u_O=U_{OH}$，VT_D截止。因为$u_I=u_{TR}$由高电平跳变到低电平时，比较器C_2的输出跳变为 0，基本 RS 触发器立刻被置成 1 状态，即暂稳态。

③ 暂稳态的维持时间。

在暂稳态期间，电路中有一个定时电容C充电的渐变过程，充电回路是$V_{CC}\rightarrow R\rightarrow C\rightarrow$地，时间常数为$\tau_1=RC$。在电容上电压$u_C=u_{TH}$上升到$\frac{2}{3}V_{CC}$以前，电路将保持暂稳态不变。

④ 自动返回（暂稳态结束）时间。

随着C充电过程的进行，$u_C=u_{TH}$逐渐升高，当$u_C=u_{TH}$上升到$\frac{2}{3}V_{CC}$时，比较器C_1输出 0，立即将基本 RS 触发器复位到 0 状态，即$\overline{Q}=1$、$Q=0$，$u_O=U_{OL}$，VT_D饱和导通，暂稳态结束。

⑤ 恢复过程。

当暂稳态结束后，定时电容C将通过饱和导通的晶体三极管VT_D放电，时间常数为$\tau_2=R_{CES}\cdot C$（R_{CES}是VT_D的饱和导通电阻，很小）。经(3～5)τ_2后，C放电完毕，$u_C=u_{TH}=0$，恢复过程结束。此后单稳态触发器又可接收新的输入触发信号。

利用 Multisim 软件可以对图 7-19 的单稳态触发器进行仿真验证。如图 7-21 所示，将 555 定时器的$\overline{TR}$端接信号发生器，选择矩形波输出方式，频率为 1 000 Hz，幅值为 5 V。用示波器监测 555 定时器的$\overline{TR}$端和 OUT 端，在示波器的面板上选择适当的参数观察波形，结果与图 7-20 的理论结果是一致的。

3）输出脉冲宽度的估算

单稳态触发器输出脉冲的宽度实际上是暂稳态维持的时间，用t_W表示。它为电容C上的电压由低电平 0 充到$\frac{2}{3}V_{CC}$所需的时间，其大小可以用下式进行估算：

$$t_W=1.1RC \tag{7-2}$$

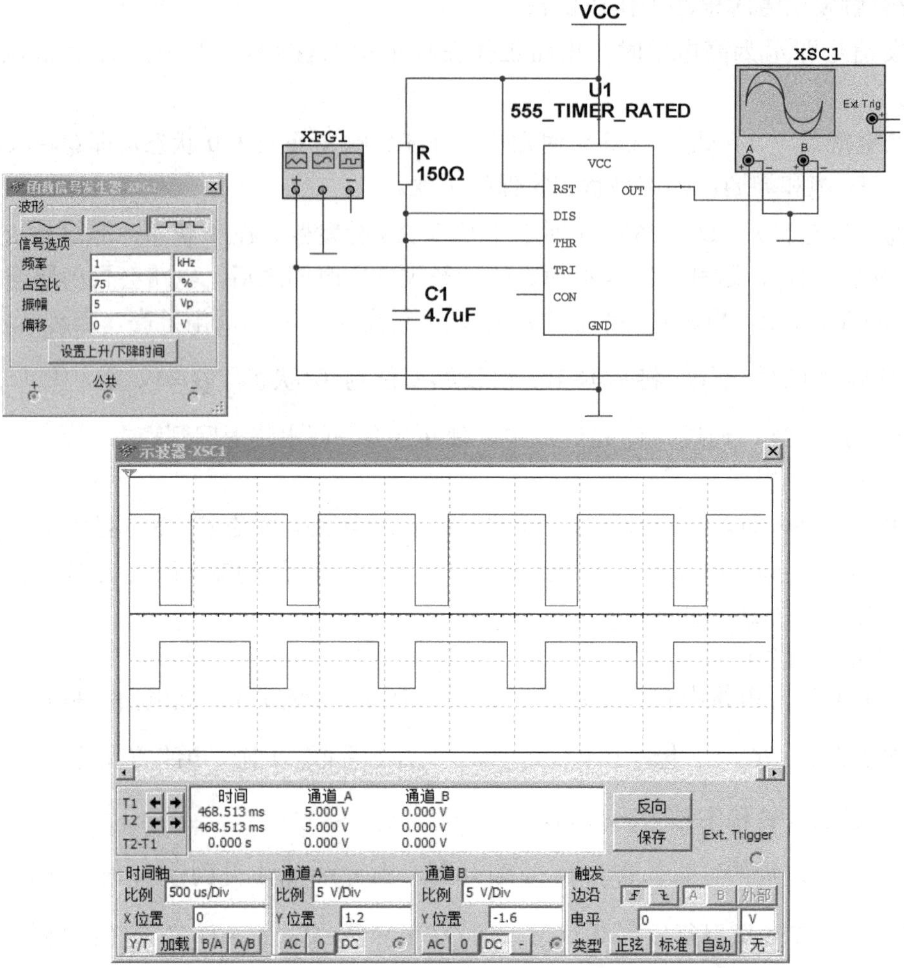

图 7-21 单稳态触发器的仿真图

2. 单稳态触发器的应用

1）脉冲整形

脉冲信号在经过长距离传输后其边沿会变差或在波形上叠加了干扰。为了使变形的脉冲信号符合要求，可利用单稳态触发器对其进行整形。脉冲整形示意图如图 7-22 所示。

2）脉冲定时

由于单稳态触发器可输出宽度和幅度符合要求的矩形脉冲，因此可用于定时。在图 7-23（a）所示定时电路中，单稳态触发器输出的脉冲 u_C 可作为与门 G 开通时间的控制信号。只有在输出 u_C 为高电平期间，与门 G 打开，u_B 才能通过与门 G，这时，输出 $u_O = u_B$，与门 G 打开的时间完全由单稳态触发器决定。而在 u_C 为低电平 0 时，与门 G 关闭，u_B 不能通过。单稳态触发器的定时工作波形如图 7-23（b）所示。

实例 7-4 试用 555 定时器设计一个单稳态触发器，要求定时宽度 t_W =11 ms，选择电阻、电容参数，并画出接线图。

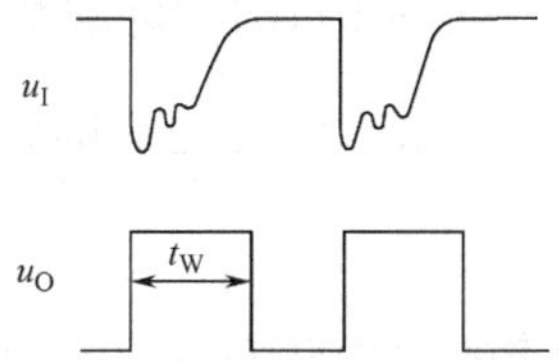

图 7-22　脉冲整形示意图

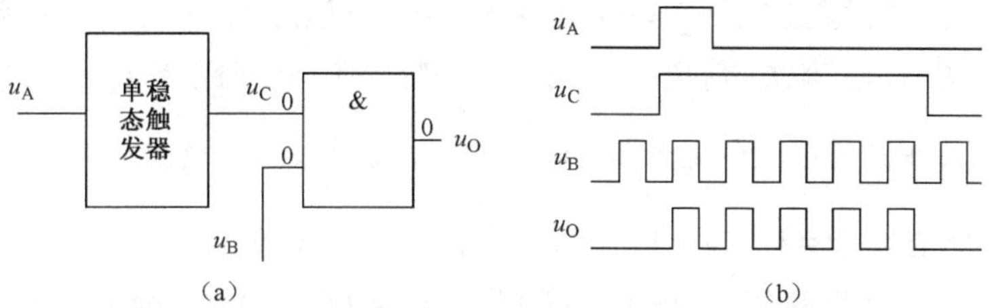

图 7-23　单稳态触发器的定时示意图和工作波形

解　用 555 定时器接成的单稳态触发器电路如图 7-19 所示。因为 $t_W=1.1RC$，所以若选择 $R=10\ \text{k}\Omega$，则

$$C=\frac{t_W}{1.1R}=\frac{11}{1.1\times 10}\ \mu\text{F}=1\ \mu\text{F}$$

7.2.4　多谐振荡器

下面介绍由 555 定时器组成的多谐振荡器。

1. 多谐振荡器的性能特点

多谐振荡器是一种自激振荡电路，只要接通电源在其输出端就可获得矩形脉冲。多谐振荡器没有稳定状态，只有两个暂稳态，可以通过电容的充电和放电实现两个暂稳态相互交替进而产生振荡信号。由于输出的矩形脉冲中含有丰富的高次谐波，所以把这种电路叫做多谐振荡器。

2. 多谐振荡器的工作原理

1）电路组成

图 7-24 是用 555 定时器组成的多谐振荡器。R_1、R_2、C 是外接定时元件，定时器 TH（6）、$\overline{\text{TR}}$（2）端接起来连 u_C，晶体三极管集电极（7）接到 R_1、R_2 的连接点 P 点。

2）工作原理

多谐振荡器的工作波形如图 7-25 所示。

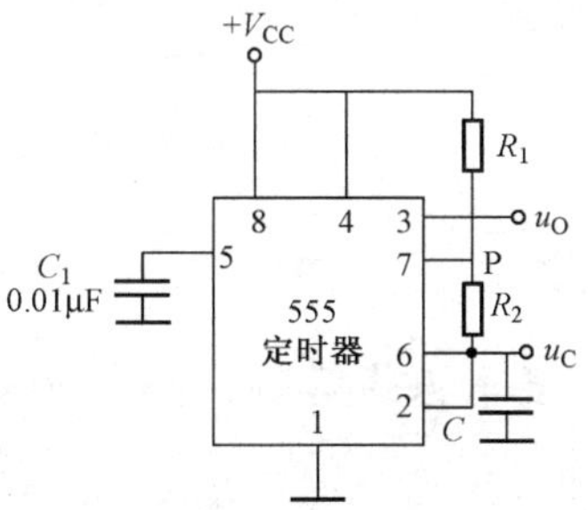

图 7-24　用 555 定时器组成的多谐振荡器

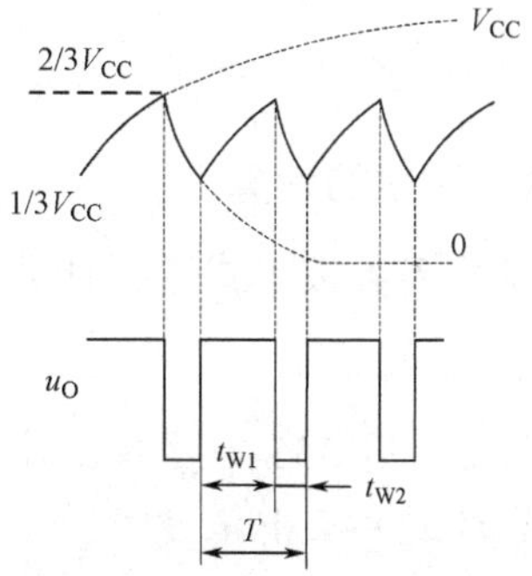

图 7-25　多谐振荡器的工作波形

起始状态：接通电源前电容 C 无电荷，接通电源瞬间，C 来不及充电，故 $u_C=0$，比较器 C_1 输出为 1、C_2 输出为 0，基本 RS 触发器 $\overline{Q}=0$、$Q=1$，$u_O=U_{OH}$，VT_D 截止。

（1）暂稳态Ⅰ：$\overline{Q}=0$，$Q=1$，$u_O=U_{OH}$，VT_D截止，电路处于暂稳状态Ⅰ，电源通过R_1和R_2对电容C充电、u_C缓慢升高，充电回路是$V_{CC}\rightarrow R_1$、$R_2\rightarrow C\rightarrow$地，时间常数是$\tau_1=(R_1+R_2)\cdot C$。当$u_C$上升到$\frac{2}{3}V_{CC}$时，比较器$C_1$输出跳变为0，基本RS触发器立即翻转到0状态，$\overline{Q}=1$、$Q=0$，$u_O=U_{OL}$、$VT_D$导通。

（2）暂稳态Ⅱ：$\overline{Q}=1$、$Q=0$，$u_O=U_{OL}$、VT_D饱和导通是电路的暂稳状态Ⅱ，在这种状态下，电容C通过R_2和VT_D放电、u_C缓慢下降，放电回路是$C\rightarrow R_2\rightarrow VT_D\rightarrow$地，时间常数是$\tau_2=R_2\cdot C$（忽略$VT_D$饱和导通电阻$R_{CES}$）。当$u_C$下降到$\frac{1}{3}V_{CC}$时，比较器$C_2$输出跳变为0，基本RS触发器立即翻转到1状态，$\overline{Q}=0$，$Q=1$，$u_O=U_{OH}$，$VT_D$即暂稳态Ⅰ。

由上面的分析可知，接通电源后，电路在两个暂稳态之间来回翻转、振荡，在输出端就产生了矩形脉冲。

利用Multisim仿真软件可以对如图7-24所示的多谐振荡器进行仿真验证，仿真电路与仿真结果如图7-26所示。按图7-24连接电路，用示波器监测555定时器的OUT端和TH端（即电容正极板），在示波器的面板上选择适当的参数观察波形，结果与图7-25的理论结果是一致的。

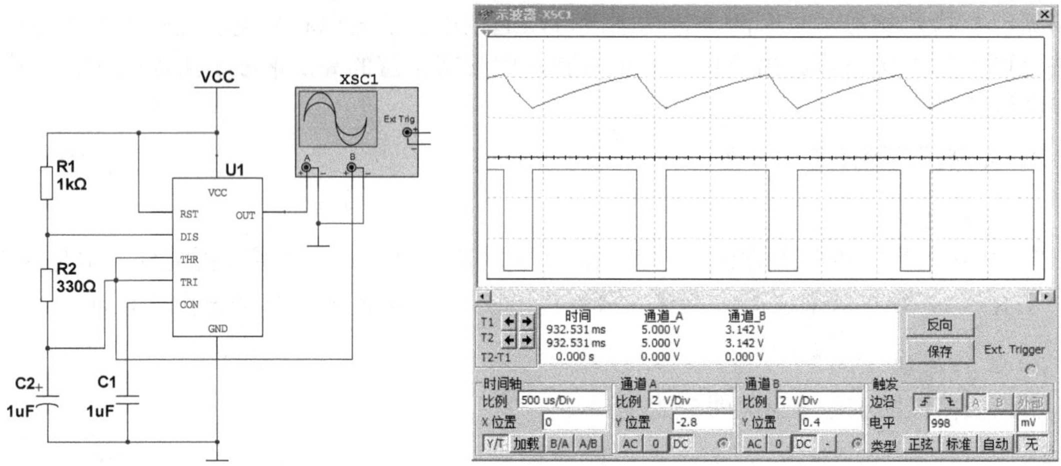

图7-26　多谐振荡器仿真电路图

3. 振荡周期的计算

振荡周期T可按下式进行计算：

$$T=0.7\times(R_1+2R_2)\times C \tag{7-3}$$

实例7-5　用555定时器设计一个自由多谐振荡器，要求振荡周期$T=1\sim10$ s，选择电阻、电容参数，并画出接线图。

解　电路如图7-24所示，振荡周期$T=0.7\times(R_1+2R_2)\times C$。若选择$R_2=3.9$ kΩ，C=100 μF，则$T=0.7\times(R_1+2R_2)\times C=0.7\times(R_1+2\times3.9)\times100\times10^{-6}=1\sim10$（s）。$R_1$的阻值范围为$R_1=\dfrac{1\sim10}{0.7\times10^{-4}}-7.8=10\sim139$（kΩ），故选择$R_1$=139 kΩ的可变电阻即可。

当 R_1=0 时，最小振荡周期 T_{min}=0.7×(2×3.9)×100=546（ms）。

当 R_1=139 kΩ时，最大振荡周期 T_{max}=0.7×(139+2×3.9)×100=10.3（s）。

7.3 计数器

知识分布网络

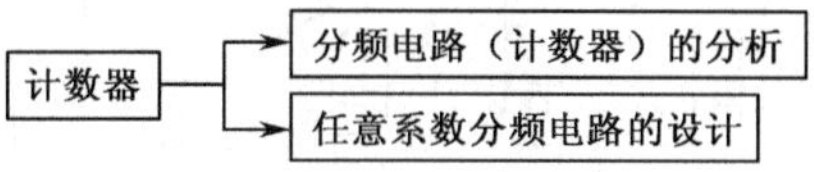

7.3.1 分频电路（计数器）的分析

用以统计输入计数脉冲 CP 个数的电路，称为计数器。它主要由触发器组成。计数器的输出通常为现态的函数。

计数器累计输入脉冲的最大数目称为计数器的“模”，用 M 表示。计数器的“模”实际上是计数器的有效状态数。例如，M=6 计数器，又称六进制计数器。

1. 计数器的类别

计数器的种类很多，特点各异，主要分类如下。

1）按计数进制分

二进制计数器：按二进制数运算规律进行计数的电路称为二进制计数器。

十进制计数器：按十进制数运算规律进行计数的电路称为十进制计数器。

任意进制计数器：二进制计数器和十进制计数器之外的其他进制计数器统称为任意进制计数器，如五进制计数器、六十进制计数器等。

2）按计数增减分

加法计数器：随着计数脉冲的输入做递增计数的电路称为加法计数器。

减法计数器：随着计数脉冲的输入做递减计数的电路称为减法计数器。

加/减计数器：在加/减控制信号的作用下，可递增计数，也可递减计数的电路，称为加/减计数器，又称可逆计数器。

3）按计数器中触发器翻转是否同步分

异步计数器：计数脉冲只加到部分触发器的时钟脉冲输入端上，而其他触发器的触发信号则由电路内部提供，应翻转的触发器状态更新有先后的计数器，称为异步计数器。

同步计数器：计数脉冲同时加到所有触发器的时钟信号输入端，使应翻转的触发器同时翻转的计数器，称为同步计数器。显然，它的计数速度要比异步计数器快得多。

2. 同步计数器的类别

同步计数器有以下几种。

1）同步二进制计数器

（1）同步二进制加法计数器。图 7-27 为由 JK 触发器组成的四位同步二进制加法计数器，下降沿触发。可以按照分析同步时序逻辑电路的方法来分析其逻辑功能及工作原理。

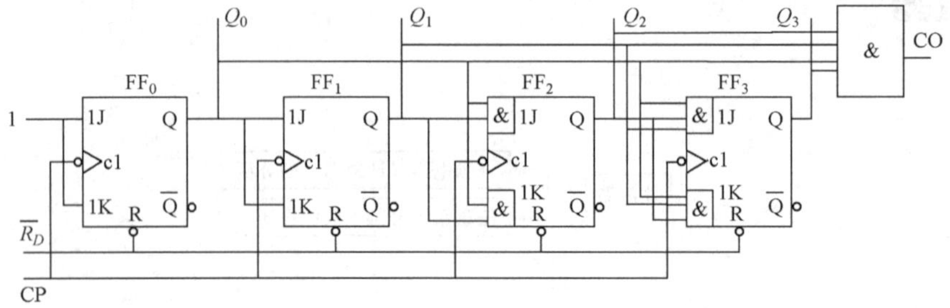

图 7-27　由 JK 触发器组成的四位同步二进制加法计数器

① 写方程。

扫一扫看同步二进制加法计数器微课视频

输出方程。

$$CO = Q_3^n Q_2^n Q_1^n Q_0^n$$

驱动方程。

$$\begin{cases} J_0 = K_0 = 1 \\ J_1 = K_1 = Q_0^n, \\ J_2 = K_2 = Q_1^n Q_0^n \\ J_3 = K_3 = Q_2^n Q_1^n Q_0^n \end{cases}$$

状态方程。将驱动方程代入 JK 触发器的特性方程 $Q^{n+1} = J\overline{Q^n} + \overline{K}Q^n$ 中，可得到状态方程为

$$\begin{cases} Q_0^{n+1} = J_0\overline{Q_0^n} + \overline{K_0}Q_0^n = \overline{Q_0^n} \\ Q_1^{n+1} = J_1\overline{Q_1^n} + \overline{K_1}Q_1^n = Q_0^n\overline{Q_1^n} + \overline{Q_0^n}Q_1^n \\ Q_2^{n+1} = J_2\overline{Q_2^n} + \overline{K_2}Q_2^n = Q_1^n Q_0^n\overline{Q_2^n} + \overline{Q_1^n Q_0^n}Q_2^n \\ Q_3^{n+1} = J_3\overline{Q_3^n} + \overline{K_3}Q_3^n = Q_2^n Q_1^n Q_0^n\overline{Q_3^n} + \overline{Q_2^n Q_1^n Q_0^n}Q_3^n \end{cases}$$

② 列状态转换真值表。四位二进制计数器有 $2^4 = 16$ 种不同的组合。设计数器的现态为 $Q_3^n Q_2^n Q_1^n Q_0^n$ =0000，代入输出方程和状态方程中进行计算后得到 CO=0 和 $Q_3^{n+1}Q_2^{n+1}Q_1^{n+1}Q_0^{n+1}$ = 0001，这说明在输入的第一个计数脉冲 CP 作用下，电路状态由 0000 翻转到 0001。然后再将 0001 作为现态代入上面两个式子中计算，以此类推，可得到如表 7-4 所示的状态转换真值表。

表 7-4　四位二进制计数器的状态转换真值表

计数脉冲序号	现　态				次　态				输　出
	Q_3^n	Q_2^n	Q_1^n	Q_0^n	Q_3^{n+1}	Q_2^{n+1}	Q_1^{n+1}	Q_0^{n+1}	CO
0	0	0	0	0	0	0	0	1	0
1	0	0	0	1	0	0	1	0	0
2	0	0	1	0	0	0	1	1	0

续表

计数脉冲序号	现态				次态				输出
	Q_3^n	Q_2^n	Q_1^n	Q_0^n	Q_3^{n+1}	Q_2^{n+1}	Q_1^{n+1}	Q_0^{n+1}	CO
3	0	0	1	1	0	1	0	0	0
4	0	1	0	0	0	1	0	1	0
5	0	1	0	1	0	1	1	0	0
6	0	1	1	0	0	1	1	1	0
7	0	1	1	1	1	0	0	0	0
8	1	0	0	0	1	0	0	1	0
9	1	0	0	1	1	0	1	0	0
10	1	0	1	0	1	0	1	1	0
11	1	0	1	1	1	1	0	0	0
12	1	1	0	0	1	1	0	1	0
13	1	1	0	1	1	1	1	0	0
14	1	1	1	0	1	1	1	1	0
15	1	1	1	1	0	0	0	0	1

③ 逻辑功能。由表 7-4 可以看出，该电路在输入第十六个计数脉冲 CP 后返回到 0000 状态，同时进位输出端 CO 输出一个进位信号。因此，该电路为十六进制计数器。

（2）集成同步二进制计数器 74LS163。如图 7-28 所示为集成 4 位同步二进制计数器 74LS163 的逻辑功能示意图。图中 $\overline{LD}$ 为同步置数控制端，$\overline{CR}$ 为同步置 0 控制端，EP 和 ET 为计数控制端，D_0～D_3 为并行数据输入端，Q_0～Q_3 为输出端，CO 为进位输出端。表 7-5 为 74LS163 的功能表。

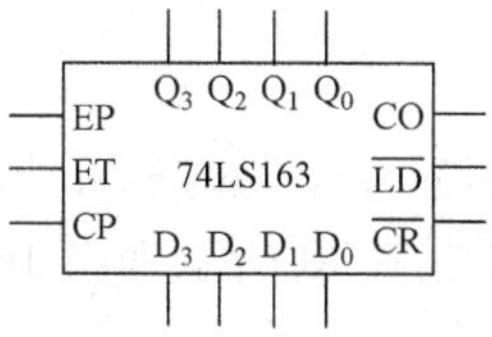

图 7-28　74LS163 的逻辑功能示意图

表 7-5　74LS163 的功能表

输入									输出				
$\overline{CR}$	$\overline{LD}$	EP	ET	CP	D_3	D_2	D_1	D_0	Q_3	Q_2	Q_1	Q_0	CO
0	×	×	×	↑	×	×	×	×	0	0	0	0	0
1	0	×	×	↑	d_3	d_2	d_1	d_0	d_3	d_2	d_1	d_0	
1	1	1	1	↑	×	×	×	×	计数				
1	1	0	×	×	×	×	×	×	保持				
1	1	×	0	×	×	×	×	×	保持				0

由表知 74LS163 可以实现以下功能。

① 同步置 0 功能。当 $\overline{CR}$=0 时，在输入时钟脉冲 CP 上升沿的作用下，计数器被置 0，即 $Q_3Q_2Q_1Q_0$=0000。

② 同步并行置数功能。当 $\overline{CR}$=1、$\overline{LD}$=0 时，在输入时钟脉冲 CP 上升沿的作用下，并行输入的数据 d_3～d_0 被置入计数器，即 $Q_3Q_2Q_1Q_0=d_3d_2d_1d_0$。

③ 计数功能。当 $\overline{CR}=\overline{LD}$=EP=ET=1，CP 端输入计数脉冲的时候，计数器进行二进制

加法计数。

④ 保持功能。当$\overline{CR}=\overline{LD}=1$，且 EP 和 ET 中有 0 时，则计数器保持原来的状态不变。这时，当 EP=0、ET=1 时，则 CO=ET $Q_0Q_1Q_2Q_3=Q_0Q_1Q_2Q_3$，即进位输出信号 CO 不变；当 EP=1、ET=0 时，则 CO=0，即进位输出为低电平 0。

利用 Multisim 仿真软件可以对 74LS163 的逻辑功能进行仿真验证，如图 7-29 所示为 74LS163 的仿真电路图。$\overline{CR}$端和$\overline{LD}$端都接高电平（相应指示灯点亮），实现十六进制加法计数功能。CLK 端的计数脉冲由信号发生器提供，将输出端 $Q_0Q_1Q_2Q_3$ 连接到数码管，用来监测计数的状态变换，将 CO 端接指示灯用来显示进位的变化。图中显示为计数到最大状态“F”的情况，其他情况和功能请读者自行测试。

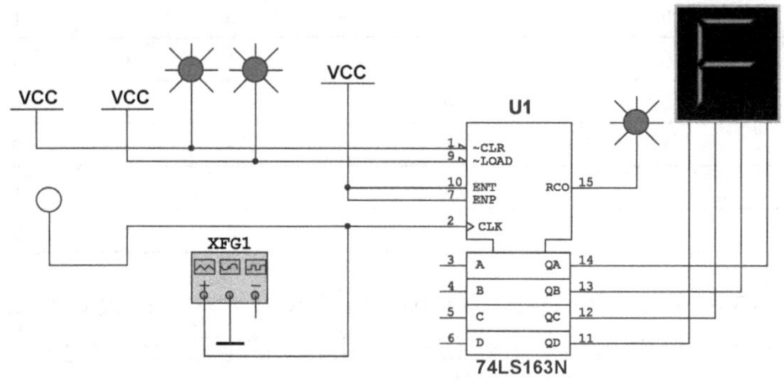

图 7-29　74LS163 的仿真电路图

2）同步十进制加法计数器

如图 7-30 所示为由 JK 触发器组成的 8421BCD 同步十进制加法计数器，其状态转换真值表如表 7-6 所示。

表 7-6　同步十进制加法计数器的状态转换真值表

计数脉冲序号	现态				次态				输出
	Q_3^n	Q_2^n	Q_1^n	Q_0^n	Q_3^{n+1}	Q_2^{n+1}	Q_1^{n+1}	Q_0^{n+1}	CO
0	0	0	0	0	0	0	0	1	0
1	0	0	0	1	0	0	1	0	0
2	0	0	1	0	0	0	1	1	0
3	0	0	1	1	0	1	0	0	0
4	0	1	0	0	0	1	0	1	0
5	0	1	0	1	0	1	1	0	0
6	0	1	1	0	0	1	1	1	0
7	0	1	1	1	1	0	0	0	0
8	1	0	0	0	1	0	0	1	0
9	1	0	0	1	0	0	0	0	1

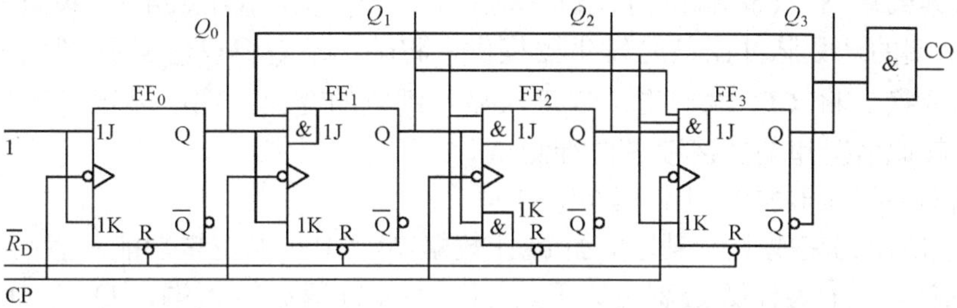

图 7-30　由 JK 触发器组成的 8421BCD 同步十进制加法计数器

由表 7-6 可以看出，该电路在输入第十个计数脉冲后返回到初始的 0000 状态，同时 CO 向高位输出一个下降沿的进位信号。因此，该电路为同步十进制加法计数器。

3）集成十进制同步计数器

（1）集成十进制同步加法计数器 74LS160。

如图 7-31 所示为集成十进制同步加法计数器 74LS160 的逻辑功能示意图。图中 $\overline{LD}$ 为同步置数控制端，$\overline{CR}$ 为异步置 0 控制端，EP 和 ET 为计数控制端，$D_0 \sim D_3$ 为并行数据输入端，$Q_0 \sim Q_3$ 为输出端，CO 为进位输出端。74LS160 的功能表如表 7-7 所示。

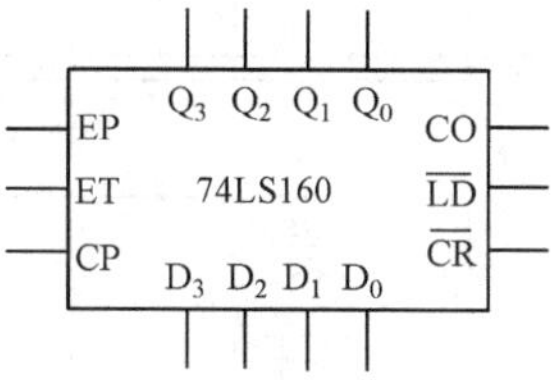

图 7-31　74LS160 的逻辑功能示意图

表 7-7　74LS160 的功能表

输入									输出				
$\overline{CR}$	$\overline{LD}$	EP	ET	CP	D_3	D_2	D_1	D_0	Q_3	Q_2	Q_1	Q_0	CO
0	×	×	×	×	×	×	×	×	0	0	0	0	0
1	0	×	×	↑	d_3	d_2	d_1	d_0	d_3	d_2	d_1	d_0	
1	1	1	1	↑	×	×	×	×	计数				
1	1	0	×	×	×	×	×	×	保持				
1	1	×	0	×	×	×	×	×	保持				0

由该表可知，它有如下主要功能。

① 异步置 0 功能。当 $\overline{CR}$=0 时，不论有无时钟脉冲 CP 和其他信号输入，计数器被置 0，即 $Q_3Q_2Q_1Q_0$=0000。

② 同步并行置数功能。当 $\overline{CR}$=1、$\overline{LD}$=0 时，在输入时钟脉冲 CP 上升沿的作用下，并行输入的数据 $d_3 \sim d_0$ 被置入计数器中，即 $Q_3Q_2Q_1Q_0 = d_3d_2d_1d_0$。

③ 计数功能。当 $\overline{CR}$ = $\overline{LD}$ =EP=ET=1，CP 端输入计数脉冲的时候，计数器按照 8421BCD 码的规律进行十进制加法计数。

④ 保持功能。当 $\overline{CR}$ = $\overline{LD}$ =1，且 EP 和 ET 中有 0 时，则计数器保持原来的状态不变。这时，当 EP=0、ET=1 时，则 CO=ET$\cdot Q_0 \cdot Q_3 = Q_0\ Q_3$；当 EP=1、ET=0 时，则 CO=ET$\cdot Q_0$ Q_3=0。

利用 Multisim 仿真软件可以对 74LS160 的逻辑功能进行仿真验证，如图 7-32 所示为

74LS160 的仿真电路图。$\overline{CR}$ 端和 $\overline{LD}$ 端都接高电平（相应指示灯点亮），实现十进制加法计数功能。CLK 端的计数脉冲由信号发生器提供，将输出端 $Q_3Q_2Q_1Q_0$ 连接到数码管，用来监测计数的状态变换，将 CO 端接指示灯用来显示进位的变化。图中显示为计数到最大状态“9”的情况，其他情况和功能请读者自行测试。

（2）集成十进制同步加/减计数器 74LS190

如图 7-33 所示为集成十进制同步加/减计数器 74LS190 的逻辑功能示意图。图中 $\overline{LD}$ 为异步置数控制端，$\overline{CT}$ 为计数控制端，$D_0 \sim D_3$ 为并行数据输入端，$Q_0 \sim Q_3$ 为输出端，$\overline{U}/D$ 为加/减计数方式控制端。74LS190 没有专用置 0 输入端，但可借助数据 $D_3D_2D_1D_0=0000$，实现计数器的置 0 功能。表 7-8 为 74LS190 的功能表。

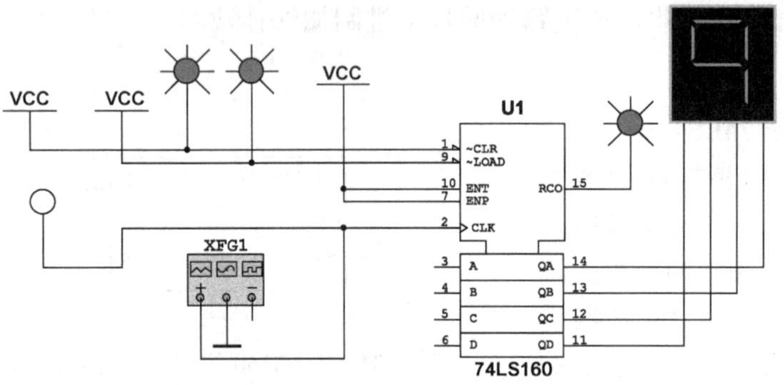

图 7-32　74LS160 的仿真电路图

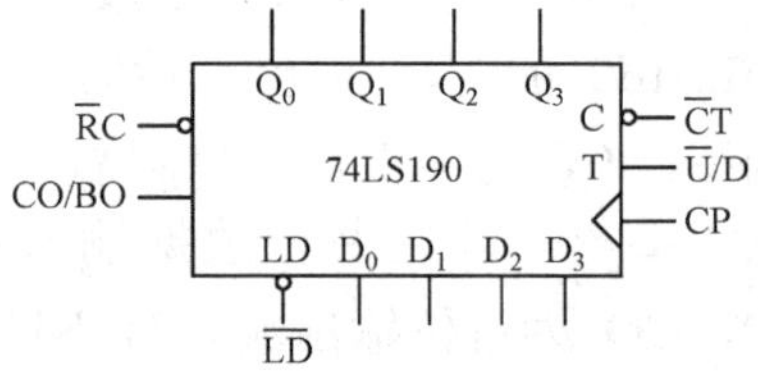

图 7-33　74LS190 的逻辑功能示意图

表 7-8　74LS190 的功能表

输入								输出			
$\overline{LD}$	$\overline{CT}$	$\overline{U}/D$	CP	D_3	D_2	D_1	D_0	Q_3	Q_2	Q_1	Q_0
0	×	×	×	d_3	d_2	d_1	d_0	d_3	d_2	d_1	d_0
1	0	0	↑	×	×	×	×	加法计数			
1	0	1	↑	×	×	×	×	减法计数			
1	1	×	×	×	×	×	×	保持			

由此可知它具有以下主要功能。

① 异步置数功能。当 $\overline{LD}=0$ 时，不论有无时钟脉冲 CP 和其他信号输入，并行输入的数据 $d_3 \sim d_0$ 被置入计数器相应的触发器，这时 $Q_3Q_2Q_1Q_0 = d_3d_2d_1d_0$。

② 计数功能。74LS190 工作在计数功能下的条件是 $\overline{CT}=0$、$\overline{LD}=1$。当 $\overline{U}/D=0$ 时，在 CP 脉冲上升沿作用下，进行十进制加法计数。当 $\overline{U}/D=1$ 时，在 CP 脉冲上升沿作用下，进行十进制减法计数。

③ 保持功能。当 $\overline{CT}=\overline{LD}=1$ 时，计数器保持原状态不变。

利用 Multisim 仿真软件可以对 74LS190 的逻辑功能进行仿真验证，如图 7-34 所示为 74LS190 的仿真电路图。$\overline{LD}$ 端接高电平（相应指

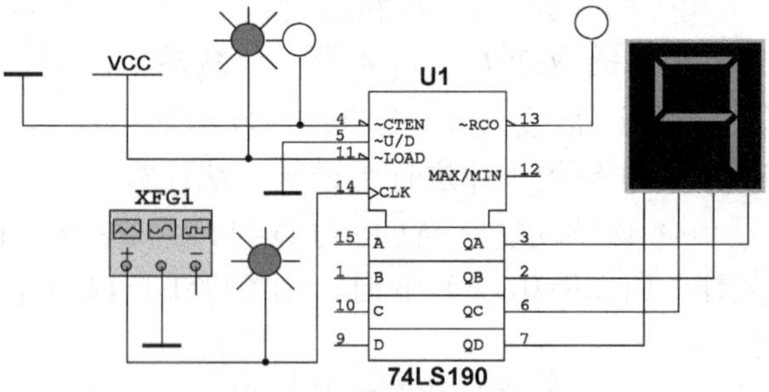

图 7-34　74LS190 的仿真电路图

示灯点亮），计数控制端$\overline{\text{CT}}$接低电平，加/减计数方式控制端$\overline{\text{U}}$/D 为低电平，实现十进制加法计数功能。CLK 端的计数脉冲由信号发生器提供，将输出端Q_3 Q_2 Q_1 Q_0连接到数码管，用来监测计数的状态变换，将 CO 端接指示灯用来显示进位的变化（低电平有效）。图中显示为计数到最大状态“9”的情况，其他情况和功能请读者自行测试。

7.3.2　任意系数分频电路的设计

目前常见的计数器芯片有十进制、十六进制、7 位二进制、12 位二进制、14 位二进制等几种。当需要其他进制的计数器时，只能用已有的计数器芯片经过外电路的不同连接方式实现。

假设已有 N 进制计数器，需要得到 M 进制计数器。则会出现 $M<N$ 和 $M>N$ 两种可能的情况。下面分别讨论两种情况下构成任意进制计数器的方法。

扫一扫看任意进制计数器微课视频

1. $M<N$ 的情况

在 N 进制计数器的顺序计数过程中，若设法使之跳跃 $N-M$ 个状态，就可以得到 M 进制计数器。

实现状态跳跃的方法有置零法（或称复位法）和置数法（或称置位法）两种。置零法可分为同步置零法和异步置零法；同样，置数法也可分为同步置数法和异步置数法。不同芯片的引脚功能不同，适用的方法也不同。

1）用异步置零法或异步置数法实现 M 进制计数器

异步置零法适用于有异步置零输入端的计数器芯片，如 74LS161、74LS160 和 74LS290 等。图 7-35（a）是异步置零法的原理示意图，设原有的计数器为 N 进制，当它从全 0 状态 S_0 开始计数并接收了 M 个计数脉冲以后，电路进入 S_M 状态。如果将 S_M 状态译码产生一个置零信号加到计数器的异步置零输入端，则计数器将立刻返回 S_0 状态，这样就可以跳过 $N-M$ 个状态而得到 M 进制计数器。

异步置数法适用于有异步置数输入端的计数器芯片，如 74LS190。图 7-35（b）是异步置数法的原理示意图，设原有的计数器为 N 进制，当它从全 0 状态 S_0 开始计数并接收了 i 个计数脉冲以后，电路进入 S_i 状态。如果将 S_i 状态译码产生一个置数信号加到计数器的异步置数输入端，则计数器将立刻进入 S_j 状态，只要保证 S_i 和 S_j 之间有 $N-M$ 个状态，这样就可以跳过 $N-M$ 个状态而得到 M 进制计数器。

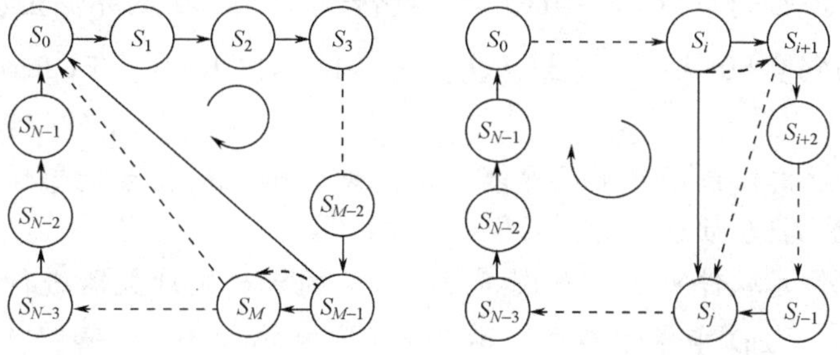

（a）异步置零法　　（b）异步置数法

图 7-35　异步置零法和异步置数法的原理示意图

2）用同步置零法或同步置数法实现 M 进制计数器

同步置零法或同步置数法与异步置零法或异步置数法实现任意进制计数器的原理很相似，唯一的区别是同步置零法与同步置数法中用于状态译码的计数状态为稳定状态，属于计数器的有效状态循环。

2. $M>N$ 的情况

当 $M>N$ 时，必须用多片 N 进制计数器组合起来，才能构成 M 进制计数器。各片之间（或称为各级之间）的连接方式有串行进位方式、并行进位方式、整体置零方式和整体置数方式四种。

1）串行进位或并行进位

若 M 可以分解为两个小于 N 的因数相乘，即 $M=N_1 \times N_2$（并且有 $N_1<N, N_2<N$），则可采用串行进位方式或并行进位方式将一个 N_1 进制计数器和一个 N_2 进制计数器连接起来，构成 M 进制计数器。

在串行进位方式中，以低位片的进位输出信号作为高位片的时钟输入信号。在并行进位方式中，以低位片的进位输出信号作为高位片的工作状态控制信号（计数的使能信号），两片的 CP 输入端同时接计数输入脉冲。

2）整体置零方式或整体置数方式

当 M 为大于 N 的素数，不能分解成 N_1、N_2 时，必须采取整体置零方式或整体置数方式构成 M 进制计数器。

所谓整体置零方式，是首先将两片 N 进制计数器按最简单的方式接成一个大于 M 进制的计数器（如 $N \times N$ 进制），然后在计数器计为 M 状态时译出异步置零信号 $\overline{CR}=0$，将两片 N 进制计数器同时置零。这种方式的基本原理和 $M<N$ 时的置零法是一样的。

而整体置数方式的原理与 $M<N$ 时的置数法类似。首先需将两片 N 进制计数器用最简单的连接方式接成一个大于 M 进制的计数器（如 $N \times N$ 进制），然后在选定的某一状态下译出 $\overline{LD}=0$ 信号，将两个 N 进制计数器同时置入适当的数据，跳过多余的状态，获得 M 进制计数器。采用这种接法要求已有的 N 进制计数器本身必须具有预置数功能。

实例 7-6 试用同步十进制计数器 74LS160 利用异步置零法实现同步六进制加法计数器。

解 ①欲实现的计数器模数 M=6，则 S_M=0110，即 $Q_3Q_2Q_1Q_0$=0110。

② 当计数器状态进入 $Q_3Q_2Q_1Q_0$=0110 时，要保证 74LS160 的异步置零端会输入一个低电平将计数器置零，回到 0000 状态，即当 $Q_3Q_2Q_1Q_0$=0110 时 $\overline{CR}$=0，有 $\overline{CR}=\overline{\overline{Q_3}\cdot Q_2\cdot Q_1\cdot \overline{Q_0}}$，因此可用与非门实现。

③ 画连线图，注意保证芯片的各个控制输入端所输入的信号能够保证该芯片工作在正常计数状态下，如图 7-36 所示。

利用 Multisim 仿真软件可以对如图 7-36 所示的六进制计数器进行仿真验证，仿真电路图如图 7-37 所示。$\overline{LD}$ 端接高电平（相应指示灯点亮），CLK 端的计数脉冲由信号发生器提供，将输出端 $Q_3Q_2Q_1Q_0$ 连接到数码管，用来监测计数的状态变换，将 Q_0 端与 Q_2 端相与后接指示灯用来显示进位的变化（指示灯亮代表有进位信号）。图中显示为计数到最大状

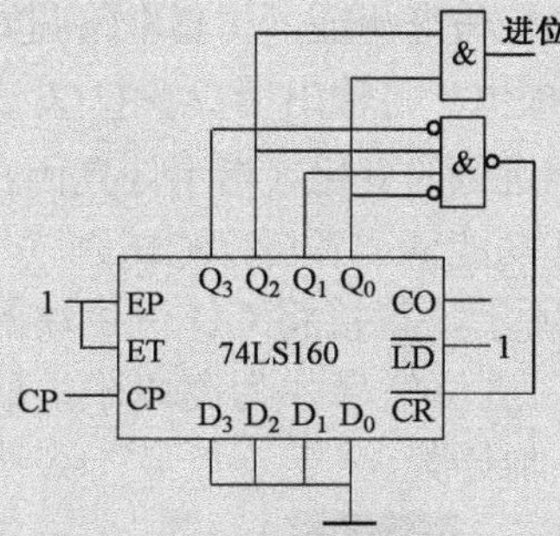

图 7-36 利用异步置零法用 74LS160 构成的同步六进制计数器

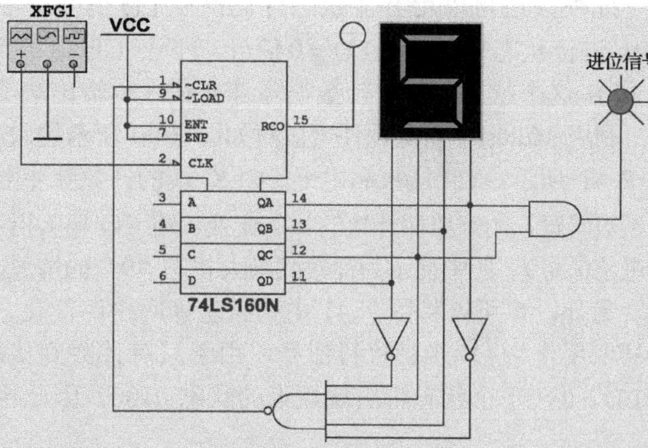

图 7-37 利用异步置零法用 74LS160 构成的同步六进制计数器仿真电路图

态“5”的情况，其他情况和功能请读者自行测试。

实例 7-7 试用同步十进制计数器 74LS160 利用同步置数法实现同步六进制加法计数器。

解 可以从计数循环中的任何一个状态置入适当的数值而跳跃 $N-M=10-6=4$ 个状态，得到 $M=6$ 进制的计数器。

如图 7-38 所示，用 $Q_3Q_2Q_1Q_0$=0101（S_{M-1}）状态译码产生 $\overline{\text{LD}}$=0 信号，下一个 CP 信号到达时置入 0000 状态，从而跳过 0110 ~ 1001 这 4 个状态，得到六进制计数器。

利用 Multisim 仿真软件可以对如图 7-38 所示的六进制计数器进行仿真验证，仿真电路图如图 7-39 所示。$\overline{\text{CR}}$ 端接高电平，CLK 端的计数脉冲由信号发生器提供，将输出端 $Q_3Q_2Q_1Q_0$ 连接到数码管，用来监测计数的状态变换，将 Q_0 端与 Q_2 端相与后接指示灯用来显示进位的变化（指示灯亮代表有进位信号）。图中显示为计数到最大状态“5”的情况，其他情况和功能请读者自行测试。

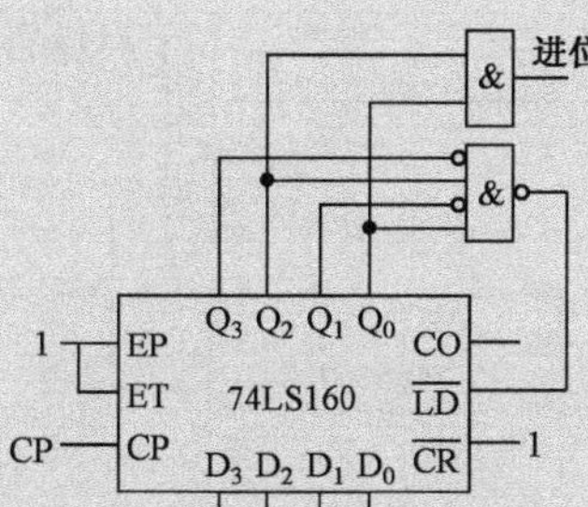

图 7-38 利用同步置数法用 74LS160 构成的同步六进制计数器

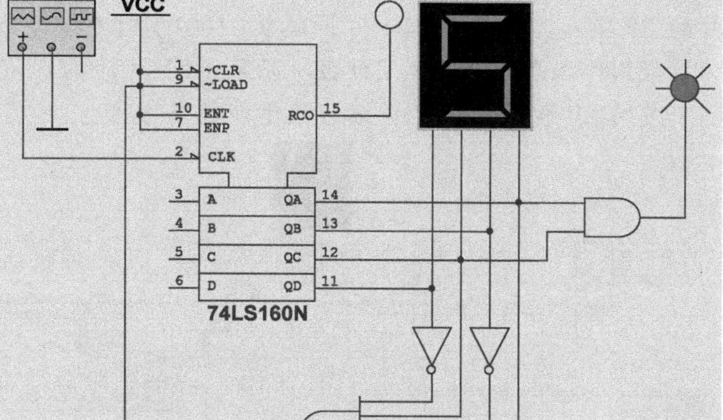

图 7-39 利用同步置数法用 74LS160 构成同步六进制计数器仿真电路图

此外，还可以用其他状态译码产生 $\overline{LD}$ 信号。如图 7-40 所示，从计数器最大的状态 1001 进行状态译码产生 $\overline{LD}=0$ 信号，下个 CP 信号到来时置入 0100，因而循环状态中包含了 1001 这个状态，每个计数循环都会在进位输出端给出一个进位脉冲。

利用 Multisim 仿真软件可以对如图 7-40 所示的六进制计数器进行仿真验证，仿真电路图如图 7-41 所示。$\overline{CR}$ 端接高电平，CLK 端的计数脉冲由信号发生器提供，将输出端 $Q_3Q_2Q_1Q_0$ 连接到数码管，用来监测计数的状态变换，将 CO 端接指示灯用来显示进位的变化（指示灯亮代表有进位信号）。图中显示为计数到最大状态“9”的情况，其他情况和功能请读者自行测试。

另外，也可以将图 7-41 中的状态译码电路简化，如图 7-42 所示，直接将 CO 进位端的信号取反作为 $\overline{LD}$ 端的置数信号，由于只有计数到状态 1001 时，进位信号才为高电平，取反 $\overline{LD}=0$，下个状态将出现预设的状态 0100，因此也能实现六进制计数。

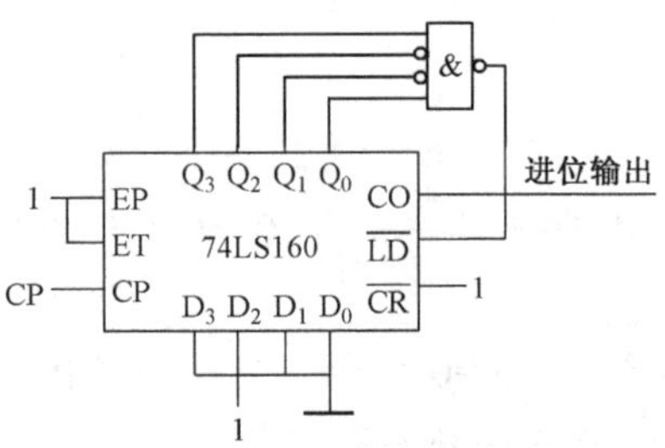

图 7-40　用置数法构成的六进制计数器

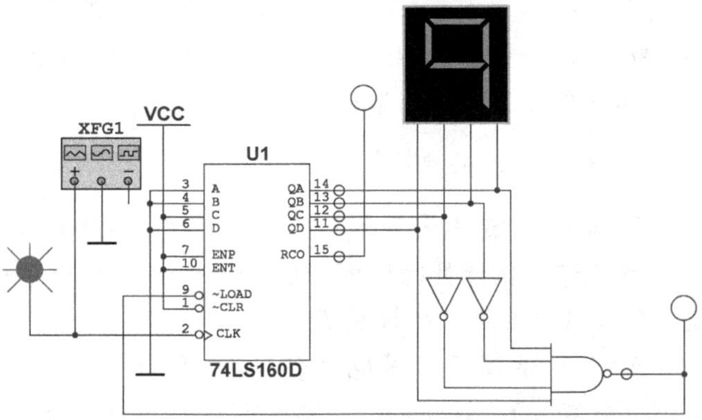

图 7-41　用置数法构成六进制计数器的仿真电路图

实例 7-8　试用两片同步十进制计数器 74LS160 接成五十进制计数器。

解　本例中 $M=50$，分解后取 $N_1=10$、$N_2=5$，将两片 74LS160 直接按并行进位方式或串行进位方式连接即得五十进制计数器。

方法一：用并行进位方式实现。

如图 7-43 所示电路是并行进位方式的接法。以第（1）片的进位输出 CO 作为第（2）片的 EP 输入，每当第（1）片计成 9（1001）时 CO 变为 1，下个 CP 信号到达时第（2）片为计数工作状态，进行加 1 计数，而第（1）片计成 0（0000），它的 CO 端回到低电平。第（1）片的 EP 和 ET 恒为 1，始终处于计数工作状态。

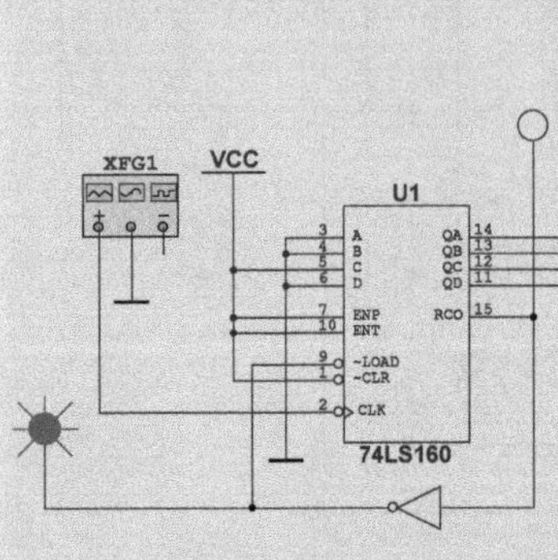

图 7-42　利用进位信号实现六进制计数器的仿真电路图

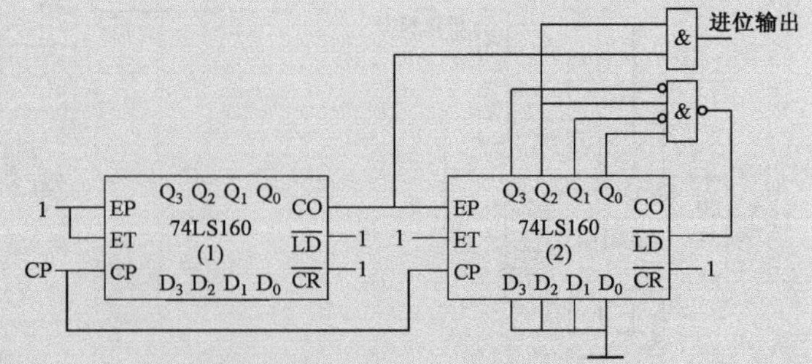

图 7-43　74LS160 以并行进位方式实现的五十进制计数器

利用 Multisim 仿真软件可以对如图 7-43 所示的五十进制计数器进行仿真验证，仿真电路图如图 7-44 所示。CLK（CP）端的计数脉冲由信号发生器提供，将两片 74LS160 的输出端 $Q_3Q_2Q_1Q_0$ 连接到数码管，用来监测计数的状态变换，用指示灯显示进位的变化（指示灯亮代表有进位信号）。图中显示为计数到状态“49”的情况，其他情况和功能请读者自行测试。

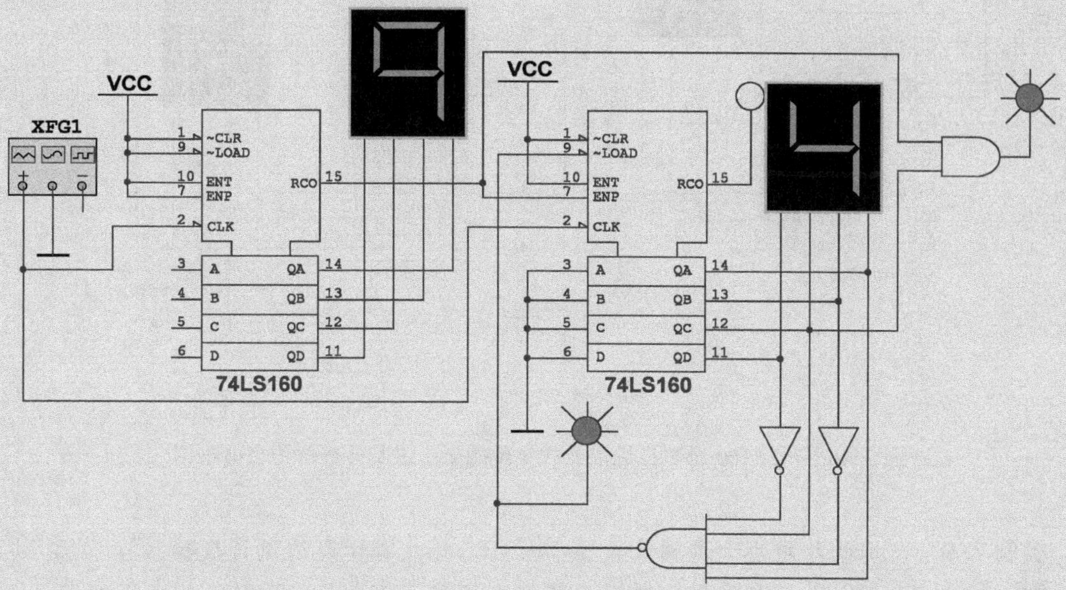

图 7-44　74LS160 以并行进位方式实现的五十进制计数器仿真电路图

方法二：用串行进位方式实现。

如图 7-45 所示电路是串行进位方式的连接方法。两片 74LS160 的 EP 和 ET 恒为 1，都工作在计数状态。第（1）片每计到 9（1001）时，CO 端输出变为高电平，经反相器后使第（2）片的 CP 端为低电平。下个计数输入脉冲到达后，第（1）片计成 0（0000）状态，CO 端跳回低电平，经反相器后使第（2）片的输入端产生一个正跳变，于是第（2）片计数加 1，在这种接法下两片 74LS160 不是同步工作的。

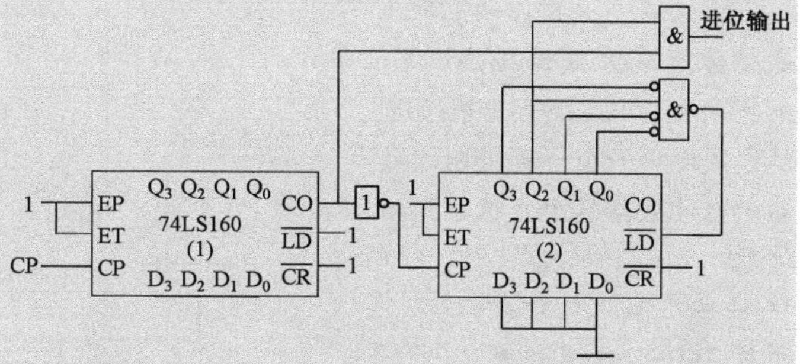

图 7-45　74LS160 以串行进位方式实现的五十进制计数器

利用 Multisim 仿真软件可以对如图 7-45 所示的五十进制计数器进行仿真验证，仿真电路图如图 7-46 所示。CLK（CP）端的计数脉冲由信号发生器提供，将两片 74LS160 的输出端 $Q_3Q_2Q_1Q_0$ 连接到数码管，用来监测计数的状态变换，用指示灯显示进位的变化（指示灯亮代表有进位信号）。图中显示为计数到状态“49”的情况，其他情况和功能请读者自行测试。

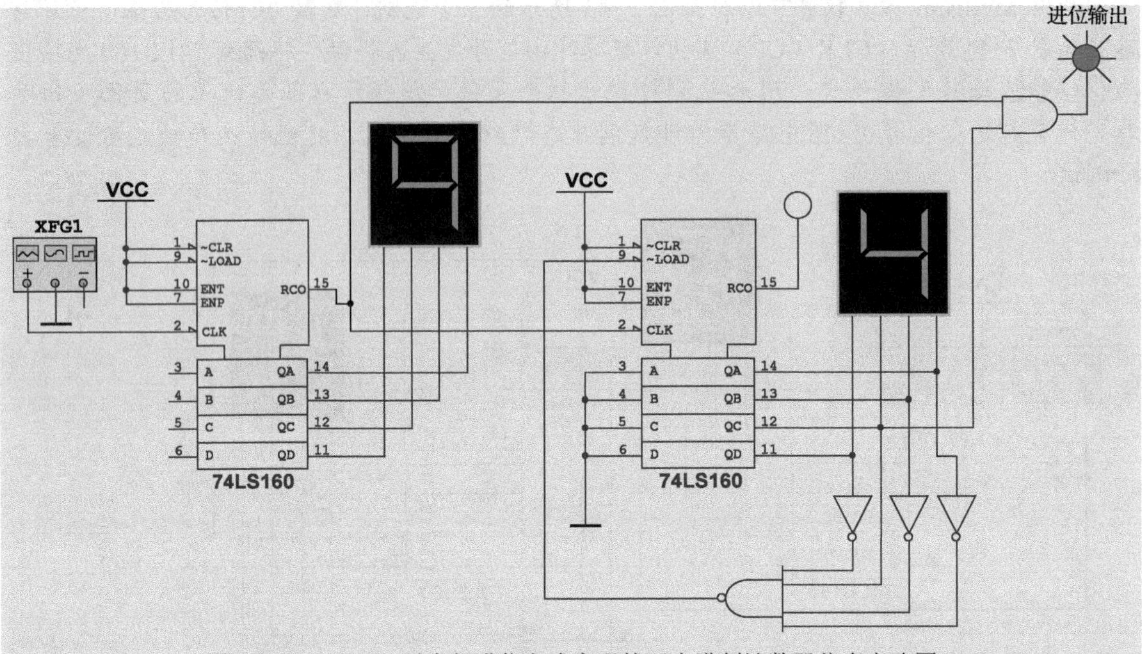

图 7-46 74LS160 以串行进位方式实现的五十进制计数器仿真电路图

实例 7-9 试用两片同步十进制计数器 74LS160 接成二十九进制计数器。

解 因为 $M=29$ 是一个素数，所以必须用整体置零法或整体置数法构成二十九进制计数器。

方法一：如图 7-47 所示是整体置零方式的接法。首先将两片 74LS160 以并行进位方式连成一个一百进制计数器。当计数器从全 0 状态开始计数，计入 29 个脉冲时，经门 G_1 译码产生低电平信号立刻将两片 74LS160 同时置 0，于是便得到了二十九进制计数器。需要注意的是，计数过程中第（2）片 74LS160 不出现 1001 状态，因而它的 CO 端不能给出进位信号。

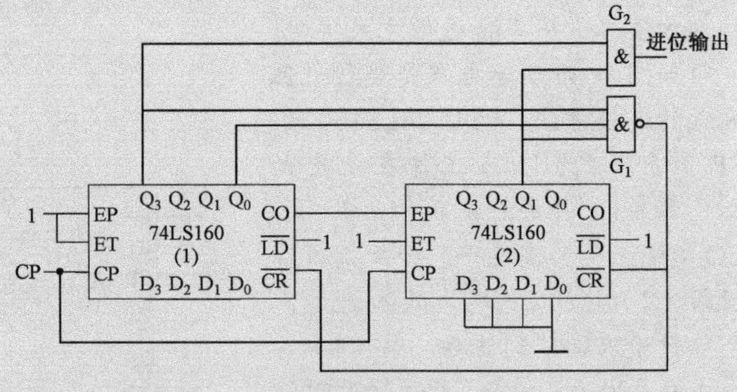

图 7-47 整体置零法构成二十九进制计数器

利用 Multisim 仿真软件可以对如图 7-47 所示的二十九进制计数器进行仿真验证，仿真电路图如图 7-48 所示。CLK（CP）端的计数脉冲由信号发生器提供，将两片 74LS160 的输出端 $Q_3Q_2Q_1Q_0$ 连接到数码管，用来监测计数的状态变换，用指示灯显示进位的变化（指示灯亮代表有进位信号）。图中显示为计数到状态“28”的情况，其他情况和功能请读者自行测试。

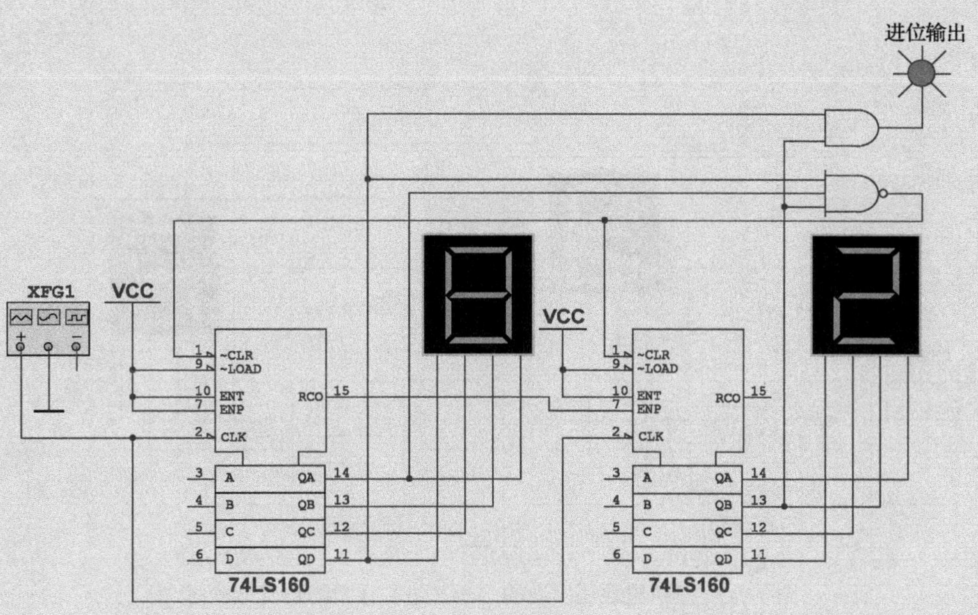

图 7-48 整体置零法实现的二十九进制计数器仿真电路图

方法二：如图 7-49 所示电路是采用整体置数法接成的二十九进制计数器。首先仍需将两片 74LS160 接成一百进制计数器。然后将电路的“28”状态经门 G_1 译码产生 $\overline{LD}$=0 信号，同时加到两片 74LS160 上，在下个计数脉冲（第 29 个计数脉冲）到达时，将 0000 同时置入两片 74LS160 中，从而得到二十九进制计数器。进位信号由门 G_2 输出。

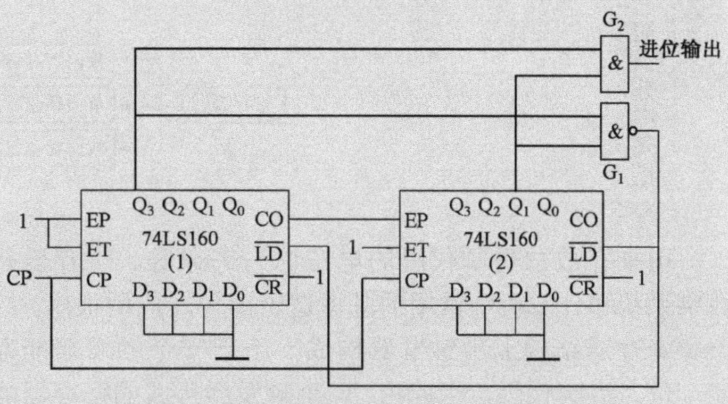

图 7-49 整体置数法构成的二十九进制计数器

利用 Multisim 仿真软件可以对如图 7-49 所示的二十九进制计数器进行仿真验证，仿真电路图如图 7-50 所示。CLK（CP）端的计数脉冲由信号发生器提供，将两片 74LS160 的输出端 $Q_3Q_2Q_1Q_0$ 连接到数码管，用来监测计数的状态变换，用指示灯显示进位的变化（指示灯亮代表有进位信号）。图中显示为计数到状态“28”的情况，其他情况和功能请读者自行测试。

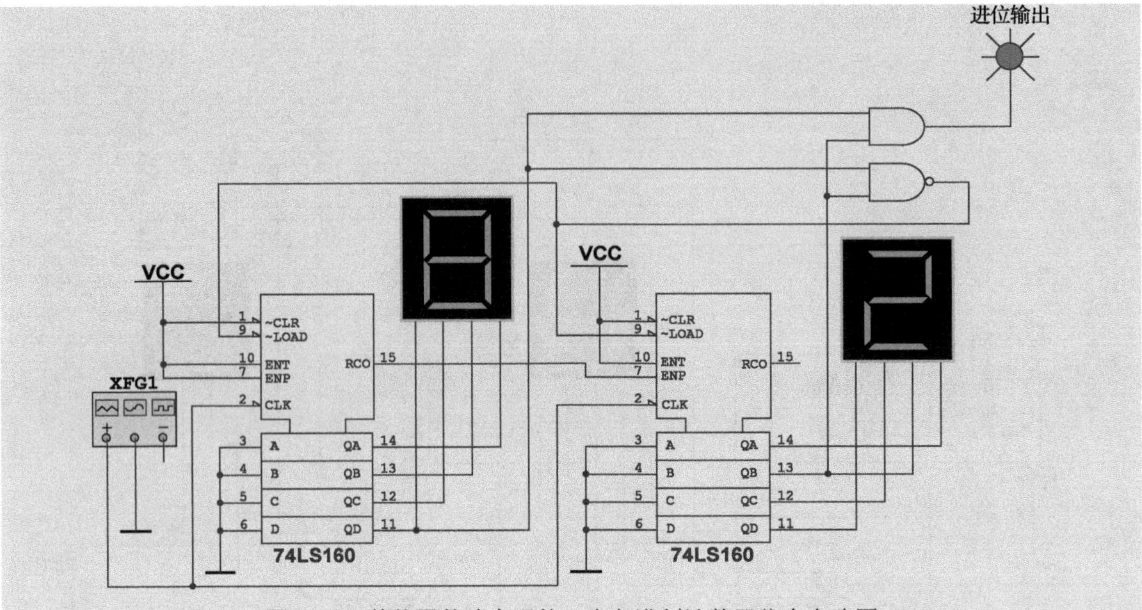

图 7-50　整体置数法实现的二十九进制计数器仿真电路图

7.4　寄存器

扫一扫看寄存器微课视频

知识分布网络

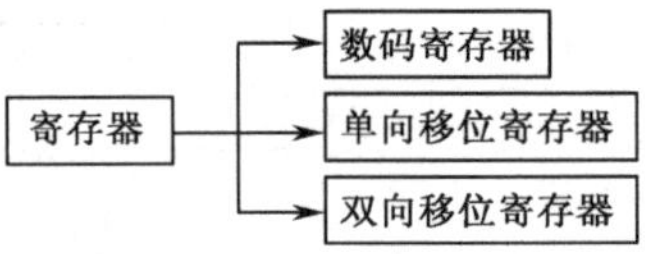

用来存放二进制代码的电路称为寄存器。寄存器是数字系统和计算机中常用的基本逻辑部件，应用很广。

寄存器结构上由触发器构成，由于一个触发器能存储一位二进制代码，因此由 N 个触发器构成的寄存器能存储 N 位二进制代码。

7.4.1　数码寄存器

数码寄存器是具有接收和存储功能的时序逻辑电路。对寄存器中的触发器只要求它们具有置 0 或置 1 功能即可，因此同步 RS 结构的触发器、主从结构的触发器和边沿触发的触发器都可以构成寄存器。

如图 7-51 所示为由维持阻塞 D 触发器组成的 4 位数码寄存器。图中 $\overline{\text{CR}}$ 是置 0 输入端，D_0 ～ D_3 为并行数码输入端，CP 为时钟脉冲端，Q_0 ～ Q_3 为并行数码输出

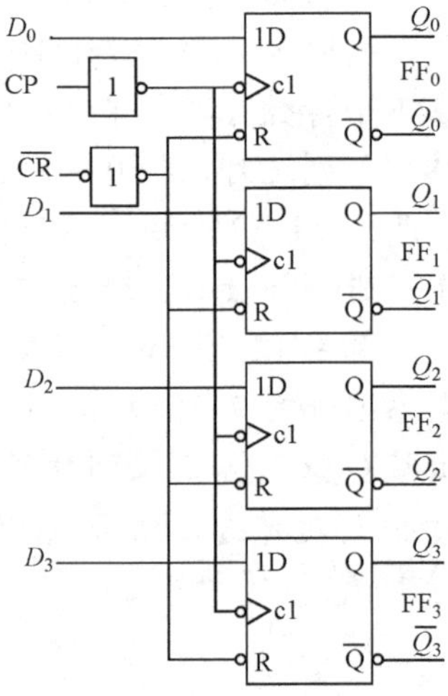

图 7-51　4 位数码寄存器的逻辑电路图

端。当置 0 端 $\overline{CR}$=0 时，触发器 FF_0 ～ FF_3 同时被置 0。寄存器工作时，$\overline{CR}$ 为高电平 1。D_0 ～ D_3 分别为 FF_0 ～ FF_3 4 个 D 触发器 D 端的输入数码，因此，当时钟脉冲 CP 上升沿到达时 D_0 ～ D_3 被并行置入到 4 个触发器中，这时 $Q_3^nQ_2^nQ_1^nQ_0^n = D_3D_2D_1D_0$。在 $\overline{CR}$=1、CP=0 时，寄存器中寄存的数码保持不变，即 FF_0 ～ FF_3 的状态保持不变。

7.4.2 移位寄存器

具有存放数码和使数码逐位右移或左移的电路称为移位寄存器。移位寄存器又分为单向和双向移位寄存器。

1. 单向移位寄存器

如图 7-52（a）所示为由 4 个维持阻塞 D 触发器组成的 4 位右移位寄存器。它们共用一个时钟信号，因此为同步时序逻辑电路。FF_0 的 D_I 为串行输入端，下边分析它的工作原理。

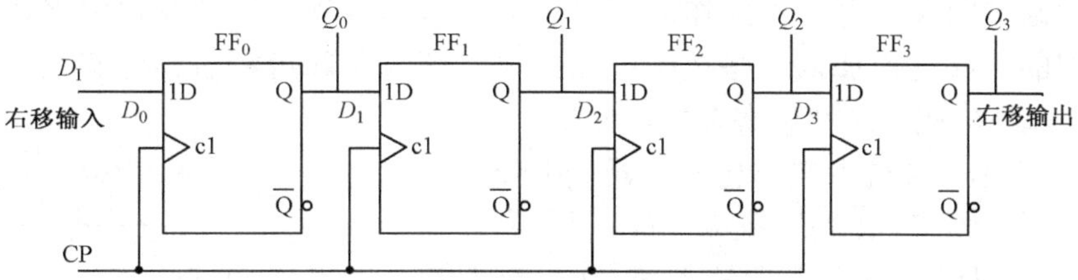

（a）右移位寄存器

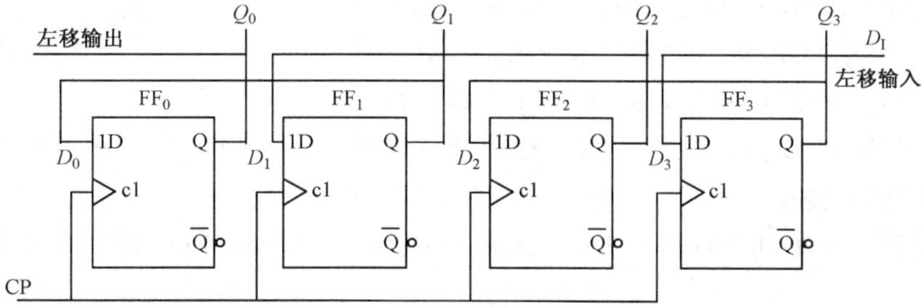

（b）左移位寄存器

图 7-52 由 D 触发器组成的移位寄存器

设串行输入数码 D_I=1011，同时 FF_0 ～ FF_3 都为 0 状态。当输入第一个数码 1 时，$D_0=1$，$D_1=Q_0=0$，$D_2=Q_1=0$，$D_3=Q_2=0$，则在第一个移位脉冲 CP 的上升沿作用下，FF_0 由 0 状态翻到 1 状态，第一位数码 1 存入 FF_0 中，其原来的状态 Q_0=0 移入 FF_1 中，数码向右移了一位，同理 FF_1、FF_2 和 FF_3 中的数码也都依次向右移了一位。这时，寄存器的状态为 $Q_3^nQ_2^nQ_1^nQ_0^n = 0001$。当输入第二个数码 0 时，则在第二个移位脉冲 CP 上升沿的作用下，第二个数码 0 存入 FF_0 中，这时，$Q_0=0$；FF_0 中原来的数码 1 移入 FF_1 中，$Q_1=1$；同理 $Q_2=Q_3=0$，移位寄存器中的数码又依次向右移了一位。这样，在 4 个移位脉冲作用下，输入的 4 位串行数码 1011 全部存入了寄存器中。移位情况如表 7-9 所示。

表 7-9　右移位寄存器的状态表

移位脉冲	输入数据	移位寄存器中的数据			
		Q_0	Q_1	Q_2	Q_3
0		0	0	0	0
1	1	1	0	0	0
2	0	0	1	0	0
3	1	1	0	1	0
4	1	1	1	0	1

移位寄存器中的数码可由 Q_3、Q_2、Q_1 和 Q_0 并行输出，也可从 Q_3 串行输出，但这时需要继续输入 4 个移位脉冲才能从寄存器中取出存放的 4 位数码 1011。

如图 7-52（b）所示为由 4 个维持阻塞 D 触发器组成的 4 位左移位寄存器。其工作原理和右移位寄存器相同，这里不再重复了。

2. 双向移位寄存器

由前面讨论单向移位寄存器工作原理时可知，右移位寄存器和左移位寄存器的电路结构是基本相同的，如适当加入一些控制电路和控制信号，就可将右移位寄存器和左移位寄存器结合在一起，构成双向移位寄存器。

如图 7-53 所示为 4 位双向移位寄存器 74LS194 的逻辑功能示意图。图中 $\overline{\text{CR}}$ 为置零端，$D_0 \sim D_3$ 为并行数码输入端，D_{SR} 为右移串行数码输入端，D_{SL} 为左移串行数码输入端，S_1 和 S_0 为工作方式控制端，$Q_0 \sim Q_3$ 为并行数码输出端，CP 为移位脉冲输入端。74LS194 的功能如表 7-10 所示。由该表可知它有如下主要功能。

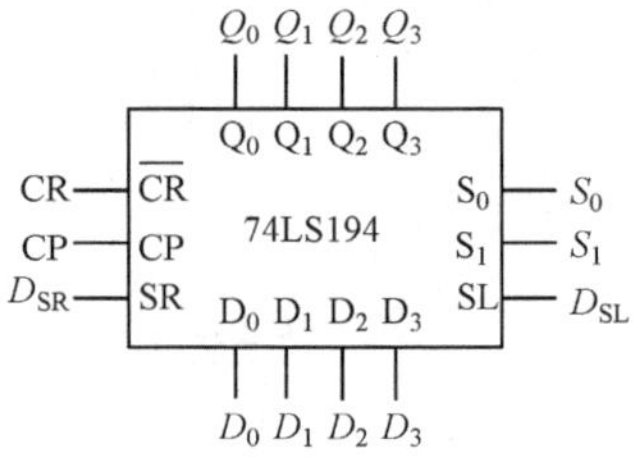

图 7-53　74LS194 逻辑功能示意图

① 置 0 功能。当 $\overline{\text{CR}}$=0 时，双向移位寄存器置 0，$Q_0 \sim Q_3$ 都为 0 状态。

② 保持功能。当 $\overline{\text{CR}}$=1，CP=0，或 $\overline{\text{CR}}$=1、S_1S_0=00 时，双向移位寄存器保持原状态不变。

③ 并行送数功能。当 $\overline{\text{CR}}$=1，S_1S_0=11 时，在 CP 上升沿作用下，使 $D_0 \sim D_3$ 端输入的数码 $d_0 \sim d_3$ 并行送入寄存器，显然是同步并行送数。

④ 右移串行送数功能。当 $\overline{\text{CR}}$=1、S_1S_0=01 时，在 CP 上升沿作用下，执行右移功能，D_{SR} 端输入的数码依次送入寄存器。

⑤ 左移串行送数功能。当 $\overline{\text{CR}}$=1、S_1S_0=10 时，在 CP 上升沿作用下，执行左移功能，D_{SL} 端输入的数码依次送入寄存器。

表 7-10　74LS194 功能表

输　入										输　出				功　能
$\overline{\text{CR}}$	S_1	S_0	CP	D_{SL}	D_{SR}	D_0	D_1	D_2	D_3	Q_0	Q_1	Q_2	Q_3	
0	×	×	×	×	×	×	×	×	×	0	0	0	0	置 0
1	×	×	0	×	×	×	×	×	×	保持				

续表

输　入										输　出				功　能
$\overline{CR}$	S_1	S_0	CP	D_{SL}	D_{SR}	D_0	D_1	D_2	D_3	Q_0	Q_1	Q_2	Q_3	
1	1	1	↑	×	×	d_0	d_1	d_2	d_3	d_0	d_1	d_2	d_3	并行置数
1	0	1	↑	×	1	×	×	×	×	1	Q_0	Q_1	Q_2	右移输 1
1	0	1	↑	×	0	×	×	×	×	0	Q_0	Q_1	Q_2	右移输 0
1	1	0	↑	1	×	×	×	×	×	Q_1	Q_2	Q_3	1	左移输 1
1	1	0	↑	0	×	×	×	×	×	Q_1	Q_2	Q_3	0	左移输 0
1	0	0	×	×	×	×	×	×	×	保持				

利用 Multisim 仿真软件可以对 74LS194 的逻辑功能进行仿真验证，仿真电路图如图 7-54 所示。CLK（CP）端的计数脉冲由信号发生器提供，将 74LS194 的输出端 Q_0～Q_3 连接到指示灯，用来监测输出端的状态变换，$\overline{CR}$=1、S_1S_0=01，74LS194 在 CP 上升沿作用下，实现串行右移功能，D_{SR} 端输入的数码依次送入寄存器。其他情况和功能请读者自行测试。

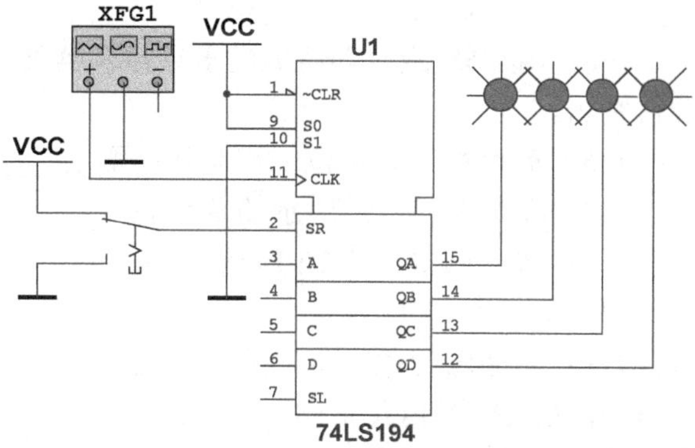

图 7-54　74LS194 的逻辑功能仿真电路图

知识梳理与总结

（1）时序逻辑电路的基本特点是，时序逻辑电路的输出不仅和输入有关，而且还取决于电路原来所处的状态，而电路的状态又是由构成时序电路的触发器来记忆和表示的。

（2）常用的表示时序逻辑电路逻辑功能的方法有逻辑图、状态方程、驱动方程、输出方程、状态转换真值表、状态转换图和时序图等。它们虽然形式不同，但在本质上是相通的，可以互相转换。

（3）时序逻辑电路的分析的关键是求出状态方程和状态转换真值表，由此可分析出时序逻辑电路的功能，根据状态转换真值表可画出状态转换图和时序图。

（4）555 定时器是一种中规模集成电路，只要在外部连接适当阻容元件，就可以方便地构成施密特触发器、单稳态触发器和多谐振荡器。

（5）计数器是用以统计输入计数脉冲 CP 个数的时序逻辑电路，主要由触发器组成。任意进制计数器的设计主要是实现计数状态的跳跃，常用方法有置零法（或称复位法）和置数法（或称置位法）两种。

（6）寄存器是用以存放二进制代码的时序逻辑电路。一个触发器可存储一位二进制代码，n 个触发器可存储 n 位二进制代码。因此，触发器是寄存器和移位寄存器的重要组成部分。数码寄存器是存放数码、运算结果或指令的电路，移位寄存器不但可以存放数码，而且在移位脉冲作用下，寄存器中的数码可根据需要向左或向右移位。

测试题 7

扫一扫看本项目测试题参考答案

7-1　时序逻辑电路的特点是____。

7-2　在同步时序逻辑电路中，________________和时钟脉冲 CP 是同步的。

7-3　555 定时器主要由____________、____________、____________、____________和____________5 部分组成。

7-4　施密特触发器有______个稳态，单稳态触发器有______个稳态，多谐振荡器有________个稳态。

7-5　由 555 定时器组成的多谐振荡器如图 7-24 所示，R_2______可以增大输出脉冲的占空比。

7-6　寄存器存储 N 位二进制代码需要________个触发器。

7-7　在如图 7-19 所示的单稳态触发器中，$R = 1\ \text{k}\Omega$、$C=1\ \mu\text{F}$，估算输出脉冲宽度 t_W。

7-8　在如图 7-24 所示的多谐振荡器中，$R_1=R_2=1\ \text{k}\Omega$、$C=1\ \mu\text{F}$，估算电路的工作频率 f 和输出电压 u_O 的占空比 q。

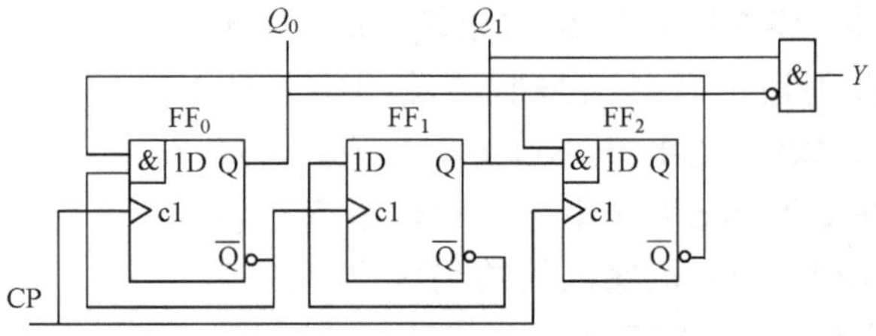

图 7-55　题 7-9 图

7-9　试分析如图 7-55 所示电路的功能，画出状态转换图，检查能否自启动。

7-10　试分析如图 7-56 所示电路为几进制计数器。

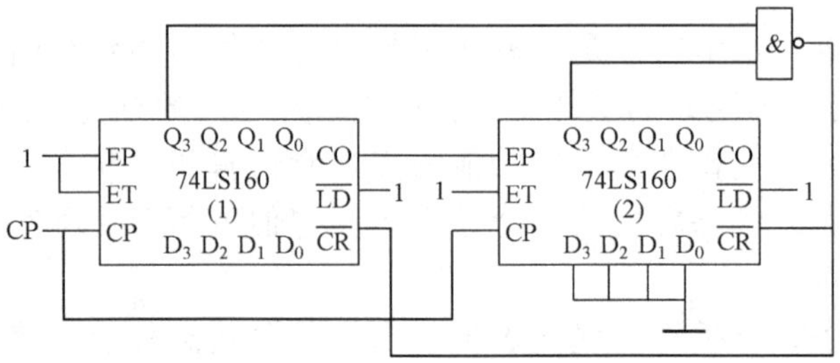

图 7-56　题 7-10 图

7-11　利用 74LS160 设计实现下列计数器，并利用 Multisim 仿真软件进行仿真验证。

（1）七进制计数器；

（2）二十八进制计数器；

（3）三十七进制计数器。

7-12　利用 74LS161 设计实现下列计数器，并利用 Multisim 仿真软件进行仿真验证。

（1）十进制计数器；

（2）三十五进制计数器；

（3）一百零一进制计数器。

7-13　用两片 74LS161 采用同步级联方式，构成二百五十六进制同步加法计数器。

项目 8 A/D 与 D/A 转换器的仿真实训

教学导航

扫一扫看本项目教学课件

教	知识重点	1．D/A 转换器的主要参数及应用； 2．各种 A/D 转换器的特点、选型及主要参数； 3．基准电压对量化误差、分辨率的影响
	知识难点	1．D/A 转换器的实际应用； 2．逐次逼近型 A/D 转换器的工作原理
	推荐教学方式	多媒体课件讲解与虚拟实验相结合，介绍 D/A、A/D 转换的主要性能指标及常用芯片的使用
	建议学时	4 学时
学	推荐学习方法	1．经常浏览相关期刊、网站，了解数字电子技术的最新发展动态和新近推出的 D/A 转换器、A/D 转换器芯片及其功能特点等； 2．重视仿真和实训，仿真和实训在本课程中有着重要的作用，它可以帮助验证所学的理论，并且可以培养解决实际问题的能力
	必须掌握的理论知识	1．D/A 转换器的原理及主要技术指标； 2．A/D 转换器的原理及主要技术指标
	必须掌握的技能	各种常见 D/A 及 A/D 转换器的功能和使用方法

实训10 A/D与D/A转换器的仿真实训

1. 实训目的

（1）复习掌握74LS163的功能。

（2）掌握数模转换的基本原理和工作过程。

（3）掌握数模转换芯片DAC0832的功能和使用方法。

2. 预习要求

（1）预习教材中DAC0832有关工作原理的知识。

（2）查集成电路手册了解74LS163、DAC0832和741的功能及引脚排列，了解各端子的功能。

3. 实训原理

数模转换实训原理简介如下：

（1）两片74LS163构成了一个8位二进制计数器，随着计数脉冲的增加，计数器的输出状态也从00000000到11111111变化。计数满11111111时，又从00000000开始。

（2）DAC0832将计数器输出的8位二进制信息转换为模拟电压。DAC0832是一个双缓冲的D/A转换器。当计数器全为“1”时，输出电压$u_o = U_{max}$，下一个计数脉冲到来时，计数器全为“0”，输出电压$u_o = 0$。显然，计数器输出从00000000到11111111，数模转换器就有$2^8 = 256$个递增的模拟电压输出，用示波器观察到的输出波形就是如图8-2所示的锯齿波。

（3）输出锯齿波的频率f_o和计数脉冲频率f_{CP}的关系为$f_o = f_{CP}/256$。因为每256个CP脉冲，计数器从00000000到11111111变化一次，输出模拟电压就从0到U_{max}变化一次，所以二者具有上述关系。

（4）输出锯齿波的幅值与D/A转换器的输入参考电压U_{REF}有关。DAC0832是由倒T形权电阻网络构成的D/A转换器，外接的运放741将DAC0832转换后的电流输出转换为电压输出，输出电压与参考电压U_{REF}成正比。因此，在实训中可以看到，当升高U_{REF}时，锯齿波的幅值也随之增大，反之亦然。

4. 实训内容

1）D/A转换仿真

（1）启动Multisim仿真软件，在工具栏和仪器栏中选择74LS163芯片、DAC0832芯片及其他元器件和示波器，按照图8-1连接电路。

（2）单击Multisim仿真软件中的开关按钮，调整示波器的各参数可得到如图8-2所示波形。

通过仿真可以看出，芯片DAC0832能够将输入的二进制数字转换为对应的电压量并显示出来。也就是说，通过上述电路完成了数字量与模拟量之间的转换。

2）D/A转换实训

（1）在实验箱上按图8-3安装好实验电路，检查电路连接，确认无误后再接电源。

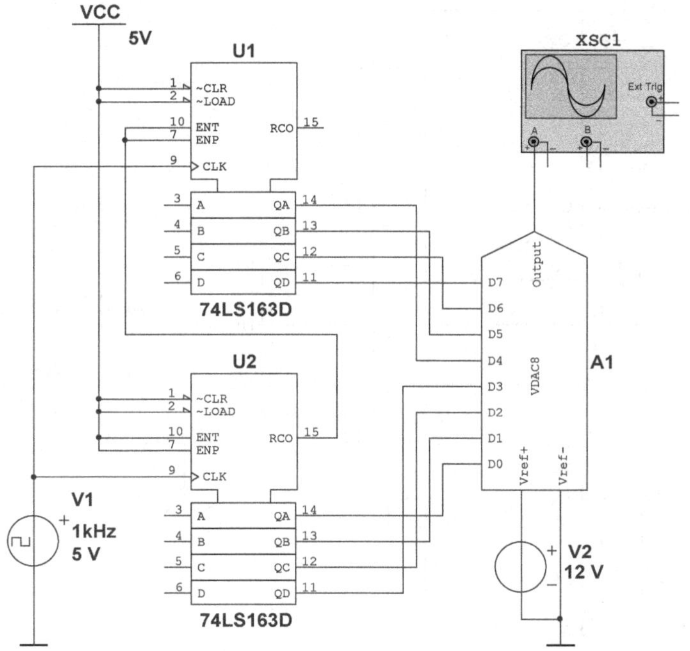

图 8-1 数模转换仿真电路图

（2）74LS163 功能测试。74LS163 是一个 4 位二进制计数器，其功能在前面已经介绍过。在本实训中由两片 74LS163 构成一个 8 位二进制计数器。首先测试该计数器是否正常工作。在脉冲输入 CP 端接信号源，调整信号源的频率到 10 kHz 左右，幅度大于 2 V。用示波器的一个探头测量 CP 信号，另一个探头依次测量 DAC0832 的 DI_0～DI_7 的波形（即计数器的 8 位二进制输出信号），观察示波器上显示的两个波形的频率关系。DI_0 信号波形的频率应为 CP 的二分频，DI_1 的频率应为 CP 的四分频，DI_2 的频率应为 CP 的八分频，以此类推。如果测试正确，说明由两片 74LS163 构成的 8 位二进制计数器工作正常。

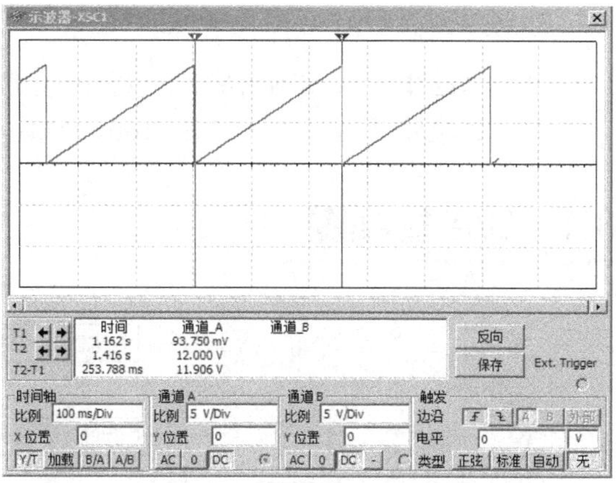

图 8-2 数模转换仿真波形

（3）DAC0832 功能测试。DAC0832 是实现 D/A 转换的器件。用示波器测量运放 741 的输出信号，记录输出波形的形状、频率和幅度。如果电路正常，其输出应为一个锯齿波。

改变输入脉冲的频率，观察输出波形的频率变化；改变数模转换器 DAC0832 第 8 端子 U_{REF} 的大小，观察输出波形的幅值变化情况。

5. 实训报告

（1）画出实训电路图。

（2）整理实训过程中输出波形与 CP 的频率，以及输出幅度与 U_{REF} 的关系。

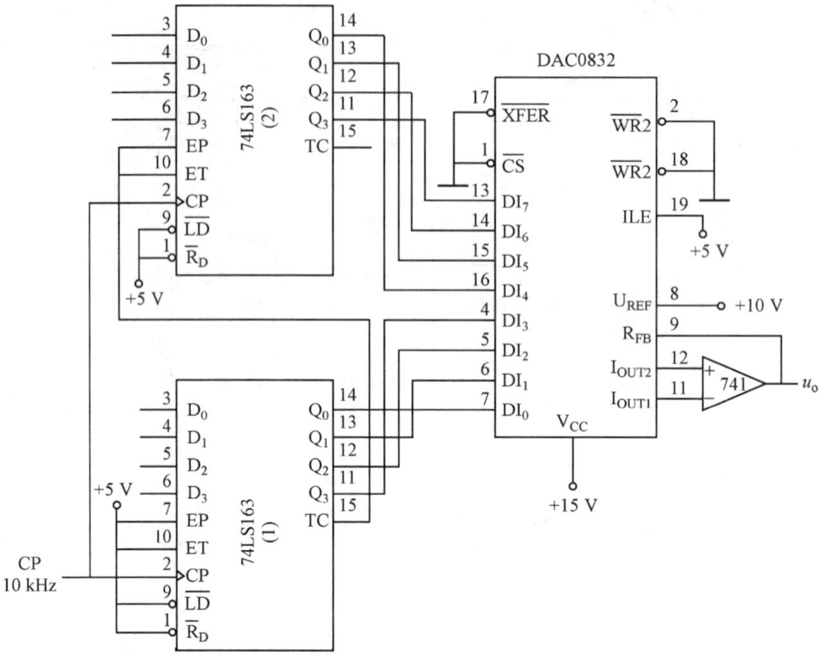

图 8-3　D/A 转换实训电路

6. 分析与讨论

（1）总结本次实训项目完成过程中遇到的问题及解决办法。

（2）如果将计数器改为 74LS160，仿真和实训结果将如何变化？

扫一扫看数模转换器微课视频

8.1　D/A 转换器

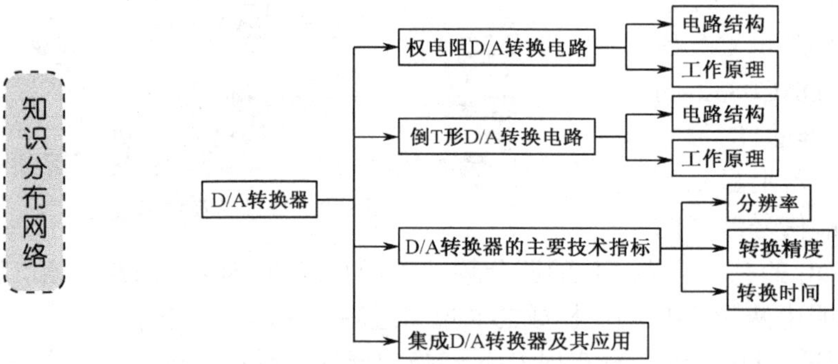

随着数字技术，特别是计算机技术的飞速发展与普及，在现代控制、通信等领域中，对信号的处理广泛地采用了数字计算机技术。由于系统处理的对象往往都是一些模拟量（如温度、压力、电压等），要使计算机或数字仪表能识别和处理这些信号，就必须将这些模拟信号转换成数字信号；而经计算机处理后输出的数字量往往也需要转换成相应的模拟信号才能为执行机构所接收。将模拟信号转换成数字信号的过程称为模数转换（Analog to Digital），或称 A/D 转换。能够完成这种转换的电路称为模数转换器（Analog Digital

Converter），简称 ADC。将数字信号转换为模拟信号的过程称为数模转换（Digital to Analog），或称 D/A 转换。能够完成这种转换的电路称为数模转换器（Digital Analog Converter），简称 DAC。

A/D 转换器和 D/A 转换器是数字系统和模拟系统的接口电路，已成为计算机系统中不可缺少的接口电路。

8.1.1　权电阻 D/A 转换电路

1. 电路结构

图 8-4 是一个 4 位权电阻网络 DAC，由电子模拟开关 S、权电阻求和网络、运算放大器 A 和基准电压源 U_{REF} 等部分组成。权电阻求和网络中的各权电阻的阻值与权值相对应。电子模拟开关（S_0 ～ S_3）的动作受二进制数 d_0 ～ d_3 控制，S_0 ～ S_3 为受控制的双向开关。当 d_i=1 时，相应的开关 S_i 接到位置 1 上，并将基准电压源 U_{REF} 经电阻 R_i 引起的电流接到运算放大器的虚地点；当 d_i=0 时，开关 S_i 接到位置 0 上，将没有电流流进运算放大器 A。

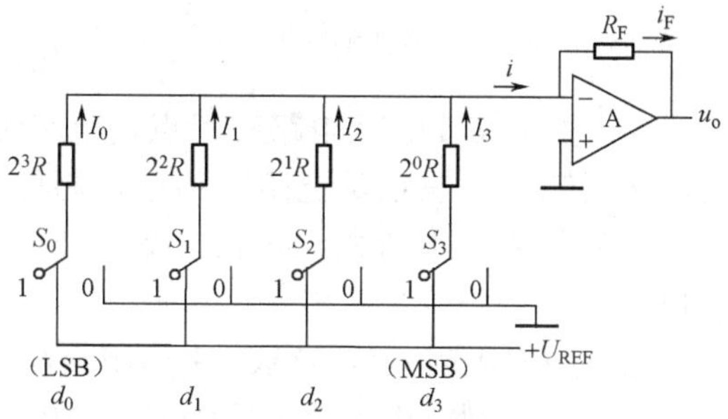

图 8-4　4 位权电阻网络 DAC

2. 工作原理

设输入一个 4 位二进制代码 $D=d_3d_2d_1d_0$，根据图 8-4 可得，流入求和运算放大器输入端的电流为

$$
\begin{aligned}
i &= I_3 + I_2 + I_1 + I_0 \\
&= \frac{U_{REF}}{2^0 R} d_3 + \frac{U_{REF}}{2^1 R} d_2 + \frac{U_{REF}}{2^2 R} d_1 + \frac{U_{REF}}{2^3 R} d_0 \\
&= \frac{U_{REF}}{2^3 R}(2^3 d_3 + 2^2 d_2 + 2^1 d_1 + 2^0 d_0)
\end{aligned}
$$

集成运放 A 的输出电压 u_o 为

$$u_o = -R_F i_F = -R_F i = -\frac{U_{REF} R_F}{2^3 R}(2^3 d_3 + 2^2 d_2 + 2^1 d_1 + 2^0 d_0) \tag{8-1}$$

显然，输出模拟电压的大小与输入二进制数的大小成正比，从而实现了数字量到模拟量的转换。

设反馈电阻 $R_F=R/2$，则电路输出电压 u_o 为

$$u_o = -\frac{U_{REF}}{2^4}(2^3 d_3 + 2^2 d_2 + 2^1 d_1 + 2^0 d_0) \tag{8-2}$$

所以电路的输出电压 u_o 与输入的 4 位二进制代码成正比，比例系数 K 为

$$K = -\frac{U_{REF}}{2^4} \tag{8-3}$$

以此类推，n 位权电阻网络 DAC 的求和运算放大器输入电流、输出电压表达式分别为

$$i=\frac{U_{\mathrm{REF}}}{2^{n-1}R}(2^{n-1}d_{n-1}+2^{n-2}d_{n-2}+\cdots+2^{1}d_{1}+2^{0}d_{0}) \tag{8-4}$$

$$u_{\mathrm{o}}=-iR_{\mathrm{F}}=-\frac{U_{\mathrm{REF}}}{2^{n}}(2^{n-1}d_{n-1}+2^{n-2}d_{n-2}+\cdots+2^{1}d_{1}+2^{0}d_{0}) \tag{8-5}$$

若输入一个 4 位二进制代码 $D=d_3d_2d_1d_0$=1001，转换成十进制数为 9，根据上述转换方法，电路的输出电压为

$$u_{\mathrm{o}}=-iR_{\mathrm{F}}=-\frac{U_{\mathrm{REF}}}{2^{4}}(2^{3}+2^{0})=-\frac{9}{16}U_{\mathrm{REF}}$$

由此可知，当 D_n=00…00 时，$u_{\mathrm{o}}=0$；当 D_n=11…11 时，$u_{\mathrm{o}}=-\frac{2^n-1}{2^n}U_{\mathrm{REF}}$。输入 n 位二进制代码的取值范围为 $0\sim-\frac{2^n-1}{2^n}U_{\mathrm{REF}}$。

权电阻网络 DAC 电路的优点是电路结构简单，使用电阻数量少；各位数码同时进行转换，速度较快。缺点是电阻网络中电阻取值相差较大，随着输入信号位数的增多，电阻网络中电阻取值差距增大。在相当宽的范围内要保证电阻取值的精度较困难，对电路的集成不利。

为克服权电阻网络 DAC 中电阻值相差太大的缺点，人们又研制出了倒 T 形电阻网络 DAC，其电阻网络中仅有阻值为 R 和 $2R$ 的两种电阻，从而克服了电阻取值分散的缺点。

8.1.2 倒 T 形 D/A 转换电路

1. 电路结构

4 位倒 T 形 D/A 转换器的原理图如图 8-5 所示。电路由模拟开关 $S_0\sim S_3$、倒 T 形的电阻网络 R-2R、运算放大器 A 构成。

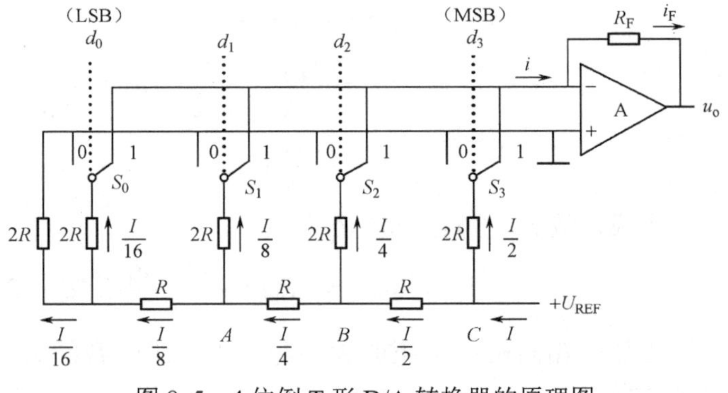

图 8-5　4 位倒 T 形 D/A 转换器的原理图

2. 工作原理

S_i 由输入数码 d_i 控制，当 d_i=1 时，S_i 接运放反相输入端（“虚地”），I_i 流入求和电路；当 d_i=0 时，S_i 将电阻 2R 接地。无论模拟开关 S_i 处于何种状态，与 S_i 相连的 2R 电阻均等效接“地”（地或虚地）。这样流经电阻 2R 的电流与开关位置无关，各支路的电流大小为固定值。

分析电阻网络不难发现，从 A、B、C 节点向左看的二端网络等效电阻值均为 2R，流入每个 2R 电阻的电流从高位到低位按 2 的整数倍递减。设由基准电压源提供的总电流为 I（$I=U_{\mathrm{REF}}/R$），则流过各开关支路的电流分别为 I/2、I/4、I/8 和 I/16。

于是可得总电流 i 为

$$i = \frac{U_{\text{REF}}}{R}\left(\frac{d_0}{2^4} + \frac{d_1}{2^3} + \frac{d_2}{2^2} + \frac{d_3}{2^1}\right) = \frac{U_{\text{REF}}}{2^4 \times R}(2^3 d_3 + 2^2 d_2 + 2^1 d_1 + 2^0 d_0) \tag{8-6}$$

输出电压 u_o 为

$$u_o = -i_F R_F = -i R_F = -\frac{R_F}{R}\frac{U_{\text{REF}}}{2^4}(2^3 d_3 + 2^2 d_2 + 2^1 d_1 + 2^0 d_0) \tag{8-7}$$

由此可见，输出模拟电压 u_o 与输入二进制代码 $d_3d_2d_1d_0$ 成正比，实现了数字量到模拟量的转换。

将输入数字量扩展到 n 位，可得 n 位倒 T 形 D/A 转换器输出模拟量与输入数字量之间的一般关系式如下：

$$u_o = -\frac{R_F}{R}\frac{U_{\text{REF}}}{2^n}(2^{n-1} d_{n-1} + 2^{n-2} d_{n-2} + \cdots + 2^0 d_0) \tag{8-8}$$

在倒 T 形 D/A 转换器中，电阻网络仅由 R 和 $2R$ 两种电阻组成，这对于集成工艺是相当有利的；其次各支路电流直接流入运算放大器的输入端，它们之间不存在传输上的时间差，提高了电路的转换速度，因此这种形式的 DAC 目前被广泛采用。

8.1.3 D/A 转换器的主要技术指标

1. 分辨率

分辨率是指输出电压的最小变化量与满量程输出电压之比。输出电压的最小变化量就是对应的输入数字量最低位为 1，其余各位均为 0 时的输出电压。满量程输出电压就是对应于输入数字量全部为 1 时的输出电压。

对于 n 位 D/A 转换器，分辨率可表示为：分辨率$=\dfrac{1}{2^n-1}$。

可见位数越多，能够分辨的最小输出电压变化量就越小，分辨率就越高。也可用位数 n 来表示分辨率。

2. 转换精度

转换精度是指电路实际输出的模拟电压值和理论输出的模拟电压值之差。常用最大误差与满量程输出电压之比的百分数表示。通常要求 D/A 转换器的误差小于 $U_{\text{LSB}}/2$。例如，某 D/A 转换器满量程输出电压为 15 V，如果误差为 1%，就意味着输出电压的最大误差为 ±0.15 V。百分数越小，精度越高。

3. 转换时间

转换时间是指 DAC 从输入数字信号开始到输出模拟电压或电流达到稳定值时所用的时间。不同 DAC 的转换速度也是不相同的，一般在几微秒到几十微秒的范围内。

8.1.4 集成 D/A 转换器及其应用

常用的集成 DAC 有 DAC0832、DAC0808、DAC1230、MC1408 等，这里仅对

DAC0832 进行简要介绍。

DAC0832 是采用 CMOS 工艺制成的电流输出型 8 位数模转换器。如图 8-6 所示是 DAC0832 的引脚排列示意图。

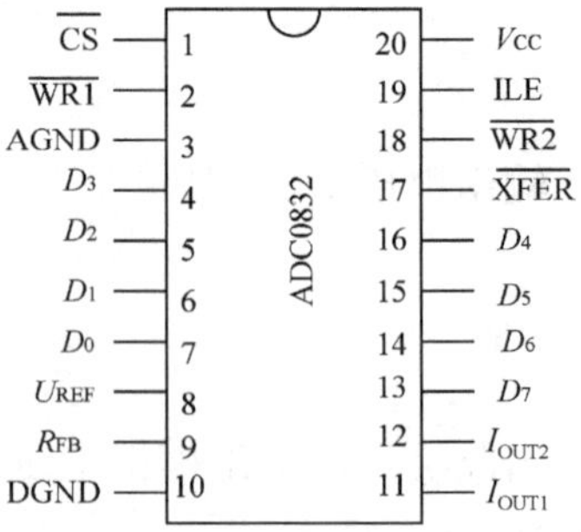

图 8-6　DAC0832 的引脚排列

DAC0832 的引脚功能说明如下。

（1）D_7～D_0：8 位的数据输入端，D_7 为最高位。

（2）I_{OUT1}：模拟电流输出端 1，当 DAC 寄存器中数据全为 1 时，输出电流最大，当 DAC 寄存器中数据全为 0 时，输出电流为 0。

（3）I_{OUT2}：模拟电流输出端 2，I_{OUT2} 与 I_{OUT1} 的和为一个常数，即 $I_{OUT1}+I_{OUT2}$=常数。

（4）R_{FB}：反馈电阻引出端，DAC0832 内部已经有反馈电阻，所以 R_{FB} 端可以直接接到外部运算放大器的输出端，这样相当于将一个反馈电阻接在运算放大器的输出端和输入端之间。

（5）U_{REF}：参考电压输入端，此端可接一个正电压，也可接一个负电压，它决定 0～255 的数字量转化出来的模拟量电压值的幅度，U_{REF} 范围为（−10～+10）V。U_{REF} 端与 D/A 转换器内部倒 T 形权电阻网络相连。

（6）V_{CC}：芯片供电电压，范围为+（5～15）V。

（7）AGND：模拟量地，即模拟电路接地端。

（8）DGND：数字量地，即数字电路接地端。

DAC0832 输出的是电流，要转换为电压，还必须经过一个外接的运算放大器。

本项目的实训部分通过数模转换产生锯齿波电压，就是 DAC0832 的一种典型应用，这里不再赘述。数模转换在通信、测量、自动控制、多媒体等诸多领域都有广泛的应用，并且其性能对系统的整体性能有重要的影响，在后续课程中大家会有更深的体会。

8.2　A/D 转换器

扫一扫看模数转换器微课视频

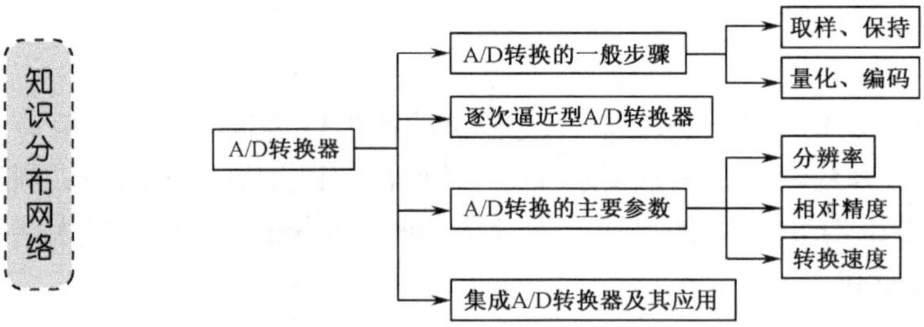

8.2.1　A/D 转换的一般步骤

A/D 转换器能够将模拟量转换为数字量。在 A/D 转换中，因为输入的模拟量在时间上是连续的，而输出的数字信号是离散量，所以进行转换时只能在一系列选定的瞬间（即时间坐标轴上的一些规定点）对输入的模拟信号采样，然后再把这些采样值转换为数字量输出。A/D 转换过程一般包括取样、保持、量化和编码这四个步骤，其中量化、编码电路是最核心的部件，任何 ADC 转换电路都必须包含这种电路。

1. 取样-保持

取样（又称抽样或采样）是将时间上连续变化的模拟信号转换为时间上离散的模拟信号，即转换为一系列等间隔的脉冲，其过程如图 8-7 所示。图中，U_i 为模拟输入信号，U_o 为取样后输出信号。

为了不失真地用取样后的输出信号 U_o 来表示输入模拟信号 U_i，取样频率 f_S 必须满足 $f_S \geqslant 2f_{max}$（此式为取样定理）。其中，f_{max} 为输入信号 U_i 的最高频分量的频率。

因为每次把取样电压转换为相应的数字量都需要一定的时间，所以在每次取样以后，必须把取样电压保持一段时间，直到下次取样为止。通常取样和保持操作用取样-保持电路一次完成。取样-保持电路如图 8-8 所示。

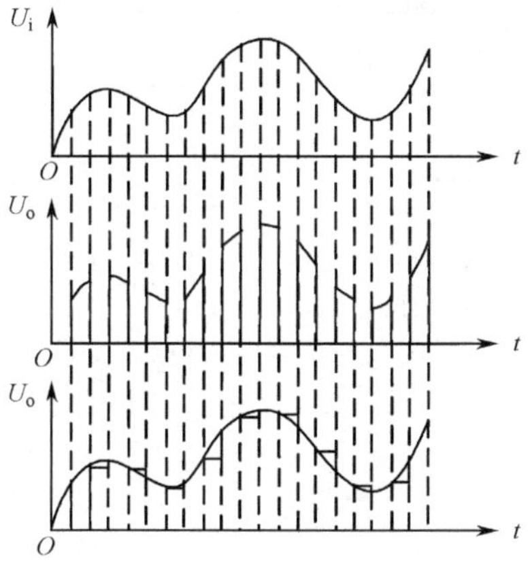

图 8-7　取样-保持波形图

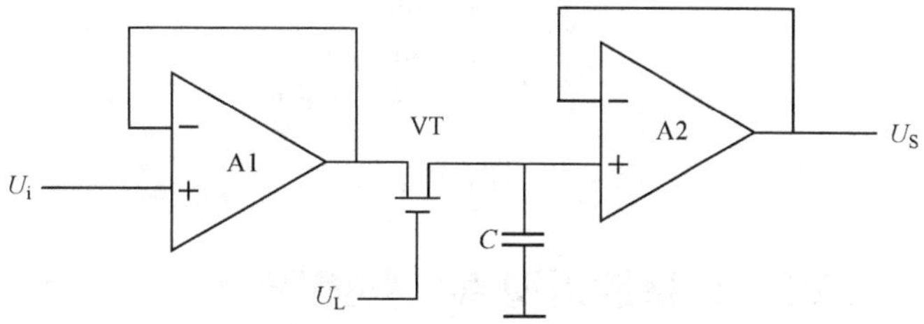

图 8-8　取样-保持电路

图中集成运放 A1 和 A2 接成电压跟随器形式，利用其阻抗转换特性作为隔离级；N 沟道 MOS 管 VT 作为取样开关；C 为存储电容。在取样脉冲持续时间内，VT 导通，输入模拟电压 U_i 经 VT 向电容 C 充电。电容器 C 上充电电压在时间 t_1 内能跟随 U_i 的变化，因而放大器输出电压 U_S 也跟随 U_i 变化。当取样脉冲结束时，VT 截止。如果电容器和场效应管的漏电流，以及运算放大器的输入电流均可忽略，则电容器 C 上的充电电压将保持在 VT 截止前 U_i 的值，直到下一个采样脉冲到来为止，VT 重新导通。电容器 C 上的电压又跳变到该时刻的输入电压值。取样-保持器的输出电压波形如图 8-7 所示。可见，进行 A/D 转换时所用的输入电压，实际上是每次取样结束时的 U_i 值。

2. 量化-编码

数字信号不仅在时间上是离散的，而且在数值上的变化也不是连续的。采样-保持电路的输出信号虽已成为阶梯状，但其幅值仍然是连续的，尚未转换成离散的数字量。任何一个数字量的大小，都是以某个最小数量单位的整倍数来表示的。通常将此最小数量单位称为量化单位，用Δ表示。采样信号与量化单位进行比较而转化成此量化单位的整数倍的过程称为量化。把量化的数值用二进制代码表示的过程称为编码，这个二进制代码就是 A/D 转换的输出信号。

由于模拟信号是连续的，那么它就不一定能被Δ整除，因而不可避免地会引入误差，这种误差称为量化误差。在把模拟信号划分为不同的量化等级时，可以得到不同的量化误差。

例如，把 0～+1 V 的模拟电压信号转换成 3 位二进制代码，这时可以取Δ=1/8 V，并规定凡数值在 0～1/8 V 之间的模拟电压都当作 0Δ看待，用二进制的 000 表示；凡数值在 1/8～2/8 V 之间的模拟电压都当作 1Δ看待，用二进制的 001 表示等，如图 8-9（a）所示。不难看出，最大的量化误差达Δ，即 1/8 V。

为了减少量化误差，通常采用如图 8-9（b）所示的划分方法，取量化单位Δ=（2/15）V。并规定凡数值在 0～1/15 V 之间的模拟电压都当作 0Δ看待，用二进制的 000 表示；凡数值在 1/15～3/15 V 之间的模拟电压都当作 1Δ看待，用二进制的 001 表示等。因为现在把每个二进制代码所代表的模拟电压值规定为它所对应的模拟电压范围的中点，所以最大的量化误差自然就缩小了。不难看出，最大的量化误差达Δ/2，即 1/15 V。

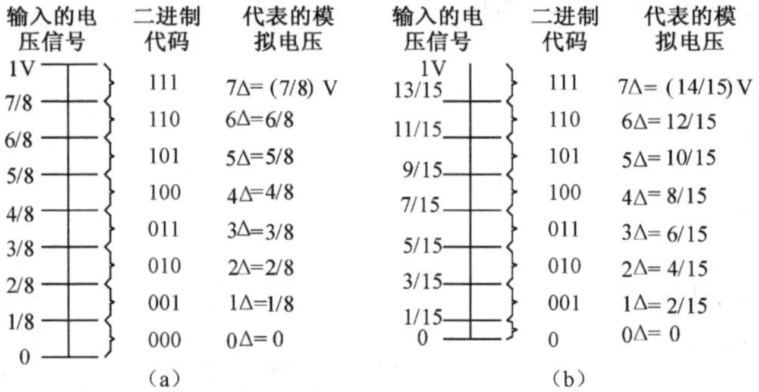

图 8-9　划分量化等级的两种方法

8.2.2　逐次逼近型 A/D 转换器

逐次逼近型 A/D 转换器，就是将输入模拟信号与不同的参考电压进行多次比较，使转换所得的数字量在数值上逐次逼近输入模拟量的对应值。如图 8-10 所示为逐次逼近型 A/D 转换器。

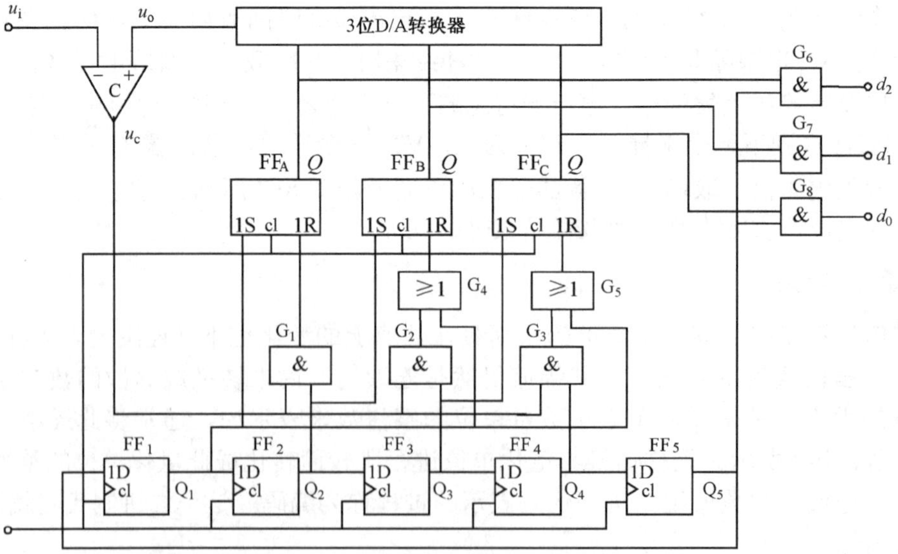

图 8-10　逐次逼近型 A/D 转换器

转换开始前，先使 $Q_1Q_2Q_3Q_4Q_5$=10000。第一个 CP 到来时，FF_A 被置 1，FF_B 和 FF_C 被置 0。这时加到 D/A 转换器输入端的代码为 100，并在 D/A 转换器的输出端得到相应的模拟电压输出 u_o。u_o 和 u_i 在比较器中比较，当 $u_i < u_o$ 时，比较器输出 $u_c = 1$；当 $u_i \geqslant u_o$ 时，$u_c = 0$。同时移位寄存器右移一位，输出 $Q_1Q_2Q_3Q_4Q_5$=01000。

第二个 CP 到来后，若原来 $u_c = 1$，则 FF_A 被置 0；若原来 $u_c = 0$，则 FF_A 的 1 状态保留。与此同时，Q_2 的高电平将 FF_B 置 1。同时移位寄存器右移一位，输出 $Q_1Q_2Q_3Q_4Q_5$= 00100。

第三个 CP 到来后，一方面将 FF_C 置 1，同时根据比较器的输出决定 FF_B 的 1 状态是否应该保留。若原来 u_c=1，则 FF_B 被置 0；若原来 u_c=0，则 FF_B 的 1 状态保留。环形计数器右移一位，输出 $Q_1Q_2Q_3Q_4Q_5$=00010。

第四个 CP 到来后，门 G_3 打开，根据比较器的输出决定 FF_C 的 1 状态是否应该保留。同时环形计数器右移一位，输出 $Q_1Q_2Q_3Q_4Q_5$=00001。

第五个 CP 到来后，环形计数器输出 $Q_1Q_2Q_3Q_4Q_5$=10000，返回到初始状态。FF_A、FF_B、FF_C 的状态作为转换结果，通过门 G_6、G_7、G_8 送出。

逐次逼近型 A/D 转换器完成一次转换所需时间与其位数和时钟脉冲频率有关，位数越少，时钟频率越高，转换所需时间越短。这种 A/D 转换器具有转换速度快、精度高的特点。

8.2.3 A/D 转换的主要参数

1. 分辨率

A/D 转换器的分辨率是指输出数字量的最低位变化一个数码时，对应输入模拟量的变化量。分辨率也可用 ADC 的位数表示。位数越多，能分辨的最小模拟电压值就越小，转换精度越高。例如，输入模拟电压的变化范围为 0～5 V，输出 8 位二进制数可以分辨的最小模拟电压为 $5\ \text{V}/2^8 \approx 19.53\ \text{mV}$；而输出 12 位二进制数可以分辨的最小模拟电压为 $5\ \text{V}/2^{12} \approx 1.22\ \text{mV}$。

2. 相对精度（又称转换误差）

相对精度指 ADC 实际输出数字量与理想输出数字量之间的最大差值。通常用最低有效位 LSB 的倍数来表示。例如，转换误差不大于 1/2LSB，即说明实际输出数字量与理想输出数字量之间的最大误差不超过 1/2LSB。

3. 转换速度

转换速度是指完成一次转换所需的时间。转换时间是指从接到转换控制信号开始，到输出端得到稳定的数字输出信号所经过的这段时间。

8.2.4 集成 A/D 转换器及其应用

集成 A/D 转换器规格品种繁多，常见的有 ADC0804、ADC0809、MC14433 等，这里仅对 ADC0804 进行简要介绍。

ADC0804 是一种逐次逼近型 A/D 转换器，各引脚排列如图 8-11 所示。

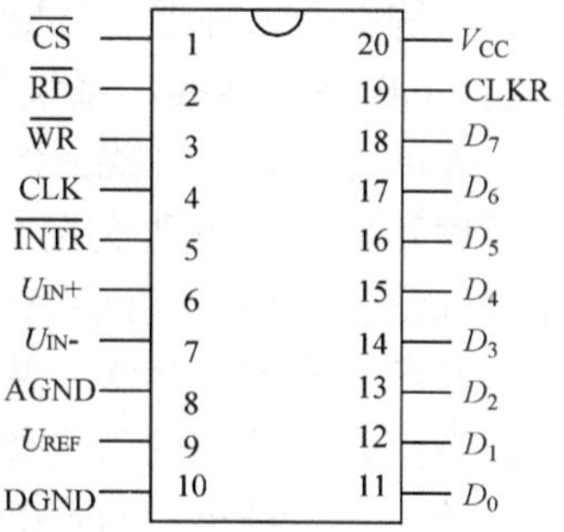

图 8-11 ADC0804 的引脚排列

1）ADC0804各引脚功能

$U_{IN}+$、$U_{IN}-$：模拟信号输入端，可接收单极性、双极性和差模输入信号。

U_{REF}：基准电压输入端。

CLK：时钟信号输入端。

CLKR：内部时钟发生器外接电阻端，与CLK端配合可由芯片产生时钟脉冲。

$D_0 \sim D_7$：数据输出端，有三态功能，能与微机总线相接。

AGND：模拟信号地。

DGND：数字信号地。

$\overline{CS}$：片选信号输入端，低电平有效。

$\overline{RD}$：读信号输入端，低电平有效。当$\overline{CS}$和$\overline{RD}$均有效时，可读取转换后的输出数据。

$\overline{WR}$：写信号输入端，低电平有效。当$\overline{CS}$和$\overline{WR}$同时有效时，启动A/D转换。

$\overline{INTR}$：转换结束信号输出端，低电平有效。转换开始后，$\overline{INTR}$为高电平，转换结束时，该信号变为低电平。因此，该信号可作为转换器的状态查询信号，也可作为中断请求信号，以通知CPU取走转换后的数据。

2）ADC0804的典型应用

在现代过程控制及各种智能仪器和仪表中，为采集被控（被测）对象数据以达到由计算机进行实时监测、控制的目的，常用微处理器和A/D转换器组成数据采集系统。单通道微机化数据采集系统的示意图如图8-12所示。

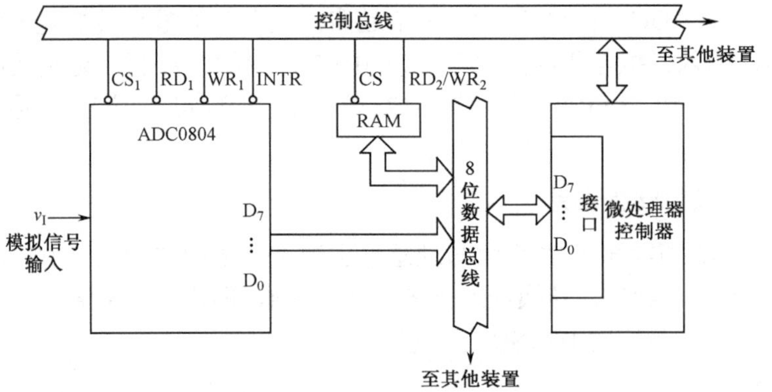

图8-12　单通道微机化数据采集系统示意图

系统由微处理器、存储器和A/D转换器组成，它们之间通过数据总线（DBUS）和控制总线（CBUS）连接，系统信号采用总线传送方式。

现以程序查询方式为例，说明ADC0804在数据采集系统中的应用。采集数据时，首先微处理器执行一条传送指令，在指令执行过程中，微处理器在控制总线的同时产生CS1、WR1低电平信号，启动A/D转换器工作，ADC0804经100 μs后将输入模拟信号转换为数字信号存于输出锁存器，并在INTR端产生低电平信号表示转换结束，通知微处理器可来取数。当微处理器通过总线查询到INTR为低电平信号时，立即执行输入指令，以产生CS、RD2低电平信号到ADC0804相应引脚，将数据取出并存入存储器中。整个数据采集过程中，由微处理器有序地执行完成若干指令。

知识梳理与总结

（1）A/D 和 D/A 转换器是实现模拟电路和数字电路转换的桥梁，是重要的接口电路，是现代数字系统中的重要组成部分，其应用日益广泛。

（2）D/A 转换器根据工作原理分为权电阻网络 D/A 转换器、倒 T 形权电阻网络 D/A 转换器。由于倒 T 形权电阻网络 D/A 转换器转换速度快、性能好，适合于集成工艺制造，因此在集成 D/A 转换器中得到广泛的应用。

D/A 转换器的分辨率和转换精度均与转换器的位数有关，位数越多，分辨率与精度越高。

（3）A/D 转换是将模拟量转换成相应数字量的电子电路，一般分为采样、保持、量化和编码 4 个步骤。

（4）不论是 D/A 转换器还是 A/D 转换器，基准电压 V_{REF} 都是一个很重要的应用参数，要理解基准电压的作用，尤其是在 A/D 转换中，它的值对量化误差、分辨率都有影响。

（5）常用的集成 A/D 和 D/A 转换器种类很多，其发展趋势是高速度、高分辨率、易与计算机连接，以满足各个领域对信息处理的要求。

测试题 8

扫一扫看本项目测试题参考答案

8-1　填空题

（1）将模拟信号转换为数字信号，需要经过________、______、_______、________ 4 个过程。

（2）D/A 转换器的主要技术指标有_________、______、________等。

8-2　选择题

（1）一个无符号 4 位权电阻 DAC，最低位处的电阻为 40 kΩ，则最高位处电阻为（　　）。

A．4 kΩ　　B．5 kΩ　　C．10 kΩ　　D．20 kΩ

（2）为使采样输出信号不失真地代表输入模拟信号，采样频率 f_S 和输入模拟信号的最高频率 f_{Imax} 的关系是（　　）。

A．$f_S \geq f_{Imax}$　　B．$f_S \leq f_{Imax}$　　C．$f_S \geq 2f_{Imax}$　　D．$f_S \leq 2f_{Imax}$

（3）将一个时间上连续变化的模拟量转换为时间上断续（离散）的模拟量的过程称为（　　）。

A．采样　　B．量化　　C．保持　　D．编码

（4）用二进制码表示指定离散电平的过程称为（　　）。

A．采样　　B．量化　　C．保持　　D．编码

（5）以下 4 种转换器，（　　）是 A/D 转换器且转换速度最高。

A．并联比较型　　B．双积分型　　C．逐次逼近型　　D．施密特触发器

8-3　仿真练习：用 Multisim 仿真软件完成如图 8-15 所示电路的仿真试验，观察输出电压 u_o 随计数脉冲 CP 变化的波形，并计算 u_o 的最大值。

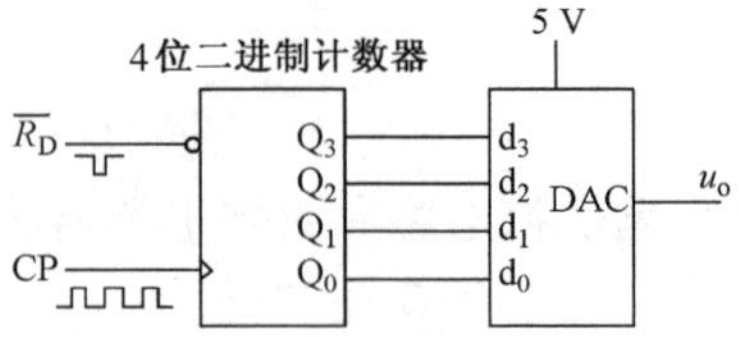

图 8-15　题 8-3 图

8-4　在 8 位倒 T 形 D/A 转换电路中，$R = R_f$，$U_{REF} = -8$ V，输入二进制码 10110010，输出模拟电压是多少？

项目 9 电子技术综合实训

综合实训 1 交通灯控制电路的仿真实训

扫一扫看本项目教学课件

1. 实训目的

（1）掌握集成同步可逆计数器 74LS190 的功能测试方法和使用方法。

（2）掌握计数器 74LS190 的级联方法并能进行 N 进制计数器的设计。

（3）熟练应用 Multisim 仿真软件进行任意进制计数器的绘制、仿真与调试。

2. 预习要求

（1）预习教材中有关门电路的相关知识。

（2）预习计数器 74LS190 的相关知识。

（3）预习 Multisim 仿真软件的应用。

3. 实训原理

交通灯控制电路仿真图如图 9-1 所示，主要由 8 位移位寄存器 74LS164、双 D 触发器 74LS74、同步十进制可逆计数器 74LS190、双向总线收发器 74LS245 及门电路构成。其中，74LS164 构成十四进制扭环计数器，作为主控制器；74LS74 实现信号分频，获得周期为 4 s 和 8 s 的信号；74LS190（1）和 74LS190（2）实现五十二进制减法计数，表示主干道方向通行 52 s，74LS190（3）和 74LS190（4）实现二十八进制减法计数，表示支干道方向通行 28 s，4 个计数芯片 74LS190 的输出都通过双向总线收发器 74LS245 连接到数码管，用来显示计数状态的变化。

4. 实训内容

1）任意进制加法计数器的仿真

（1）启动 Multisim 仿真软件，在工具栏中选择元器件、74LS164、74LS190、74LS47，按照图 9-1 连接电路。

（2）单击 Multisim 仿真软件主界面中的仪器栏，选择函数信号发生器，设置输出为方波，频率为 1 Hz，幅值为 5 V，选择数码管和指示灯，正确连接在电路中。

（3）启动电路仿真，通过数码管的数值变化观察主干道和支干道方向通行时间倒计时的仿真结果。如图 9-2 所示是主干道方向通行的仿真图，主干道方向通行 52 s，主干道方向绿灯亮，支干道方向红灯亮，主干道和支干道方向显示从 52 开始减 1 倒计时。如图 9-3 所示是支干道方向通行的仿真图，支干道方向通行 28 s，支干道方向绿灯亮，主干道方向红灯亮，支干道和支干道方向显示从 28 开始减 1 倒计时。任意方向由绿灯变红灯时，黄灯闪烁 4 s。

2）任意进制加法计数器的实训

（1）按照图 9-1 选择元器件。

（2）在实验台或面包板上按照图 9-1 连接电路。

（3）调试电路，并用数码管观察倒计时变化。

（4）在多功能实验板上焊好全部元器件进行整体电路调试。

5. 实训报告

（1）画出实训电路图。

（2）列出元器件明细表。

（3）整理仿真得到的输出结果。

6. 分析与讨论

（1）总结本次实训项目完成过程中遇到的问题及解决办法。

（2）按下复位按钮并不能使数码管立刻变为 52，只有黄灯亮时才会给 74LS190 复位信号，当红灯亮时数码管从 52 或 28 减 1 计数。请尝试改进电路，当按下复位按钮时，数码管显示 52 并减 1 计数。

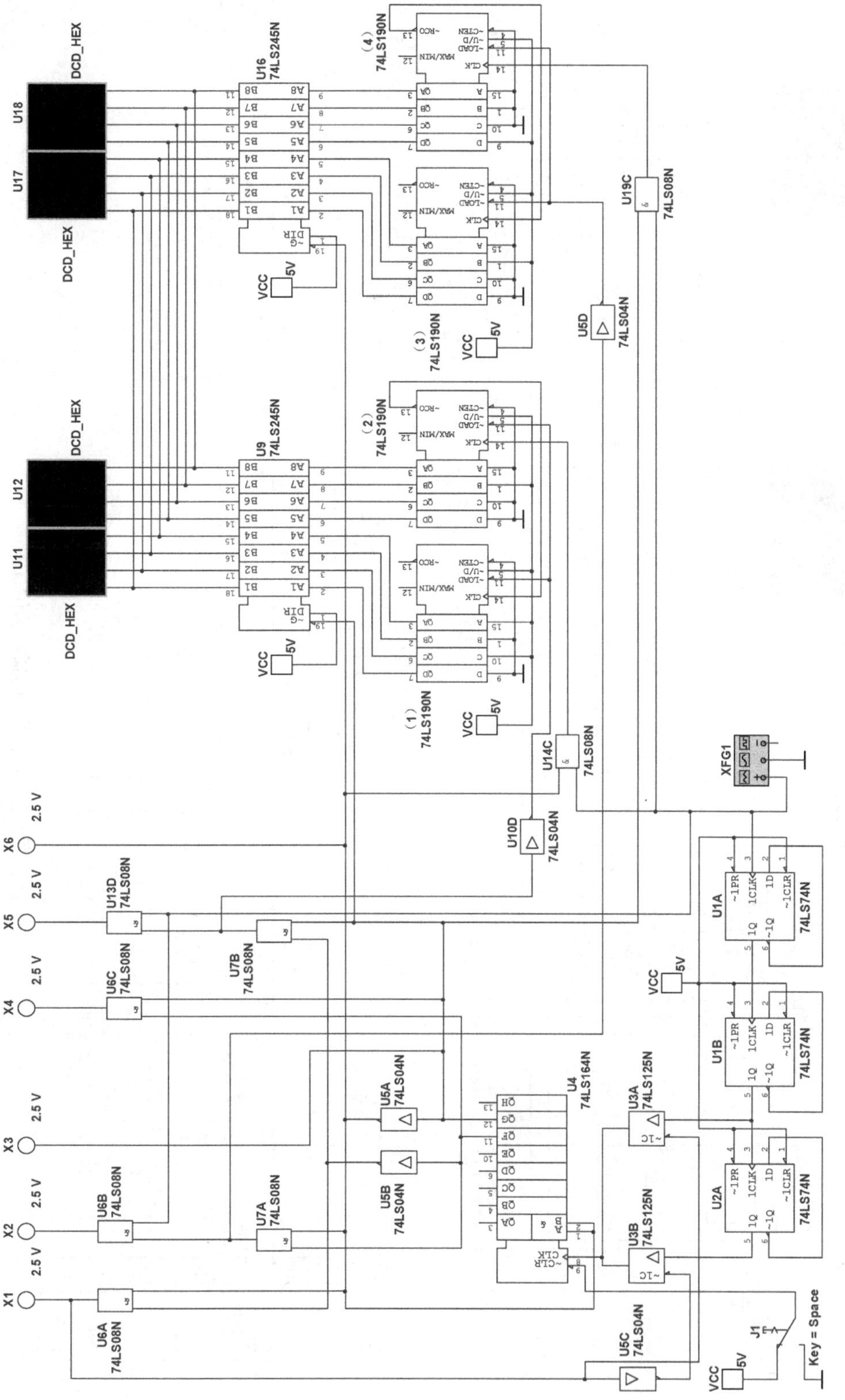

图9-1 交通灯控制电路仿真图

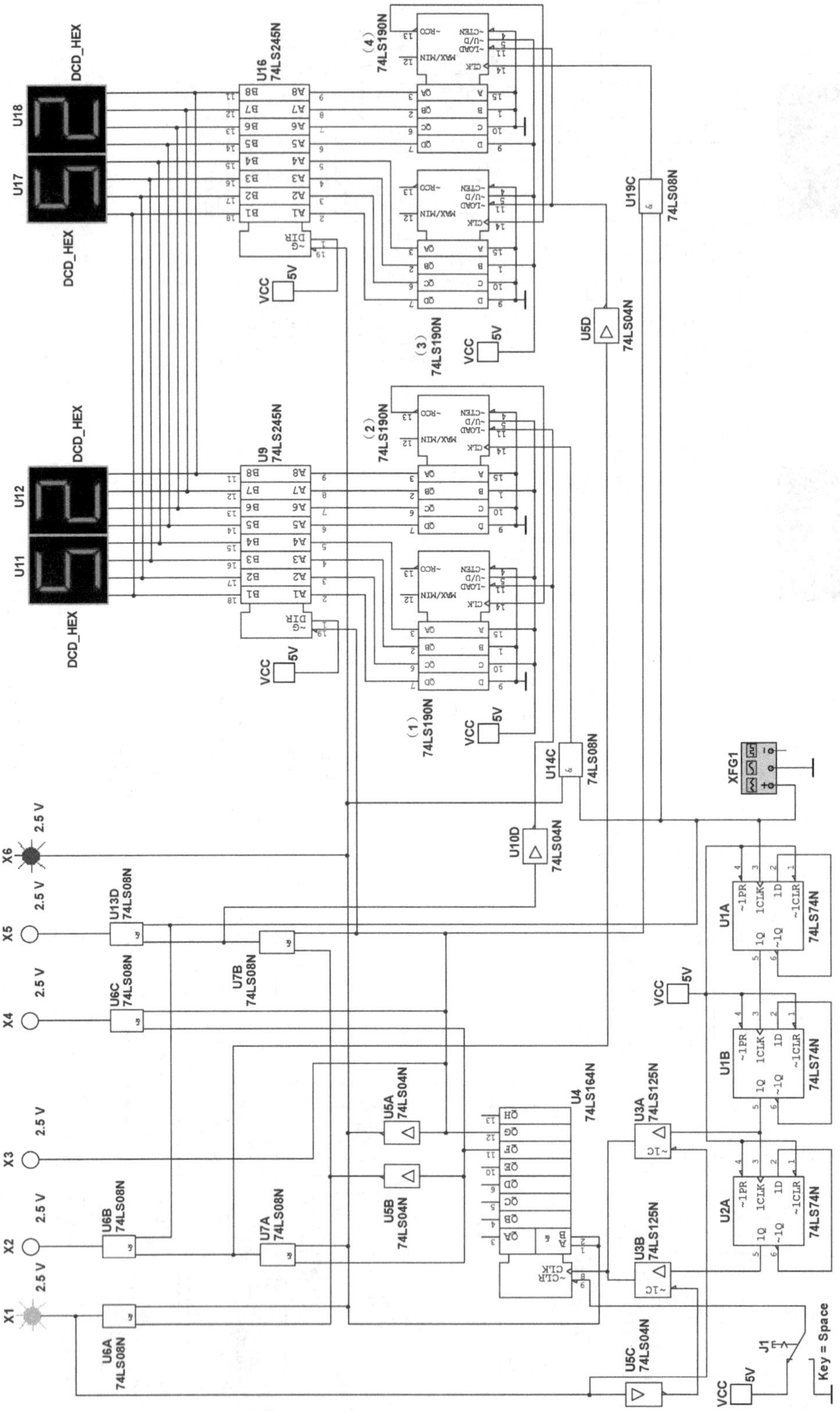

图9-2　主干道方向通行的仿真图

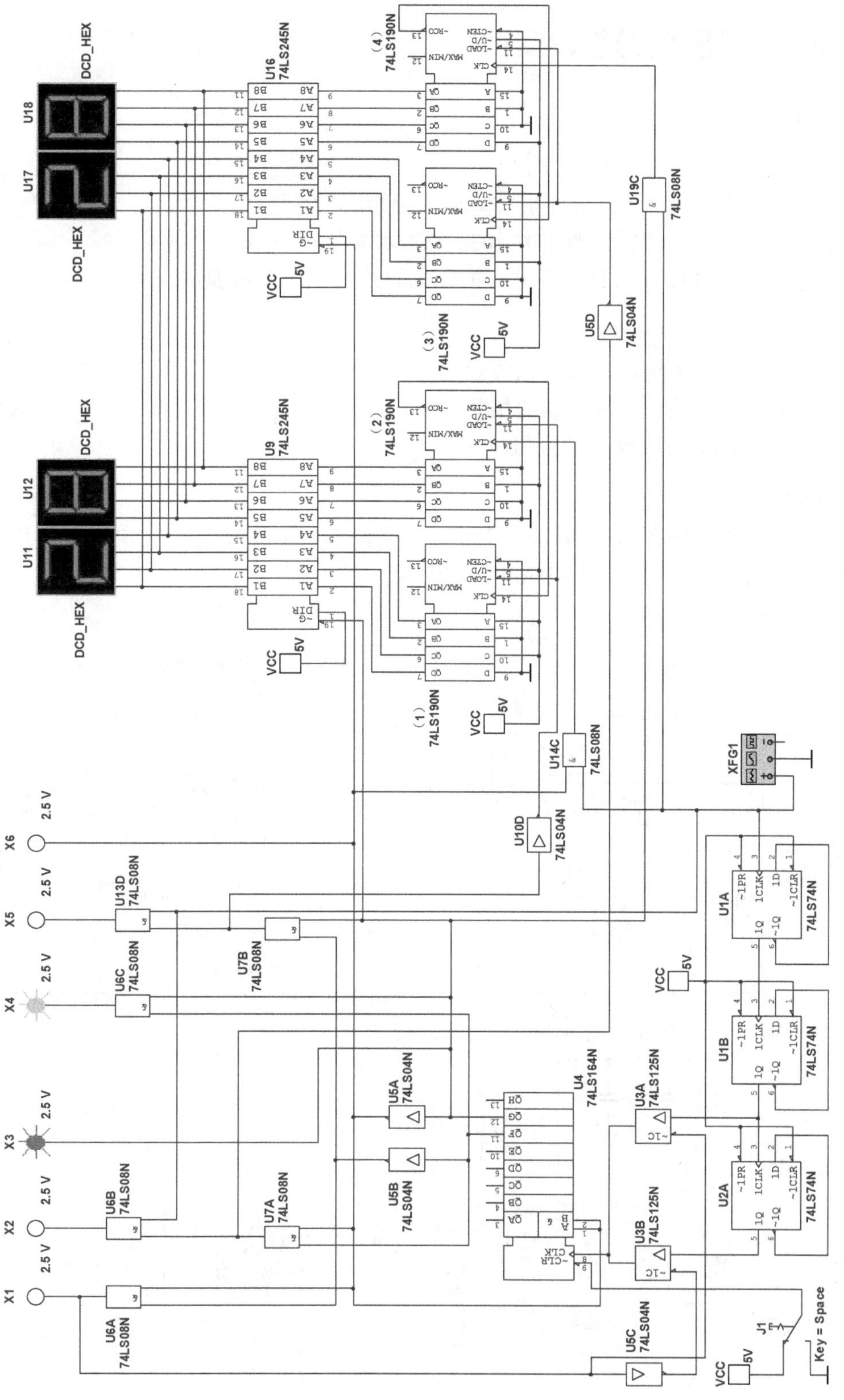

图9-3 支干道方向通行的仿真图

综合实训 2　扩音机的仿真实训

1. 实训目的

（1）掌握高速低噪声集成双运放 LM353 的功能测试方法和使用方法。

（2）掌握通用集成运放 LM741 的基本参数和使用方法。

（3）掌握集成音频功率放大器 TDA2030 的基本参数和使用方法。

（4）熟练应用 Multisim 仿真软件进行扩音机的绘制、仿真与调试。

2. 预习要求

（1）预习教材中有关集成运放的相关知识。

（2）预习教材中有关功率放大器的相关知识。

（3）预习 Multisim 仿真软件的应用。

3. 实训原理

扩音机仿真电路图如图 9-4 所示，主要由高速低噪声集成双运放 LM353、通用集成运放 LM741 和集成音频功率放大器 TDA2030 构成。

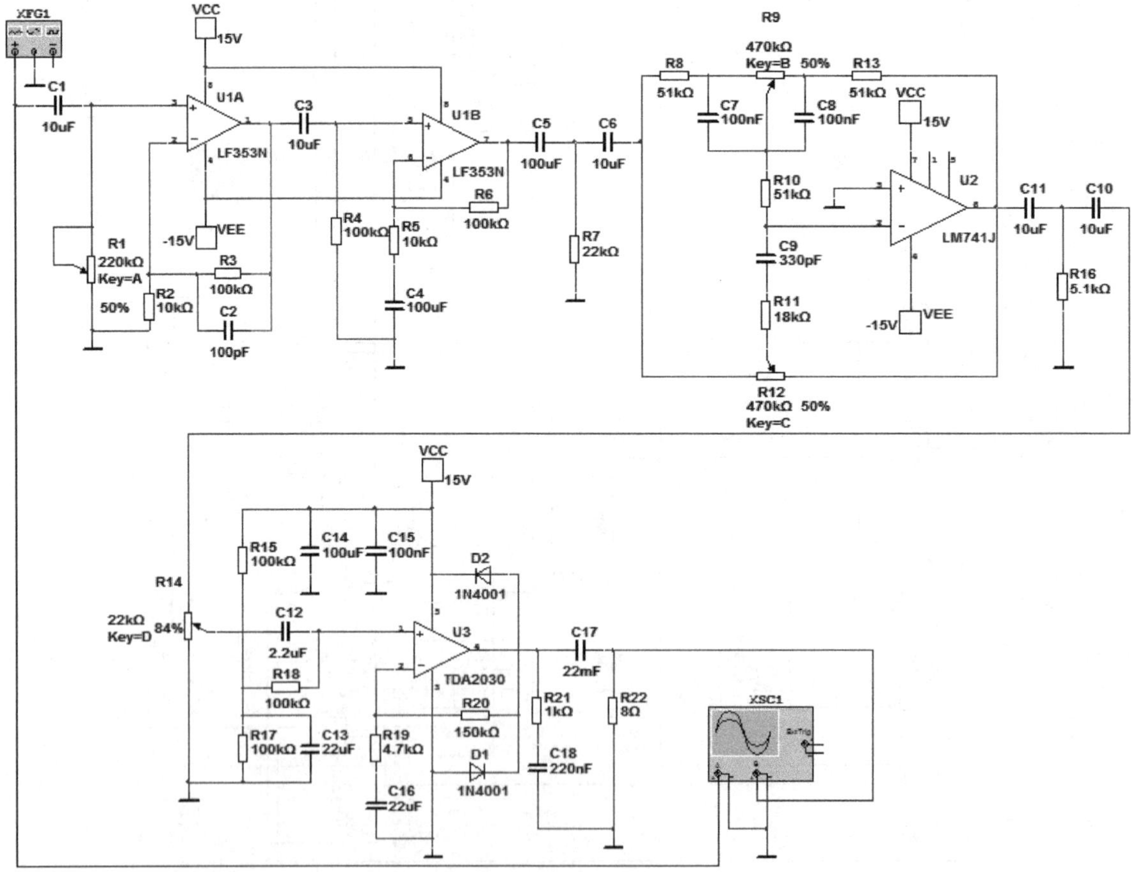

图 9-4　扩音机仿真电路

扩音机的前级放大电路采用集成双运放 LM353 的一个运放，而推动放大电路采用集成双运放 LM353 另一个运放。前级放大电路和推动级放大电路的电压放大倍数分别为

$$A_{v1}=1+R_3/R_2=11 \tag{9-1}$$

$$A_{v2}=1+R_6/R_5=11 \tag{9-2}$$

扩音机的反馈式音调控制电路由集成运算放大器 LM741 和阻容元器件构成，R_9 为低音调节电位器，R_{12} 为高音调节电位器，C_7 和 C_8 的容量要远远大于 C_9 的容量，R_9 和 R_{12} 的总阻值要远大于 R_8、R_{13}、R_{10}、R_{11} 的阻值。当输入信号的频率在低频区时，C_9 和 R_{11} 支路可视作开路，信号传输和反馈作用主要通过 R_{10} 以上的电路来完成。当 R_9 的滑动端移至 0%时，为低频信号提升最大；当 R_9 的滑动端移至 100%时，为低频信号衰减最大。当输入信号的频率在高频区时，C_7 和 C_8 可视作短路，C_9 和 R_{11} 支路开始起作用。当 R_{12} 的滑动端移至 100%时，为高频信号提升最大；当 R_{12} 的滑动端移至 0%时，为高频信号衰减最大。

扩音机的功率放大电路由集成音频功率放大器 TDA2030 组成 OTL 功率放大电路，功放块外围电路的元器件值参照 TDA2030 的数据手册。

4. 实训内容

1）扩音机电路的仿真

（1）启动 Multisim 仿真软件，在工具栏中选择所需的 LM353、LM741、TDA2030、电阻和电容，按照图 9-4 连接电路。

（2）单击 Multisim 仿真软件主界面中的仪器栏，选择信号发生器，设置输出为正弦波，频率为 40～6 000 Hz，幅值为 0～5 mV，选择示波器，正确连接在电路中。

（3）启动电路仿真，通过调节 R_{14} 电位器，使示波器的波形不失真。低频时，调节 R_9 电位器在 0%～100%变化，R_9 电位器在 0%和 100%时的仿真电路分别如图 9-5 和图 9-6 所示。高频时，调节 R_{12} 电位器在 0%～100%变化，R_{12} 电位器在 0%和 100%时的仿真电路分别如图 9-7 和图 9-8 所示。

2）扩音机电路的实训

（1）按照图 9-4 选择元器件。

（2）在实验台或面包板上按照图 9-4 连接电路。

（3）调试电路，并用示波器检查音频输出波形。

（4）在多功能实验板上焊好全部电路进行整体电路调试。

5. 实训报告

（1）画出实训电路图。

（2）列出元器件明细表。

（3）整理仿真得到的输出结果。

6. 分析与讨论

（1）总结本次实训项目完成过程中遇到的问题及解决办法。

（2）如果产生高频振荡或输出功率不够，请分析是什么原因，应如何解决。

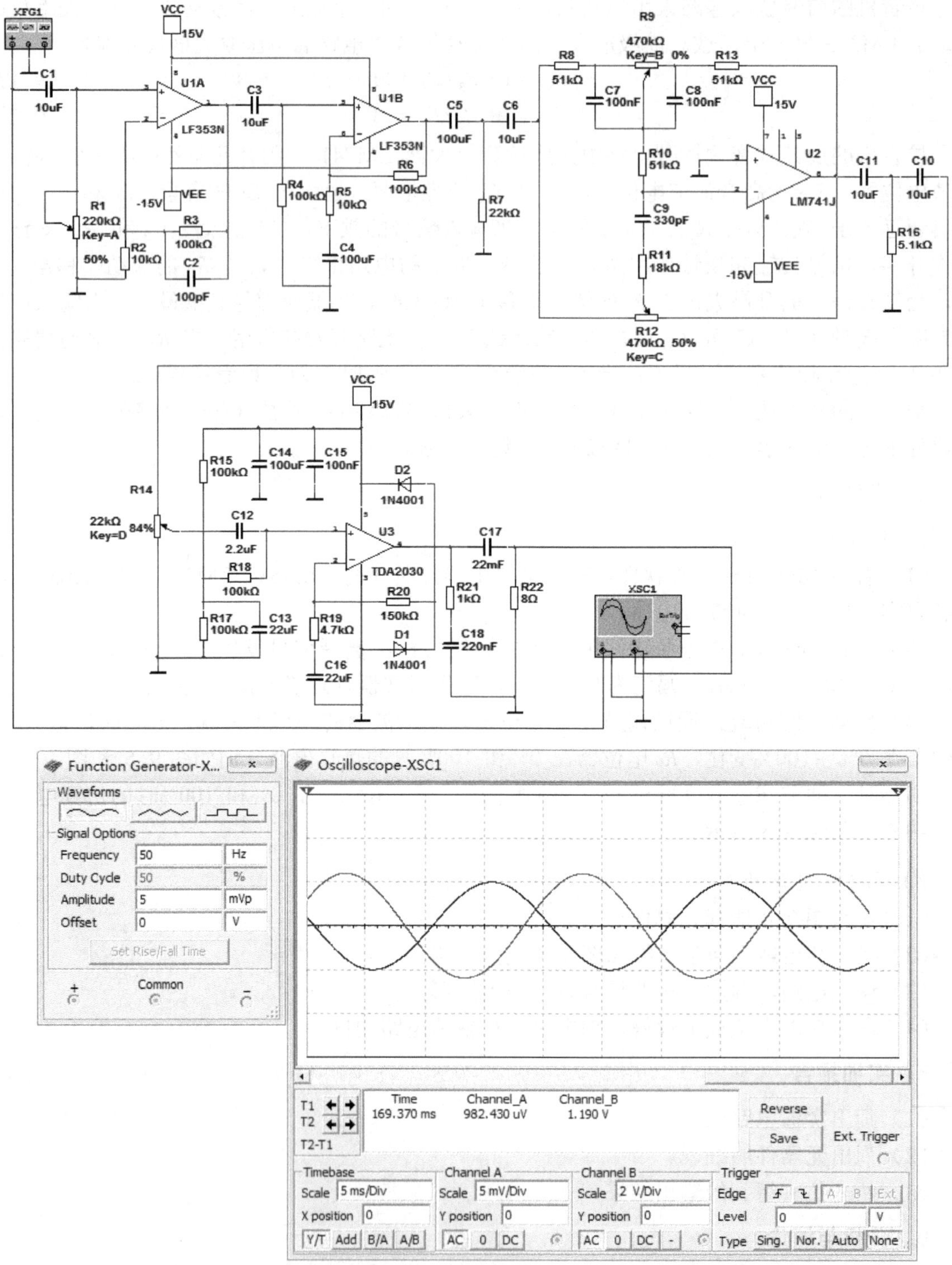

图 9-5　扩音机低频时的仿真电路（R_9在 0%位置）

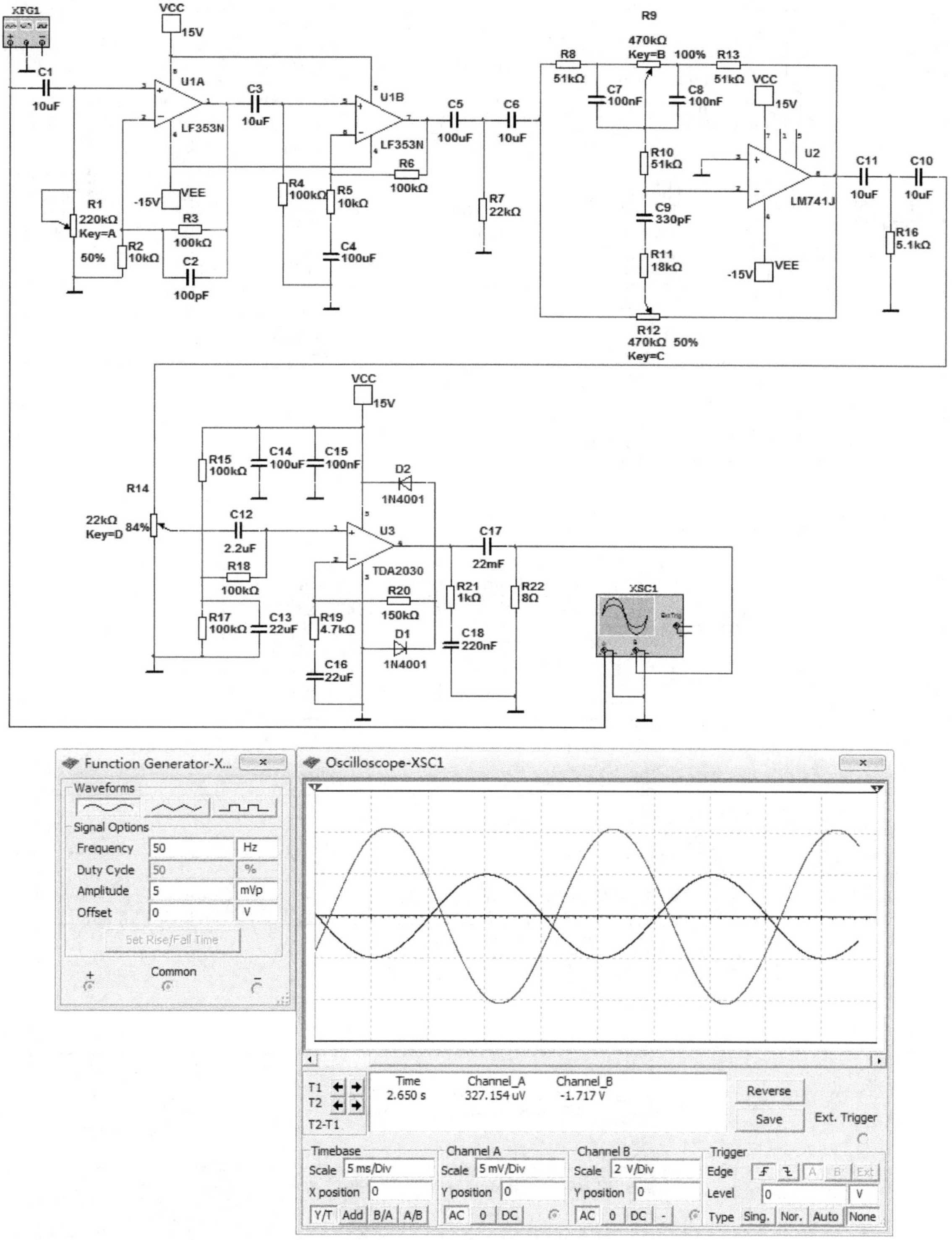

图 9-6　扩音机低频时的仿真电路（R_9在 100%位置）

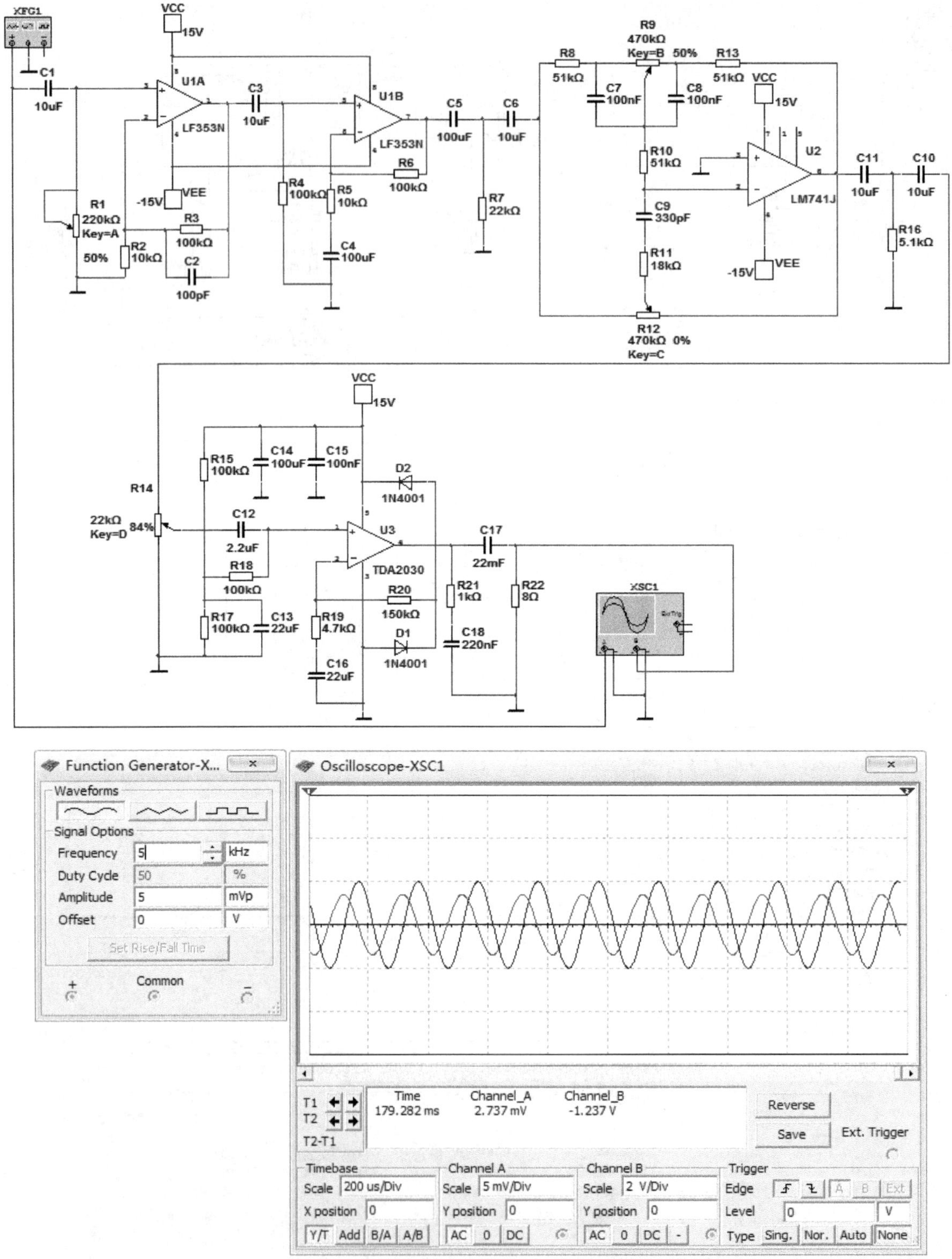

图 9-7　扩音机高频时的仿真电路（R_{12} 在 0%位置）

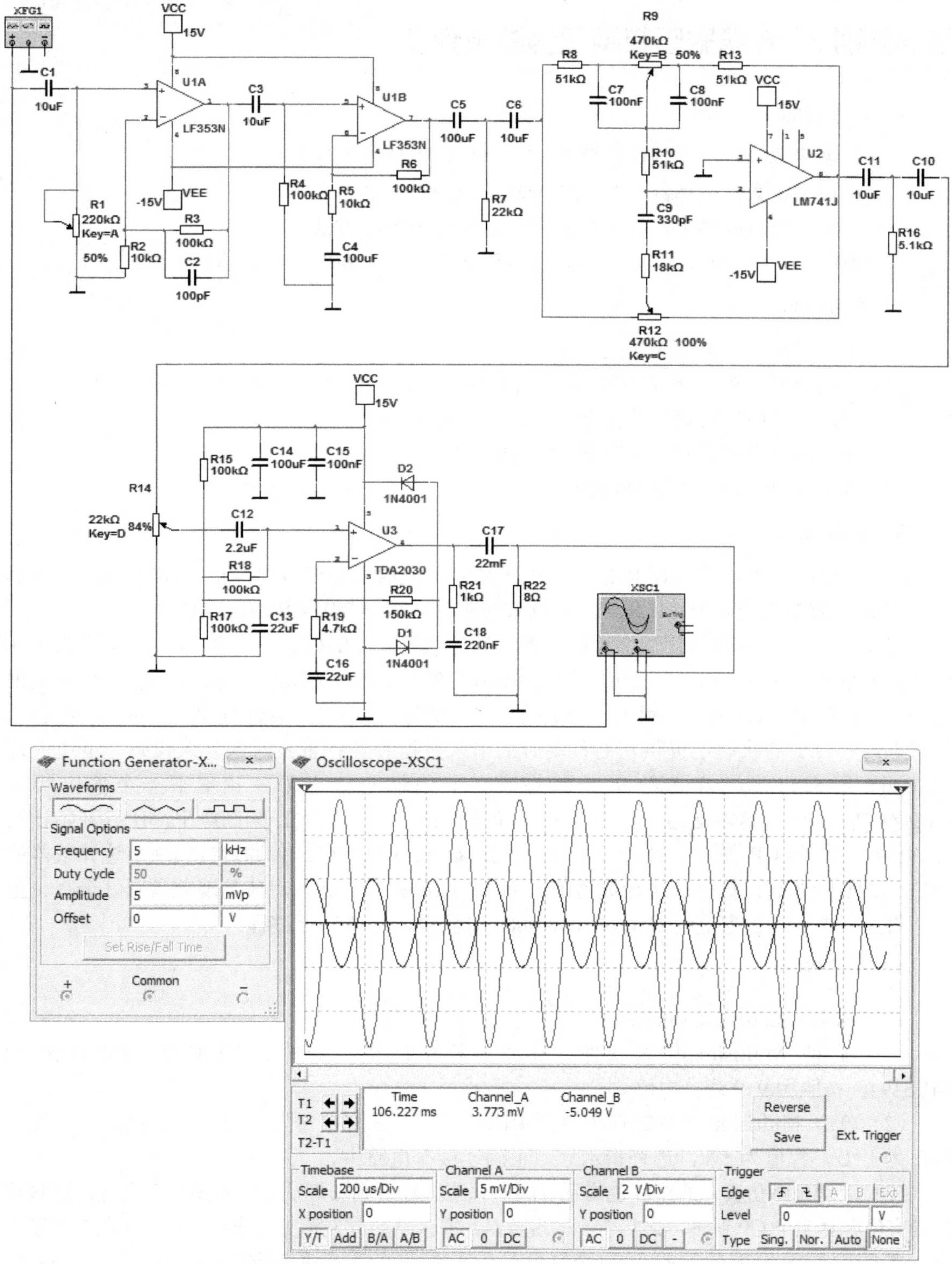

图 9-8　扩音机高频时的仿真电路（R_{12} 在 100%位置）

综合实训 3　8 路彩灯控制电路的仿真实训

1. 实训目的

（1）掌握集成同步十进制计数器 74LS160 的功能测试方法和使用方法。

（2）掌握 8 路数据选择器 74LS151 的功能及使用方法。

（3）掌握 4 位双向移位寄存器 74LS194 的功能及使用方法。

（4）熟练应用 Multisim 仿真软件进行 8 路彩灯控制电路的绘制、仿真与调试。

2. 预习要求

（1）预习教材中门电路的相关知识。

（2）预习教材中有关计数器 74LS160 的相关知识。

（3）预习教材中有关数据选择器 74LS151 的相关知识。

（4）预习教材中有关移位寄存器 74LS194 的相关知识。

（5）预习 Multisim 仿真软件的应用。

3. 实训原理

8 路彩灯控制电路的仿真电路如图 9-9 所示，主要由 555 定时器、同步十进制计数器 74LS160、8 路数据选择器 74LS151、4 位双向移位寄存器 74LS194 及门电路构成。

图 9-9 中 555 定时器组成多谐振荡器，为计数器 74LS160、寄存器 74LS194 提供脉冲信号。电路中两片 74LS160，上边一片 74LS160 的状态输出端 Q_A、Q_B、Q_C 连接 8 路数据选择器 74LS151 的地址端，用来选择数据选择器的输出从而控制移位寄存器 74LS194 的工作状态，其 Q_A 的状态还提供左右移动时的串入数据和并行置数时的并入代码。下边一片 74LS160 用来计数。当记满 9 个状态时，非门输出低电平，预置下一个输出状态 $Q_AQ_BQ_CQ_D$=0000，这时上边一片 74LS160 的控制端 ENP、ENT 为高电平，所以开始计数 1，再经过 9 个 CP 脉冲，计数 2，直到计到 Q_C=1 时，这个 1 通过或门使上边计数器的 ENP、ENT 持续高，这时上边计数器来一个 CP 脉冲就计一下，对应的现象是彩灯全亮、全灭，再全亮再全灭。当记到 $Q_AQ_BQ_CQ_D$=0001 时回零，重复以上过程。

4. 实训内容

1）8 路彩灯控制电路的仿真

（1）启动 Multisim 仿真软件，在工具栏中选择元器件、74LS160、74LS151 和 74LS194，按照图 9-9 连接电路。

（2）单击 Multisim 仿真软件主界面中的仪器栏，选择信号发生器，设置输出为方波，频率为 1 Hz，幅值为 5 V，选择指示灯，正确连接在电路中。

（3）启动电路仿真，通过红色指示灯的变化应该观察到彩灯从右向左渐亮至全亮，这些状态的变化需要 8 个 CP 脉冲。之后看到的现象是：彩灯从右向左渐灭至全灭、彩灯从左向右渐亮至全亮、从左向右渐灭至全灭、彩灯全亮全灭、全亮全灭。之后再开始新一轮的循环。8 路彩灯控制器正常工作时的仿真图如图 9-10 所示。

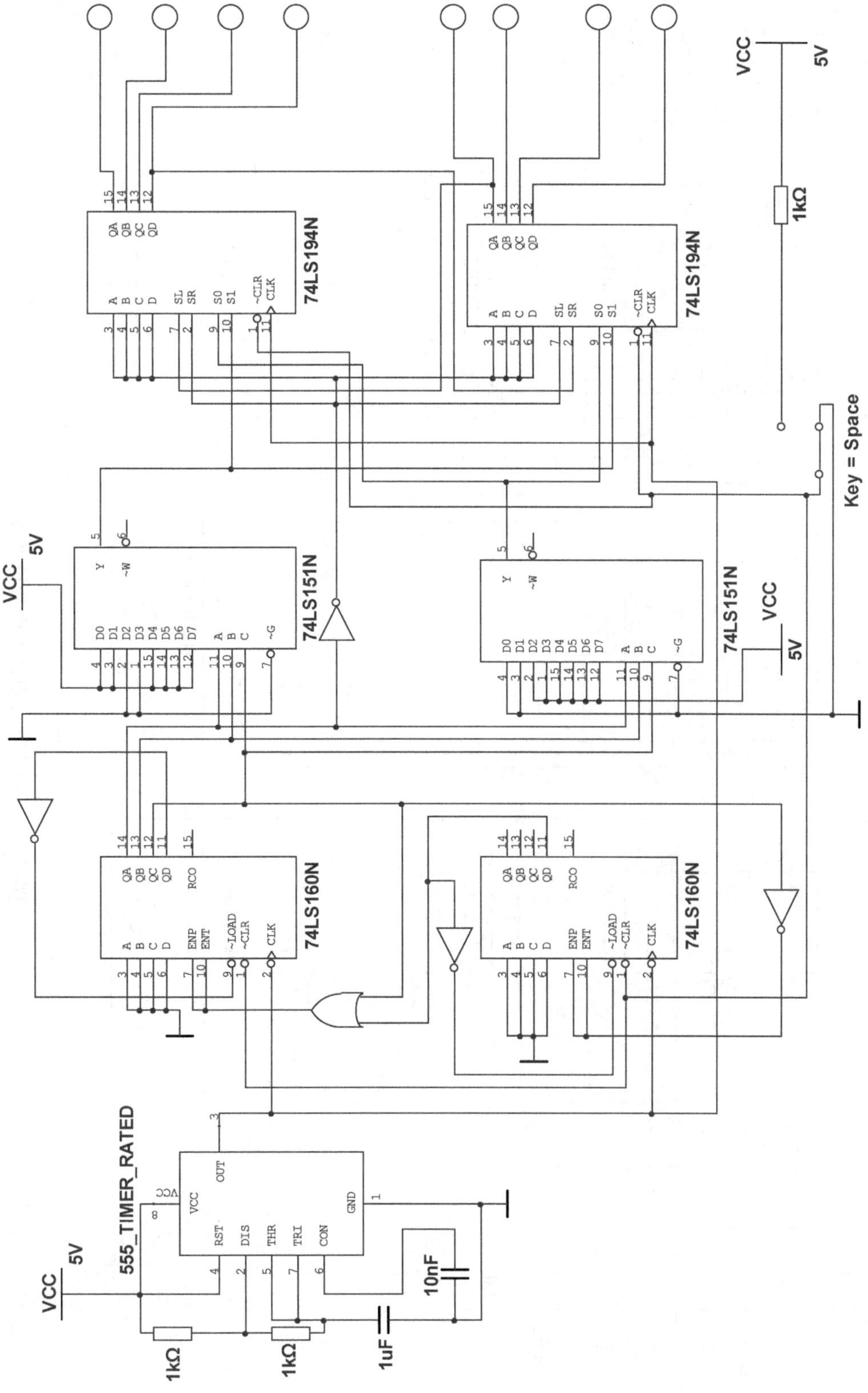

图9-9 8路彩灯控制电路的仿真电路

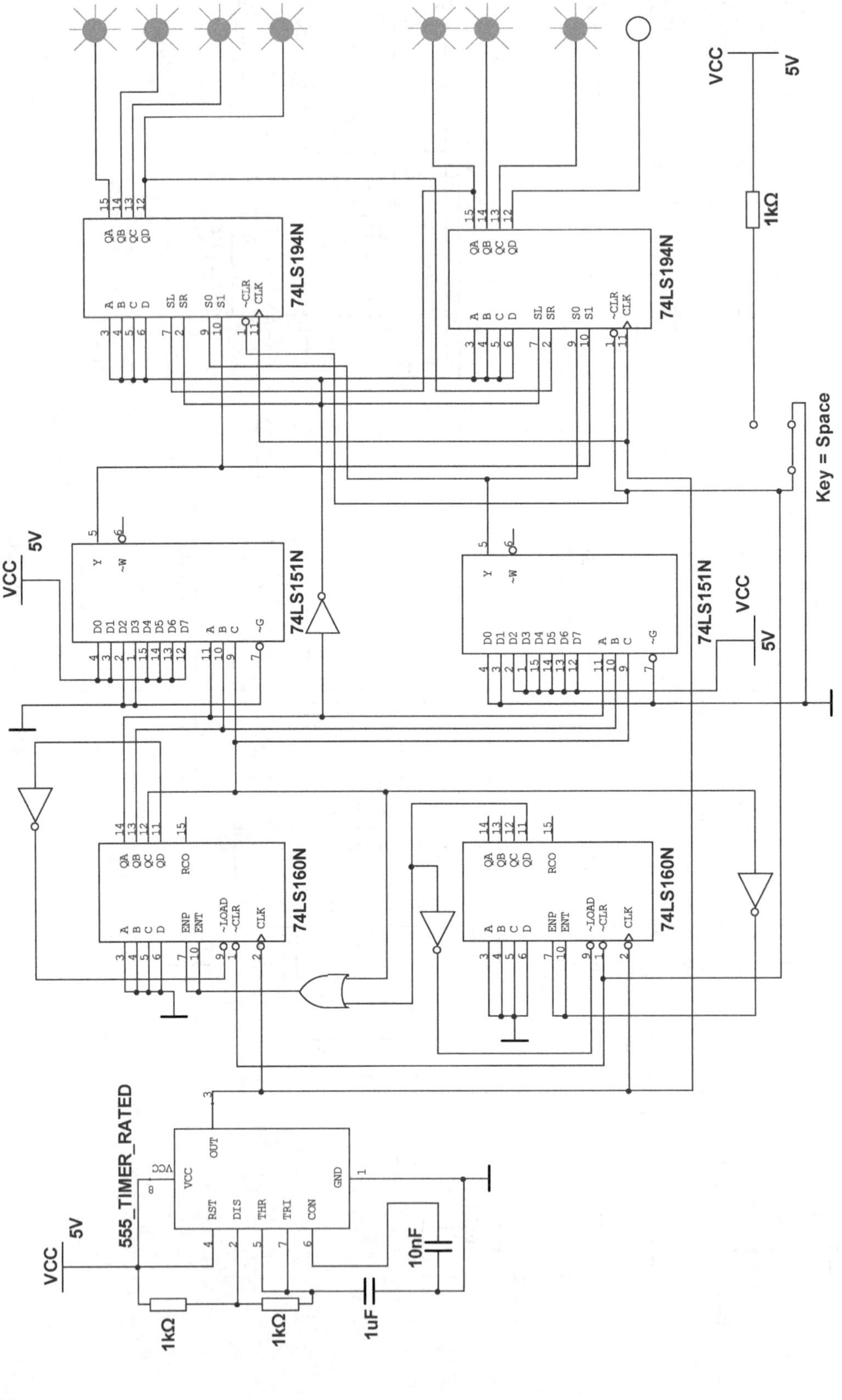

图9-10　8路彩灯控制电路正常工作时的仿真图

2）8 路彩灯控制电路的实训

（1）按照图 9-9 选择元器件。

（2）在实验台或面包板上按照图 9-9 连接电路。

（3）调试电路，观察彩灯的变化。

（4）在多功能实验板上焊好全部电路进行整体电路调试。

5. 实训报告

（1）画出实训电路图。

（2）列出元器件明细表。

（3）整理仿真得到的输出结果。

6. 分析与讨论

（1）总结本次实训项目完成过程中遇到的问题及解决办法。

（2）如果要改变彩灯的变化情况为彩灯从左向右渐亮至全亮、从左向右渐灭至全灭、彩灯从右向左渐亮至全亮、从右向左渐灭至全灭、彩灯全亮全灭、全亮全灭，该如何调整 74LS151 的 8 个数据输入端的状态？

综合实训 4　多功能数字电子钟的仿真实训

1. 实训目的

（1）掌握集成十进制加法计数器 74LS160 构成任意进制计数器的方法。

（2）掌握 555 定时器的功能与使用方法。

（3）熟练应用 Multisim 仿真软件进行数字电子钟的绘制、仿真与调试。

2. 预习要求

（1）预习教材中有关计数器 74LS160 的相关知识。

（2）预习教材中有关 555 定时器的相关知识。

（3）预习 Multisim 仿真软件的应用。

3. 实训原理

数字电子钟的仿真图如图 9-11 所示，主要由计数器 74LS160、555 定时器、数码管（内带译码功能）和其他控制门电路构成。其中 555 定时器产生计时所需的脉冲信号，U4 为小时的十位计数器，U6 为小时的个位计数器，U4 和 U6 通过整体置零法实现小时的 24 进制计数，U4 和 U6 的状态输出端分别通过 DCD_HEX 数码管显示小时的十位和个位的变化。调时按键通过开关 A 控制时钟脉冲信号，实现小时的手动调校。

U17 为分钟的十位计数器，U14 为分钟的个位计数器，U17 和 U14 通过整体置零法实现分钟的 60 进制计数，U17 和 U14 的状态输出端分别通过 DCD_HEX 数码管显示分钟十位和个位的变化。调分按键通过开关 B 控制时钟脉冲信号，实现分钟的手动调校。

U1 为秒的十位计数器，U5 为秒的个位计数器，U1 和 U5 通过整体置零法实现秒的六十进制计数，U1 和 U5 的状态输出端分别通过 DCD_HEX 数码管显示秒的十位和个位的变化。

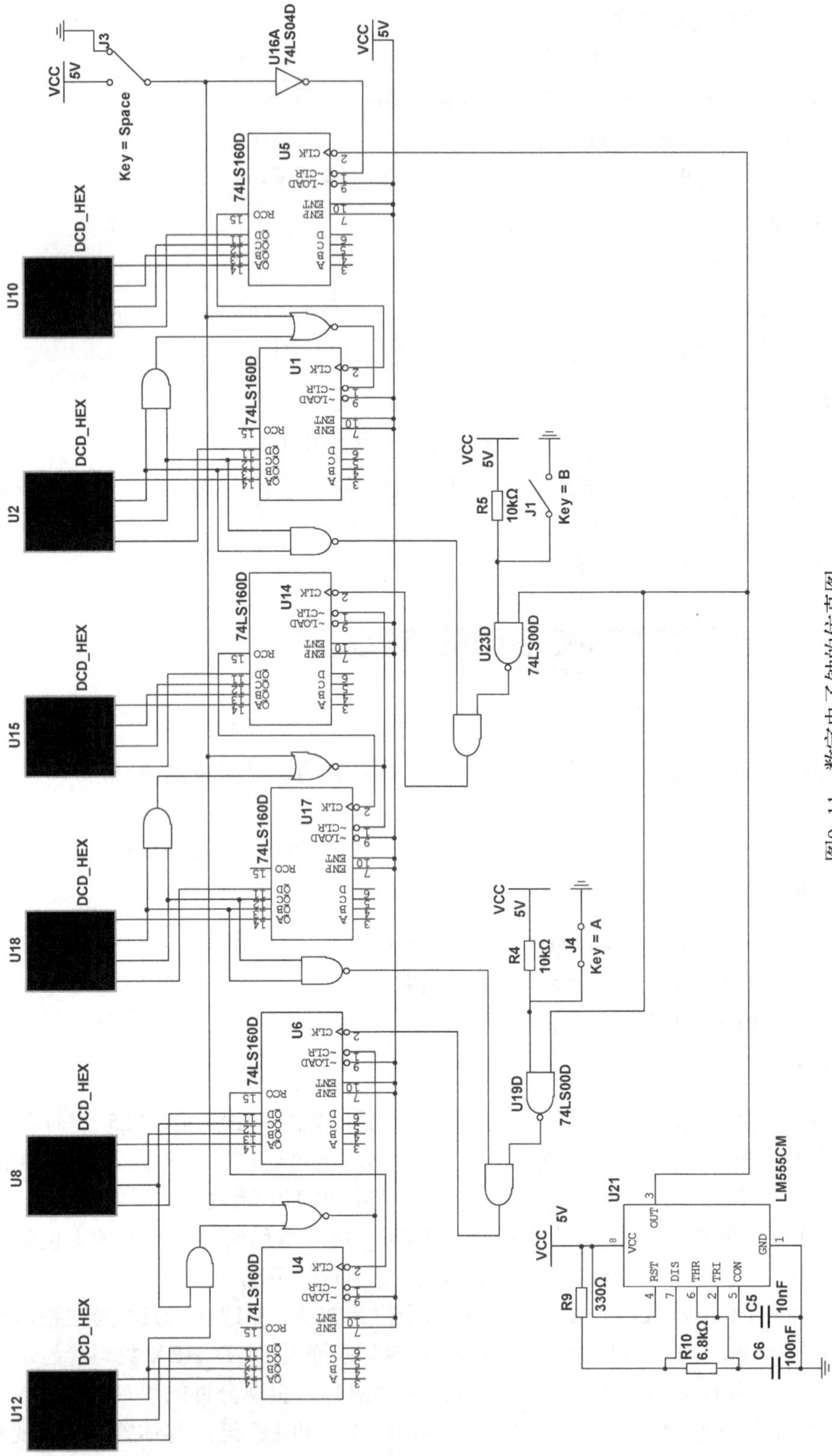

图9-11 数字电子钟的仿真图

数字电子钟的清零是由电路图右上角的开关 J3 控制的，当开关接地时，数字电子钟正常计数，当开关接电源时，控制 6 个计数器的清零端为低电平，6 个数码管上全部显示为零，实现了数字电子钟的清零。

4. 实训内容

1）数字电子钟的仿真

（1）启动 Multisim 仿真软件，在工具栏中选择元器件 74LS160 和 LM555，在指示器件库里调出 DCD_HEX，在逻辑门库里调出与门、非门、与非门、或非门，以及其他的开关等元器件，按照图 9-11 连接电路。

（2）启动电路仿真，通过数码管的变化观察数字电子钟的显示情况。图 9-12 是数字电子钟清零后的仿真图，小时、分钟和秒均显示 00。图 9-13 是数字电子钟正常运行时的仿真图，图中当前时间是 21 小时 26 分 51 秒。

2）数字电子钟的实训

（1）按照图 9-11 选择元器件。

（2）在实验台或面包板上按照图 9-11 连接电路。

（3）调试电路，并用数码管观察数字电子钟的时间变化情况。

（4）在多功能实验板上焊好全部元器件进行整体电路调试。

5. 实训报告

（1）画出实训电路图。

（2）列出元器件明细表。

（3）整理仿真得到的输出结果。

6. 分析与讨论

（1）总结本次实训项目完成过程中遇到的问题及解决办法。

（2）如果小时调校或分钟调校不起作用，请分析是什么原因，应如何解决。

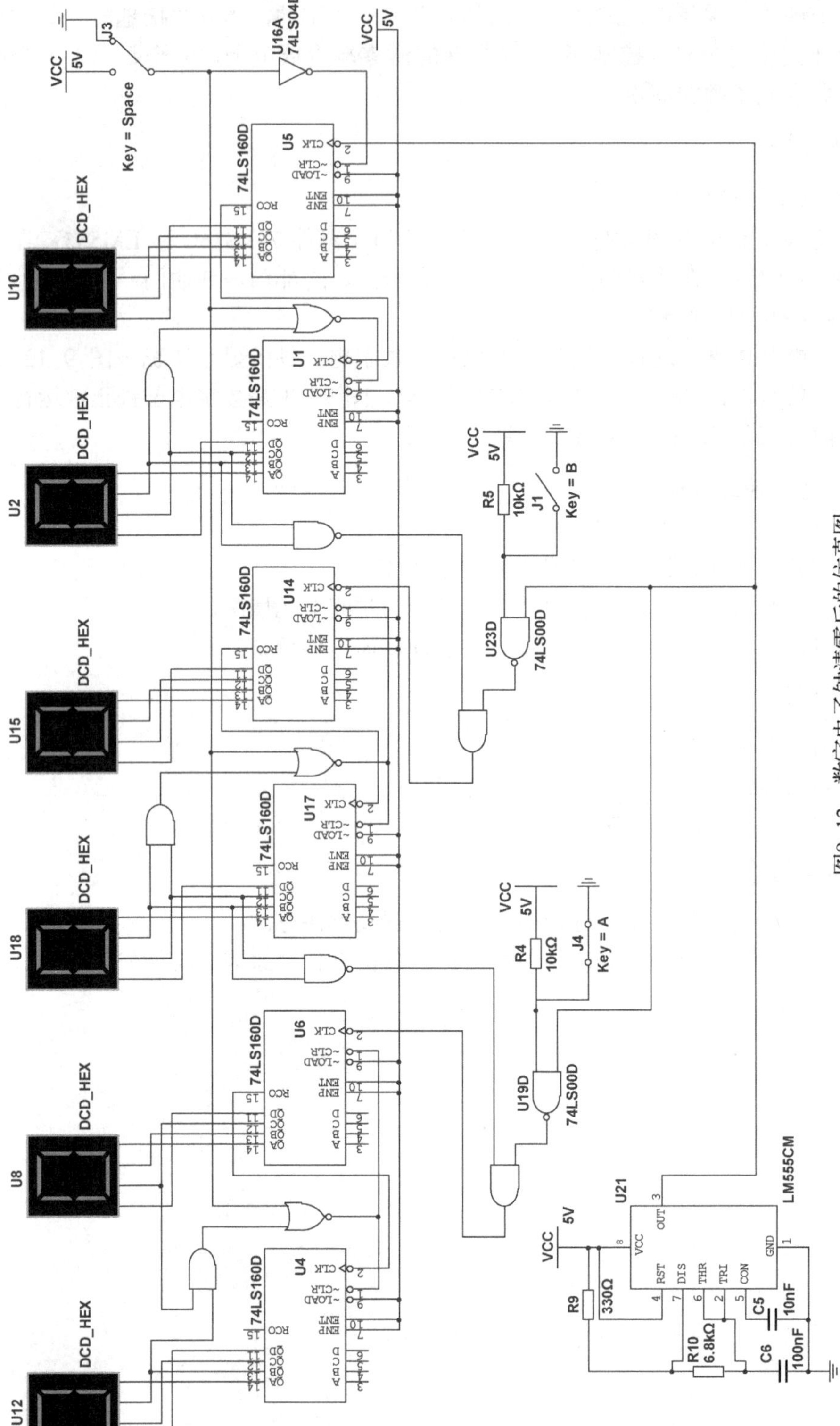

图9-12　数字电子钟清零后的仿真图

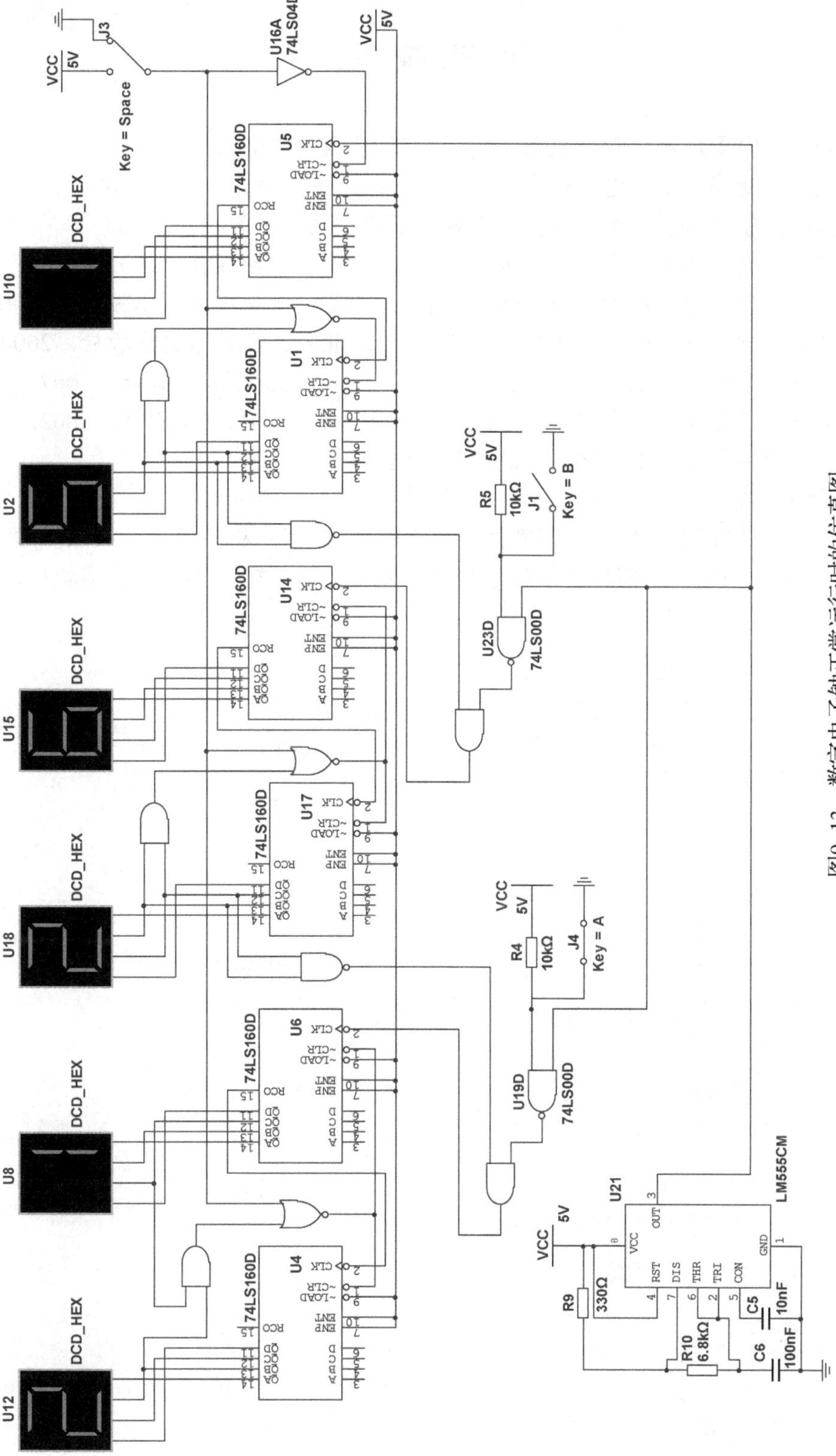

图9-13　数字电子钟正常运行时的仿真图

图 9 13　数字电子钟正常运行的仿真图

参考文献

[1] 康华光．电子技术基础．北京：高等教育出版社，2003．
[2] 陈大钦，杨华．模拟电子技术基础．北京：高等教育出版社，2000．
[3] 李雅轩．模拟电子技术．西安：西安电子科技大学出版社，2000．
[4] 唐德州．数字电子技术（第 2 版）．重庆：重庆大学出版社，2002．
[5] 苏丽萍．电子技术基础（第 2 版）．西安：西安电子科技大学出版社，2006．
[6] 胡宴如，耿苏燕．模拟电子技术（第 2 版）．北京：高等教育出版社，2004．
[7] 王成安，毕秀梅．电子产品工艺与实训．北京：机械工业出版社，2007．
[8] 张洪润，唐昌建，马平安．电子线路及应用．北京：科学出版社，2002．
[9] 阎石．数字电子技术．北京：高等教育出版社，1999．
[10] 童诗白．模拟电子技术．北京：高等教育出版社，1999．
[11] 杨素行．模拟电子技术简明教程（第 2 版）．北京：高等教育出版社，1998．
[12] 孙肖子，张企民．模拟电子技术基础．西安：西安电子科技大学出版社，2001．